Jetzt helfe ich mir selbst

Einbandgestaltung: Anita Ament

Bilder/Zeichnungen: frisch CONSULTING, Friedrich Schröder, Sven Schröder, ADAC, ACE, Blaupunkt, Bosch, Bucheli, Continental, Dunlop, Ford, Hella, Mahle, Motorpresse, 3M Deutschland, Sonax.

Text und redaktionelle Bearbeitung: Friedrich Schröder, Sven Schröder

Alle Angaben und Ratschläge in diesem Ratgeber sind nach bestem Wissen und Gewissen erteilt. Eine Haftung der Autoren oder des Verlages und seiner Beauftragten für Personen-, Sach- und Vermögensschäden ist jedoch ausgeschlossen.
Dieser Band entspricht dem Kenntnisstand zum Zeitpunkt der Drucklegung. Abweichungen durch Weiterentwicklung der beschriebenen Fahrzeuge, geänderte Anweisungen der Fahrzeughersteller bzw. neue gesetzliche Bestimmungen sind möglich.

ISBN 978-3-613-03373-3

1. Auflage 2012

Lizenznehmer des Motorbuch Verlags, Postfach 103743, D-70032 Stuttgart
Ein Unternehmen der Paul Pietsch Verlage GmbH & Co. KG

Sie finden uns im Internet unter:
www.motorbuch.de

Herstellung: IPa, D-75417 Mühlacker-Mühlhausen
Druck und Bindung: Druck + Verlag Südwest,
76131 Karlsruhe
Printed in Germany

Ford C-MAX / Grand C-MAX

Benziner und Diesel
ab Modelljahr 2011

Inhalt

Fahrwerk

Bremsen

Elektrik

Ein Ratgeber stellt sich vor

»Mit modernen Autos fährst du besser in die Werkstatt«. Eine Behauptung, die nicht nur heiße Diskussionen am Biertresen provoziert. Auch uns, dem Team von »Jetzt helfe ich mir selbst«, ist der Satz nicht unbekannt. Wir allerdings widersprechen vehement!
Warum sonst gäbe es dieses Servicebuch? Offenbar ist auch Ihnen die Meinung der Theken-Besserwisser suspekt: Warum sonst blättern und nutzen Sie »Jetzt helfe ich mir selbst« im Moment? Weit mehr als 10 Millionen anderer Autofahrer pflichten Ihnen übrigens bei, sie warten ihr Auto fachmännisch unter Anleitung von »Jetzt helfe ich mir selbst«.
Schwarz/weiße Weltbilder spiegeln eben nicht die Realität. Doch wir verschweigen Ihnen auch nicht: Mit angestaubtem Grundwissen und normalem Werkzeugequipment überschreiten Sie als Selbstschrauber schnell Ihre Grenzen. Spätestens dann, wenn Sie ein Auto, gestützt auf das Ihnen vorliegende Service-Buch, von A bis Z revidieren möchten.
Darum vergessen Sie Ihr Vorhaben besser ganz schnell. In dem Fall ist »Jetzt helfe ich mir selbst« nicht die richtige Lektüre. Sie finden zwischen den Buchdeckeln zwar hilfreiche Tipps und geldwerte Hinweise zu Service- und überschaubaren Wartungsarbeiten, doch bis in den letzten Hohlraum erklären wir Ihnen Ihr Auto nicht.
Tatsache ist: Der Einsatz von elektronischen Komponenten, gleichwie deren Vernetzung unter dem Blech, produziert heutzutage so manchen Fehler, der an alten Autos niemals genervt hätte. Das gilt es zu akzeptieren – die Technik ist komplexer geworden, mit ihr folglich auch die Reparaturmethoden.
Doch der Alltag und die Praxis zeigen auch, dass moderne Autos mit dem Einzug von Elektronik wesentlich zuverlässiger, sicherer und umweltfreundlicher sind als ihre simpler konstruierten Altvorderen – wartungsärmer sind sie allemal. Es wäre einfach unlauter, den Fortschritt in Frage zu stellen, auch wenn Chips und Bits Ihnen wie uns ab und an die Zornesröte ins Gesicht treiben.

Hilfe zur Selbsthilfe

Was Sie tun können, wenn Ihr Auto streikt, oder besser noch, was Sie rechtzeitig erledigen sollten, damit es nicht so weit kommt, entnehmen Sie diesem Ratgeber. Sollten Sie den Fehler selbst auch nicht beheben können, in den meisten Fällen können Sie den Schaden dann zumindest grob einkreisen. In dem Fall liefern Sie Ihrem Werkstattmeister wichtige Informationen und verkürzen so die teure Fehlersuche auf ein Minimum.

Tipps und Wissenswertes

Damit Sie an Ihrem Auto möglichst häufig Chef im Ring bleiben, gehen wir immer mal wieder auf technische Grundbegriffe ein, erläutern Ihnen aktuelle Fachbegriffe und informieren Sie über Wissenswertes aus der Technikwelt.
Darüber hinaus geben wir Ihnen praktische Tipps. Beispielsweise wie Sie Ihre Scheibenwischerblätter möglichst lange fit und geschmeidig halten.
Interessiert Sie das sofort? Dann schauen Sie kurzerhand unter »Fit durch den Winter« nach. Weil in der dunklen Jahreszeit besonders viel zu beachten ist, widmen wir dem Thema nämlich ein eigenes Kapitel.
Warum das? Erfahrungsgemäß sind in der kalten Jahreszeit immer noch zu viele Automobilisten mit Sommerreifen, mit spröden Wischergummis oder mit schielenden Scheinwerfern auf der Piste. All jene Unverbesserlichen handeln verantwortungslos, verantwortungslos gegenüber sich und anderen Verkehrsteilnehmern.

Sicherheit hat Vorrang – IMMER

Wir bringen Sie mit Ihrem C-MAX freilich nicht nur fit durch den Winter, wir bringen Sie fit durch alle Jahreszeiten: Ihre Sicherheit ist UNS ein ehrliches Anliegen. Dementsprechend legen wir unseren Fokus auf frühzeitige Schadenserkennung und weniger auf die Reparatur sicherheitsrelevanter Baugruppen. Selbstverständlich gehört ein übersichtlicher »Störungsbeistand« zum festen Bestandteil eines jeden Kapitels. Zudem bieten wir Ihnen Diagnose-Schemata, mit denen Sie eventuelle Unzulänglichkeiten zielsicher und rechtzeitig einkreisen. Schließlich erspart Ihnen das Wissen um die Befindlichkeiten Ihres Autos, zum Beispiel beim TÜV- oder DEKRA-Check, jede Menge Ärger, zudem entlastet es Ihr Portemonnaie.

Reparaturen in der heimischen Garage

Sollten Sie bereits geübt im Umgang mit Werkzeug sein, sind für Sie unsere Arbeitsschritte bestimmt leicht

nachvollziehbar. Als motivierter Hobbyschrauber führen Sie unsere Reparaturen zudem locker in der heimischen Garage aus. Welche Grundausstattung Sie dafür benötigen und wie das Equipment möglichst ideal hinter das Garagentor passt, zeigen wir Ihnen auf den folgenden Seiten.
An dieser Stelle erlauben Sie uns noch einen Hinweis in eigener Sache: Geübte Schrauber, wie freie Instandsetzungsbetriebe, finden in den fundierten Auto-Reparaturanleitungen des Bucheli-Verlags natürlich IHRE Lektüre: In den Anleitungen erklären und beschreiben wir Ihnen präzise, wie komplexe Baugruppen, etwa Motor und Getriebe, zerlegt und montiert werden.

 INFORMATION

Bevor Teile ausgebaut oder Baugruppen zerlegt werden, ist es ratsam, vorab die theoretischen Grundlagen zu kennen. Immer wenn der Hinweis auftaucht, erklären wir die Funktion der Technik, ihre Bedeutung im Auto und im Alltag. Ab und an beschreiben wir auch historische Hintergründe der betreffenden Entwicklung. Dieser Service bringt Ihnen die Technik Ihres Autos noch näher: Mit dem nötigen Detailwissen im Hinterkopf schraubt es sich erfolgreicher.

 ARBEITSSCHRITTE

Sobald wir Arbeiten beschreiben, taucht dieses Symbol auf: Es führt Sie Schritt für Schritt zum Ziel. Bei der Auswahl halten wir uns strikt daran, was in der eigenen Hobbygarage noch machbar ist und was Sie besser unterlassen sollten. Damit Sie sehen, dass wir aus der Praxis kommen, posen wir nicht nur mit blitzblankem Werkzeug, wir arbeiten auch schon mal mit schmutzigen Händen. Dennoch hoffen wir, die Fotos machen Ihnen Appetit aufs Selberschrauben.

 BESSER MACHEN

In der Praxis gleicht erfahrungsgemäß kaum ein Auto dem anderen: Autos werden tiefer gelegt, Karosserien werden verändert oder die Innenausstattung individualisiert. Vielleicht benutzen Sie dieses Buch ja auch, um Ihr Auto gezielt zu verbessern. Damit wir uns richtig verstehen: Sie haben keine Tuninganleitung gekauft, wir präsentieren Ihnen lediglich diverse Möglichkeiten, Ihr Auto zu individualisieren und verraten Ihnen auch, worauf Sie beim Einkauf von Qualitätszubehör achten sollten.

Damit Sie sich besser zurechtfinden

Um etwas Bestimmtes in diesem Buch zu finden, gibt es diverse Möglichkeiten: Natürlich können Sie auf das vertraute Inhaltsverzeichnis zurückgreifen, doch auch mit schnellem Durchblättern kommen Sie auf den Punkt. Der Hinweis, in welchem Kapitel Sie gerade blättern, steht oben links auf jeder Doppelseite. Noch weiter links davon verraten wir Ihnen, ob der betreffende Abschnitt theoretisches Wissen, konkrete Arbeitsanleitungen oder Optimierungsvorschläge behandelt. Die rechte Seitenhälfte nutzten Sie jeweils als Pfadfinder für das behandelte Thema. So können Sie auf der Suche nach bestimmten Inhalten Ihren Korp relativ zielgerichtet durch die Finger laufen lassen...

Lernen Sie Ihr Auto kennen

Egal, ob Sie Ihren C-MAX schon länger fahren oder erst kürzlich darin Platz genommen haben – nehmen Sie sich auf jeden Fall ein paar Augenblicke Zeit um ihn mit Verstand zu erkunden. Selbst nachdem Sie die Bedienungsanleitung gelesen haben, wovon wir selbstverständlich ausgehen, kennen Sie Ihr Auto längst noch nicht in all seinen Facetten.

Das Typenschild

Das Typenschild ist gewissermaßen der Personalausweis Ihres C-MAX. Die dort vorhandenen Ziffernfolgen enthalten bereits etliche – in Zahlen- und Buchstabencodes verschlüsselte – Informationen. So das Produktionsdatum, den Fahrzeugtyp, das Gewicht, die Identifikationsnummer sowie die Art und Herkunft der montierten Aggregate. Als Do-it-Yourselfer sollten Sie das Typenschild natürlich lesen und interpretieren können. Sie finden es in unterschiedlicher Ausprägung gleich mehrfach an Ihrem Auto. So zum Beispiel als genietetes Aluminiumschild im unteren Bereich der linken B-Säule. Das Typenschild entschlüsselt die:

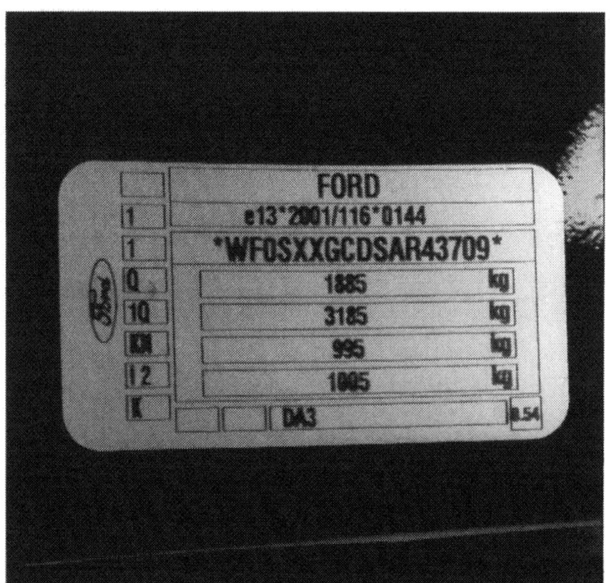

Automobiler Personalausweis: Das Typenschild. 1/1 Fahrzeugtyp und Fahrgestellnummer, Q max. zulässiges Gesamtgewicht, 1Q Zulässiges Gesamt-Zuggewicht, KN max. zulässiges Gesamtgewicht (VA), I 2 max. zulässiges Gesamtgewicht (HA).

Die Fahrgestellnummer

Die Fahrgestellnummer bestimmt das exakte Geburtsdatum Ihres Autos. Sie ist eingestanzt auf dem Typenschild, im Bodenblech (Höhe Beifahrersitz) und auf der linken Seite der Instrumententafel.

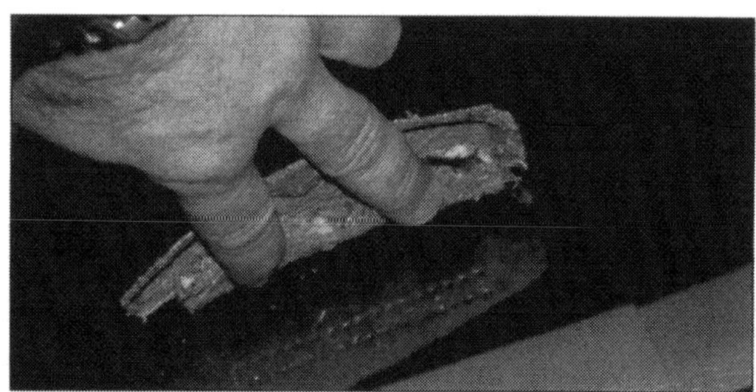

Fälschungssicher eingestanzt: Die Fahrgestellnummer hinter der Windschutzscheibe und im Bodenblech.

Die Motornummer

Je nach Motortyp ist die Motornummer (Pfeil) an verschiedenen Stellen auf dem Motorgehäuse eingestanzt.

An verschiedenen Stellen eingestanzt: Die Motornummer auf dem Motorgehäuse.

Rechte und Pflichten – so sieht's der Gesetzgeber

Sie haben einen Wagen erworben und sind der Meinung, er ist kaputt oder funktioniert nicht so wie er sollte? Bevor Sie sich unnötig aufregen, sollten Sie sich zuerst kundig machen, wie es um Ihre Rechte steht. Dann müssen Sie sicherstellen, dass Sie keinem Irrtum unterliegen und es sich hier tatsächlich um einen Mangel (eine Fehlfunktion) handelt.

Was ist ein Mangel?

Dazu die vereinfachte Darstellung des § 434 BGB: »Eine Sache ist frei von Mängeln, wenn sie sich für die Verwendung eignet, für die sie gemäß Kaufvertrag gedacht war oder sie sich für die gewöhnliche Verwendung eignet oder die Beschaffenheit aufweist, die man üblicherweise erwarten kann. Das beinhaltet auch Eigenschaften, von denen der Käufer aufgrund von Aussagen, die in der Werbung oder von Mitarbeitern des Verkäufers gemacht wurden, ausgehen kann.«
Liegt also tatsächlich ein Mangel vor, wie z. B. eine deutlich geringere Höchstgeschwindigkeit als im Prospekt angegeben, sollten Sie sich auf das Gespräch mit dem Kundendiensttechniker vorbereiten und Ihr Recht einfordern. Damit Sie Ihr Anliegen präzise und fachlich richtig an den Mann bringen können, nachfolgend einige Begriffserklärungen und Zusammenhänge.

Garantie, Gewährleistung (Sachmangelhaftung)

Garantie und Gewährleistung (Letzteres ist die so genannte Sachmangelhaftung) sind zwei völlig verschiedene und vor allem unabhängige Sachverhalte. Dennoch, umgangssprachlich werden beide Begriffe häufig miteinander verwechselt oder vertauscht. Das sollte Ihnen in einem Reklamationsgespräch besser nicht passieren – trennen Sie darum am Werkstatttresen Garantie und Gewährleistung verbal also strikt voneinander.

Garantie

Die Garantie ist grundsätzlich eine freiwillige und zusätzliche Leistung des Verkäufers oder Herstellers. Sie kann nach Belieben ausgestaltet oder befristet sein. Die Garantie folgt, im Rahmen des Kaufvertrags bzw. in Verbindung mit dem Kaufvertrag, aus einer eigenständigen Vereinbarung. Garantie kann demzufolge an bestimmte Voraussetzungen geknüpft sein, bestimmte Kosten ausschließen und auch die Leistungen einschränken. So kann ein Verkäufer seine Garantie beispielsweise davon abhängig machen, dass Sie Ihr Auto regelmäßig in der dem Händler angegliederten Werkstatt warten lassen oder Sie im Garantiefall lediglich die Materialkosten, nicht jedoch die Arbeitszeit erstattet bekommen.

Daher unser **Tipp:** Vertrauen Sie nicht dem Garantieversprechen, sondern schauen Sie vor dem Kauf besser die Garantiebedingungen genauestens an. Auf Verlangen haben Sie übrigens Anspruch auf die Garantiebestimmungen in schriftlicher Form.

Gewährleistung

Die Gewährleistung (Sachmangelhaftung) basiert auf den gesetzlichen Regelungen im Kaufvertrag. Sie wirkt, sobald ein rechtsgültiger Kaufvertrag abgeschlossen wurde. Ausnahme: Eine Gewährleistung wurde rechtswirksam ausgeschlossen. Ein vollständiger Ausschluss der Gewährleistung, im Rahmen eines Kaufvertrags zwischen einem Unternehmer (z. B. Kfz-Händler) als Verkäufer und einer Privatperson als Käufer, ist nicht möglich.
Sehr wohl jedoch ist die Gewährleistung, zum Beispiel bei Abschluss eines Kaufvertrags zwischen Privatpersonen, vollständig auszuschließen. Der Passus muss jedoch zwischen den Parteien ausdrücklich und individuell im Kaufvertrag geregelt sein.

Mit dem Gewährleistungsrecht-Änderungsgesetz vom 01.01.2007 ergaben sich unter anderem folgende Neuerungen:

- Bei neuen Sachen beträgt die Frist grundsätzlich 2 Jahre ab Datum der Übergabe.
- Bei gebrauchten Sachen kann eine Frist von 1 Jahr vereinbart werden (nicht in Allgemeinen Geschäftsbedingungen!), wobei nur Kraftfahrzeuge, die älter als ein Jahr (ab Erstzulassung) sind, als gebrauchte Sachen gelten.
- Innerhalb der ersten sechs Monate hat bei einer Reklamation der Händler zu beweisen, dass die Sache zum Zeitpunkt der Übergabe dem Vertrag entsprach (also keinen Mangel hatte). Nach sechs Monaten hat der Kunde die Beweispflicht (bisher hatte ausschließlich der Kunde die Beweispflicht).

Besagte Regelungen stärken allesamt die Endkundenrechte. Kfz-Händler haben die neuen Texte verständlicherweise skeptisch aufgenommen. Demzufolge suchen sie nach legalen Möglichkeiten, die gesetzlichen Bestimmungen weitgehend einzuschränken oder gar komplett auszuhebeln.

Der »vermeintliche Handel« mit Bastler- und Schrottautos hat darum in den letzten Jahren massiv zugenommen. Geschäfte mit diesen Vehikeln schließen nämlich sämtliche Gewährleistungsansprüche aus – auch dann, wenn die Autos teilweise mit frischen Prüfplaketten bestückt sind.

Vor Gericht sind derlei Verträge längst nicht mehr wasserdicht: Die Rechtsprechung entscheidet mittlerweile immer häufiger zu Gunsten des Verbrauchers. Ebenso bei Verkäufen, die offiziell nur »im Auftrag« stattfinden.

Die Praxis zeigt: Hat ein Händler erst einmal im eigenen Interesse die aktuelle Hauptuntersuchung sowie weitere Instandsetzungsarbeiten erledigt, hat er vor Gericht nur wenig Chancen, seinen Verkauf als »im Auftrag« zu deklarieren. Der Zusatz grenzt die gesetzlichen Regelungen in diesem speziellen Beispiel also nicht ein.

Je klarer die Vereinbarung und genauer die Fahrzeugbeschreibung, desto geringer ist das Haftungsrisiko. Wir raten Ihnen bei jedem Gebrauchtwagenkauf einen »Musterkaufvertrag für Gebrauchtwagen« (im Handel oder bei Automobilclubs erhältlich) sowie einen »Gebrauchtwagen-Zustandsprüfbericht« zu verwenden. Damit vermeiden Sie schon im Vorfeld kostspielige Prozesse und unangenehme Streitigkeiten mit Ihrem Verkäufer.

Fazit

Eine freiwillige Garantie besteht also zusätzlich zur gesetzlichen Gewährleistung (Sachmangelhaftung). Sie ist im Umfang der Leistungen, im Vergleich zur Gewährleistung, meistens jedoch eingeschränkt. Allerdings greift die Garantie oft auch noch bei Mängeln, die erst nach dem Kauf auftreten – was in der Form nicht auf die gesetzliche Gewährleistung zutrifft.

Reizthema Farbabweichung

Farbabweichungen können durchaus Sachmängel sein. Laut Oberlandesgericht Köln »gehört die Farbe eines Neufahrzeugs zu den Beschaffenheitsmerkmalen und stellt ein äußerliches Merkmal des Fahrzeugs dar, welches für den Käufer im Rahmen der Kaufentscheidung maßgeblich ist«. Ergeben sich also Abweichungen im Farbton, kann der Käufer grundsätzlich Gewährleistungsansprüche geltend machen. Durch das OLG Köln bestätigtes Urteil des LG Aachen vom 26.04.2005 (Az. 12 O 493/04).

Recht auf Nachbesserung

Seit dem 01.01.2002 gewährt die neue Rechtslage sowohl dem Käufer als auch dem Verkäufer einen Mangelbeseitigungsanspruch. Anstatt von Nachbesserung spricht der Gesetzgeber jetzt von Nacherfüllung. Grundsätzlich hat der Händler das Recht bis zu dreimal nachzuerfüllen. Der Verkäufer hat die zum Zwecke der Nacherfüllung erforderlichen Aufwendungen, etwa die Transport-, Wege-, Arbeits- und Materialkosten, zu tragen.

Zu beachten ist in diesem Zusammenhang, dass der Verkäufer sein Mangelnachbesserungsrecht behält, auch wenn Reparaturen bereits in einer fremden Werkstatt erfolglos waren. Der Verkäufer muss sich diese Nachbesserungsversuche nicht zurechnen lassen, er kann auf Nacherfüllung im eigenen Firmensitz bestehen.
OLG Köln vom 14.02.2006 (Az. 20U 188/05)

Wandlung und Preisnachlass

Ist ein erheblicher Mangel nach drei Nacherfüllungsversuchen immer noch nicht beseitigt, oder fehlen zugesicherte Eigenschaften, hat der Käufer das Recht auf Wandlung oder Preisnachlass. Dies ist unserer Meinung dann auch der Zeitpunkt, an dem Sie als Käufer einen Rechtsanwalt zu Rate ziehen sollten. Sie werden sich auf jeden Fall jedoch eine Nutzungspauschale, die abhängig von der genutzten Laufleistung des Fahrzeugs ist, anrechnen lassen müssen. Eine Wandlung ist grundsätzlich nur dann möglich, wenn das Fahrzeug noch im Originalzustand ist.

Hinweis: Obwohl dieses Kapitel mit größtmöglicher Sorgfalt erstellt wurde, ist eine Haftung für inhaltliche Richtigkeit ausgeschlossen. Wir geben darin lediglich erste Hinweise – ein Anspruch auf Vollständigkeit besteht nicht.

Der Kulanzantrag

Nach Ablauf der Gewährleistungszeit, gegebenenfalls auch der Garantiezeit, bleibt Ihnen immer noch die Möglichkeit einer Kulanzregelung beim Händler. Kulanz umschreibt im Allgemeinen ein Entgegenkommen zwischen den Vertragspartnern nach Vertragsabschluss. Sie regelt den Ablauf der freiwilligen Reparatur- und Serviceleistungen nach Ablauf der gesetzlichen oder individualvertraglichen Gewährleistungsverpflichtungen. Die Kulanzregelung wird vom Hersteller oder vom Verkäufer in der Regel als als freiwillige und unverbindliche Maßnahme zur Kundenbindung gegenüber dem Kulanznehmer, also dem Käufer, dargestellt.

In der Werkstatt

Aufgrund der vielen Ausstattungsvarianten und verfügbaren Sonderausstattungen, die moderne Autos selbstverständlich bieten, ist eine genaue Bestimmung des Fahrzeugtyps anhand der Fahrgestellnummer nicht grundsätzlich möglich. Sollten Sie also Ihre Werkstatt wechseln, vergessen Sie nicht dort alle Unterlagen (Serviceheft, Radiocode, ABE, Zubehörunterlagen) vorzulegen. Berücksichtigen Sie durchaus auch vorhandenes Zubehör wie verschließbare Sonderfelgen. Bei Arbeiten an der Wegfahrsperre oder dem Schließsystem werden in der Regel alle Fahrzeugschlüssel benötigt. Ansonsten räumen Sie Ihr Fahrzeug aus und entfernen alle Privatsachen. So ersparen Sie sich zumindest unliebsame Diskussionen…

Das hinterlegen Sie am Werkstatttresen:

- Fahrzeugschein
- Serviceheft
- Adapter oder Schlüssel für Felgenschlösser
- Radiocode
- alle Schlüssel (bei Arbeiten am Schließsystem)

Erteilen Sie der Werkstatt einen schriftlichen Auftrag

Wenn Ihnen einfach mal die Zeit fürs Do-it-yourself, die nötige Erfahrung oder teures Spezialwerkzeug fehlen, kommen Sie an der Werkstatt nicht vorbei. In jenen Fällen haben Sie allerdings selbst großen Einfluss darauf, ob die dort verkaufte Hilfe Ihren Vorstellungen entspricht und Sie zufrieden vom Hof fahren. Beachten Sie darum schon bei Ihrem nächsten Werkstattbesuch die Spielregeln und Tipps in der folgenden Übersicht.

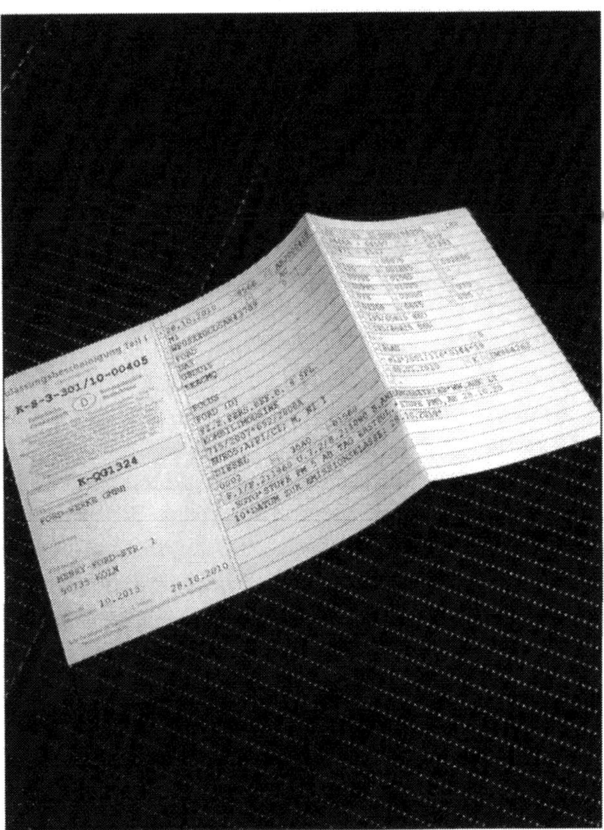

Enthält alle relevanten Daten: Der Kfz-Schein.

Wohin mit Ihrem Auto – Vertrags- oder freie Werkstatt?

- Erteilen Sie Reparaturaufträge stets schriftlich. Der Auftrag muss auszuführende Arbeiten möglichst genau umreißen. Lassen Sie sich immer von der Werkstatt eine Auftragsbestätigung aushändigen.
- Stellen Sie also eine Liste der Symptome und Mängel zusammen, die Sie bemerkt haben. Besprechen Sie die Liste Punkt für Punkt mit dem Werkstattmeister oder seinem Vertreter. Wenn Ihnen dabei etwas unklar bleibt, fragen Sie nach oder demonstrieren Sie die Mängel direkt am Fahrzeug.
- Formulieren Sie präzise Reparaturaufträge: Pauschalaufträge wie »TÜV-fertig machen« oder »für den Urlaub herrichten« programmieren geradezu späteren Ärger. Etwa dann, wenn Sie für Arbeiten zur Kasse gebeten werden sollen, die Ihrer Meinung nach unnötig waren.
- Bevor Sie einen Reparaturauftrag erteilen, lassen Sie sich die voraussichtlichen Lohn- und Materialkosten splitten. Legen Sie für eventuell erforderliche Zusatzarbeiten eine Preisgrenze fest. Ist der Arbeitsumfang vorab nur vage zu bestimmen, nennen Sie der Werkstatt Ihr eigenes Reparaturkostenlimit.
- Fragen Sie auf jeden Fall auch nach den voraussichtlichen Diagnosekosten. Wenn Ihr Auto beispielsweise zu viel Kraftstoff verbraucht oder schlecht anspringt, wenn der Motor stottert oder Sie merkwürdige Geräusche an den Rädern hören, ist die Diagnose häufig teurer als die eigentliche Reparatur. Begrenzen Sie daher auch die Fehlersuche mit einem Preislimit.
- Damit Sie bei Rückfragen erreichbar sind, machen Sie der Werkstatt Ihre Telefonnummer bekannt. Ein Rückruf muss immer dann stattfinden, wenn die Reparatur umfangreicher oder teurer als vereinbart wird. Lassen Sie auch zusätzliche Absprachen schriftlich auf dem Werkstattauftrag festhalten.
- Bitten Sie die Werkstatt bei umfangreichen Reparaturen um einen schriftlichen Kostenvoranschlag. Solide Werkstätten berechnen Ihnen in der Regel den Kostenvoranschlag nur dann, wenn die anschließende Reparatur nicht stattfindet. Bei unvorhersehbaren Arbeiten darf die Rechnung den Kostenvoranschlag um maximal 15 bis 20 Prozent überschreiten.
- Welche Werkstatt Sie mit Ihrem C-MAX aufsuchen, steht Ihnen grundsätzlich frei. Neben der Vertragswerkstatt können freie Werkstätten auch eine gute Adresse sein. Sie führen Reparaturen vielfach mit vergleichbarer Kompetenz wie Vertragswerkstätten aus. Ölwechsel, neue Bremsbeläge, Bremsscheiben, Reifen und Stoßdämpfer sind dort häufig sogar günstiger. Achten Sie jedoch grundsätzlich darauf, dass die von Ihnen beauftragte Werkstatt ein Meisterbetrieb ist und der Kfz-Innung angehört.
- Innerhalb der Garantiezeit ist Ihr C-MAX jedoch grundsätzlich ein Fall für die Vertragswerkstatt. Das gilt für Inspektionen wie für die meisten Aggregatereparaturen. Einfache Blech- oder Lackschäden können Sie – trotz Garantie – durchaus in Eigenregie beheben oder von einer freien Werkstatt erledigen lassen. In dem Fall könnte es dann bei späteren Reparaturproblemen mit der Werksgarantie für Sie allerdings kritisch werden.

Bis zu 30 Prozent günstiger – spezielle Teile- und Serviceangebote

- Sobald Ihr C-MAX in die Jahre kommt, lohnt es sich, nach speziellen Teile- und Serviceangeboten zu fragen. Nicht nur Ford-Vertragswerkstätten bieten oft Servicepakete inklusive preisgünstiger Originalteile an – Sie können hier locker bis zu 30 Prozent sparen. Fragen Sie Ihren Ford-Händler einfach mal ganz gezielt und völlig unverbindlich nach seinen aktuellen Serviceangeboten.
- Wird ein Aggregateaustausch unumgänglich, muss ein Neuteil nicht immer Ihre erste Wahl sein: Erkundigen Sie sich nach aufbereiteten und geprüften Austauschteilen. Damit sparen Sie in den meisten Fällen reichlich Bares – natürlich bei vergleichbarer Qualität. Prädestinierte Austauschteile sind nach wie vor Motor, Kraftstoffeinspritzan-lage, Getriebe, Kupplung, Lichtmaschine, Anlasser und die Wasserpumpe.
- Ein Ölwechsel in der Werkstatt oder an der Tankstelle geht mitunter ins Geld: Professionelle Schmiermaxen spendieren Ihrem Auto gerne den teuersten Saft. Fragen Sie darum ganz ungeniert nach preisgünstigeren Ölsorten mit vergleichbaren Spezifikationen – in der Regel schmieren die Ihren C-MAX nicht schlechter als vermeintliche Wunderöle mit geheimnissvollen Molekülketten.

Gemeinsam mit dem Werkstattmeister checken – die Reparaturrechnung

- Checken Sie die Werkstattrechnung nach der Reparatur zusammen mit dem Meister oder Kundendienstberater. Lassen Sie sich unverständliche Abkürzungen und Fachbegriffe vor Ort erklären.
- Auf der Rechnung sollten Posten wie Arbeitslohn, Material und Mehrwertsteuer separat aufgeschlüsselt sein. Fehlerhafte Rechnungen können Sie binnen sechs Wochen nach Erhalt reklamieren.

Rechtzeitig monieren – mangelhafte Reparaturen

- Mangelhafte Reparaturen sollten Sie umgehend monieren. Meisterbetriebe müssen für die Arbeit sechs Monate gerade stehen (Gewährleistung). Für Folgeschäden, hervorgerufen von unsachgemäßen Reparaturen, haften autorisierte Werkstätten natürlich auch.
- Wenn Ihnen bei der Fahrzeugübernahme bereits die ersten Mängel auffallen, kann die Werkstatt Ihnen trotzdem den vollen Reparaturumfang berechnen. Vermerken Sie in solchen Fällen auf der Rechnung, dass Ihre Zahlung ausschließlich unter Vorbehalt und nach Aufforderung erfolgte.
- Tragen Sie dem Werkstattmeister Ihre Reklamationen in einem sachlichen Ton vor. Lassen sich Unstimmigkeiten vor Ort nicht ausräumen, helfen Schiedsstellen der Kfz-Innung kostenlos weiter – vorausgesetzt, Ihre Werkstatt ist Innungsmitglied. Adressen von Kfz-Schiedsstellen nennen Ihnen zum Beispiel die Zentrale für Verbraucherberatung, Ihr Automobilclub oder der ZDK e.V., Franz-Lohe-Str. 21, 53129 Bonn.

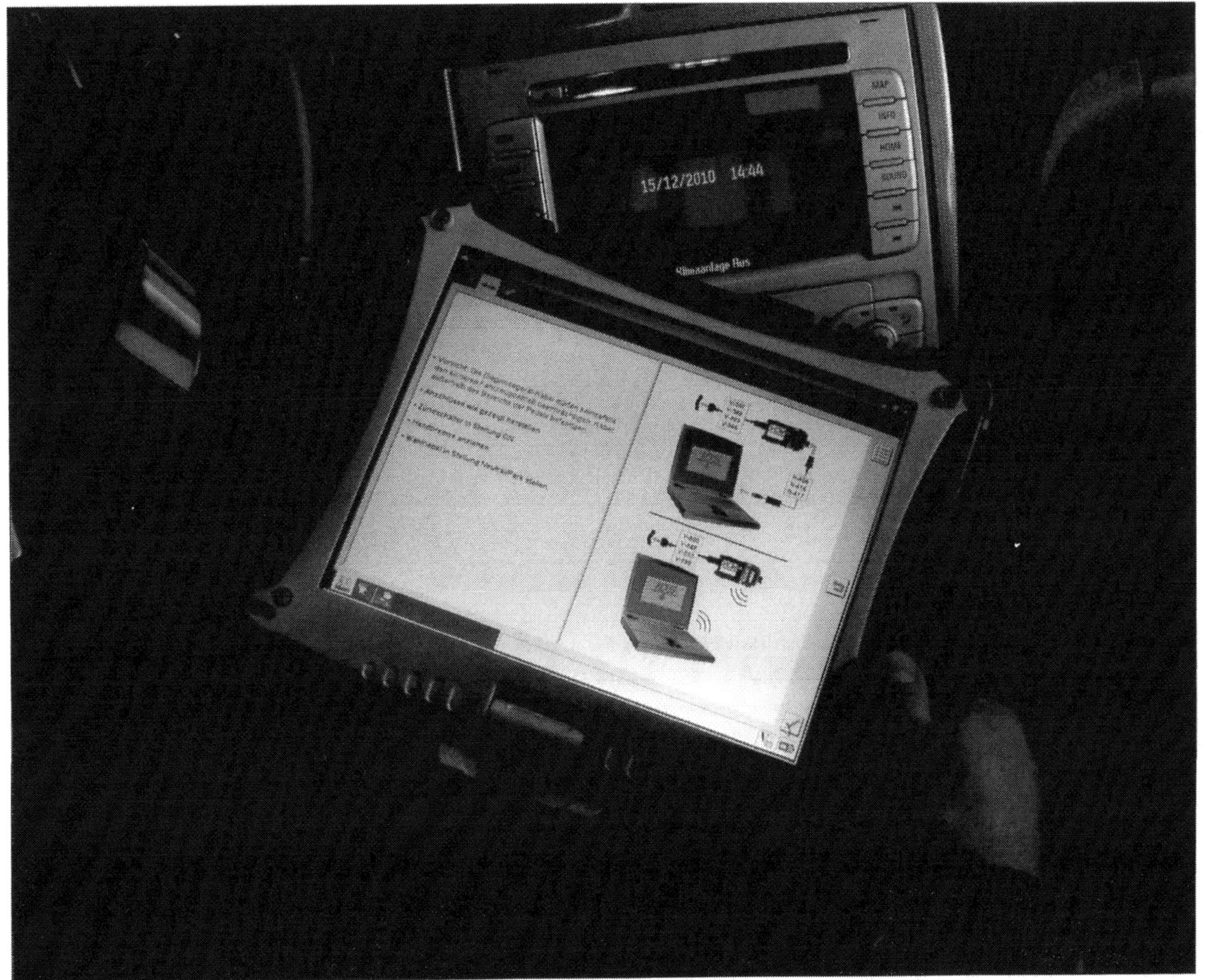

Übersetzt dem Profi Fehlercodes: Der Ford-Systemtester anlässlich der Fahrzeugannahme.

Investition in die Zukunft

Als Do-it-yourselfer wissen Sie's längst: Ohne das richtige Werkzeug sind Sie aufgeschmissen – und gutes Werkzeug ist zudem fast die halbe Miete. Darum zeigen wir Ihnen in diesem Kapitel, welches Werkzeug Sie haben sollten und wie der »Schrauberschatz« bequem in Ihre Garage passt.

Ob Sie nun häufig oder eher selten, ob aus purer Lust am Basteln oder einfach um Geld zu sparen an Ihrem Auto schrauben: Ohne die richtige Basis ist Ihr Einsatz von vornherein zum Scheitern verurteilt. Bevor Sie also die erste Schraube richtig drehen können, kommen schon Ausgaben auf Sie zu.

Was kostet mich meine Schrauberlust?

Pauschal gesagt: Zunächst einmal viel Geld. Bitte versuchen Sie bei der Ausstattung nicht wie ein Sparweltmeister zu knausern: Gute Arbeitsergebnisse sind auch von gutem Werkzeug abhängig – und dass gutes Werkzeug auch die Hände vor Verletzungen schützt, wird unter Profis längst nicht mehr in Frage gestellt.
Natürlich müssen Sie nicht gleich im ersten Kaufrausch den Gegenwert eines guten Gebrauchtwagens gegen Schraubenschlüssel und Arbeitsmöbel wechseln, so viel kostet nämlich die Ausrüstung unserer Heimwerkstatt. Wir haben unsere Bastelstube mit einem kompletten Werkzeugsatz in Profi-Qualität eingerichtet und die Ausstattung zudem mit praktischem Zusatz-Equipment ergänzt.

Lohnt sich der Aufwand für einen Heimwerker?

Eine Frage auf die es keine eindeutige Antwort gibt: Denn wie viel Euro Sie persönlich investieren, bestimmt natürlich Ihr Geldbeutel und Ihre Schrauberleidenschaft. Doch egal wie Sie entscheiden, einen Grundsatz sollten Sie beherzigen: Weniger ist mehr – mehr Qualität. Die hat bei Werkzeug immer noch ihren Preis. Über die Jahre rechnet sich gute Qualität. Lassen Sie darum vermeintliche Wühltischschnäppchen besser gleich links liegen.

Womit starten Sie?

Ohne ein Platz sparendes Ordnungssystem und eine stabile Werkbank sollten Sie sich und Ihrem Auto möglichst keine umfangreicheren Arbeiten zumuten: Ordnung und Sauberkeit sind beim Schrauben oberstes Gebot.
Hochwertige Ordnungssysteme, beispielsweise das in unserer Miniwerkstatt, kosten gut 4000 Euro – ohne Inhalt, versteht sich. Doch einzelne Werkzeuge ergänzen Sie über die Jahre ja ohnehin praxisbezogen. Lassen Sie sich künftig von Ihren Lieben zum Geburtstag oder zu Weihnachten doch mit Werkzeug beschenken.

⚠ Schraubergrundsatz – Safety First

GEFAHRENHINWEIS

Dass Essen, Trinken, offenes Licht, Feuer oder brennende Zigaretten am Arbeitsplatz nichts verloren haben, setzen wir natürlich als selbstverständlich voraus. Lagern Sie auch in Trinkflaschen keine undefinierbaren Flüssigkeiten. Selbst destilliertes Wasser ist kein verdauliches Lebensmittel.

Schrauben ist nicht ungefährlich: Die Verletzungsbandbreite reicht vom kleinen Kratzer bis hin zu veritablen oder gar tödlichen Verletzungen. Beachten Sie daher folgende Spielregeln:

- Rüsten Sie Ihren Arbeitsplatz mit einem Verbandkasten und Feuerlöscher aus – immer und überall.
- Arbeiten Sie niemals mutterseelenallein.
- Wenden Sie rund ums Auto keine Gewalt an, denken Sie lieber über elegantere Problemlösungen nach.
- Sichern Sie angehobene Lasten IMMER doppelt.
- Tragen Sie möglichst Schutzkleidung – besonders vor den Augen.
- Benutzen Sie hochwertiges Werkzeug.
- Belüften Sie geschlossene Räume immer möglichst großzügig.

Die Schränke füllen sich dann schneller als Sie denken. Zumal Sie Socken oder Unterwäsche eh schon genug haben...

Woran erkenne ich gutes Werkzeug?

Solides Werkzeug ist in der Regel nicht billig, über die Jahre wird es jedoch preisgünstig: Ein Ring-/Maulschlüssel kostet im Fachhandel je nach Größe zwischen fünf und 15 Euro. Für einen Zehner-Satz mit den gängigen Schlüsselweiten müssen Sie also mit rund 80 Euro rechnen. Noch gravierender sind die Qualitäts- und Preisunterschiede bei Steckschlüsselsätzen. Ein belastbarer Ratschenkasten mit Verlängerungen und Stecknüssen kostet an die 200 Euro.
Fernöstliche Wühltischware geht da wesentlich billiger über den Tresen, doch längst nicht alles was glänzt ist glänzende Qualität. Merke: Nicht nur der Glanz sondern auch das Gewicht ist ein Qualitätsindiz: Je schwerer das Werkzeug ist, umso stabiler ist es im

Umgang mit Schrauben & Co. »Wiegen« Sie zum Vergleich einfach mal ein paar Schlüssel in der Hand und achten dabei natürlich auch auf Maßhaltigkeit und die Oberfläche. Lassen Sie vermeintlich billige Leichtgewichte leichter durch Ihr Qualitätsraster fallen.

Was tun, wenn die Garage fehlt?

Der ideale Ort zum Schrauben ist natürlich eine Garage – je größer umso besser. Doch auch wenn Sie einen Stellplatz Ihr Eigen nennen oder gar im Freien arbeiten, müssen Sie Ihr Werkzeug nicht im Schuhkarton ordnen. In dem Fall heißt die Lösung Werkzeugwagen. Er pausiert bis zum nächsten Einsatz dann eben im Keller. Allzu schwer beladen sollte er freilich nicht sein.

Achten Sie beim Kauf eines Werkzeugwagens unbedingt auf stabile, kugelgelagerte Laufräder und rollengeführte Werkzeugladen. In diesem Punkt scheidet sich die Spreu vom Weizen. Für einen Wagen in Profi-Qualität kalkulieren Sie rund 1000 Euro ein.

Die Grundausstattung – das reicht für den Anfang

Der Werkzeugwagen: Was in einem guten Wagen alles Platz hat, verdeutlichen die umlaufenden Detailbilder. Die gezeigte Luxusversion ist abschließbar und hat ölfeste Gummiräder.

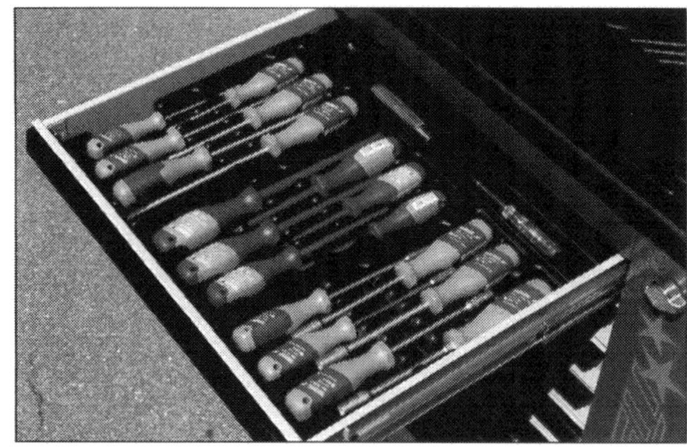

Schraubendreher: Entscheidend sind der Griff und die Qualität der Spitze. Je drei Größen von Schlitz- und Kreuzschlitzschraubendrehern genügen für den Anfang.

Ring-Maulschlüssel: Ein kompletter Satz dieser Kombinationsschlüssel von acht bis 22 Millimeter reicht in den meisten Fällen. Zusätzlich gibt es natürlich noch diverse Spezialschlüssel.

Steckschlüsselkasten: Auch Knarrenkasten genannt. Ein empfehlenswerter Kompromiss für das Grobe und Feine hat das Verbindungsmaß 3/8 Zoll. Sparen Sie auf keinen Fall an der Umschaltknarre!

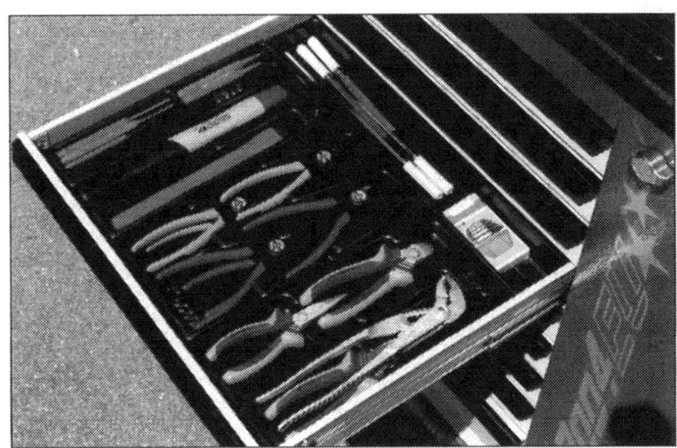

Zangen: Wichtig sind eine verstellbare Wasserpumpen-, eine Flach- oder Spitz- sowie eine Kombizange und ein Seitenschneider.

T-Griffe: Werden meist im Karosseriebereich eingesetzt. Das übertragbare Drehmoment ist nicht sehr hoch, dafür sind auch tief sitzende Schrauben gut erreichbar.

Torx-Abteilung: Immer mehr Schraubverbindungen haben Torx- oder Vielzahnköpfe. In diesem Fach ist alles versammelt, was das Arbeiten mit Torxschrauben erleichtert.

Sonderfach: Selten benötigte Werkzeuge, etwa Bremsleitungsschlüssel, Messschieber oder verschiedene Spezialbits, sind in einem Sonderfach gut aufgehoben.

Gekröpfte Ringschlüssel: Diverse Schrauben sind am Auto häufig nur mit einem gekröpften Ringschlüssel erreichbar. Es gibt verschiedene Ausführungen von Ringschlüsseln, so auch für Spezialfälle.

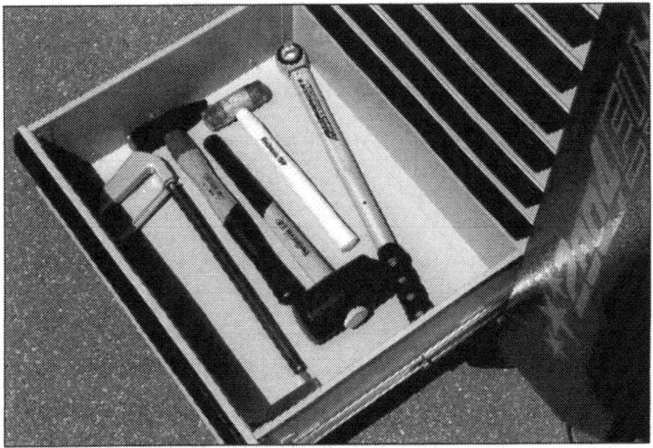

Hammer, Säge, Drehmomentschlüssel: Schwere Werkzeuge positionieren Sie besser im untersten Schubfach. Der Wagen rollt dann besser und häufig ist dieses Fach auch größer als die anderen.

Nützliche Sonderwerkzeuge – damit macht Schrauben Spaß

Wenn Sie keine Platzprobleme haben, bringen Sie Ihr gesamtes Werkzeug doch in einer Werkbank-/Werkzeugschrank-Kombination unter. Lassen Sie jedoch noch etwas Platz übrig, denn außer gutem Werkzeug finden sich in einer zünftigen Schraubergarage immer auch einige nützliche Sonderwerkzeuge. Woran es jedoch meistens hapert: eine Hebebühne. Dafür müsste die Innenhöhe einer Standardgarage gut zwei Meter mehr ausmachen.

Sicherer Stand: Stabile Auffahrrampen sind für die meisten Arbeiten unter dem Auto völlig ausreichend. Zwar können Sie für spezielle Arbeiten die Räder nicht abnehmen, dafür steht das Auto aber sicher.

Beste Bedingungen: Ungenutzte Räder parken perfekt auf einem Reifenbaum. Zwischen den Rädern bleibt sogar etwas Luft – das Gewicht trägt die Felge. So gelagert, bleiben Räder über Monate perfekt in Form.

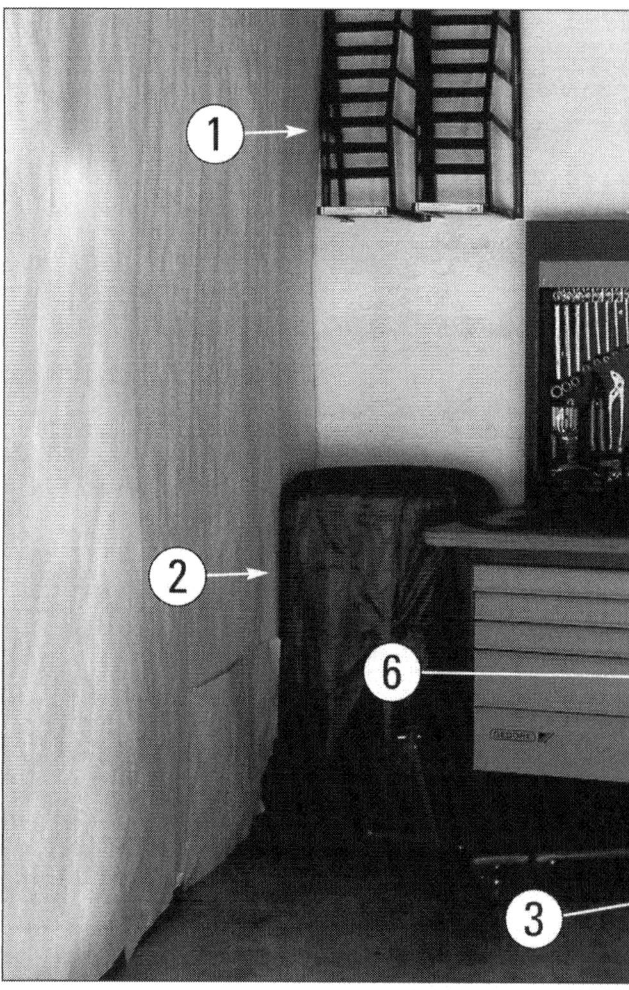

Des Schraubers Traum: Ein cleveres Werkstatt-System schafft auf begrenztem Raum ein wahres Schrauberparadies. Die im Bild gezeigte Ausrüstung passt in eine Normgarage. Wir haben dazu eigens fürs Foto eine ent-

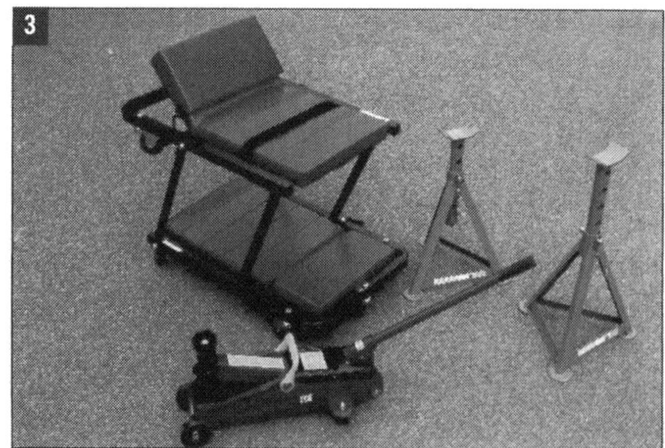

Helfer für den Autobauch: Unterstellböcke und ein hydraulischer Wagenheber sind für Arbeiten unter dem Auto ein Muss. Ein Rollbrett, das auf Verlangen zum Hocker mutiert, ist dagegen Luxus.

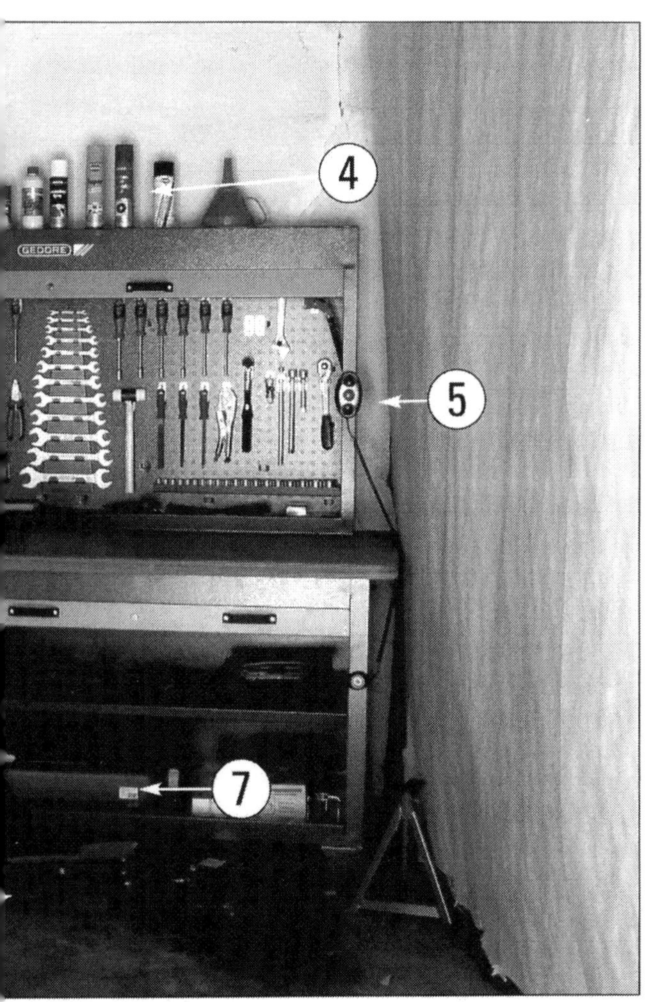

sprechend große Grundfläche vorbereitet. (1) Auffahrrampen, (2) Reifenbaum, (3), Lift- und Sitzhilfen, (4) Reinigungs- und Pflegemittel-Sortiment, (5) Rangierhilfe, (6) Arbeitslichtquellen, (7) Ölwechselequipment.

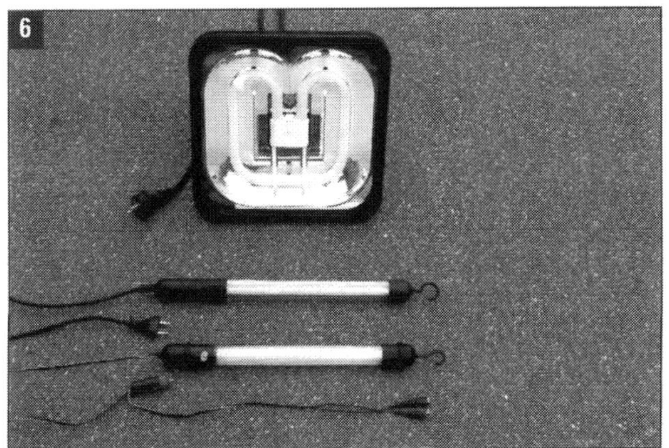
6

Es werde Licht: Gute Sicht und gutes Werkzeug sind schon mal die halbe Miete – hieran zu sparen, wäre unklug. Es sei denn, Ihr Arbeitsplatz hat pralles Sonnenlicht und als Werkzeug reichen die Hände.

4

Werkstattapotheke: Ganz ohne Chemie geht in der Werkstatt nichts von der Stelle. Unverzichtbar sind Teilereiniger, Sprühfett und Rostlöser. Häufig nachgefragt ist auch Kupferpaste.

5

Ampellösung: Damit unser »heilig's Blechle« nicht mit der kostbaren Werkbank oder mit dem Torpfeiler aneinander gerät, signalisiert ein optischer Abstandswarner die gebührende Distanz.

7

Ölige Helfer: Für den sauberen Ölwechsel empfehlen wir eine ölfeste Wanne mitsamt Trichterset. Sie bevorzugen die Absaugmethode? Dann kommen Sie ohne Altölpumpe und diverse Adapter nicht wirklich weit...

Richtig schrauben

So manchem Schrauber haben unlösbare oder abgerissene Schrauben die gute Laune schon gründlich vermasselt. Damit Sie nicht zu den Frustrierten gehören, reden wir über die gebräuchlichsten Tipps und Kniffe der Profis.

Nach »bombenfest« kommt schnell »ganz los« – achten Sie aufs Drehmoment

Damit Schrauben und Muttern richtig fest sitzen, benötigen Sie ein bestimmtes Anziehdrehmoment. Die Betonung liegt auf »bestimmtes« Anziehdrehmoment. Bei zu leicht angezogenen Schrauben/Muttern ist Gefahr in Verzug, sie lockern sich ungewollt. Zu fest angezogene Schrauben übrigens auch: Entweder zerbröseln die Gewindeflanken unter dem Anzugsmoment oder die Schraube reißt gleich ab.

Die Erfahrung machen Sie selber besser nicht. Wir nennen Ihnen darum die gebräuchlichsten Anzugsmomente für normale Schraubverbindungen.

- Schraube/Mutter M6 - 6 bis 10 Nm
- Schraube/Mutter M8 - 15 bis 20 Nm
- Schraube/Mutter M10 - 30 bis 40 Nm
- Schraube/Mutter M12 - 55 bis 70 Nm
- Schraube/Mutter M14 - 85 bis 100 Nm
- Schraube/Mutter M16 - 120 bis 140 Nm

Profis zeichnen übrigens gerne Schrauben/Muttern, die mit Drehmoment angezogen sind, mit einer Farbmarkierung. Sollte sich dann wider Erwarten eine Schraubverbindung lockern, verraten das die zueinander verdrehten Farbmarkierungen.

Wichtig in Leichtmetallen – die Schraubenlänge muss stimmen

In Aluminium oder Messing gedrehte Stahlschrauben müssen mindestens mit der Länge des doppelten Schraubendurchmessers im Gewinde sitzen. Beispiel: Eine M6-Schraube soll demnach mindestens zwölf Millimeter tief ins Gewinde reichen. Auf der sicheren Seite sind Sie jedoch, wenn die zweieinhalbfache Länge im Gewinde sitzt.
Sie haben gerade mal keine passend lange Schraube zur Hand und sind versucht eine kürzere zu verschrauben? Vergessen Sie's sofort und kürzen mit der Metallsäge oder dem Winkelschleifer lieber eine längere Schraube passend ein. Nur dann sind Sie sicher, dass die Verbindung auch dauerhaft fest bleibt.
Gleich noch ein Tipp für den Umgang mit gebrauchten Schrauben: Checken Sie das Gewinde auf Beschädigungen. Sobald Sie fündig werden, gehört die Schraube in die Mülltonne. Nicht so, wenn aus einer alten Verbindung noch Schmutz oder Reste von Schraubenkleber den Gewindegängen anhaften. Reinigen Sie die alte Schraube einfach mit einer Messingdrahtbürste. Jawohl Messing, denn eine Stahldrahtbürste verletzt die Gewindeflanken.

Erhöhen die Pressung: Unterleg-, Well-, Zahnscheiben und Federringe

Eines vorweg: Eine Schraubverbindung ohne Unterlage ist Pfusch! Eine Schraubverbindung mit der falschen Unterlage gleichfalls!
Unterleg- oder Wellscheiben gehören zwischen Stahlmuttern und Aluminium, Federringe (Sprengringe) und Zahnscheiben passen dagegen zu herkömmlichen Stahlverschraubungen.
Bei modernen Autos kommen zudem immer häufiger selbstsichernde Muttern (Stoppmuttern) zum Zuge. Diese Muttern sichert entweder ein am oberen Rand eingelegter Kunststoffring oder ein gesprengter Gewindegang. Sowohl der Kunststoffring als auch der behandelte Gewindegang stoppen die Mutter auf dem Schraubgewinde. Stoppmuttern unterliegen einem normalen Verschleiß. Verwenden Sie die Muttern maximal zweimal, danach sind sie ein Fall für die Schrottkiste.
Ab und an halten auch Stahlmuttern mit fein verzahntem Bund Schraubverbindungen beieinander. Diese Muttern sind eher selten anzutreffen, am ehesten jedoch dort, wo Schraubverbindungen ohne Unterlage zwischen Stahl und Aluminium zu realisieren sind.

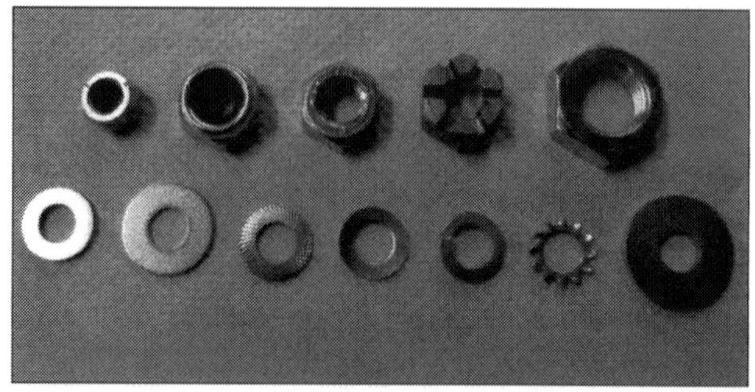

Kleine Auswahl: Für jede Befestigung gibt es spezielle Muttern und Unterlegscheiben.

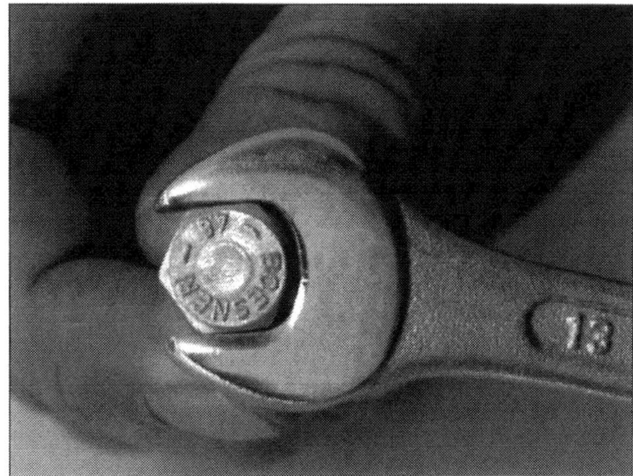

Das passt: Der richtige Schlüssel zur passenden Schraube/Mutter.

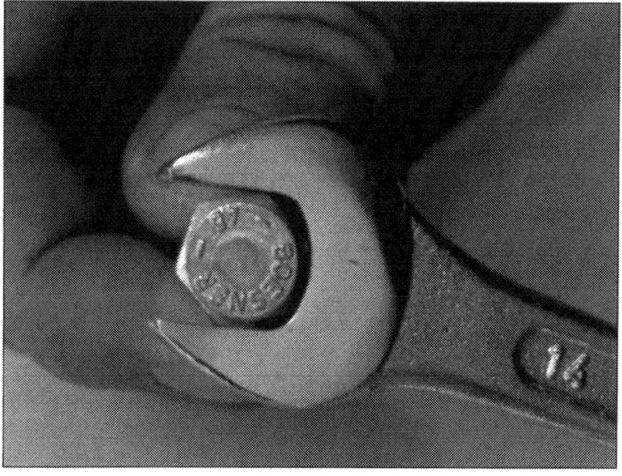

Das funktioniert nicht: Ein zu großer Schlüssel rutscht über den Schraubenkopf.

Kapitulieren meistens – verrostete Schraubverbindungen

Bevor Sie eine festgerostete Mutter bzw. Schraube lösen, befreien Sie deren überstehende Gewindegänge mit einer Messingdrahtbürste von ihren Rückständen. Andernfalls könnten die Ablagerungen die Mutter dermaßen auf dem Gewindestück verspannen, dass Ihnen der Gewindebolzen oder die Schraube kurzerhand abscheren.

■ Zunächst säubern Sie das überstehende Gewinde mit einer Messingbürste und sprühen es anschließend mit Rostlöser ein.

- Bei Schnellrostlösern drehen Sie die Mutter sofort los, …
- … andere Rostlöser (Öl, Petroleum, Diesel, »Cola«, etc.) lassen Sie erst einige Zeit einwirken.

Ein Fall für den Schrott: Verrostete oder beschädigte Schrauben sollten Sie niemals wieder verwenden.

Zeitaufwändig – beschädigte Muttern lösen

- Wenn Sie mit dem Gabelschlüssel eine Sechskantmutter rund gedreht haben oder die Anlageflächen bereits vom Rost zerfressen sind, sprengen Sie die Mutter entweder mit einem Mutternsprenger oder einem scharfen Meißel auf.
- Bei kleineren Muttern hilft in dem Fall ab und an noch eine stabile Gripzange. Sie greift mit etwas Glück den angefressenen Sechskant, sodass Sie die Verbindung lösen können.
- Hilft das nicht weiter, verfahren Sie wie mit widerspenstigen größeren Muttern.
- Gut zugängliche Muttern können Sie auch – entlang des Gewindes – mit einer Metallsäge aufsägen oder mit einem Winkelschleifer flexen.

Selten anzutreffen – Inbus- und Vielzahnschrauben

- Bevor Sie einen Schlüssel in Inbus- oder Vielzahnschrauben ansetzen, reinigen Sie gründlich den Schraubenkopf.
- Besonders hartnäckige Schraubverbindungen brechen Sie mit einem leichten Hammerschlag auf den Schraubenkopf meist schon los.
- Sollten Sie den Schraubenkopf nicht direkt mit dem Hammer treffen können, schaffen Sie eine Verlängerung.
- Im Gegensatz zu gebräuchlichen Winkelschlüsseln, bei denen setzt die Kraft immer schräg an, sind gerade Steckeinsätze meistens die bessere Wahl.

Sitzen ab und an bombenfest – Schlitz- und Kreuzschlitzschrauben

- Schon nach relativ kurzer Zeit können festsitzende Schlitz- oder Kreuzschlitzschrauben einen normalen Schraubendreher schlichtweg überfordern. Bei Kreuzschlitzschrauben kommt erschwerend hinzu, dass der Schraubendreher häufig keinen sicheren Halt im Schraubenkopf findet. Folge: Schon nach wenigen Versuchen ist die Schraube vermurkst.
- Versuchen Sie festgebackene Schrauben darum zunächst mit einem knackigen Hammerschlag auf den Schraubenkopf zu lösen. Oftmals brechen die Gewindegänge etwas los.
- Wenn Sie den Schraubenkopf nicht direkt mit dem Hammer erreichen, setzen Sie als Verlängerung einen passenden Schraubendreher mit stabilem Griff an und traktieren die Verbindung.
- Bleiben Sie erfolglos, versuchen Sie Ihr Glück mit einem Schlagschrauber und dem passenden Einsatz. Schlagschrauber setzen an der Schraube jeden Hammerschlag in eine Drehbewegung um.

Verursacht Probleme – festsitzender Stehbolzen

- Stehbolzen (Gewindestangen) bieten einem Schraubenschlüssel meist keine Anlagefläche. Sollten Sie keinen Stehbolzenausdreher haben, schaffen Sie auf dem Stehbolzen eine provisorische Schraubmöglichkeit.
- Schweißen Sie beispielsweise eine Mutter auf dem überstehenden Bolzengewinde fest oder kontern Sie zwei Muttern.
- Zum Lösen gekonterter Muttern setzen Sie den Schraubenschlüssel immer an der unteren Mutter an. Zum Festziehen nutzen Sie grundsätzlich die obere Mutter.

Exakt zentrieren – Bohrer auf abgescherten Schrauben

Ist die Schraube erst einmal abgeschert, bleiben nicht mehr viele Möglichkeiten. Eine davon ist das Ausbohren, doch die Gefahr das Gewinde zu beschädigen, ist groß. Lassen Sie sich also Zeit bei dieser Operation. Nur so retten Sie eventuell noch das Außengewinde.

- Geben Sie zunächst einen Körnerschlag exakt in die Mitte des abgescherten Schraubenstumpfs.
- Bohren Sie den Stumpf an: Bis Schraubengröße M8 schafft das ein so genannter Kernlochbohrer. Als Kernloch wird der Durchmesser einer Schraube ohne Gewindeflanken bezeichnet. Bis zur Schraubengröße M 6 gilt die Faustregel: Gewindedurchmesser multipliziert mit 0,8. Beispiel: Verschraubung M 6 x 0,8 = Kernlochdurchmesser 4,8. Bei Schrauben, die größer sind als M 8, sollten Sie mit einem dünneren Bohrer vorbohren.
- Entfernen Sie die in den Gewindegängen verbliebenen Metallreste anschließend mit einer Reißnadel oder einem Stabmagneten.
- Falls das nicht klappt, schneiden Sie das Gewinde vorsichtig nach. Der Gewindeschneider entfernt dabei die Reste des alten Bolzens.

Gewinde schneiden – mit Gewindebohrern leicht machbar

Leichtmetall hat eine geringere Festigkeit als Stahl. Demzufolge reißen Gewinde in Leichtmetall besonders leicht aus. Solange dann um das alte Gewinde herum noch genügend Materialsubstanz vorhanden ist, können Sie ein größeres Gewinde einschneiden.
Neue Gewinde schneiden Sie in drei Stufen. Die entsprechenden Gewindeschneider heißen daher Vorschneider (ein Ring am Schaft), Mittelschneider (zwei Ringe am Schaft) und Fertigschneider (ohne bzw. drei Ringe am Schaft).

- Drehen Sie die Gewindeschneider unter ständigem Ölen nacheinander in das vorgebohrte Kernloch ein und aus.
- Um die Schneider nicht abzureißen, nehmen Sie immer nur kleine Vorwärtsdrehungen (max. 1/8 des Umfangs) vor. Drehen Sie danach den Schneider immer so weit zurück, bis die Schneidspäne abbrechen und der Schneider nicht mehr klemmt.

Meist ein Fall für Profis – Gewindereparatur mit neuen Gewindeeinsätzen

Es gibt viele Gründe, warum ein Gewinde nicht mehr in der Lage ist, das vorgesehene Anzugsdrehmoment zu halten.

Grund 1: Häufiges Lösen und Anziehen führt zum Verschleiß der Gewindeflanken und, je nach Häufigkeit der Benutzung, zur Zerstörung.

Grund 2: Die zum Teil recht weichen Aluminiumgusslegierungen sind in dieser Beziehung besonders problematisch und anfällig.

Grund 3: Schrauben oder Muttern werden mit zu großen Anziehdrehmomenten angezogen.
Grund 4: Rost zwischen Schraube und Bauteilwerkstoff blockiert die Schraube. Der Versuch, die Schraube zu lösen, zerstört das Muttergewinde.

Zerstörte Gewinde können allerdings mit relativ geringem Aufwand zu durchaus vertretbaren Kosten zuverlässig instand gesetzt werden. Das defekte Innengewinde wird in dem Fall einfach ausgebohrt und ein aus gewickeltem Draht bestehender Gewindeeinsatz (zum Beispiel HeliCoil) danach eingedreht.
Entsprechende Gewindereparatursätze vertreibt der Fachhandel. Größen zwischen M2 bis M36 sind meistens vorrätig. Doch für Heimwerker mit nur gelegentlichem Bedarf lohnt sich die Anschaffung meistens nicht: Gewindereparatursets sind relativ teuer. Betrauen Sie damit besser eine Fachwerkstatt.

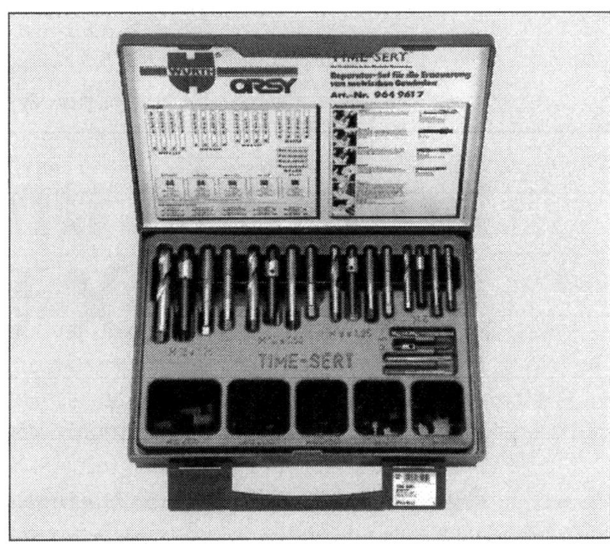

Voll belastbar: Mit hochwertigen Gewindereparatursets erzielen Sie hervorragende Ergebnisse.

Kompakt und trendy – die C-MAX-Derivate

Dynamische Fahrwerks- und Antriebstechnik, solides Sicherheitspotential, schwungvolles Design und gediegenes Ausstattungsniveau – seit Herbst 2010 die charakteristischen Merkmale der zweiten C-MAX-Generation. Allerbeste Voraussetzungen also, um die Erfolgsstory des Vorgängers im Segment der Multi Activity Vehicles (MAV) auf hohem Niveau fortzuschreiben. Unter den Motorhauben der neuen Generation arbeiten moderne Vierzylinder-Ottomotoren mit 63 kW (85 PS) bis 134 kW (182 PS). Das Leistungsband der aktuellen Common-Rail-Dieselfraktion beginnt bei 70 kW (95 PS) aus 1,6-Liter Hubraum. Standfeste 120 kW (163 PS) liefert die stärkste Zwei-Liter-Variante an den angetriebenen Vorderrädern ab. Die Selbstzünder verschonen die Atmosphäre per Dieselfilter (DPF) vor atemgängigen Rußpartikeln.

Die zweite Ford C-MAX-Generation basiert seit Herbst 2010 als erste Modellfamilie auf der neuen, für den Weltmarkt konzipierten Fahrzeugarchitektur im C-Segment. Sämtliche Varianten laufen in Almussafes, dem spanischen Produktionsstandort in der Nähe von Valencia, vom Band. Dazu zählen auch die seit 2011 für den nordamerikanischen Markt gefertigten Siebensitzer-Varianten.

Zur Markteinführung des C-MAX nahm dazu Anfang 2010 in Valencia ein mit durchgängigen Kompetenzen ausgestattetes Vorbereitungsteam seine Arbeit auf: Insgesamt 200 Spezialisten aus den Bereichen Produktion, Produktentwicklung und Einkauf wurden in Spanien konzentriert. Das Team verantwortete bereits die finalen Vorproduktions-Phasen und kooperierte eng mit der Endmontage. Vorteil: Die Experten bekamen, lange vor Serienanlauf, sämtliche die Fertigung betreffenden Ungereimtheiten schnell und zuverlässig in den Griff.

Valencia war ein in doppelter Hinsicht positiv vorbelasteter Ort: Während der vergangenen beiden Jahrzehnte entwickelten Logistiker dort ein hochflexibles Produktionssystem, um zeitgleich auf denselben Produktionslinien unterschiedliche Modelle und Karosserievarianten fertigen zu können.

Einen weiteren Beitrag zur hohen Produktqualität der zweiten C-MAX-Baureihe leistet der unmittelbar an den Produktionsstandort in Valencia angeschlossene Industriepark. Er bestückt die Montagelinien über ein Direkt-Transportsystem just in time mit modularen Fahrzeugkomponenten. Der auf diese Weise markant reduzierte Aufwand für Transport, Lagerung und Handling steigert nachvollziehbar die Produktivität und die Qualität. Gleichermaßen profitiert die Umwelt: Die elektrisch betriebene Hängebahn macht pro Produktionstag rund 270 Lkw-Fahrten überflüssig.

Der aktuelle C-MAX fungierte übrigens auch für die dritte Focus-Generation, die ein Jahr später debütierte, als Plattformvorreiter. Ab 2012 bildet die C-Plattform im Hause Ford weltweit die Grundlage für mehr als zwei Millionen Fahrzeuge. In der endgültigen Ausbauphase basieren bis zu zehn verschiedene Modelle und Modellvarianten auf der variablen Plattform.

Ford C-MAX – Design-Vorreiter für das C-Segment

Der Kompakt-Van beerbt zudem mit einer neuen Formensprache, dem »Ford Kinetic Design«, das »Ford New Edge Design« der ersten Auflage. Wer hinter »Kinetic Design« allerdings eine optische Revolution vermutet, irrt gewaltig. Kinetic Design, so wie es die Linienrichter am Beispiel des C-MAX interpretieren, führt modernisiertes Interieur, attraktive Ausstattungen und fortschrittliche Technologien zueinander. Das Ganze gepaart mit vorbildlicher Fahrdynamik und zeitgemäßer Umweltverträglichkeit. Nicht mehr – doch auch nicht weniger!

Die Zweitauflage des C-MAX war in Europa vom Start weg als Modellfamilie in zwei verschiedenen Karosserievarianten verfügbar: Wie gehabt als C-MAX in fünfsitziger Ausführung, zudem als Grand C-MAX mit verlängertem Radstand und sieben Sitzen.

Beide Versionen eröffnen den Mitfahrern ein großzügiges Raumangebot. So erleichtern im Grand C-MAX zum Beispiel seitliche Schiebetüren den Hinterbänklern ihren Zugang auf ein innovatives Fondgestühl. Im Gegensatz zu Klapptüren reizen geschobene Türblätter ihre systembedingten Vorteile besonders in engen Parklücken aus: Sie schmiegen sich in geöffnetem Zustand eng an die Karosserie an und lassen Fondmitfahrer somit über den gesamten Türausschnitt ihre Plätze erreichen.

Bequeme Lösung: Beide Schiebetüren vereinfachen im Grand-C-MAX den Fondeinstieg.

Gesteigerter Komfort – mit neuem Innenraumkonzept

Der fünfsitzige C-MAX bleibt den Außenmaßen seines Vorgängers im Großen und Ganzen treu. Er greift somit den Kompromiss aus relativ kompakten Karosserie-Abmessungen, praktischen Bedienmöglichkeiten, großzügigen Platzverhältnissen sowie hoher Sitzposition und sportlich-dynamischem Fahrverhalten auf.
Das Plus an Innenraum schöpft der 4,52 Meter lange und besonders geräumige Ford Grand C-MAX vor allem aus dem um 140 Millimeter gestreckten Radstand. Der C-MAX misst 2648 Millimeter von Radmittelpunkt zu Radmittelpunkt. Auch in der Höhe übertrifft der Grand C-MAX das kürzere Schwestermodell um 40 Millimeter. Das bietet bis zu sieben Personen eine bequeme Mitfahrgelegenheit und deren Reisegepäck zudem noch ausreichend Platz hinter der dritten Sitzreihe.
Im siebensitzigen Grand C-MAX kommen die clever durchdachten Konfigurations-Möglichkeiten des flexiblen Sitzsystems »**F**old**F**lat**S**ystem« (**FFS**) besonders zur Geltung. FFS setzt jene Erkenntnisse in die Praxis um, die Ford während einer Bedarfsanalyse bei jungen Familien gewonnen hat. So lässt sich beispielsweise der mittlere Platz der zweiten Sitzreihe schnell und einfach unter dem rechten Außensitz verstauen. Vorteil: Auf diese Weise entsteht im Handumdrehen ein gut nutzbarer Durchgang zu den Plätzen der dritten Reihe. Das erleichtert den Ein- und Ausstieg sowie das Anschnallen der Kinder in der letzten Sitzreihe.

Hinsichtlich Innenraumvariationen übernimmt der C-MAX das Konzept seines Vorgängers mit drei umklappbaren Einzelstühlen in 40-20-40-Konfiguration. Optional steht zudem das bekannte Sitzsystem »Komfort« zur Verfügung. Dessen Besonderheit: Aus dem mittleren Rücksitz wird ein »Beistelltisch«, der unter anderem den Schulterraum im Fond vergrößert. Außerdem sind die Außensitze jetzt weiter nach hinten zu verschieben, was beiden Fondpassagieren ein üppiges Platzambiente beschert.

In beiden Karosserievarianten identisch: Das Cockpit mit seiner erhabenen Sitzposition und dem hoch in den Armaturenträger integrierten Schalthebel. Dabei schlägt Ford auch mit dem neuen Bedienkonzept hochmoderne Wege ein. Unter dem Begriff **MyFord** stellt es die nächste Evolutionsstufe des **H**uman **M**achine **I**nterface (**HMI**) dar.

Verbessern die CO2-Bilanz – moderne Motoren

Mit modernen Diesel- und Otto-Motoren tritt die zweite C-MAX-Generation nicht nur dynamischer sondern auch sparsamer auf als die Erstauflage. Entsprechend zeitgemäßer ist auch die CO2-Bilanz aller Modelle. Dies trifft speziell auf die Ford EcoBoost-Ottomotoren mit 110 und 132 kW (150 und 180 PS) zu. Beide sind Varianten einer komplett neu konzipierten Generation besonders effizienter und abgasarmer Leichtbau-Motoren, die dem Prinzip des Downsizing (kleiner machen) folgt. Anders gesagt: EcoBoost-Motoren generieren aus gleichem – oder sogar reduziertem – Hubraum die gleiche, bzw. mehr Leistung bei geringerem spezifischen Verbrauch. Im Falle EcoBoost stehen dafür vordergründig eine Hochdruck-Direkteinspritzung mit variabel steuerbaren Nockenwellen und einem früh ansprechenden Turbolader in der Pflicht.

So spurtet der neue Ford C-MAX in Verbindung mit dem 132 kW (180 PS) starken 1,6-Liter-EcoBoost zum Beispiel in 8,5 Sekunden von null auf 100 km/h und bewältigt die für Landstraßen so typische Beschleunigung von 50 auf 100 km/h im vierten Gang in lediglich 8,8 Sekunden. Diesem bemerkenswerten Temperament steht ein durchschnittlicher Kohlendioxid-Ausstoß von gerade mal 154 g/km gegenüber.

Bei den Selbstzündern sind die modernisierten Varianten der Ford Duratorq TDCi-Motoren mit 1,6 und 2,0 Litern Hubraum besonders erwähnenswert. Sie bieten ein kraftvolleres Leistungsangebot bei gleichzeitig optimiertem Verbrauch und reduzierten Abgasen. Die 1,6-Liter-Variante emittiert im C-MAX exakt 119 Gramm CO2/km und im größeren Grand C-MAX 129 Gramm/km.

Parallel hierzu bietet Ford im C-MAX auch die modernisierte Version des Sechsgang-PowerShift-Automatikgetriebes mit Doppelkupplungstechnologie an. Wer die Gänge lieber herkömmlich variiert, kommt mit dem neu entwickelten 6-Gang-Schaltgetriebe bestens zurecht. Beide Aggregate leisten im Verbund mit Komponenten des unter anderem für die C-MAX Reihe aktuell aufgelegten Ford-ECOnetic-Programms, wie zum Beispiel die Schaltempfehlungsanzeige im Cockpit oder das Energie-Rückgewinnungs-System (**S**mart **R**egenerative **C**harge) einen gewichtigen Beitrag zur Kraftstoff- und Abgasreduktion.

Verbessert – die fahrdynamischen Eigenschaften des C-MAX

Bereits die erste Generation des Ford C-MAX erfreute mit ihrer Kombination aus Agilität, sportlich-direktem Fahrverhalten und großem Komfort die Fachwelt. Die Nachfolgermodelle legen die Messlatte nun noch ein gutes Stück höher. Besonders positive Einflüsse hat zum Beispiel die vollständig neu entwickelte elektrische EPAS-Servolenkung (**E**lectric **P**ower-**A**ssisted **S**teering) auf den dynamischen Fahreindruck. Dank sorgfältiger Feinabstimmung überzeugt sie bei hohen Geschwindigkeiten mit klaren und präzisen Rückmeldungen und reduziert die Lenkkräfte während Einparkmanövern auf ein Mindestmaß.

Doch nicht nur die Lenkung ist erwähnenswert, auch das C-MAX-Fahrwerk ist auf Höhe der Zeit. Sowohl die Multilink-Schwertlenkerhinterachse wie der vordere Fahrschemel wurden tief greifend modifiziert.

Gleichfalls das Zusammenspiel der angetriebenen Vorderräder. TVC-S (**T**orq **V**ectoring **C**ontrol-**S**ystem) verteilt im C-MAX II, ähnlich einem elektronischen Differenzial, das Drehmoment zwischen den angetriebenen Vorderrädern. Vorteil: Unerwünschtes Unter-/Übersteuern wird reduziert und die Traktion gleich wie das Einlenkverhalten der Vorderradaufhängung spürbar verbessert.

Optimieren die aktive und passive Sicherheit – moderne Technologien

Als erste Produktfamilie des neuen Ford C-Segments bekamen der C-MAX sowie sein größerer Bruder eine Vielzahl fortschrittlicher Technologien und Optionen implantiert. Viele dieser Funktionen steigern die Sicherheit und erhöhen den Bedienkomfort.

- Kernstück vieler Assistenzsysteme des aktiven Sicherheitskonzepts ist das **E**lektronische **S**icherheits- und Stabilitäts**p**rogramm (ESP). Es verwendet eine intelligente Logik sowohl zur Überwachung aller Fahrzeugbewegungen als auch zur Steuerung der Eingriffe, falls diese erforderlich werden.

Und so funktionieren die aktiven Systeme in aller Kürze:

- **Elektronische Bremskraftverteilung:** Die Elektronische Bremskraftverteilung (**E**lectronic **B**rakeforce **D**istribution) sorgt, noch bevor das **ABS** einsetzt, für unabhängige Bremskräfte an allen vier Rädern. Auf diese Weise sichert EBD eine effektive Ausnutzung der Bremskraft gleichwie bessere Spurstabilität sowie verkürzte Bremswege.
- **Kurvenbremskontrolle:** Die Kurvenbremskontrolle (**C**orner **B**rake **C**ontrol) verbessert die Stabilität bei weniger starkem Bremspedaldruck sowie bei

Wie an der Schnur gezogen: Der C-MAX ist ein aktives Fahrerauto. Er folgt den angetriebenen Vorderrädern – bis in den Grenzbereich – mit hohen Sicherheitsreserven.

Eingriffen von EBD oder ABS, indem sie den Bremsdruck am kurveninneren Vorderrad reduziert. Der Eingriff erzeugt ein stabilisierendes Moment und verhindert Übersteuern der Hinterachse, falls der Fahrer gleichzeitig zu scharf einlenkt und bremst.

- **Sicherheits-Bremsassistent:** Der Sicherheits-Bremsassistent (**E**mergency **B**rake **A**ssist) hilft dem Fahrer im Falle einer Notbremsung, von der ersten Zehntelsekunde an die bestmögliche Verzögerung zu erzielen. Sobald das System erkennt, dass der Fahrer nicht den maximalen Pedaldruck aufbaut, erhöht der EBA den Bremsdruck selbstständig.
- **Elektronische Bremsenvorspannung:** Die Elektronische Bremsenvorspannung (**E**lectronic **B**rake **P**refill) variiert den Vordruck im Bremssystem. EBP rückt die Bremssegmente immer dann näher gegen die Bremsscheibe, wenn die Sicherheitssysteme eine Verkehrssituation erkennen, die auf eine Notbremsung hinauslaufen könnte.
- **Motordrehmoment-Kontrollsystem:** Das Motordrehmoment-Kontrollsystem (**E**ngine **T**raction **C**ontrol **S**ystem) nimmt das Motordrehmoment bei Bedarf gerade so weit zurück, dass sich ein Idealmaß an geringem Schlupf an den Antriebsrädern einstellt. ETCS steigert damit die Traktion und Stabilität unter anderem beim Beschleunigen.
- **Aktiver Bremseingriff:** Der Aktive Bremseingriff (**B**rake **L**ock **D**ifferential) verteilt das bereitstehende Drehmoment auf die angetriebenen Vorderräder. Das Rad mit dem jeweils höheren Schlupf wird von BLD abgebremst, sodass die Antriebskräfte auch bei schlechteren Straßenverhältnissen optimal in Vortrieb umgesetzt werden.
- **Notbremslicht:** Das Notbremslicht (**E**mergency **B**rake **W**arning) aktiviert die Warnblinkanlage während einer Vollbremsung. Die Fahrer nachfolgender Fahrzeuge können somit auf die Gefahrensituation vor dem Vordermann frühzeitiger reagieren.
- **Hydraulische Hinterachs-Bremsunterstützung:** Die hydraulische Hinterachs-Bremsunterstützung (**H**ydraulic **R**ear **A**xle **B**oost) erhöht immer dann den Bremsdruck an der Hinterachse, wenn das ABS bei schwer beladenem Fahrzeug an einem der Vorderräder aktiv wird. Der Bremsvorgang wird somit effizienter.
- **Motorschleppmoment-Kontrolle:** Die Motorschleppmoment-Kontrolle (**E**ngine **D**rag **T**orque **C**ontrol) steigert die Spurstabilität während des Bremsvorgangs. Sobald eines der Antriebsräder, forciert von zu starker Motorbremswirkung, zu blockieren droht, erhöht EDC kurzzeitig die momentane Motorleistung.
- **Torque Vectoring Control:** Die **T**orque **V**ectoring **C**ontrol steigert die Spurstabilität in engen Kurven, indem das kurveninnere Vorderrad abbremst. Zwangsläufig gelangt mehr Antriebsleistung auf das kurvenäußere Vorderrad.
- **Integrierte Überroll-Prävention:** Die **A**ctive **R**ollover **P**rotection kappt, sobald ESP Anzeichen für einen drohenden Überschlag erkennt, die Motorleistung auf null. Die angetriebenen Vorderräder bremsen ab. Folge: Ein gezieltes Untersteuern setzt ein und stabilisiert den Wagen.
- **Anhänger-Stabilisierung:** Das optionale **A**nhänger-**S**tabilisierungssystem diszipliniert pendelnde Trailer. Sobald Anhänger aufschaukeln reduziert AS mit gezielten Eingriffen ins Bremssystem und Motormanagement die Geschwindigkeit. Das Gespann stabilisiert umgehend.

Die folgenden Sub-Funktionen sind im C-MAX außerdem mit von der Partie:

- Einpark-Assistent (Active Park Assist)
- »Toter-Winkel-Assistent« in beiden Außenspiegeln (Blind Spot Information System)
- Geschwindigkeitsbegrenzer mit Geschwindigkeitsregelanlage (Speed Limiter)
- Warnsystem für nicht angelegte Gurte in der 2./3. Sitzreihe (Grand C-MAX)
- Elektrische Tür-Kindersicherung (Power Activated Child Locks)
- Elektrische Heckklappenfunktion (Power Operated Tailgate)
- Rückfahrkamera

Auf einen Blick – die C-MAX Modellübersicht

- C-MAX/Grand C-MAX Ambiente – die pragmatischen Van-Varianten
- C-MAX/Grand C-MAX Trend – die komfortablen Van-Varianten
- C-MAX/Grand C-MAX Titanium – die exklusiven Van-Varianten

Das Modellprogramm bewältigt die unterschiedlichsten Aufgabenstellungen. Auch die jeweiligen Basis-

modelle geizen nicht mit solider Grundausstattung. Gesteigerte Ansprüche in jedwede Richtung erfüllen zudem diverse C-MAX Ausstattungsvarianten und natürlich auch die thematisch geordnete C-MAX Sonderzubehörliste.
Beigaben wie Fahrer-, Beifahrer-, Seiten-, Kopf- und Schulterairbags (C-MAX vorne und hinten), Seitenaufprallschutz, Gurtstraffer und -stopper, Bremsassistent, ABS, EBD, ESP, elektronische Wegfahrsperre, höhenverstellbarer Fahrersitz, umlegbare Rücksitzbank, Servolenkung, verstellbare Lenksäule, Innenraum-Staub- und Pollenfilter, Drehzahlmesser, Digitaluhr, Wärmeschutzverglasung, Bordcomputer, Audiosystem mit Fernbedienung oder LED Leselampen – die zweite C-MAX Generation hat sie serienmäßig an Bord. Der Grand-C-MAX erfreut zudem mit zwei seitlichen Schiebetüren, elektrischen Fensterhebern im Fond und elektrischer Tür-Kindersicherung.

So kombinieren Sie – Motoren und Getriebe*

Motoren	1,6 l TI-VCT	1,6 l TI-VCT	1,6 l TI-VCT	1,6 l Flexifuel	1,6 l EcoBoost	1,6 l EcoBoost	1,6 l TDCi	1,6 l TDCi	2,0 l TDCi	2,0 l TDCi	2,0 l TDCi
Höchstleistung KW/ PS 120/163	63/85	77/105	92/125	88/120	110/150	134/182	70/95	85/115	85/115	103/140	
C-MAX Ambiente	●	●	-	-	-	-	●	-	-	-	-
C-MAX Trend	-	●	●	●	●	-	●	●	●2	●1	-
C-MAX Titanium	-	●	●	●	●	●	●	●	●2	●1	●1
Grand C-MAX Ambiente	-	●	-	-	-	-	●	●	-	-	-
Grand C-MAX Trend	-	●	●	-	●	-	●	●	●2	●1	-
Grand C-MAX Titanium	-	●	●	-	●	●	●	●	●2	●1	●1

*Stand Dezember 2009; 1 auch mit Powershift Getriebe erhältlich; 2 nur mit Powershift Getriebe erhältlich.

Wunschprogramm – die beliebtesten Sonderausstattungen

Obwohl der C-MAX bereits ab Werk gut ausgestattet von den Montagebändern rollt, greift Ford bei den möglichen Sonderausstattungen relativ umfangreich in die Teilekiste: Insgesamt 18 Individualpakete sind machbar. Ein Eldorado also für Ausstattungsfetischisten. Aus Platzgründen ersparen wir uns an dieser Stelle detailliert darauf einzugehen. Zumal die Plusoptionen innerhalb der aktuellen Preisliste durchaus unterschiedlich kombinierbar und somit objektiv nicht unbedingt vergleichbar sind.
Natürlich haben alle C-MAX Goodies ihren Preis. Doch vor dem Hintergrund Preis/Leistung/Qualität attestieren auch voreingenommene Zusatzausstattungsgegner Ford eine durchaus faire Kalkulation: Die theoretischen Verlockungen, aus Großserienware ab Werk einen individuellen Van zu bemustern, waren selten verführerischer. Da finden selbst ambitionierte Do-it-Yourselfer nur noch wenig Freiraum, den eigenen Werkzeugkasten sinnvoll in Szene zu setzen.
Daher an dieser Stelle unser Rat: Studieren Sie kritisch die Werksangebote und verwechseln Sie die Offerten möglichst nicht mit den erstbesten Wühltischschnäppchen. In dem Fall endet in den meisten Fällen der Preisvergleich zum Vorteil der Werksofferte oder zugunsten eines Vertragshändler-Sonderangebots. Unsere Internet-Recherchen zumindest waren ganz eindeutig: Händler vor Ort machten häufig das bessere Angebot – und zwar inklusive Montage. So zum Beispiel bei kompletter Winterbereifung, bei Anhängerkupplungen, Kindersitzen oder Dachtransportsystemen mit unterschiedlichen Aufsätzen.

Die Zusatzausstattungs-Bestsellerliste bei Neuwagenkäufern führten zur Zeit unserer Recherchen eine Hand voll Optionen an:

- Berganfahrassistent: Der Berganfahrassistent – serienmäßig in allen neuen C-MAX Titanium oder in Kombination mit Ford PowerShift-Automatikgetriebe – dient als Garant für sicheres Anfahren an Steigungs- und Gefällstrecken ganz ohne Balance-Akt mit der Handbremse. Dabei hält das System die Verzögerungswirkung nach dem Lösen der Bremse noch für bis zu drei Sekunden aufrecht und blockiert den Wagen damit so lange, bis genügend Antriebsmoment zum Anfahren bereitsteht.
- Ablagemöglichkeiten und Schnittstellen-Lösungen: Zu den besonderen Kennzeichen des modern gestalteten Interieurs zählen auch zahlreiche praktische, sorgfältig konzipierte Ablagemöglichkeiten. Bei der gehobenen Ausstattungslinie des Ford C-MAX kommt eine nochmals großzügiger dimensionierte Mittelkonsole inklusive einer verschiebbaren Armauflage und einem Staufach hinzu, das Platz bietet für Mobiltelefone, MP3-Player, bis zu fünf CDs oder auch 1-Liter-Flaschen.

  Stichwort Handy: Ford bietet für die C-MAX-Modellfamilie umfangreiche Schnittstellen-Lösungen für die Einbindung von Mobiltelefonen via Bluetooth® an, die auch eine Sprachsteuerung umfassen. Hinzu kommen unterschiedliche Anschlussmöglichkeiten für eine Vielfalt externer Speichermedien und MP3-Player. Dies beinhaltet neben einem konventionellen USB-Port zum Beispiel auch eine spezielle Bluetooth-Lösung, über die etwa auf dem Handy gespeicherte Musikdateien auf drahtlosem Wege von dem Audio-System des Fahrzeugs abgespielt werden können.
- Panorama-Glasdach: Das Raumgefühl in beiden C-MAX-Modellen fällt nochmals souveräner aus, wenn das üppig dimensionierte Panorama-Glasdach inklusive innen liegender Sonnenjalousie den Innenraum aufhellt. Sein Dachausschnitt reicht fast über die gesamte Dachpartie. Um die Sonneneinstrahlung zu minimieren und den Innenraum möglichst kühl zu halten, wählte Ford ein dunkel getöntes Sicherheitsglas mit zusätzlicher »Solar Reflect-Beschichtung«.
- LED-Innenraumbeleuchtung: Die Titanium-Ausstattungen der C-MAX-Familie erhellt erstmals ein besonders fortschrittliches Innenraum-Beleuchtungskonzept. Es illuminiert den Innenraum punktuell mit roten LED-Lichtquellen: so zum Beispiel Teile der Dachkonsole, die Türöffner und die Staufächer in den Türverkleidungen oder auch die Mittelkonsole und das Handschuhfach. Die konventionelle Innenraum-Aus- und Hintergrundbeleuchtung des Cockpits reflektiert in »Crystal Blue«. Zudem nutzen die für jede einzelne Sitzreihe vorgesehenen Deckenlichter LED-Technologie.
- Einpark-Assistent: Die Rolle des Senkrechtstarters unter den C-MAX-Sonderausstattungen gebührt seit Januar 2012 dem Einpark-Assistenten. Er manövriert den C-MAX automatisch in längs zur Fahrtrichtung liegende Parkbuchten. Europaweit ordern rund 66 Prozent aller Neuwagenkäufer den Rangierkünstler. Das auf Ultraschall-Sensoren basierende System wird per Schalter von der Mittelkonsole aus aktiviert. Danach rollt der C-MAX wie von Geisterhand in Parklücken, die lediglich 20 Prozent länger als seine Karosserie sein müssen. Der Fahrer legt lediglich den Rückwärtsgang und bedient Gas und Bremse.

In aller Kürze – die Motoren

Unisono befeuert die Ottofraktion der zweiten C-MAX/Grand C-MAX Generation 1,6-Liter Motoren – ab Werk allesamt mit 5-Gang-Schaltgetrieben bzw. 6-Gang-Getrieben (EcoBoost-Motoren mit Start/Stopp-System) verquickt. Das Leistungsangebot reicht von 63 kW (85 PS) im 1,6-Liter Ti-VCT bis hin zu 134 kW (182 PS) im 1,6-Liter EcoBoost.

Detailgetreu modernisiert und Verbrauchsoptimiert: Die Ottomotoren der zweiten C-MAX-Generation.

Die Selbstzünder variieren zwischen 1,6-Liter und 70 kW (95 PS) im 1,6-Liter TDCi bis hin zu 120 kW (163 PS) im 2-Liter TDCi. Alle Diesel sind generell mit 6-Gang-Schaltgetrieben verblockt. Ausnahme: Die drei Zwei-Liter-Triebsätze leiten ihre Newtonmeter auf Wunsch durch die bekannte Powershift-Automatik ein.

1,6 l 16 V Ti-VCT – 1596 cm³ Hubraum, 63 kW (85 PS) bis 92 kW (125 PS) Leistung

Die für ihr gutes Ansprechverhalten und ihre hohe Wirtschaftlichkeit bekannten Duratec Vollaluminium-Motoren mit 16-Ventil-Zylinderkopf und variablen Nockenwellen (Ti-VCT, Twin independent Variable Cam Timing) wurden für den Einsatz im aktuellen C-MAX erneut modifiziert. So sank beispielsweise die innere Reibung des gesamten Kurbeltriebs sowie aller beweglichen Komponenten. Auch der Gegendruck des Abgassystems wurde verringert und der Gasdurchsatz entsprechend optimiert. Generell setzt das Ti-VCT-Trio im C-MAX auf eine unabhängig arbeitende, doppelte, variable Nockenwellensteuerung. Vorteil: Mit zwei verstellbaren Nockenwellen lässt sich der Ladungswechsel innerhalb der Zylinder in einem großen Drehzahlfenster wesentlich besser beeinflussen.

Der Basis-Ti-VCT erreicht sein Leistungshoch mit 63 kW (85 PS) bei 6000 min.$^{-1}$, sein maximales Drehmoment beträgt 141 Nm bei 2500 min.$^{-1}$.

Die mittlere Ti-VCT-Leistungsstufe wirft 77 kW (105 PS) bei 6000 min. $^{-1}$ in die Waagschale. Sie liefert ihr höchstes Drehmoment mit 150 Nm zwischen 4000 – 4500 min.$^{-1}$ ab.

Auf 92 kW (125 PS) bringt es der stärkste Ti-VCT Motor bei 6300 min.$^{-1}$. Punktgenau leitet er mit 159 Nm sein maximales Drehmoment bei 4000 min.$^{-1}$ ins Getriebe ein.

Mit 88 kW (120 PS) bei 6.300 min.$^{-1}$ nimmt der Flexifuel auf Basis des 77 kW 1,6-Liter Ti-VCT eine Sonderstellung ein. Sein höchstes Drehmoment stellt der Flexifuel mit 150 Nm zwischen 4000 – 5000 min.$^{-1}$ bereit. Er ist damit der drehmomentstabilste aller Ti-VCT-Motoren und verdaut zudem alle Bio-Ethanol-Gemische mit handelsüblichem Superbenzin.

1,6-Liter Ti-VCT 16 V EcoBoost – 1595 cm³, 110 kW (150 PS) / 134 kW (182 PS)

Die Karriere der 1,6-Liter-EcoBoost-Benzindirekteinspritzer begann mit Serienanlauf des Ford C-MAX. Die vielseitigen und verbrauchsoptimierten Motoren mobilisieren derzeit sechs Ford-Baureihen. An allen Arbeitsplätzen reduzieren EcoBoost-Triebwerke, im Vergleich zu größeren Motoren, bei verbesserter Fahrleistung, den Kraftstoffverbrauch und die CO2-Emissionen in erfreulichem Umfang.

Der unter anderem im C-MAX verbaute 1,6-Liter-EcoBoost hatte bereits wenige Monate nach seinem Dienstantritt ein kleines Jubiläum: Mehr als 50.000 Kunden in ganz Europa entschieden sich für das kleine Drehmomentwunder. Im C-MAX ist der Hightech-Vierzylinder in zwei Leistungsstufen verfügbar – sein Spektrum reicht von 110 kW (150 PS) bis zu 134 kW (182 PS).

Trotz seines relativ überschaubaren Hubraums von 1596 Kubikzentimetern realisiert der EcoBoost vorzeigbare Kenndaten. In der stärkeren Version (134

Fürs Foto unverhüllt: der 1,6 l EcoBoost mit demontierter Motorabdeckung.

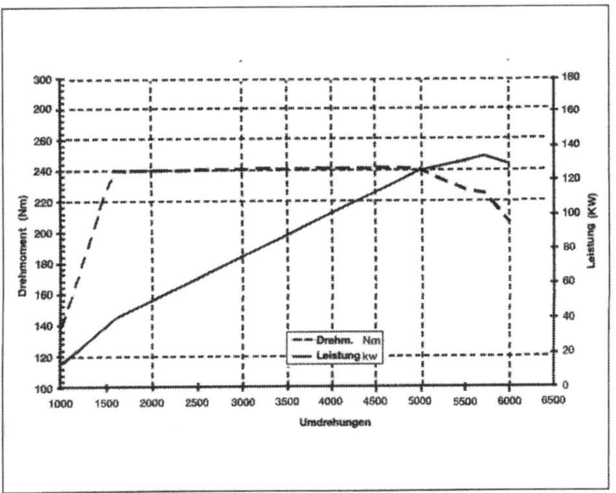

Stabil und weit gespreizt: Das Leistungsdiagramm des 134 kW/182 PS EcoBoost mit 240 Nm zwischen 1600 - 5000 min.$^{-1}$.

kW/182 PS) beschleunigt er den C-MAX in 8,5 Sekunden von 0 auf 100 km/h und ermöglicht eine Höchstgeschwindigkeit von 217 km/h. Sein maximales Drehmoment beträgt 240 Nm – es liegt zwischen 1600 – 5000^{-1} an der Schwungscheibe an. Dank der Overboost-Funktion klettert das Drehmoment-Maximum für bis zu 15 Sekunden auf 270 Nm – etwa für Überholmanöver oder bei starker Beschleunigung. Diese Extrakraft steht über einen breiten Drehzahlbereich zur Verfügung (1900 bis 4000/min). Auch die Elastizitätswerte sind bemerkenswert. So vergehen im vierten Gang nur 8,8 Sekunden für die Beschleunigung von 50 auf 100. Der Fiskus stuft die EcoBoost-Varianten nach Euro4 ein – sie emittieren 154 Gramm CO2 pro Kilometer.

Die Messlatte der Ottomotoren bildet der aufgeladene EcoBoost im Titanium. Er mobilisiert 134 kW (182 PS) bei 6000 min.$^{-1}$ Mit einem maximalen Drehmoment von 270 Newtonmeter, das im Overboost kurzfristig abrufbar ist, überzeugt der C-MAX Titanium gleichermaßen mit temperamentvollen Fahrleistungen wie mit einer ausgewogenen Leistungscharakteristik.

1,6-Liter Duratorq-TDCi – 1560 cm³ Hubraum, 70/85 kW (95/115 PS) Leistung

Sparsamer, abgasärmer, durchzugsstärker als im Vorgänger: Auf die im aktuellen Ford C-MAX verfügbaren Duratorq TDCi-Direkteinspritzermotoren treffen all die Attribute zu. Die jüngsten Ausbaustufen der bewährten Common-Rail-Motoren vereinen zahlreiche Neuerungen miteinander, darunter zum Beispiel...

- ... ein neues Verbrennungssystem mit niedrigerer Verdichtung, größerem Brennraum-Durchmesser und geringerer Verwirbelung.
- ... ein neues Common-Rail-Hochdruck-Einspritzsystem mit modernen Mehrloch-Düsen.
- ... ein kleinerer Turbolader, der mit geringeren Massekräften schneller anspricht.

Mit ihrem, im Vergleich zu herkömmlichen Ottomotoren, effizienteren Verbrennungssystem erfüllen die Dieseltriebwerke durchgehend die Anforderungen der strengen Euro-5-Norm und erzielen trotz gestiegener Leistung einen niedrigeren Kraftstoffverbrauch und geringere Emissionen. Zudem gewannen die Turbodiesel deutlich an Fahrbarkeit: Sie sprechen spontaner an und liefern fortan noch mehr Schub aus dem tiefen Drehzahlkeller.

Die untere Leistungsstufe des Einssechser-Duos erreicht 70 kW (95 PS) bei 3600 min.$^{-1}$ und mit 230 Nm ein stattliches Drehmoment im Bereich von 1500 – 2000 min.$^{-1}$. Das verleiht dem C-MAX zwar keine Flügel, verhilft ihm jedoch immerhin zu einer Höchstgeschwindigkeit von 170 km/h sowie einer Beschleunigung von 0 auf 100 km/h in 13,3 Sekunden.

Das hubraumgleiche Pendant mit 85 kW (115 PS) bei 3600 min.$^{-1}$ und 270 Nm (285 Nm mit Overboost) zwischen 1750 – 2500 min.$^{-1}$ beschleunigt den C-MAX bis 184 km/h und in 11,2 Sekunden aus dem Stand auf 100 km/h.

2-Liter Duratorq-TDCi –1997 cm³ Hubraum, 85/103/120 kW (115/140/163 PS) Leistung

Das große Duratorq-Trio ist auf seine Aufgaben im C-MAX selbstverständlich mit dem gleichen Feintuning vorbereitet wie seine hubraumschwächeren Brüder. Es kombiniert dementsprechend eine höhere Leistungsausbeute mit geringeren Verbräuchen sowie verbesserten CO2-Emissionen.

Die modifizierten Leistungsstufen ersetzen die 100 kW (136 PS)-Variante. Ihr Leistungszuwachs um bis zu 20 Prozent geht einher mit einem deutlich breiter aufgestellten Drehmomentangebot: Das Maximum von 300/320/340 Nm steht beim kleinsten zwischen 1500 bis 2250 min.$^{-1}$, von 1750 – 2750 min.$^{-1}$ beim mittleren und zwischen 2000 – 3250 min.$^{-1}$ beim stärksten Selbstzünder in voller Höhe zur Verfügung. Zudem sprechen die überarbeiteten TDCi unterhalb von 2000 Touren merklich temperamentvoller als der beerbte 100 kW (136 PS)-Common-Rail an.

Arbeitsraum effizient genutzt: Der 2,0-Liter Duratorq TDCi beansprucht nahezu den gesamten Motorraum im C-MAX.

Modellpflege

Anno 2003 startete Ford den ersten Versuch, die weiland noch ziemlich junge Kompaktvan-Clique mit einem alternativen Produkt aufzumischen. Das gelang erfolgreich, der C-MAX I, basierend auf dem damaligen Focus II, bereicherte sehr schnell das hiesige Straßenbild. Zumal der C-MAX schon frühzeitig den soliden Ruf eines kommoden Familientransporters mit Spaßfaktor zu festigen wusste. Ständige kleinere Modifikationen hielten die Erstauflage über die Jahre außerdem up to date, so dass die Zulassungszahlen bis zum Produktionsende 2010 nicht in den Keller gingen.
So betrachtet ist die jetzige C-MAX-Generation schon ein Klassiker – ein Klassiker freilich mit aktuellen Genen: Der C-MAX II verteidigt nun seit Oktober 2010 die errungenen Marktanteile nicht minder erfolgreich. Das war vorhersehbar. Der Neue überführt die Gene seines Vorgängers in die Gegenwart, seine technische und optische Mitgift trifft den Zeitgeist. Das honorieren traditionelle Van-Käufer ohnehin und zudem auch jene Spezies, die konventionelle Limousinen vermehrt gegen einen praktischen »Hochsitz« eintauschen.
All jenen kommt der C-MAX II offenbar gerade recht: Er legt in allen Käuferschichten merklich zu. Ford-intern generierte der C-MAX gar zum Trendsetter des C-Segments sowie der neuen Formensprache, dem »Ford Kinetic Design«.
Revolutionär freilich ist der C-MAX II-Auftritt nicht: Seine Linienrichter bedienten das CAD-Computerprogramm mit dem nötigen Respekt vor der vielleicht doch etwas konservativeren C-MAX-Klientel. So gehen die jetzigen C-MAX-Derivate auf zeitgemäße Art und Weise den Kompromiss zwischen kompakten Abmessungen, praktischen Bedienvorteilen, großzügigen Platzverhältnissen mit hoher Sitzposition und sportlich-dynamischem Fahrverhalten ein. Die Kopie des C-MAX I macht das sehr überzeugend…

Kein Gesicht aus der Menge: Weder C-MAX noch Grand C-MAX mischen ihre Mitbewerber optisch unbedingt auf, doch hinter dem neuen Ford »Kinetic Design« kommt modernste Technik zur Anwendung.

In Kürze hier der Überblick über die wichtigsten C-MAX-Entwicklungsstationen:

■ **2003**

Juni — Die Serienfertigung des neuen Ford Focus C-MAX läuft Freitag, 27. Juni 2003, im Werk in Saarlouis an. Der C-MAX wird in 33 Länder geliefert, unter anderem nach Andorra, Bosnien, Gibraltar, die Ukraine, Malta, Zypern und Russland.

November — Als erstes europäisches Auto erhält der C-MAX die hohe Vier-Sterne-Wertung der unabhängigen Euro NCAP (European New Car Assessment Programme) für Sicherheit im Fahrzeug.

■ **2004**

März — Der TÜV Rheinland verleiht dem C-MAX das Prüfsiegel »Allergie getesteter Innenraum«. Der C-MAX ist weltweit das erste Auto, dem unabhängige, externe Experten bestätigen, dass sämtliche Innenraummaterialien das Allergie-Risiko auf ein Minimum senken.
Mit den Editionsmodellen »TDCi Plus« und »Trend X« offeriert Ford zwei attraktiv ausgestattete Versionen des C-MAX auf Basis des C-MAX Trend. Der sportlich ausgelegte Trend X bietet als zusätzliche Serienausstattung das Audiosystem 5000C, Bi-Xenon-Scheinwerfer, Sportsitze vorn, ein Stylingpaket mit Nebelscheinwerfern sowie Glanz gedrehte 17-Zoll-Leichtmetallräder.

■ **2005**

März — Weltpremiere des C-MAX mit Erdgasantrieb auf der Auto Mobil International (AMI) in Leipzig. Die CNG-Version (CNG = Compressed Natural Gas, Erdgas) mobilisiert ein speziell für den Erdgasantrieb vorbereiteter 1,8 Liter Duratec-HE-Motor. Er leistet im Benzinbetrieb 92 kW/125 PS, im Erdgasbetrieb 81 kW/110 PS.

August Das neu vorgestellte Editionsmodell C-MAX Fun verfügt nun über einen Diesel-Partikelfilter. Der Fun ist wahlweise mit dem 1,6-Liter-Duratorq-TDCi-Motor mit 80 kW (109 PS) oder dem 2,0-Liter-Duratorq-TDCi mit 100 kW (136 PS) zu kombinieren. Darüber hinaus befeuern den Fun drei Ottomotoren in den Hubraumgrößen 1,6, 1,8 und 2,0 Liter mit Leistungen zwischen 74 kW (100 PS) und 107 kW (145 PS). Die Aggregate sind sowohl mit Schaltgetrieben als auch mit Automatikgetrieben zu ordern.

■ 2006

Februar Laut dem Fachmagazin »AutoStraßenverkehr« hat der C-MAX unter allen deutschen Kombis und Vans den besten Preis/Leistungsindex »PLIX«.

August Mit den neuen Editionsmodellen »Fun X« und »Sport TDCi«, einer Neupositionierung der Ausstattungslinien »Titanium« und »Ghia«, aufgewerteten Serienausstattungen, neuen Optionen und aktualisierten Preisen starten die C-MAX-Varianten ins Modelljahr 2007.

■ 2007

Januar Das C-MAX Editionsmodell »Fun X« hat ab Werk nunmehr ein Audiosystem (6000CD), eine AC, Nebelscheinwerfer, elektrische Fensterheber sowie 16-Zoll-Design-Räder (Stahlräder in einem speziellen 5-Speichen-Design) an Bord. Zudem wertet den C-MAX das Ausstattungspaket »Connection« (Bluetooth®-Mobiltelefon-Vorbereitung mit Sprachsteuerung, AC mit automatischer Temperaturkontrolle, 16-Zoll-Leichtmetallräder, Geschwindigkeitsregelanlage, Lederlenkrad) weiter auf.

Neu strukturiert – auch das Motorenprogramm. Die 1,6-Liter-Version Ti-VCT mit 85 kW/115 PS ersetzt der 1,8-Liter-Ottomotor mit 92 kW/125 PS.

März Der Serienstart des C-MAX startet im Ford-Werk Saarlouis. Ford beabsichtigt, eine Jahresproduktion von 129.000 Einheiten in Saarlouis. Der modifizierte C-MAX tritt mit einer deutlich umgestalteten Frontpartie im »Ford Kinetic Design«, neuen Ausstattungsdetails und einem aufgewerteten Innenraum an. Dazu gehören ein optionales Panorama-Glasdach sowie eine rote Instrumentengrafik und rote Schalterbeleuchtungen.

Die Version 2007 profitiert von einer fünf Millimeter breiteren Spurweite, Fahrassistenzsystemen wie ABS mit elektronischer Bremskraftverteilung (EBD) und Sicherheits-Bremsassistent (EBA) sowie dem elektronischen Sicherheits- und Stabilitätsprogramm ESP. Demgegenüber stehen passive Sicherheitsfeatures wie: IPS (Intelligent Protection System) mit zusätzlichen Kopf-/Schulterairbags für die erste und zweite Sitzreihe sowie Gurtstraffern und Gurtkraftbegrenzern auf den Vordersitzen. Neben drei Benzinern und drei Duratorq TDCi-Turbodieseln – die ein Leistungsspektrum von 66 kW (90 PS) bis 107 kW (145 PS) abdecken – aktiviert den C-MAX auch eine Erdgasvariante sowie ein Flexifuel-Antrieb mit 1,8 Liter Hubraum. Letzterer ist für Bio-Ethanol (E85) geeignet.

Juli Der C-MAX CNG (Compressed Natural Gas) bekommt kompakter bauende Erdgastanks. Die fünf Stahlbehälter fassen nun insgesamt 107 Liter (= rund 18 Kilogramm Erdgas), das sind 17 Liter mehr als vorher. Weiterer Vorteil: Der Gepäckraumboden ist nun, dank der neuen Tanks, um sechs Zentimeter abgesenkt. Als Erdgasmotor kommt im CNG C-MAX unverändert der 2,0-Liter-Duratec-Ottomotor mit 107 kW (145 PS) Leistung im Benzinbetrieb und 93 kW (126 PS) im Erdgasmodus zur Anwendung. Außer dem Wagenboden wurde auch das Fahrwerk des C-MAX CNG modifiziert.

September Die Leser von AutoBild küren den C-MAX in einer großangelegten Aktion zum »schönsten Auto seiner Klasse«.

Der C-MAX CNG bekommt vom Wuppertaler ÖKO-TREND Institut für Umweltforschung das »Auto-Umwelt-Zertifikat«. Neben dem Antrieb zeichnet ÖKO-TREND auch die Produktion und Logistik des Ford C-MAX aus.

■ 2008

Februar Der C-MAX kommt werkseitig erstmals als LPG-Version (Liquified Petroleum Gas, Flüssiggas) in den Handel. Als Antrieb dient der 2,0 Liter-Duratec. Er leistet im LPG-Betrieb 104 kW (140 PS).

■ 2009

April Der C-MAX debütiert als »Black Magic«. Äußere Kennzeichen der auf 500 Einheiten limitierten Sonderedition sind die Lackierung in »Panther-Schwarz Metallic«, ergänzt und abgerundet von schwarz teillackierten 17-Zoll-Leichtmetallrädern im 10-Speichen-Design, getönten Seitenscheiben, Nebelscheinwerfern und einem in Wagenfarbe lackierten Dachspoiler.

Als Motorisierung kommt der 92 kW/125 PS starke 1,8-Liter-Duratec zum Einsatz.

August Die Version des C-MAX Modelljahrs 2010 mit motorseitigen und optischen Modifikationen wird der Öffentlichkeit präsentiert. Die Duratec-Motoren mit 1,6 Liter (74 kW/100 PS) und 2 Liter (107/kW 145 PS) erfüllen, jeweils in Kombination mit einem 5-Gang-Schaltgetriebe, die Abgasnorm Euro 5.

September Den nahen Modellwechsel zum C-MAX II dokumentiert Ford mit den ersten Bildern des Nachfolgers in Pressepublikationen und mit ersten Vorserienmodellen auf der Internationalen Automobil-Ausstellung (IAA) in Frankfurt. Als erstes Ford-Modell dokumentiert der C-MAX II die neue »Ford Kinetic Design-Philosophie«. Die neue Baureihe besteht fortan aus zwei Modellen: dem fünfsitzigen C-MAX und dem Grand C-MAX mit sieben Sitzen (optional). Den Grand C-MAX zeichnen seitliche Schiebetüren und multifunktionale Sitzvariationsmöglichkeiten aus. Unter dem Blech wartet der C-MAX II gleichfalls mit zahlreichen Technik-Innovationen auf. Darunter die ebenfalls neu entwickelten EcoBoost-Motoren mit Benzindirekteinspritzung. Hinzu kommen Komfort- und Sicherheits-Features wie eine Einparkhilfe oder ein »Toter-Winkel-Assistent«.

■ 2010

Dezember Verkaufsstart des C-MAX II und Grand C-MAX. Die variablen, im dynamischen Ford Kinetic Design gezeichneten Allrounder basieren auf der neuen Ford-Globalplattform für das C-Segment. Der C-MAX bietet fünf Personen Platz, der Grand C-MAX, mit zwei seitlichen Schiebetüren und drei Sitzreihen hintereinander, nimmt bis zu sieben Mitfahrer an Bord.

Beide Varianten gibt es in den Ausstattungslinien »Ambiente«, »Trend« und »Titanium«. Mit zahlreichen innovativen Fahrerassistenzsystemen, so zum Beispiel Geschwindigkeitsregelanlage mit Geschwindigkeitsbegrenzer, Berganfahrassistent oder ein automatischer »Einpark-Assistent«, stehen beide Modelle voll im Trend der Zeit und mit an vorderster Front im VAN-Segment. Zudem steigern vielfältige Funktionen, wie das flexible FoldFlat-Sitzsystem, ein Warnsystem für nicht angelegte Sicherheitsgurte für die 2./3. Sitzreihe, die elektrische Tür-Kindersicherung, die elektrisch bedienbare Heckklappe und eine Rückfahrkamera, den Fahrkomfort und die Sicherheit speziell für Familien mit kleinen Kindern. Noch vor dem Verkaufsstart erzielten die neuen Kompaktvans mit fünf Sternen nicht nur das bestmögliche Gesamtergebnis beim Crashtest der unabhängigen Organisation Euro NCAP, sondern auch die besten jemals gemessenen Werte für die HWS-Schleudertrauma-Prävention. Ford legt damit im Umfeld der Mitbewerber - auf freiwilliger Basis - die Messlatte noch einmal ein gehöriges Stück höher.

■ 2011

April Die C-MAX II-Modellreihe bekommt vom TÜV Rheinland das Prüfsiegel »Allergie getesteter Innenraum«. Ford ist bislang der einzige Automobilhersteller, dem die Auszeichnung in vollem Umfang zuerkannt wurde. Der Allergietest des TÜV schließt ein mögliches Allergierisiko von über 100 Materialien und Fahrzeugkomponenten ein.

Die Abmessungen des Ford C-MAX (Modelljahr 2011)

Schrägheck, Stufenheck, Steilheck: Käufer des C-MAX stellt sich die Frage nicht. Sie hätten ohnehin keine Wahl – Van bleibt Van. Und der ist mit limousinengebräuchlichen Begriffen ohnehin unvergleichbar. In den Außenabmessungen freilich nicht. Da bewiesen die C-MAX-Macher durchaus Augenmaß und ließen ihren Zögling nicht aufgehen wie einen Hefeteig. Selbst der Grand C-MAX sprengt mit 4,52 Meter Gesamtlänge (C-MAX 4,38 Meter), 2,06 Meter (C-MAX 2,06) Breite inklusive Außenspiegel und 1,68 Meter (C-MAX 1,62 Meter) Höhe nicht die für Innenstädte und Parkbuchten gängigen Abmessungen. Beim Radstand übertrumpft der Grand-C-MAX seinen Bruder um 13 Zentimeter, macht insgesamt bis zu sieben Sitzplätze und drei Sitzreihen. Das lässt laut »ISO-Norm 3832« den Gepäckraum zwar auf magere 56 Liter schrumpfen, wenn der Raum bis Dachunterkante genutzt wird, gehen allerdings bis zu 115 Liter in den Fond hinter der dritten Sitzreihe. Das Blatt wendet sich, wenn der Siebensitzer, wie sein kleiner Bruder, maximal als Fünfsitzer genutzt wird: In dem Fall schlucken der Grand C-MAX 439 Liter und der C-MAX 432 Liter. Erst mit umgelegten Rücksitzen wird's im C-MAX Transporter-ähnlich: Als Zweisitzer genutzt verschwindet auf der Ladefläche des Grand C-MAX Gepäck im Gegenwert von bis zu 1742 Liter und im C-MAX maximal 1723 Liter.

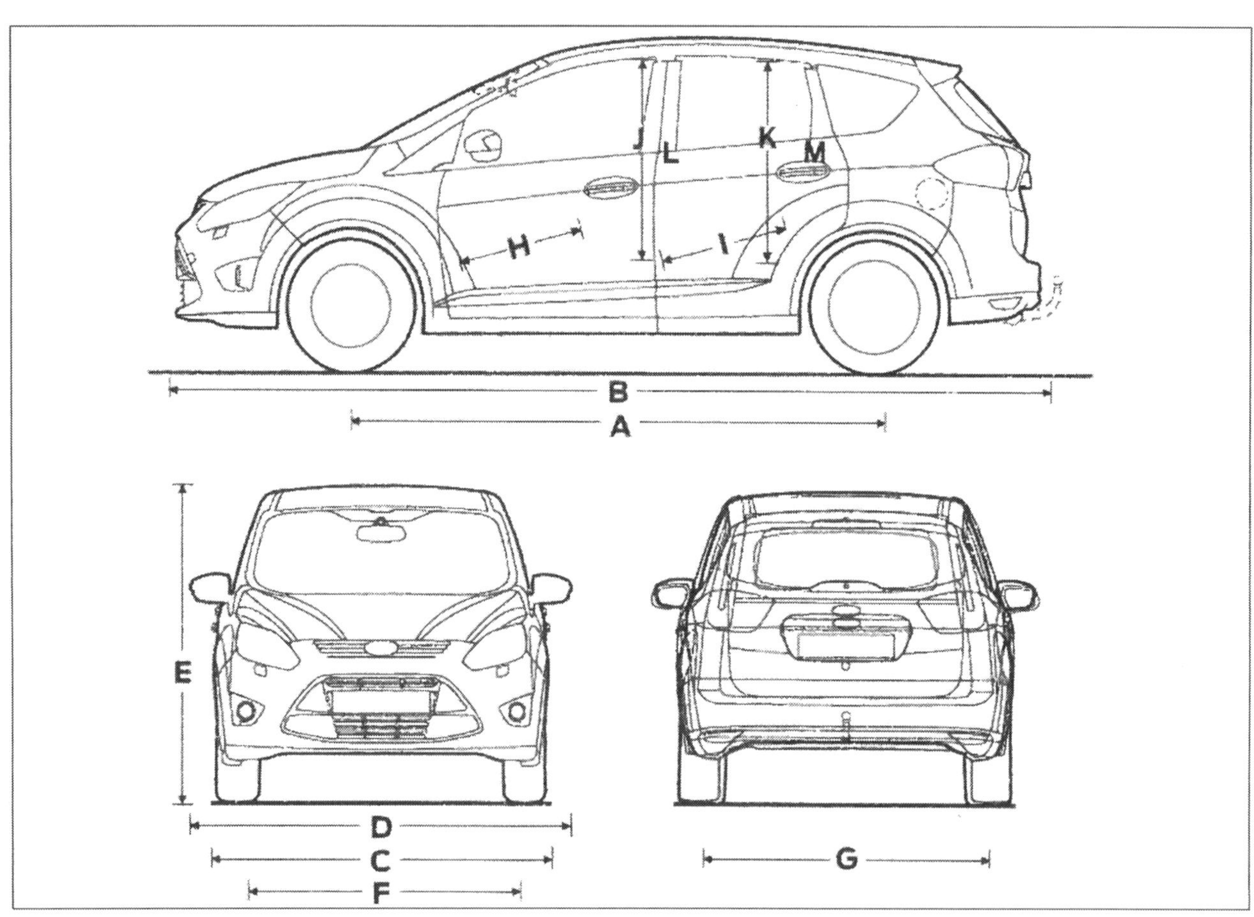

A Radstand 2648/2788* mm
B Länge 4380/4520* mm
C Breite 1828 mm (ohne Außenspiegel)
D Breite 2067mm (mit Außenspiegel)
E Höhe 1626/1684 * mm (ohne Dachreling), unbeladen je nach Rad-/Reifenkombination und Fahrwerk
F Spurweite (v) 1544 – 1559 mm/1544 – 1559* (je nach Modell und Rad-/Reifenkombination)
G Spurweite (h) 1554 – 1569 mm/1554 - 1569* (je nach Modell und Rad-/Reifenkombination)
** Grand C-MAX*

Wert erhaltend

Regelmäßige Wagenpflege – die Kür für jeden Do-it-Yourselfer! Spätestens beim Wiederverkauf bringen gepflegte Wagen zusätzliche Euro aufs Verkäuferkonto. Unabhängig davon hebt ein sauberer Wagen natürlich die eigene, gleichwie die Stimmung anderer Mitfahrer. Anlässlich der Handwäsche lernen Sie Ihr Auto zudem bis in den letzten Winkel nahezu spielerisch kennen: Eine nahezu ideale Voraussetzung um fortan kleine Reparaturen selbst zu erledigen.

Das eigene Auto ist für viele von uns mehr als nur eine bequeme Alternative zu öffentlichen Verkehrsmitteln, dem Motorrad oder dem Fahrrad. Schließlich haben Sie ja nicht irgendeinem Wagen, sondern Ihrem Ford C-MAX das Ja-Wort gegeben. So ganz pragmatisch funktioniert sie nämlich nicht, die Beziehung zwischen Auto und Kopf: Da sind gehörig Emotionen mit im Spiel – warum sonst fahren gerade Sie einen C-MAX? Genau! Erhalten und pflegen Sie diesen Spannungsbogen möglichst lange. Spätestens beim Wiederverkauf kommt Ihnen das zupass: »Kleider machen Leute«, beim Auto allemal. Handeln Sie daher vorausschauend. Auch die Prüfer von TÜV oder DEKRA dekorieren ein proper gepflegtes Auto bereitwilliger mit ihrem Prüfsiegel als abgewirtschaftete Schlorren: Betrachten Sie jeden Waschgang als willkommene Gelegenheit Ihren C-MAX auf Hochglanz zu bringen und seinen Zeitwert zu stabilisieren. Wie Sie das möglichst effektiv angehen, beschreiben wir im folgenden Kapitel.

Alternativangebot – Waschplatz oder Selbstwaschanlage

Wenn Ihnen – warum auch immer – Waschanlagen nicht sympathisch oder zu oberflächlich sind, fragen Sie Ihren Tankwart nach einer passenden Alternative. Oder suchen Sie nach einem professionell betriebenen Selbstwaschplatz in Ihrer Umgebung. Serviceorientierte Anlagenbetreiber bieten vom Hochdruckreiniger bis hin zum Staubsauger alle Hilfsmittel, die Ihnen die Putzarbeit erleichtern. Kontrollieren Sie auf Selbstwaschplätzen vor Arbeitsbeginn jedoch die Waschbürsten. Möglicherweise hat Ihr Vorgänger nach einer Schlammfahrt damit gerade den Unterboden oder die Radkästen gereinigt.
Noch ein Tipp: Waschen Sie Ihren Wagen möglichst niemals im prallen Sonnenlicht. Grund: Kleine Wassertropfen wirken in der Sonne wie Brenngläser – darunter gehen Staubteilchen und Kalk eine innige Verbindung mit der Lackoberfläche ein.

Schadet häufiges Waschen dem Lack?

Heutige Lacke sind außerordentlich resistent gegen Umwelteinflüsse. Sie können auch relativ neue Lacke bedenkenlos zeitnah, zum Bespiel nach Unfallreparaturen, waschen. Was lackierte Oberflächen allerdings nicht gut vertragen: Industriestaub, Vogelkot oder aggressive Baumharze. Sobald Sie auch nur einen Störenfried davon auf Ihrem Auto entdecken, greifen Sie baldmöglichst zu Schwamm und Wasser, oder fahren Sie schnellstens eine Waschanlage an.

Putzen gefährdet die Umwelt

GEFAHRENHINWEIS

Beachten Sie diesen Gefahrenhinweis bitte besonders – er gilt nicht Ihnen allein, sondern unser ALLER Umwelt.

Wagenwäsche vor der eigenen Hautür ist längst nicht mehr überall erlaubt. Aus gutem Grund: Mit dem Abwasser können gefährliche Stoffe in das Grundwasser gelangen, so zum Beispiel Öl oder Reinigungschemikalien. Auch der Verbrauch wertvollen Trinkwassers ist nicht gerade zu unterschätzen. Waschanlagen gehen effizienter mit dem Wasser um. Sie bereiten ihr Wasser mehrmals wieder auf – Schmutzpartikel und chemische Rückstände werden während des Prozesses in speziellen Wasserabscheidern gesammelt und umweltverträglich entsorgt.

Sollten Sie freilich eine grundsätzliche Aversion gegen Waschanlagen haben, raten wir Ihnen öffentlich ausgewiesene oder gewerblich betriebene Waschplätze aufzusuchen. Sie treffen dort zudem Gleichgesinnte – Autofreaks also, die ihr Vehikel nicht nur als Fortbewegungsmittel nutzen, sondern emotionale Erlebnisse damit verbinden: Öffentliche Waschplätze sind erfahrungsgemäß ein idealer Ort für hochoktanige Benzingespräche.

Do it Yourself-Wäsche – so wird's gemacht

- Geizen Sie nicht mit Waschwasser, Ihr Lack wird's Ihnen mit Hochglanz danken: Feine Staub- und Sandkörnchen wirken in trockenen Waschschwämmen nämlich wie Schmirgelpapier und hinterlassen mikroskopisch kleine, spinnwebartige Kratzer. Falls Sie mit einem Wascheimer operieren, spülen Sie den Waschhandschuh oder Schwamm spätestens nach jedem dritten Waschstrich gründlich aus. Kalkulieren Sie mindestens zwei gefüllte Wassereimer für die Grundreinigung.
- Besser, Sie nutzen einen Gartenschlauch, möglichst mit Sprühdosierdüse.
- Halten Sie die Düse möglichst nah an die Waschfläche, gelöste Schmutzpartikel haben dann erst gar keine Chance, sich erneut festzusetzen.

- Am lackschonendsten waschen Sie mit einer Schlauchbürste, bei der fließendes Wasser ständig den Schmutz wegschwemmt.
- Felgen und Radkästen reinigen Sie besonders gut mit einer Waschbürste, einem Haushaltsschwamm bzw. einer alten Zahn- oder Spülbürste.
- Die Scheiben- und Lackoberfläche trocknen und polieren Sie schlierenfrei mit einem Fensterleder.

Systematisch vorgehen – dann klappt's mit dem Glanz...

- Schließen Sie alle Türen und Fenster. Ansonsten sitzen Sie nach der Wäsche auf quietschnassen Polstern.
- Säubern Sie zuerst die Radhäuser, Felgen und Türschweller. Vorteil: Sie können die Karosserie danach in einem Rutsch abspülen.
- Reinigen Sie den Unterboden gelegentlich mit einem Hochdruckreiniger oder scharfen Wasserstrahl. Im Winter sollten Sie anlässlich jeder dritten Wagenwäsche auch den Unterboden Ihres C-MAX abspritzen.
- Die vorderen Felgen verschmutzen wesentlich schneller als die hinteren, an der Vorderachse entsteht bei jedem Bremsvorgang mehr Bremsenabrieb, der sich auf den Felgen absetzt. Berücksichtigen Sie das in Ihrem Pflegeplan und waschen die Vorderräder einfach häufiger mit Felgenreiniger. Achten Sie beim Kauf unbedingt auf umweltverträgliche Produkte. Studieren Sie, bevor Sie loslegen, die Gebrauchsanweisung und spülen die Räder gründlich mit sauberem Wasser nach.
- Weichen Sie den Dreck mit einem dosierten Wasserstrahl gut ein. In Selbstwaschanlagen mit Hochdruckreiniger wählen Sie das Programm »Spülen«.
- Per Hand waschen Sie immer nur ganze Flächen. Nachdem Sie zuerst die Radhäuser, Felgen und Türschweller vorgewaschen haben, putzen Sie sich vom Dach nach unten vor.
- Verteilen Sie den Reinigungsschaum unter geringem Druck mit kreisenden Bewegungen und lassen ihn kurz einwirken.
- Die Schmutzbrühe spülen Sie mit einem Wasserschlauch ab. In der Selbstwaschanlage wählen Sie das Programm »Spülen«.
- Im letzten Waschgang reinigen Sie die Räder mit einer Waschbürste.
- Nach der Wäsche ledern Sie den Wagen sofort ab. Ansonsten hinterlassen luftgetrocknete Wassertropfen einen grauen Kalkbelag, der dem Lack schadet.
- Spülen Sie das Trockenleder vor Gebrauch gut in sauberem Wasser, danach wringen Sie es aus. Legen Sie das Leder möglichst großflächig auf die Karosserie und ziehen es langsam zu sich heran.
- Spülen Sie das Leder vor dem Auswringen immer aus: Schmutzrückstände ruinieren gleichermaßen die Lackoberfläche und das Leder. Trocknen Sie schlecht zugängliche Stellen besser mit einem Mikrofasertuch oder einem alten Fensterleder.
- Zum Schluss geht's an die Scheiben: Checken Sie die Frontscheibe auf Steinschläge, Kratzer und Risse.
- Wischerblätter reinigen Sie mit einem Schwamm oder Trockenleder. Prüfen Sie die Gummilippen auf Beschädigungen und Elastizität – verhärtete Gummis erneuern Sie besser. Das ist auf Dauer preisgünstiger als eine zerkratzte Scheibe.
- Nach der Wäsche checken Sie den Lack, die Scheinwerfergläser und den Frontstoßfänger auf hartnäckigen Schmutz: Insektenreste, Vogelkot, Blütenpollenrückstände und Teerspritzer wirken aggressiv. Entfernen Sie die Rückstände mit Spezialreiniger oder Essig.
- Verwenden Sie Teerentferner nicht auf frischen oder frisch ausgebesserten Lacken – darin enthaltene Lösungsmittel können die Lackoberfläche angreifen.

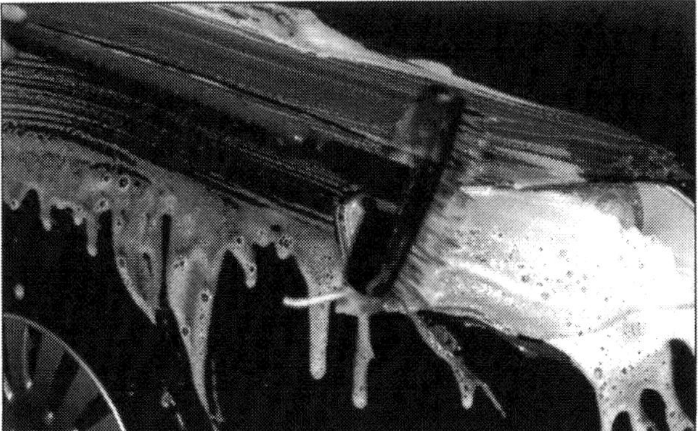

Hässliche Drecknester: Starke und hartnäckige Karosserieverschmutzungen lösen Sie zunächst mit der Waschbürste oder einem großen Schwamm. Doch bevor Sie loslegen, checken Sie den Bürstenkopf oder Schwamm auf eventuelle Dreckrückstände vom letzten Einsatz. Ansonsten können Sie die Lackoberfläche auch gleich mit Schmirgelpapier malträtieren.

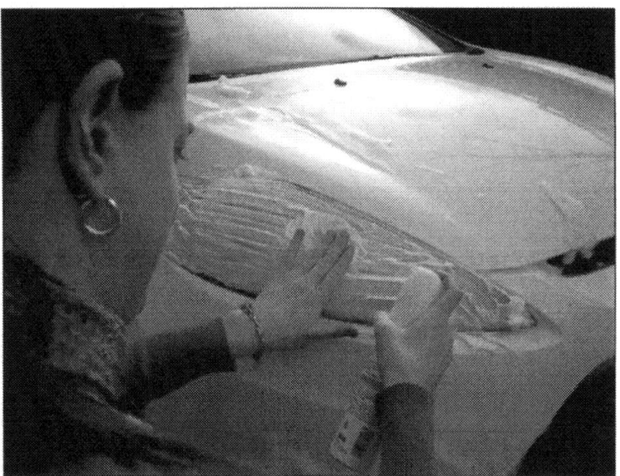

Widerspenstige Insektenkadaver: Um, etwa an der Front oder auf der Scheibe, widerspenstige Insektenreste gründlich einzuweichen, nutzen Sie einen handelsüblichen Insektenreiniger, alternativ tut's auch ein mit Essig und Spülmittel benetzter Schwamm. Danach spülen Sie den Wagen gründlich mit klarem Wasser ab. Sollten Sie einen Hochdruckreiniger nutzen, gehen Sie überlegt damit um (siehe Kasten).

Hartnäckiger Belag: Bremsstaub auf Felgen oder Radzierblenden sieht nicht nur schmuddelig aus, er greift auch die Oberflächen an. Schäumen Sie die verdreckten Partien gut ein und bearbeiten sie mit einem kleinen Haushaltsschwamm, bzw. einer alten Zahn- oder Abspülbürste. Gehen Sie vorsichtig mit chemischen Felgenreinigern um: Auf aggressive Produkte reagieren Leichtmetallfelgen, bis hinein in die Materialstruktur, empfindlich.

Kreisende Bewegungen: Kreisen Sie grundsätzlich mit einem triefend nassen Waschschwamm über den Lack. Um der Umwelt nicht zu schaden, dosieren Sie das Waschmittel nach Herstellerangaben. Damit entlasten Sie übrigens nicht nur die Umwelt sondern auch Ihren eigenen Geldbeutel – ohne zeitlichen Mehraufwand oder Einbußen beim Arbeitsergebnis. Das Prinzip »viel hilft viel« ist hier nicht angebracht.

Vorsicht im Umgang mit dem Hochdruckreiniger

GEFAHRENHINWEIS

Darauf sollten Sie achten: *Halten Sie mit der Sprühlanze des Hochdruckreinigers mindestens 60 Zentimeter Abstand zum Objekt! Falsch bediente Hochdruckreiniger schaden mehr als sie nutzen!*

Der Hochdruckreiniger ist eine praktische Hilfe: Wasser, unter extrem hohen Druck (60 – 120 bar) auf der Karosserie verteilt, löst fast jede Schmutzkruste. Für den industriellen Einsatz gibt es übrigens auch Hochdruckreiniger, die ihr Wasser nicht nur unter Druck setzen, sondern zusätzlich noch erhitzen. Gute Geräte heizen das Wasser bis zu 60° C vor. Da hat der »dicke Dreck« im Motorraum natürlich keine Überlebenschance mehr – alles wie weggeblasen. Wir raten allerdings dringend davon ab: Die im Motorraum verbauten Elektronikteile können durch eindringende Feuchtigkeit erheblich Schaden nehmen. Folge: Früher oder später wird ein kostspieliger Austausch fällig. Das kann übrigens bei einem zentralen Motorsteuergerät schon mal schnell einen vierstelligen Betrag ausmachen. Gehen Sie darum gegen den Schmutz unter der Motorhaube besser nur mit geeigneten Kaltreinigern und einem normalen Wasserschlauch vor. Übrigens, auch wenn Sie bei der Vorwäsche den Hochdruckreiniger »scharf« vor den Kühlergrill halten, kann Ihnen das der Wärmetauscher dahinter verübeln: Der harte Sprühstrahl trifft die Kühlerlamellen mit voller Wucht und kann sie zerstören. Tatsächlich leisten Hochdruckreiniger allerdings im Kampf mit Bremsstaub und anderen Verschmutzungen viel Gutes. Es kommt eben nur darauf an, dass Sie die technischen Möglichkeiten ÜBERLEGT nutzen.

Immer auf Distanz halten: Den Sprühstrahl zur Fläche. Moderne Hochdruckreiniger beschleunigen das Wasser mit bis zu 120 bar aus der Sprühlanze. Nicht unbedingt vorteilhaft, wenn der Strahl geradewegs aufs »Ziel« prasselt.

Damit alles in Bewegung bleibt – kleiner Schmierdienst

Wer gut schmiert, der gut fährt – ein Tröpfchen Öl, eine wohl dosierte Prise Fett oder ein Spritzer Silikon an der richtige Stelle verabreicht, wirken manchmal Wunder: Leichtgängig bleibt, was sonst quietscht, klemmt, reißt oder rostet. Machen Sie es sich einfach zur Gewohnheit, nach jeder Wagenwäsche einen kleinen Schmierdienst zu erledigen. Beherzigen Sie dazu folgende Faustregel: Überall dort, wo kein Fett eindringen kann, beispielsweise an Scharnieren und Gelenken mit engen Passungen, ist Öl oder Schmierspray die erste Wahl. Gegeneinander reibende Flächen glätten Sie besser mit Fettpaste oder Silikongleitmittel.

Hier »schmieren« Sie sinnvoll:

- Scharniere an Türen, Motorhaube und Heckklappe honorieren ab und an einen Spritzer Öl.
- Die Türfeststeller bleiben mit etwas Mehrzweckfett geräuschlos in Form.

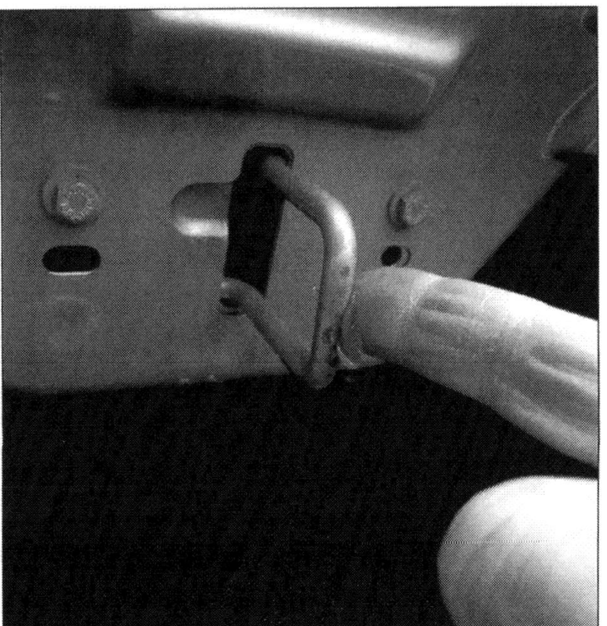

Bleibt mit Fett flexibel: Der Schließhaken unterhalb der Motorhaube am Motorhaubenschloss.

- Schlossfallen an Türen, Motorhaube und Heckklappe behandeln Sie zweckmäßigerweise mit Sprühfett oder Gleitpaste. Dort, wo Seilzüge sichtbar sind, zum Beispiel an der Motorhaubenschlossplatte, tragen Sie etwas Fett auf und ziehen es mit wiederholter Hebelbewegung in die Zugumhüllung.
- Die Schließzylinder inklusive der Schlüsselführungen bereiten Sie spätestens zu Beginn der kalten Jahreszeit mit Silikonspray auf den Winter vor: Silikon schmiert, verdrängt Feuchtigkeit und schützt vor Rost.
- Die Arretierbügel der Motorhaube schmieren Sie am unteren Lagerbolzen mit Öl.

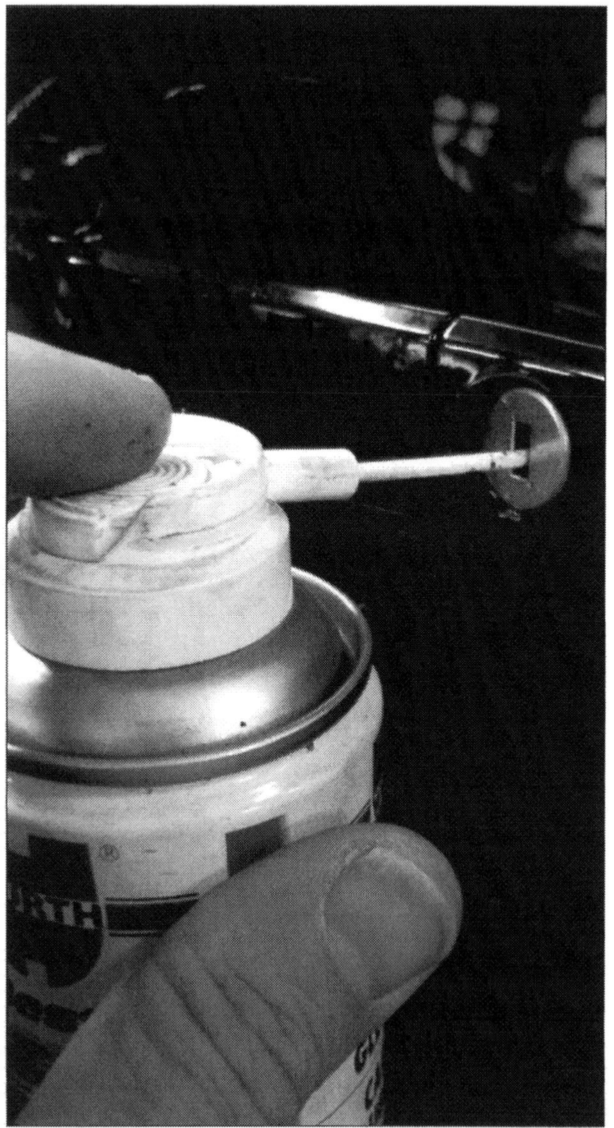

Hält die Schlossfallen beweglich: Eine regelmäßige Prise Silikonspray direkt in den Schließzylinder.

Wert erhaltend - Lackpflege

Die regelmäßige Lackpflege ist eine lohnende Arbeit. Denn stumpfe, verwitterte Lackoberflächen machen Ihren C-MAX für Ihre und die Augen anderer unansehnlich: Spätestens beim Wiederverkauf rächt sich ein stumpfer Lack mit ein paar Euro weniger in Ihrer Tasche. Neue Lacke sind zunächst pflegeleicht, regelmäßiges Waschen reicht ihnen völlig aus. Doch spätestens, wenn Wassertropfen nur noch mit unscharfen Rändern auf dem Lack abperlen, wird es Zeit zur Lackpflege. Sonne, Regen, Streusalz, Schmutz, auch gasförmige Umweltgifte greifen die Lackoberfläche ständig an.

Wirkt häufig Wunder – Lackreiniger

Welches Lackpflegemittel für Ihren C-MAX geeignet ist, hängt vom aktuellen Lackzustand ab. Einem neuen, noch gut erhaltenen Lack genügt eine milde Politur. Sie frischt die von Umwelteinflüssen und mechanischen Einwirkungen leicht angegriffene Lackoberfläche nachhaltig auf. Außerdem beinhalten moderne Polituren mikroskopisch feine Wachskomponenten, die den Lack im gleichen Arbeitsgang konservieren. Für neue Lacke sind scharfe Lackreiniger unbrauchbar – auf alten und verwitterten Lacken jedoch genau das richtige Mittel für glänzende Ergebnisse.

Immer einen Versuch wert – gründliche Lackpflege

Lackreiniger tragen Sie wie Politur auf. Seine Mixtur enthält Schleifmittel, die während des Auftrags Verschmutzungen beseitigen. Bevor Sie Ihrem verwitterten C-MAX also freiwillig eine Neulackierung spendieren, sollten Sie es zunächst mit einem guten Lackreiniger versuchen: Zur Lackpflege ist es nie zu spät. Konservierende Komponenten enthalten Lackreiniger in der Regel allerdings keine. Darum schützen Sie die angeschliffene Lackoberfläche mit Flüssigwachs in einem zweiten Arbeitsgang gegen Umwelteinflüsse.

»Gift« für den Lack: pralles Sonnenlicht

Neue und aufbereitete Lacke empfehlen wir Ihnen erst nach rund einem Jahr zu konservieren. Verwitterte oder ältere Lackoberflächen versiegeln Sie dagegen ruhig zwei- oder dreimal jährlich. Das erhält den Glanz, optimiert den Langzeitschutz und hält den Lackaufbau elastisch. Meiden Sie derweil allerdings pralles Sonnenlicht: Die meisten Polituren und Lackreiniger wirken unter Sonneneinstrahlung aggressiv. Suchen Sie darum lieber ein schattiges Plätzchen. Dort haben die chemischen Politursubstanzen keine Chance, den Lack über Gebühr anzugreifen. Wenn Sie in geschlossenen Räumen arbeiten, sorgen Sie für eine ausreichende Raumdurchlüftung – Pflegemittelausdünstungen sind in hoher Konzentration nämlich hochgradig gesundheitsschädlich.

Zuviel Geschäft? Dann lassen Sie doch pflegen: Neuerdings bieten immer mehr Autopflegefachbetriebe Oberflächenversiegelungen auf Basis der Nanotechnologie (siehe Kasten) an. Das kostet Sie zunächst zwar mehr als die Politur mit Wattebausch und eigenem Muskelschmalz, hält dafür aber auch bis zu drei Jahre. Sie bleiben dennoch bei der alten Methode mit Watte, Politur und Co.? Dann waschen Sie Ihren C-MAX zunächst besonders gründlich. Geben Sie sich auch mit dem Trocknen besondere Mühe, das erleichtert Ihnen den Umgang mit der Politur. Danach...

- ...prüfen Sie zuerst an einer relativ unauffälligen Stelle, ob der Lack auch Ihr Politurmittel verträgt. Vorsicht bei Lackreinigern: Tragen Sie immer nur dünne Schichten kreisförmig auf – zu viel Lackreiniger schleift mehr Decklack ab, als nötig. Reinigen Sie Ihren C-MAX besser in mehreren Durchgängen.
- Politur oder Lackreiniger tragen Sie mit einem handballengroßen Polierwattebausch oder einem weichen Tuch (keine Kunstfaser) unter sanftem Druck in kreisförmigen Bewegungen auf. Behandeln Sie immer nur überschaubare Flächengrößen.
- Schon nach kurzer Einwirkzeit bildet sich ein trockener weißer Belag, den Sie in kreisenden Bewegungen mit einem sauberen Wattebausch auspolieren.
- Wenden oder erneuern Sie den Wattebausch regelmäßig – seine Oberfläche setzt sich nach geraumer Zeit mit Wachs- und Pflegemittelpartikeln zu.
- Um Poliermittel- und Watteflusenresten den Garaus zu machen, reiben Sie abschießend die polierte Lackoberfläche mit einem sauberen Baumwolllappen oder Viskosetuch ab.
- Den Konservierer tragen Sie unter sanftem Druck mit handballengroßen Polierwattefetzen oder einem weichen Tuch (kein Kunstfaserlappen) in kreisförmigen Bewegungen auf. Behandeln Sie immer nur überschaubare Flächen, das steigert den Tiefenglanz.
- Die Watte muss mit wenig Widerstand leicht über den Lack gleiten. Deshalb wenden Sie die Watte häufig und nehmen rechtzeitig einen neuen Wattebausch zur Hand.
- Erkennen Sie auf dem Lack danach noch Streifen oder Wolken, liegt das meist an verschmierten Farbpartikeln – häufig Rückstände einer vorhergehenden Politur. Wiederholen Sie den Vorgang an den schlierigen Stellen.

Strategisch vorgehen: Stark verwitterte Lackoberflächen schleifen Sie vor der eigentlichen Politur mit einem Lackreiniger an. Gut ausstaffierte Do-it-yourselfer erledigen den Job mit einem Exzenterschleifer inklusive angefeuchteter Schaumstoffscheibe. Lassen Sie die Scheibe nur mit gebremster Energie über die Lackoberfläche rotieren – mit voller Power könnte Ihnen sonst der Lack verschmoren. Teilen Sie sich zudem immer nur überschaubare Karosserieflächen ein.

Schlierenfreier Hochglanz: Brillanz kommt auf den aufgefrischten Lack, wenn Sie im letzten Arbeitsgang die Lackoberfläche noch einmal mit einem großen Wattebausch oder blitzsauberer Lammfellhaube glätten. Das entfernt auch noch die hartnäckigsten Politurreste. Sollten Sie, wie auf dem Motiv praktiziert, eine elektrisch angetriebene Lammfellpolierscheibe bemühen, wird das Finish umso tiefglänzender und langlebiger. Von der Zeitersparnis ganz zu schweigen...

Schlierenfreier Hochglanz: Brillanz kommt auf den aufgefrischten Lack, wenn Sie im letzten Arbeitsgang die Lackoberfläche noch einmal mit einem großen Wattebausch oder blitzsauberer Lammfellhaube glätten. Das entfernt auch noch die hartnäckigsten Politurreste und steigert Ihr Arbeitsergebnis sichtbar.

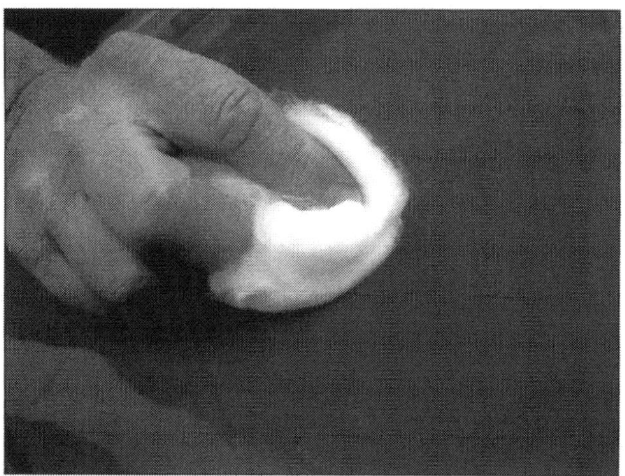

Muss Verbindung eingehen: Lackkonservierer auf der Lackoberfläche. Sollte der Konservierer auf der Lackoberfläche abperlen, ist entweder die Oberflächenspannung noch zu groß oder der Politur war bereits ein Konservierer untergemischt. Warten Sie in dem Fall bis zur nächsten Wagenwäsche und konservieren dann erneut.

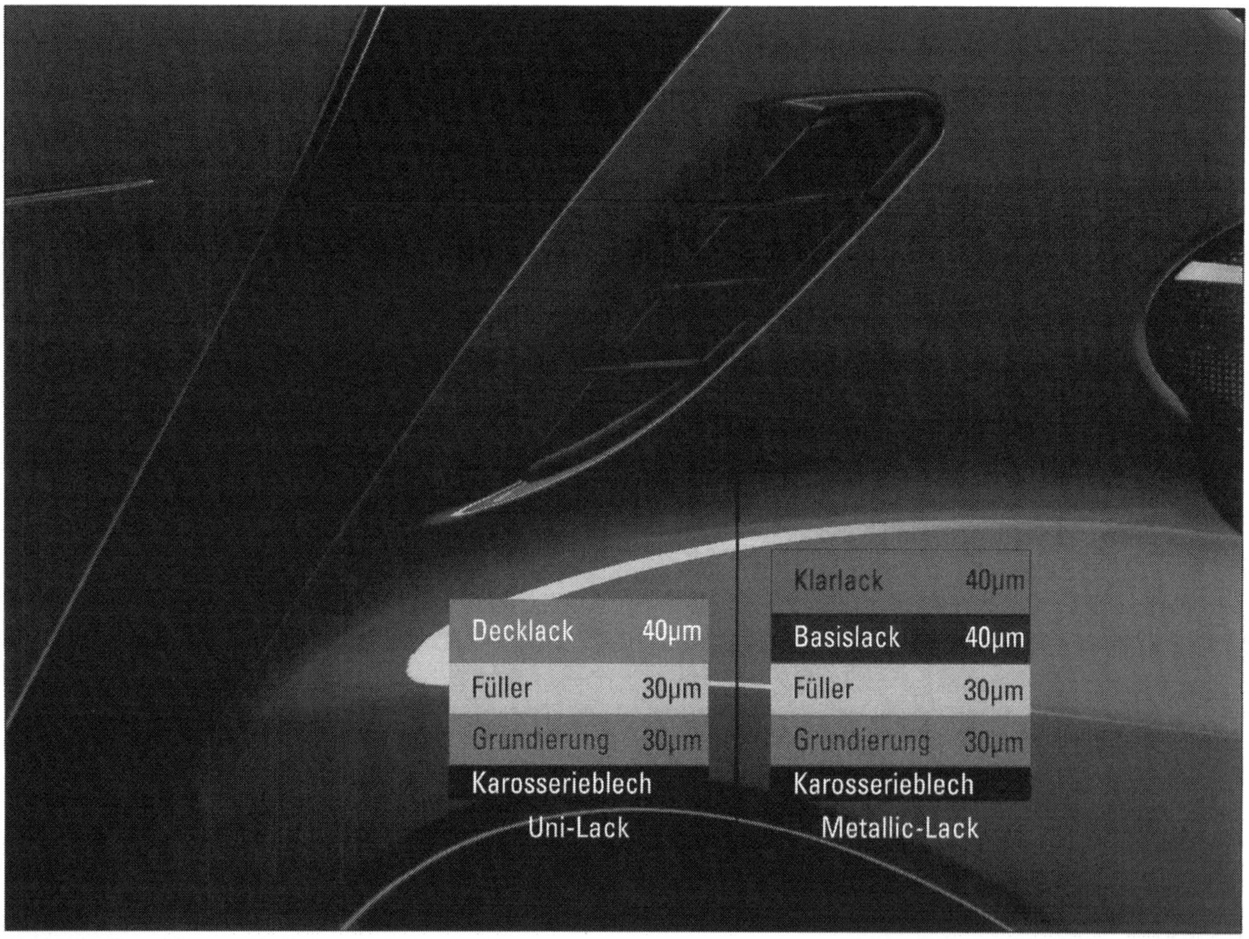

Lackschichten: Unterschiedlich stark aufgetragene Lackschichten verbessern den Verlauf der Lackoberfläche und schützen das Karosserieblech vor Korrosion.

Nanotechnologie

WISSENSWERTES

Was als Oberflächenschutz an Häuserfassaden bestens funktioniert, kommt auch am Auto immer mehr zum Zuge. Nanotechnologie erobert moderne Autogläser: Die Scheiben absorbieren Infrarotstrahlen und senken das Temperaturniveau, außerdem sind sie nahezu blendfrei.
Doch die derzeit wohl bekanntesten Nanoanwendungen, besser bekannt unter dem Namen »Lotusblüteneffekt«, sind selbstreinigende Oberflächenbeschichtungen. Nano-Oberflächen sind übrigens alles andere als glatt. Stattdessen weisen sie mikroskopisch kleine Raustrukturen auf, an denen

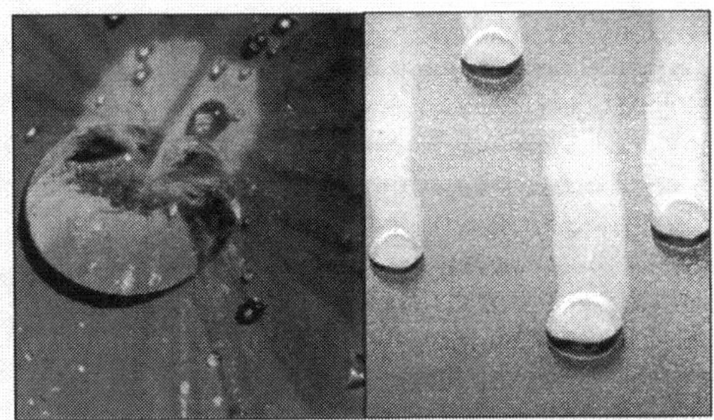

Von der Lotusblüte übernommen: Schmutzpartikel finden darauf keinen Halt.

der Schmutz keinen Halt findet. Und da liegt das Problem der Autobauer: Bewegliche Objekte, wie etwa Automobile oder Fugzeuge, kollidieren im Betrieb häufig mit Insekten oder sonstigen Fremdpartikeln, deren Überreste die Raustruktur von Nano-Oberflächen verstopfen. Der Schmutz findet somit wieder eine zusammenhängende Oberfläche, auf der er Halt findet. Dennoch, Nanotechnologie setzt zum Siegeszug an: Immer mehr Autopflegefachbetriebe bieten schon Langzeitschutz auf Nano-Basis an. Im Unterschied zu herkömmlichen Wachsprodukten versiegeln Nano-Polituren den Lack bis zu drei Jahre – und das zu durchaus vergleichbaren Kosten. Auch die ersten Neuwagen nutzen schon den Lotusblüteneffekt. Nanoschichtige Klarlacke halten unsere Autos nicht nur länger sauber, sie bieten zudem auch kratzfestere Oberflächen als normale Lacke. Weitere praktische Anwendungen stehen derzeit vor der Serienreife: Selbstreinigende Felgen zum Beispiel, oder auf Knopfdruck wechselnde Farben – mit Nanotechnologie mehr als nur kühne Visionen…

Wertmindernd – hässliche Lackschäden

Während der Fahrt stressen unterschiedlichste Fremdkörper die Karosserieoberfläche Ihres C-MAX: Kleine aufwirbelnde Steinchen, selbst Insekten oder winzige Sandkörner schlagen bei hohen Tempi wie Meteoriten auf dem Lack ein.
Vor allem die Frontpartie und Motorhaube sind stark gefährdet, besonders auf winterlichen Straßen prasseln feste Streumittelbestandteile hörbar gegen die Karosserie. Steinschlagschäden sind jedoch kein Drama.
Auch ein leichter Parkrempler mit Kratzern und Schrammen bietet keinen Anlass zur Panik. In den meisten Fällen lassen sie sich relativ einfach mit Lackreiniger oder einer speziellen Schleifpolitur bleibend auspolieren. Vergessen Sie danach jedoch nicht, die geschönte Stelle auch noch mit Hartwachs dauerhaft zu versiegeln.

Praktisch nach Steinschlägen – Lack-Reparaturset

Die meisten Hersteller bieten gegen kleine Steinschlagschäden praktische Reparatursets an. Sie lassen sich in der Praxis ähnlich leicht handhaben wie Nagellack. Eine gleichfalls gebräuchliche Alternative ist Tupflack, mit dem Sie Steinschlagkrater in mehreren Lackschichten auffüllen können.
Bei normalen Lacken und kleinen Beschädigungen helfen übrigens auch Wachsstifte in Wagenfarbe. Das Reparaturwachs hält freilich nur einige Wagenwäschen lang.
Sollten Sie die Lackbezeichnung und den Farbcode Ihres C-MAX vergessen haben, kein Problem: Die Angaben sind auf dem Typenschild im Motorraum oder im Kfz-Schein verewigt.

Umgehend beseitigen – frische Lackblessuren

Ignorieren Sie auch winzige Macken im Lack nicht: Rost leistet in kurzer Zeit ganze Arbeit: Bei ungünstigen Bedingungen (Nässe, Wärme oder unter Salzeinfluss) sogar schon in wenigen Tagen – auch an verzinkten Karosserieblechen. Lassen Sie dem Rost gar über Monate oder Jahre ungehinderten Freiraum, sind große Krater das traurige Resultat. In diesem Fall helfen nur noch zeit- und kostenaufwändige Restaurationsarbeiten.
Die bringen wir Ihnen in diesem Umfeld freilich ebenso wenig näher, wie die Reparatur von Unfall- oder Blechschäden. Dazu empfehlen wir Ihnen die Vertragswerkstatt oder den Kauf des Bands 175 aus der Reihe »Jetzt helfe ich mir selbst«.

So verschwinden Steinschlagschäden

- Beseitigen Sie abstehende Ränder rund um den Lackkrater vorsichtig mit einer feinen Nadel oder einem Uhrmacherschraubendreher.
- Rostschuppen kratzen Sie mit einem spitzen Messerchen vorsichtig aus. Danach träufeln Sie einen Tropfen Rostumwandler auf die Stelle und lassen ihn gemäß Produktbeschreibung einwirken.
- Jetzt waschen Sie die Schadstelle gründlich mit Lackverdünner aus und trocknen sie mit einem Haarföhn.
- Sprühen Sie etwas Haftgrund in den Sprühdosendeckel, tauchen einen Tupfpinsel oder Ihre saubere Fingerkuppe in die Pfütze und füllen die Schadstelle passend auf. Lassen Sie den Haftgrund gut austrocknen.
- Drücken Sie mit Ihrer Fingerkuppe oder einem kleinen Kunststoffmesser, bündig zur umgebenden Lackfläche, ein wenig Spachtel in den Krater. Lassen Sie die Masse gut austrocknen. Überstehende Spachtelflecken wischen Sie umgehend mit einem in Lackverdünnung getränkten Lappen ab.
- Schleifen Sie die ausgehärtete Spachtelfläche vorsichtig mit feinem Schleifpapier an. Umwickeln Sie dazu ein stumpfes Bleistiftende mit einem passenden Schleifpapierstreifen und drehen den präparierten Bleistift zum Schleifen zwischen den Handflächen.
- Danach sprühen Sie Decklack in den sauberen Dosendeckel und lassen ihn etwa eine Minute ablüften. Den verdickten Lack tragen Sie mit Ihrer Fingerkuppe oder einem spitzen Pinsel dünn auf.
- Um das Ergebnis zu verbessern, polieren Sie die Übergänge des vollständig ausgetrockneten Lacks (im Sommer nach etwa zwei, im Winter nach rund fünf Tagen) mit Politur bzw. Lackreiniger aus.

Großflächig auspolieren – kleine Kratzer und Schrammen

- Reinigen Sie die Schadstelle gründlich mit Waschbenzin oder Verdünner und ...
- ... polieren dann die Fremdfarbe (falls vorhanden) in mehreren Arbeitsgängen mit Polierwatte, Schleifpolitur oder Lackreiniger aus dem Decklack. Legen Sie die Polierfläche möglichst großzügig an.
- Ausgefranste Schrammenränder schleifen Sie zunächst mit einem kleinen Streifen Wasserschleifpapier (mindestens Körnung 800) behutsam glatt. Wässern Sie ständig das Schleifpapier in einem Wassereimer und spülen gleichfalls die Schleifstelle. Vorsicht: Durchschleifen Sie nicht den Decklack.
- Polieren Sie die Schadstelle großflächig mit einer milden Politur nach. Sie verteilen dabei Farbpartikel aus der unmittelbaren Lackumgebung in die Schramme.
- Zuletzt versiegeln Sie die bearbeitete Stelle mit einem Lackkonservierer.
- Wenn Sie auf gleichmäßigen Glanz Wert legen, polieren Sie anschließend den gesamten Lack auf.

Lackneuaufbau – so verschwinden größere Schrammen

Vorsicht: *Während des Lackierens entstehen giftige Dämpfe – lüften Sie Ihren Arbeitsplatz gut durch!*

- Stark verschrammte Stoßfänger, Kotflügel oder Türen bauen Sie zur Reparatur besser aus. Das erleichtert die Arbeit und steigert das Ergebnis.
- Schleifen Sie schadhafte Stellen leicht mit Schleifpapier (Körnung 80 oder 100) an. Rost schleifen Sie natürlich bis aufs blanke Blech herunter und tragen dann Rostumwandler auf. Lassen Sie den Chemo-Cocktail vorschriftsmäßig einwirken.
- Im folgenden Schritt entfetten Sie die Stelle mit Lackverdünner. Lassen Sie alles gut ablüften.
- Vermischen Sie nun die Spachtelmasse mit dem Härter. Vorsicht: Zweikomponentenspachtel bleibt, je nach Temperatur, nur einige Minuten verarbeitungsfähig. Deshalb mischen Sie stets nur kleine Mengen an. Bei geringen Unebenheiten ist Spritzspachtel aus der Sprühdose eindeutig die bessere Wahl.
- Tragen Sie die Spachtelmasse gleichmäßig und zügig in mehreren dünnen Schichten auf. Nach etwa einer Stunde ist der Spachtel ausgehärtet.
- Unebenheiten egalisieren Sie mit Trockenschleifpapier (Körnung 180). Den Feinschliff erledigen Sie mit Nassschleifpapier (Körnung 400). Schleifen Sie die Fläche mit viel Wasser und verhaltenem Gegendruck plan.
- Verbliebene Riefen gleichen Sie nun erneut mit Spritzspachtel aus. Sobald sie ausgehärtet sind, schleifen Sie die Stellen mit Nassschleifpapier (Körnung 600) an.
- Spülen Sie den Schleifstaub vor dem Lackieren sorgfältig mit Wasser ab.
- Die gründlich vorbereitete Schadstelle müssen Sie nun mit wasserfestem Abklebeband (Profiqualität) und/oder einer Folie bzw. alten Zeitungen abkle-

ben. Verwenden Sie kein No-Name-Klebeband, es weicht schnell auf, hebt sich vom Untergrund und zerstört die Übergänge.

- Als Grundlage für den Decklack spritzen Sie Haftgrund (Füller) auf die gespachtelte Fläche. Arbeiten Sie sauber – Unebenheiten und Lacknasen verschwinden nicht mit zunehmendem Lackauftrag, sondern vergrößern sich. Den Haftgrund lassen Sie trocknen und schleifen dann die Fläche mit Nassschleifpapier (Körnung 600) plan. Spülen Sie die Schleifrückstände gründlich mit Wasser ab.
- Tragen Sie den Decklack gleichmäßig und zügig in mehreren Schichten auf. Der Abstand vom Dosensprühkopf zur Lackierfläche sollte etwa 20 bis 30 Zentimeter betragen. Erwärmen Sie die Sprühdose vor dem Lackieren kurz in heißem Wasser oder auf einem Heizkörper. Die Farbpartikel entweichen unter höherem Druck. Auch der Lackverlauf ist dann gleichmäßiger als bei kaltem Lack.
- Bevor Sie die Schadstelle nachsprühen, lösen Sie vorsichtig die Klebebandränder um die Reparaturstelle herum und knicken sie um. Der Übergang zum Originallack wird dann unscharf und lässt sich leichter beipolieren.
- Sobald der Reparaturlack vollständig ausgetrocknet ist (im Sommer nach etwa zwei, im Winter nach fünf Tagen), bearbeiten Sie die ausgebesserte Stelle mit Politur und die Übergänge mit Lackreiniger. Die besten Ergebnisse erzielen Sie, wenn anschließend das gesamte Auto aufpoliert wird.

GEFAHRENHINWEIS

Sondermüll – Farbreste, leere Spraydosen, verdreckte Putzlappen, alte Pinsel

Farb- und Lösungsmittelreste gehören nicht in den Haus- dafür jedoch in den Sondermüll.

Das gilt auch für verschmutzte Lappen, Pinsel und Spraydosen.

In vielen Städten und Gemeinden gibt's heute mobile Annahmestellen. Fragen Sie bei Ihrem Umweltamt nach den Abholterminen oder den Öffnungszeiten der Deponie.

Die Scheibenwischer

Eine gute Rundumsicht ist die Grundvoraussetzung für Ihre und die Sicherheit anderer Verkehrsteilnehmer. Damit Ihnen im C-MAX der Ausblick auch bei Regen, Matsch und Schnee nicht abhanden kommt, putzen zwei Scheibenwischer mitsamt Scheibenwaschanlage die Frontscheibe. Der großen Heckscheibe reicht ein Wischer.

Die Frontwischer arbeiten grundsätzlich mit mehreren Geschwindigkeiten. Bei schwachem Nieselregen oder Nebel erweisen sich der Einmaltippkontakt sowie eine zusätzliche Wischintervalleinrichtung als komfortabel. Im C-MAX takten die Frontwischer rhythmisch etwa alle fünf Sekunden.

Duschen Sie stark verschmutzte Scheiben grundsätzlich zunächst gut ab – danach erst kommt der Wischer zum Einsatz. Stellen Sie die Scheibenwaschdüsen bitte so zur Sichtfläche ein, dass Sie das Waschwasser im oberen Drittel des Wischfelds zerstäuben.

Vorbeugend – jährlich einmal neue Wischergummis

Die Lebensdauer von Wischergummis ist begrenzt: Bei jeder Wischbewegung malträtieren öliger Straßenschmutz, ausgehärtete Insektenreste sowie Salzrückstände die Wischerlippen. Ozon und UV-Strahlen härten die Wischergummis zusätzlich aus. Profis wechseln die Wischer daher vorbeugend einmal jährlich, vorzugsweise im Herbst gegen neue aus.

Bei korrekt anliegenden Wischerblättern sind lästige Schlieren auf der Scheibe der sichtbarste Beweis für verschlissene Wischergummis. Der Austausch ist einfach und problemlos selbst zu erledigen, wie übrigens die meisten Servicearbeiten an der Scheibenwaschanlage. Bei Störungen an der Elektrik werfen Sie zunächst auf die Sicherungen und elektrischen Zuleitungen einen prüfenden Blick. In einschlägigen Internet-Foren monieren C-MAX-Fahrer mitunter leicht korrodierte Kabelanschlüsse an den Wischermotoren, bzw. Kontaktschwächen am Wischerschalter. Sollten Sie die gleichen Erfahrungen machen, informieren Sie sich vor der anstehenden Reparatur bitte im Kapitel »Elektrik« über praktikable Schritte.

Scheibenwaschwasser auffüllen

- Im Sommer ergänzen Sie den Waschwasservorrat mit klarem Wasser und präparieren das Nass mit einem satten Spritzer Reinigungsmittel oder Geschirrspüler. Im Winter mengen Sie der Waschlösung zusätzlich noch Gefrierschutzkonzentrat unter. Der Gebrauch vorgemischter Scheibenreiniger ist natürlich bequemer, wenngleich teurer. Darum haben wir auch keine großen Einwände gegen den Einsatz von Brennspiritus als Frostschutz im Winter. Sie sollten allerdings wissen: Über die Zeit trocknet Spiritus die Wischerlippen aus.
- Damit im Vorratsbehälter sofort eine homogene Mischung entsteht, füllen Sie zunächst das (die) Zusatzmittel ein, danach ergänzen Sie den Pegel mit Leitungswasser.
- Bei Minustemperaturen friert die Scheibenwaschanlage ein. Darum präparieren Sie Ihren Vorratstank in der kalten Jahreszeit immer mit dem nötigen Quantum an Gefrierschutzmittel oder einer vorgemischten Reinigungslösung. Damit im Ernstfall auch die Zuleitungen und Spritzdüsen geschützt sind, lassen Sie die Waschanlage nach dem Füllvorgang so lange pumpen, bis Sie die Mischung auf den Scheiben erkennen und riechen.

Leicht befüllbar: Waschwasserbehälter unter der C-MAX-Motorhaube in Fahrtrichtung rechts.

Wischerblatt wechseln (vorne)

- Klappen Sie den Scheibenwischerarm von der Scheibe und ...
- ...schwenken das betreffende Wischerblatt etwa 90° um die Drehachse nach oben.
- Dann drücken Sie das Wischerblatt in Richtung Frontscheibe vom Wischerarm ab.
- Montieren Sie das neue Wischerblatt in umgekehrter Reihenfolge.
- Verfahren Sie mit beiden Wischblättern auf die gleiche Weise. Achten sie bitte darauf, dass die Adapter hör- und spürbar auf dem Wischerarm einrasten. Ansonsten fliegen Ihnen bei nächsten Regen die Blätter von der Scheibe ab...

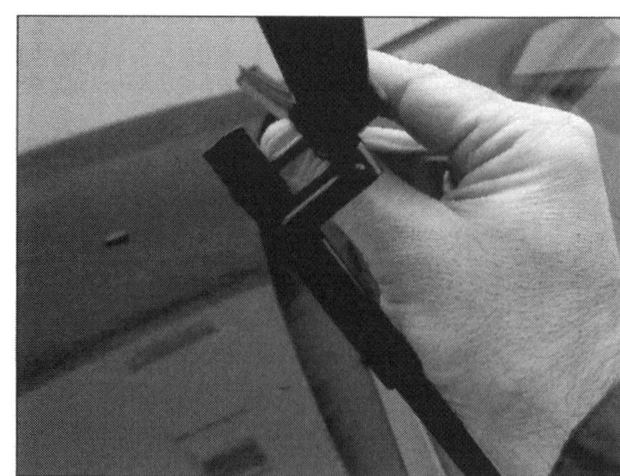

Etwa 90° um die Drehachse nach oben schwenken: die beiden vorderen Wischerblätter zur Demontage.

Wischerblatt wechseln (hinten)

- Klappen Sie den Scheibenwischerarm von der Scheibe ab und …
- …schwenken das Wischerblatt ein paar Winkelgrade um seine Drehachse nach oben. In dieser Stellung ziehen Sie das Blatt nun vorsichtig aus dem Wischerarm und setzen das neue im Gegenzug gleich wieder an.
- Beenden Sie die Montage in umgekehrter Reihenfolge. Achten Sie bitte darauf, dass die Zunge hör- und spürbar in der Wischerblattaufnahme einrastet. Ansonsten fliegt Ihnen das Blatt nämlich beim nächsten Regen von der Scheibe ab.

Scheibenwischerarm demontieren

Frontscheibe

Werkzeug:
Schlitzschraubendreher, Ratsche, 15er-Stecknuss

- Markieren Sie die Ruhestellung der Wischerblätter mit Klebeband auf der Scheibe. Vorschriftsmäßig eingestellt liegen beide Wischerblätter etwa 3,5 Zentimeter über dem unteren Scheibenrand auf.
- Liften Sie nun die Abdeckkappen der Wischerarmachsen mit einem Schlitzschraubendreher und …

Mit 15er-Stecknuss lösen: die Zentralmutter am Wischerarm unter der Motorhaube.

- …lösen zunächst die Wischerarmmutter ca. zwei Umdrehungen.
- Dann stellen Sie den Wischerarm auf und hebeln ihn seitlich leicht hin und her.
- Sobald der Arm lose auf dem Konus steckt, drehen Sie die Mutter ganz von den Wischerarmachse und …
- …ziehen den Wischerarm mitsamt Unterlegscheibe von der Wischerachse ab.
- Bei der Montage achten Sie darauf, dass der jeweilige Wischerarm mit Ihrer Scheibenmarkierung korrespondiert. Ziehen Sie die Arme gefühlvoll fest und checken dann den korrekten Wischerlauf: Eventuell müssen Sie die Ruhestellung korrigieren.

Heckscheibe

Werkzeug:
Schlitzschraubendreher, Ratsche, 13er-Stecknuss

- Markieren Sie die Ruhestellung des Wischerblatts mit Klebeband auf der Scheibe, …
- …klappen die Wischerarmabdeckkappe ab und lösen die Wischerarmmutter zunächst nur um zwei Umdrehungen. Dann …
- …stellen Sie den Wischerarm möglichst senkrecht auf und hebeln ihn gefühlvoll seitlich etwas hin und her. Die Presspassung löst sich dadurch auf der Wischerarmachse.

- Sobald der Arm lose auf dem Konus steckt, drehen Sie die Mutter ganz von den Wischerarmachse und ...
- ...ziehen den Wischerarm mitsamt Unterlegscheibe von der Wischerachse ab.
- Bei der Montage achten Sie darauf, dass der Wischerarm mit Ihrer Scheibenmarkierung korrespondiert. Ziehen Sie den Arm gefühlvoll (15 Nm) fest und checken dann den Wischerlauf: Eventuell müssen Sie die Ruhestellung korrigieren.

Muss richtig einrasten: Die Wischerarmabdeckung nach der Demontage.

Waschwasserdüsen prüfen und einstellen

Ihr C-MAX flutet die Frontscheibe mit zwei Waschwasserdüsen. Um deren Reinigungswirkung voll auszuschöpfen, stellen Sie die Düsen punktgenau auf das obere Scheibendrittel ein. Berücksichtigen Sie zur Grundeinstellung im Stand auch den späteren Fahrtwind und lassen demzufolge den Wasserstrahl etwas höher auftreffen.

Reicht die Wassermenge nicht aus um die Scheibe zu wässern? Sind die Düsen gar verstopft? Dann versenken Sie beide Düsen in eine scharfe Essiglösung und lassen sie in der Mikrowelle einmal gut aufkochen. Wenn die Düsen von Kalkablagerungen noch nicht vollends zugesetzt sind, hilft das meistens. Ansonsten ist ein Neuteil angesagt. Je nach Wasserqualität ist Kalk übrigens die häufigste Ursache für unzureichende Waschleistung. Begegnen Sie dem Ärgernis mit guten Waschwasserzusätzen oder einer sparsamen Portion Essig ins Waschwasser.

Zudem beklagen C-MAX-Fahrer ab und an gequollene oder gar geknickte Waschwasserschläuche. Bevor Sie also die Düsen verdächtigen, checken Sie auch die Zuleitungen unterhalb der Motorhaube – das ist mitunter preisgünstiger und zielgerichteter. Die Waschwasserpumpen sind erfahrungsgemäß ziemlich immun gegen kalkhaltiges Wasser. Doch auch dort können über die Jahre Ablagerungen natürlich die Förderräder blockieren.

Scheibenwaschdüse demontieren

- Öffnen Sie die Motorhaube und ziehen den Waschwasserschlauch sowie den Anschlussstecker von der jeweiligen Düse.
- Danach pressen Sie die Klemmzunge (Pfeil) an der Düse zusammen und...
- ...drücken gleichzeitig die Düse von unten aus der Motorhaube.
- Zur Montage rasten Sie die Düse von oben wieder in die Motorhaube ein. Achten Sie unbedingt darauf, dass die Klemmzungen hörbar einrasten. Falls nicht, können Sie die Einstellung des Waschstrahls gleich vergessen: die Düse wandert eh beizeiten aus der Motorhaube.

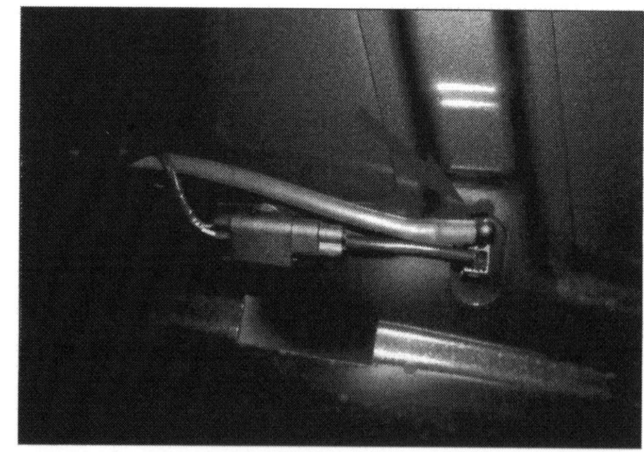

Gefühlvoll zusammendrücken: Die Klemmzungen an den Waschdüsen unterhalb der Motorhaube.

Heckdüse

- Knippen Sie mit Ihren Fingern die Oberkante des Bremslampengehäuses aus der Heckklappe. Heben Sie das einseitig gelöste Gehäuse etwas an und ziehen es mitsamt Waschwasserschlauch und Kabelanschluss so weit aus der Klappe, bis Sie die Waschdüse (Pfeil) bequem erreichen.
- Danach ziehen Sie das Schlauchende vom Düsenanschluss ab und...
- ...spreizen die Klemmen am Lampengehäuse vorsichtig auseinander und ziehen die Düse aus dem Gehäuseschacht. Vorsicht: Die Bruchgefahr der Klemmen ist groß!
- Zur Montage schieben Sie die neue Düse so weit in das Lampengehäuse ein, bis die Klemmen arretieren.
- Jetzt schieben Sie den Waschwasserschlauch auf das freie Düsengehäuse und beenden die Montage in umgekehrter Reihenfolge.

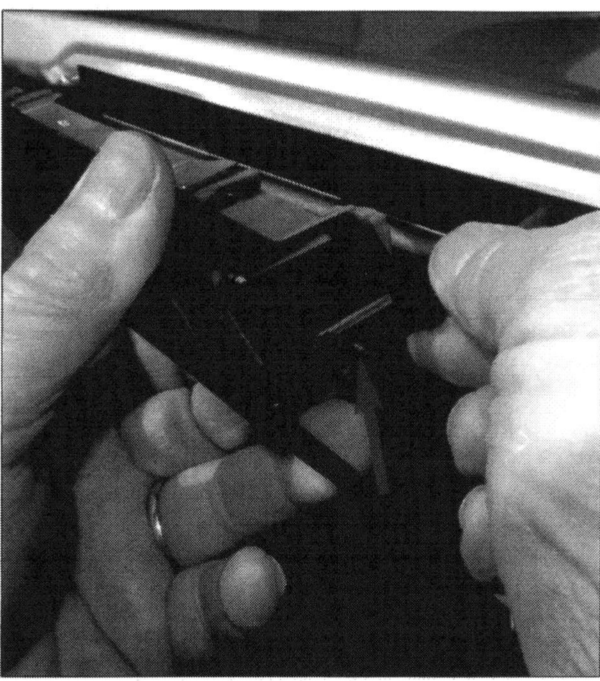

Brechen bei der Demontage leicht ab: die Klemmzungen der Waschwasserspritzdüse.

Besser machen...

Damit die Scheibenwachdüsen möglichst lange sauber bleiben, montieren Sie einen handelsüblichen Kraftstofffilter (z. B. von einem Mofa) in die Waschwasserleitung möglichst nahe vor die Düsen. Das feinporige Filterelement bindet Schmutz- und Kalkrückstände – die Düsen bleiben ein Autoleben lang funktionsfähig.

Besser machen...

Benetzen Ihre Scheibenwaschdüsen das Wischfeld zunächst nur mit einem mickrigen Rinnsal? In dem Fall wirkt ein einfaches Rückschlagventil, z. B. aus dem Ford Escort (2 x FIS: 6745316) Wunder. Schneiden Sie kurzerhand den Waschschlauch – vor der ersten Waschdüse – auseinander und setzen das Ventil dazwischen. Beachten Sie bitte den Pfeil auf dem Ventilgehäuse, er signalisiert die Durchflussrichtung!

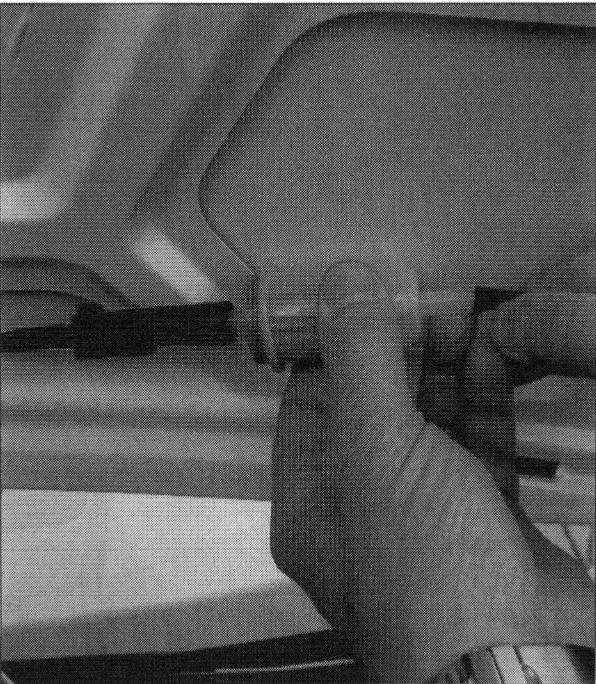

Hält die Düsen frei: ein Zweirad-Kraftstofffilter in der Waschwasserleitung.

Macht Ihren Alten begehrenswerter – Make up

Wenn Sie Ihren C-MAX nicht selbst bis zum Schredder fahren möchten, steht irgendwann ein Neukauf an. In dem Fall sind Sie gut beraten, seinen Werteverfall über die Zeit möglichst gering zu halten. Kurz vor dem Verkauf brezeln Sie Ihren Alten dann mit überschaubarem Aufwand noch einmal richtig auf: Die Chancen, den Kaufpreis zu heben, stehen steigen so erheblich.
Zunächst sollten Sie dem Käufer die Angst vor einem technisch maroden Auto nehmen.

Prüforganisationen wie TÜV oder DEKRA, natürlich auch freie Kfz-Sachverständige, begutachten die möglichen Macken Ihres C-MAX gerne gegen Cash. Sie listen dazu detailliert ihre Erkenntnisse in einem Prüfprotokoll auf. Dazu gehören Bremsen, Lenkung, Fahrwerk, Antrieb, Auspuffanlage, Elektrik und Beleuchtung, die Karosserie mitsamt der Lackierung sowie der Innenraum. Ein spezielles Gebrauchtwagenzertifikat schafft zusätzliches Vertrauen und dient als neutrale Verhandlungsbasis zwischen Ihnen und dem möglichen Käufer. Anders gesagt: Solide Gutachten steigern durchaus den Verkaufspreis.

WISSENSWERTES

Das leisten Profis

Kleider machen Leute – auch bei älteren Autos. Wir denken allerdings nicht unbedingt nur an das obligatorische Make up in Eigenregie: Wir schlagen Ihnen eher eine professionelle Aufbereitung Ihres C-MAX vor. Innenraum und Karosserie erhalten in dem Fall eine Komplettsanierung, die kleinere Mängel und Schönheitsfehler perfekt beseitigt oder zumindest bestmöglich retuschiert.

Fahren Sie dazu einen Auto-Kosmetiker an und erkundigen sich vorab über die technischen Möglichkeiten seines Wirkens und geben dem Blechvisagisten einen detaillierten Auftrag. Darin nämlich liegt Ihre große Chance: mit möglichst geringem Aufwand den Wiederverkaufswert Ihres Ford C-MAX zu pushen.

Sollten Sie Ihren C-MAX über die Jahre vordergründig als urbanes Fortbewegungsmittel genutzt haben, trägt er wahrscheinlich auch die typischen Spuren zur Schau: Kleine Kratzer oder Beulen außen, das eine oder andere Loch in den Kunststoffverblendungen, zum Beispiel von der nachträglich montierten Handyhalterung, oder einfach nur tiefere Kratzer auf den Oberflächen.

Sind Sie eventuell gar Raucher? Dann verunstalten vielleicht kleine Brandwunden die Polster oder Verkleidungen?

Keine Angst: Professionelle Gebrauchtwagenauf-bereiter stellen Ihre Unaufmerksamkeiten nicht unbedingt vor unlösbare Probleme. Die unter-schiedlichsten Make-up-Methoden beseitigen optische Schönheitsfehler mit relativ geringem Aufwand. Einen Neuwagen freilich – einen Neuwagen macht auch kein Profi aus einem heruntergekommenen »Schlorren«.

Dennoch, professionell aufbereitete Autos erzielen durch die Bank einen deutlich höheren Verkaufspreis als ungeschönte Oldies. In der Praxis steigt der Wert des Alten bis zu 1000 Euro. Dem gegenüber stehen Aufbereitungskosten zwischen 400 bis 500 Euro – macht einen satten Gewinn von mehreren hundert Euro. Das erleichtert den Gang zum Profi allemal......

PRAXISTIPP

Aufbereitung vom Profi

Die Abwägung, ob es sich für die vorhandenen Kleinschäden an Ihrem Fahrzeug lohnt, einen Profi zu engagieren oder nicht, wird dann relevant, wenn Sie sich von ihm trennen wollen oder müssen. Denn auch bei der Fahrzeugwartung und -pflege hat sich leider die »Geiz-ist-geil«-Mentalität in letzter Zeit bemerkbar gemacht.

Trotz des gestiegenen Anteils älterer Fahrzeuge in Deutschland, (das Durch-schnittsalter des bundesweiten Fahrzeugbestandes beträgt mittlerweile acht Jahre,) scheinen sich immer weniger Besitzer um den Allgemeinzustand ihres Fahrzeugs Gedanken zu machen. Wartung und Kundendienst werden vernachlässigt, die Motivation sinkt, in das Fahrzeug und den fälligen Service Geld zu investieren. Die Folge sind sich anhäufende Kleinmängel, die in ihrer Summe das Gesamtbild und die Erscheinung eines Kfz schnell trüben.

Dies ist eine Chance für Besitzer wie Sie, die pfleglich mit ihrem Automobil umgehen. Sie können sich mit Ihrem ordentlich gepflegten Fahrzeug hervorheben und zusätzlich durch eine optische Generalüberholung den Wiederverkaufswert steigern. Praxistests haben gezeigt, dass professionell aufbereitete Fahrzeuge in aller Regel einen deutlich höheren Verkaufspreis erzielen als ohne vorherige Verschönerungsmaßnahmen.

Die Schönheitskur kann so eine Wertsteigerung von bis zu 1000 Euro ausmachen. Nach Abzug der Aufwendungen von ca. 400 bis 500 Euro ein doch erfreulicher Überschuss.

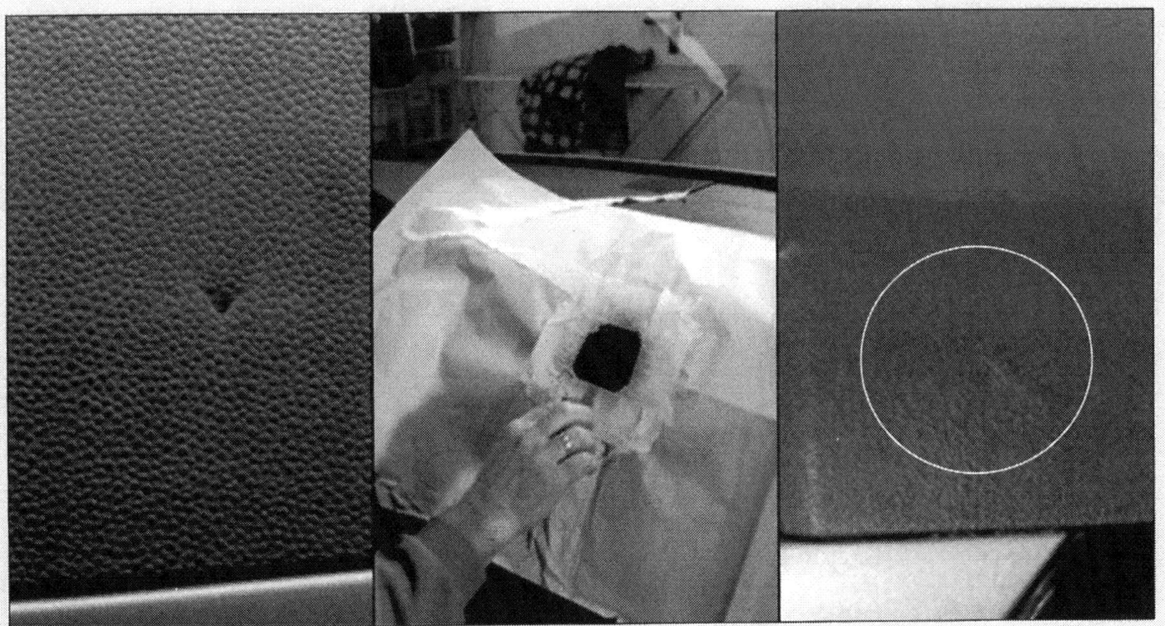

Schnell und gut kaschiert: Ein Loch im Armaturenträger vor und nach der Reparatur.

Wenn ferne Ziele locken...

... nimmt der C-MAX locker bis zu fünf Erwachsene samt deren Urlaubsutensilien an Bord. Der Grand C-MAX bietet sieben Mitfahrern ein Zuhause. Mit übersichtlicher Karosserie sind beide Vans durchaus auch im hektischen Verkehrsgewusel europäischer Großstädte erste Wahl. Damit Ihre automobilen Reiseträume nicht irgendwann in Irgendwo als Alptraum am Straßenrand enden, spendieren Sie Ihrem C-MAX vor Reiseantritt einen technischen Check-up. Auf den folgenden Seiten zeigen wir Ihnen was zu tun ist.

Ein Blick ins Internet beruhigt: C-MAX-Fahrer sind mit der Standfestigkeit ihres Autos zufrieden. Wie schon die Vorgänger sind die aktuellen Derivate gleichfalls relativ anspruchslose Zeitgenossen: Mit ihnen gestalten Sie Ihren automobilen Alltag – einerlei ob auf Kurz- oder Langstrecken, auf dem täglichen Arbeitsweg, als Schultaxi für den Nachwuchs, als Kleintransporter beim Wocheneinkauf, am Wochenende mit Surfbord auf dem Dach, Mountainbike auf der Heckklappe und diversen Freizeitoutfits im Gepäckraum. Der C-MAX macht in allen Lagen eine gute Figur – auch wenn Sie ihn des Abends im kleinen Schwarzen oder mit Hut vor dem Theater oder einem guten Restaurant ausrollen lassen.

Doch einen unbegrenzten Sorglosfreifahrtschein bietet Ihnen der C-MAX nicht. Es sei denn, Sie schauen ihm von Zeit zu Zeit aufmerksam und zielorientiert unters Blech.

In dem Fall stehen die Chancen gut, die schönsten Wochen des Jahres nicht am Straßenrand in Irgendwo unterbrechen zu müssen. Egal ob mit gerissenem Antriebsriemen, geplatztem Kühlwasserschlauch, abgelatschten Bremssegmenten oder durchgebranntem Auspuff, die gute Laune ist perdu – erst recht wenn Sie vor Ort vielleicht noch Sprachschwierigkeiten überwinden müssen.

Fit im Sommer

Stellen Sie sich bitte bildlich vor, Sie sollten, gewissermaßen aus dem Stand, einen Kurzmarathonlauf bestreiten. Eine bedrückende Vorstellung – so ganz ohne vorheriges Training und Vorbereitungen. Oder? Könnten Sie den Lauf im Vorfeld allerdings akribisch planen und organisieren, hätte nicht nur die Planung sondern gleichermaßen auch das Ziel gewisse Reize.

Ähnlich sähe das für Ihren C-MAX aus, stünde er nach den schmuddeligen Wintermonaten unvorbereitet vor einer Alpenfernfahrt oder sonst wo hin. Wir möchten Ihnen hier durch die Hintertür keinen zeit- und kostenaufwändigen Rundumcheck aufdrängen, da sind Sie als Do-it-Yourselfer eh ständig am Ball, doch wichtige Sichtkontrollen sollten Sie im Vorfeld der Reise möglichst akkurat abhandeln.

Wie steht's zum Beispiel mit der Bremsflüssigkeit? Hat sie schon ein paar Dienstjahre hinter sich? Stimmt der Pegelstand im Vorratsbehälter? Spurt der Antriebsriemen noch elastisch über die Riemenscheiben? Sind die Laufflanken eventuell schon brüchig? Ist der Kühlflüssigkeitspegel noch im grünen Bereich? Wie steht's mit dem Luftfilter? Haben die Bremssegmente, für Passfahrten mit voller Zuladung oder gar Anhänger am Haken, noch genügend Reserven? Reicht das Scheibenwaschwasser? Hat die Lösung genügend Scheibenklar oder Frostschutz intus?

Vergessen Sie auch nicht die Reifen: Wie steht's mit dem Reifendruck? Ist das Reserverad noch brauchbar? Laufen die Reifen gleichmäßig ab? Oder erkennen Sie Auswaschungen an den Reifenflanken bzw. auf der Lauffläche? Reicht das Restprofil Ihrer Reifen noch ans Ziel und wieder retour?

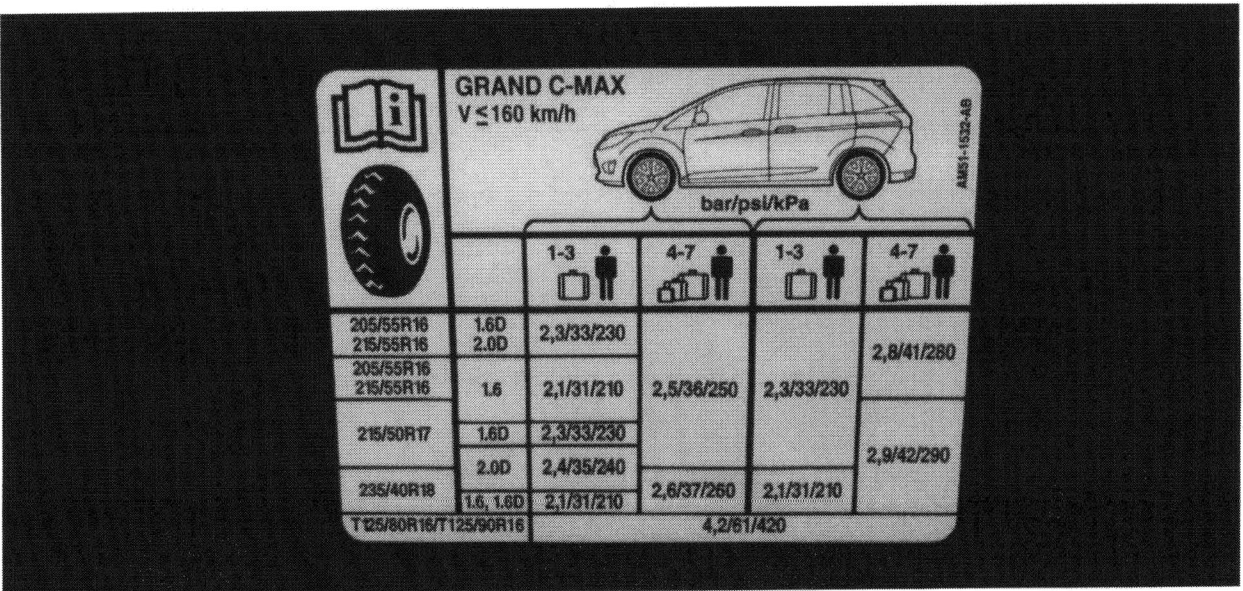

Reine Drucksache: Der Luftdruck muss immer dem Belastungszustand entsprechen. Die richtigen Werte stehen in dem Fahrertürfalz.

Laut Gesetzgeber sind Reifen mit lediglich 1,6 mm Restprofiltiefe noch fahrbar. Sollten Sie damit allerdings eine veritable Vollbremsung auf den Asphalt zaubern müssen, haben Sie mitunter schon schlechte Karten. Erst recht jedoch auf regennassen Straßen während eines deftigen Sommergewitters – Aquaplaning ist da vorprogrammiert. Und das vielleicht mit Kind und Kegel an Bord...

Hätten Sie's gewusst? Schon bei ca. vier Millimeter Restprofil, dass entspricht etwa der Hälfte eines Neureifens, verlängert sich der Bremsweg aus 100 km/h bereits um mehr als zwei Wagenlängen!

Bremsweg aus 100 km/h (regennasse Fahrbahn)		
Profiltiefe	**Bremsweg**	**Verlängerung (relativ)**
8 mm	70 m	–
4 mm	82 m	17%
3 mm	87 m	24%
2 mm	97 m	39 %

Zahlen lügen nicht: Millimeter entscheiden über Meter. Die Restprofiltiefe ist ein entscheidender Sicherheitsfaktor bei jedem Bremsmanöver – vor allem auf nassen Straßen.

Profiltiefe messen

Von Sicherheitsreserven gehörig entfernt: Ein bis zum Laufflächen-Abnutzungsanzeiger (Pfeil) auf 1,6 Millimeter Restprofil abgelatschter Reifen. Diese Pneus schwächeln besonders eklatant bei scharfen Bremsmanövern und auf regennassen Straßen (1). Das absolute Restprofil messen Sie in den Profilrillen. Der Profiltiefenmesser liefert exakte Ergebnisse (2).

Gesetzliche Regelungen

WISSENSWERTES

Seit Januar 2006 müssen laut Gesetzgeber alle Kraftfahrzeuge in ihrer Ausrüstung den herrschenden Witterungsverhältnissen angepasst sein (StVZO, §2 Abs. 3a). Hierzu gehört insbesondere eine »geeignete Bereifung«. Mit dieser Vorgabe sollte ALLEN Autofahrern unmissverständlich klar sein: Frühling, Sommer, Herbst und Winter benötigen, hinsichtlich Profil und Gummimischung, spezielle Reifen. Sie besteigen ja auch nicht die Zugspitze mit leichten Turnschuhen...

Gerade auf der Urlaubsfahrt sind »geeignete Reifen« ein wichtiger Sicherheitsfaktor. Moderne Reifen bestehen aus bis zu 16 verschiedenen Gummimischungen. Die von den Reifenbäckern streng gehüteten Mixturen sorgen für möglichst wenig Abrieb (Verschleiß), hohe Rissfestigkeitsreserven, größtmöglichen Rutschwiderstand, geringen Rollwiderstand, dynamische Beständigkeit sowie ein hohes Maß an Laufruhe und Alterungsbeständigkeit.

Allerdings bestimmen Gummimischung und Profilierung nicht allein die Leistungsfähigkeit eines Reifens, mindestens genau so wichtig sind genügend Profilreserven. Zwar fordert der Gesetzgeber hier nur einen Mindestwert von 1,6 Millimetern, in der Praxis sind 1,6 Millimeter für einen rundum sicheren Betrieb aber kaum ausreichend. Fachleute begrenzen das Mindestprofil eines Sommerreifens auf drei Millimeter und das eines funktionsfähigen Winterreifens auf vier Millimeter. Als aufmerksamer Autofahrer werden Sie der Fachwelt nicht widersprechen: Das Fahrverhalten Ihres Autos, speziell bei Nässe, lässt mit Mindestprofil bereits deutlich nach.

Die Gründe dafür sind technisch nachvollziehbar- und beweisbar: Mit einem Restprofil von 1,6 Millimeter verlängert sich der Bremsweg auf regennasser Straße bereits um das Doppelte. Schon bei 80 km/h verdrängen die Drainagerillen auf nasser Fahrbahn bis zu 25 Liter Wasser pro Sekunde, bei 140 km/h sind es bereits 43 Liter. Anders gesagt: Geiz bei der Profiltiefe ist nicht geil...

Gönnen Sie also dem einzigen Bindeglied zwischen Ihrem C-MAX und der Straße ordentliches Profil: Die Kontaktfläche jedes Reifens macht nämlich nur die Größe einer Postkarte aus.

Die realistische Profiltiefe ermitteln Sie in den Hauptprofilrillen der Lauffläche. Das verlässlichste Ergebnis liefert Ihnen ein Profiltiefenmesser. Messen Sie ruhig auf den TWI-Stegen (Tread Wear Indikator, Laufflächen-Abnutzungsanzeiger), denn unterhalb der gesetzlichen 1,6 Millimeter Mindestprofiltiefe sind Reifen eh nur noch mit Vorsicht zu betrachten. Sie verlängern den Bremsweg und neigen ganz unvermittelt zu Aquaplaning.

Reifen-Pannenset

Reifenpannensets ersetzen an Neuwagen immer häufiger das Reserverad: Auch Ihr C-MAX verzichtet ab Werk auf ein vollwertiges Reserverad. Wir möchten hier nicht die Diskussion um das Ersatzrad erneut aufleben lassen. Argumentierten wir jedoch statistisch untermauert, stellten wir das E-Rad zumindest stark in Frage. Demnach ist ein kapitaler Plattfuß nämlich für die meisten von uns Autofahrern die absolute Ausnahme, mit der wir rund alle 70.000 Kilometer rechnen können. Währenddessen schleppen Sie völlig nutzlos ein rund 5 Kilogramm schweres Ersatzrad über Stock und Stein. Das erhöht zwangsläufig den Kraftstoffverbrauch, minimiert die höchstzulässige Zuladung und senkt das Platzangebot im Gepäckraum.

Dabei helfen bei ganz »normalen Reifenplatten« mittlerweile praktikable Pannensets aus der Bredouille. Die Sets sind einfach zu bedienen und mobilisieren den Havaristen bis zur nächsten Werkstatt. Doch bevor Sie sich geistig vom Ersatzrad verabschieden, inspizieren Sie die Pannensets aus dem Zubehör: Nicht alle halten DICHT, viele sind ihr Geld nicht wert! Das gilt natürlich nicht für die den Neuwagen beiliegenden Sets.

Dichtet die meisten Plattfüße ab: Das Conti-Reifenpannenset mit Kompressor und Dichtschaum.

12V-Kühltasche fürs Auto

Getränke und ein Vesperbrot – auf langen Reisen eine willkommene Erfrischung: Sie erwecken die Lebensgeister und geben neue Kraft. Allerdings nur, wenn die Snacks möglichst frisch greifbar sind und die Butter samt Brotaufstrich nicht schon aus der Verpackung kriecht. Auch der Schluck aus der »Pulle« erfrischt Sie nur, wenn er zumindest noch kühler ist als Ihre Stirn.

Wenn Sie also Raststätten meiden wollen, sollten Sie zumindest eine geeignete Kühltasche oder Kühlbox an Bord haben. Kühltaschen reichen auf kleineren Reisen allemal aus, doch wenn die Kühlakkus erst geschmolzen sind, haben Kühltaschen allenfalls noch den Wirkungsgrad eines Einkaufbeutels.

Kühlboxen bieten gegenüber der Kühltasche »eiskalte« Vorteile. Das Angebot ist groß, und die meisten Boxen sind im Auto auch praktisch zu verstauen. Ihnen reicht in der Regel ein 12-Volt-Stromanschluss (Zigarettenanzünder, separate Steckdose), in der Mehrzahl arbeiten sie mit Piezo-Elementen. Besonders praktische Geräte docken Sie am Zielort übrigens auch ans normale 230-Volt-Stromnetz an. Solche Geräte halten ihren Inhalt rund 30 °C unterhalb der Umgebungstemperatur und im Umkehrschluss auch entsprechend warm: Der Nachwuchs in der Babywiege hat also immer sein vorgewärmtes Fläschchen an Bord. Übrigens, auch manch ein Pizzabäcker bringt seine Teigwaren damit »al dente« oder knusperfrisch bis vor die Wohnungstür.

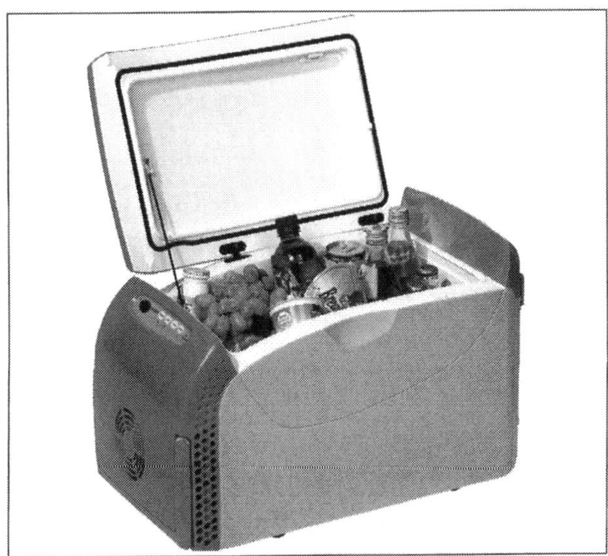

Snacks auf Reisen: Mit einer guten Multifunktionsbox (Kühl- und Wärmfunktion) kein Problem.

Bevor Sie durchstarten

CHECKLISTE

Bereich	worauf Sie achten sollten	was zu tun ist
A **Motor**	**1** Motorölstand	Motoren, die im Kurzstreckenbetrieb nur selten richtig betriebswarm werden, sammeln Kondensate im Ölsumpf an, die auf langen Strecken wieder vergasen. Folge. Der Ölstand sinkt bei heißem Motor dann schlagartig ab. Checken Sie den Pegel deshalb erneut während des ersten Tankstopps.
	2 Kühlmittelstand	Bei kaltem Motor muss der Kühlflüssigkeitspegel im Ausgleichbehälter zwischen »Min.« und »Max.« stehen. Falls nicht, bitte entsprechend ergänzen.
	3 Zustand der schläuche	Verlässliche Kühlmittelschläuche sind dicht und Kühlmittel elastisch. Die Schlauchschellen sitzen satt und fest. Kneten Sie die Schläuche vor großen Touren kräftig durch. Verhärtete oder brüchige Schläuche tauschen Sie aus. Auch Kalkablagerungen an den Schlauchenden sollten Sie akribisch inspizieren.
	4 Kühlerlüfter checken	Lassen Sie den Motor so lange laufen, bis der Kühlerventilator ein- und selbstständig wieder ausschaltet.
B **Räder und Reifen**	**1** Luftdruck	Der Reifenluftdruck muss der Beladung und Geschwindigkeit angepasst sein. Schauen Sie in dem Fahrertürfalz nach und korrigieren entsprechend. Drei Zehntel bar über Normal ist generell vertretbar und senkt zudem den Verbrauch.
	2 Zustand	Das Restprofil muss auch nach der Reise noch ausreichend sein. Messen Sie das vorher an den TWI-Stegen nach. Winterreifen sollten mindestens noch vier Millimeter Restprofiltiefe haben.
C **Fahrwerk**	**1** Stoßdämpfer	Achten Sie auf Schwitzspuren an den Stoßdämpferrohren und lassen eventuell einen richtigen Stoßdämpfertest durchführen. Mit Wippen an den Karosserieenden entlarven Sie keinen maladen Stoßdämpfer.
	2 Manschetten und Gelenke	Poröse oder undichte Achsmanschetten fördern den Verschleiß an Antriebswellen, Radaufhängungen und Spurstangen. Tauschen Sie die Gummis vorausschauend schon zu Hause aus.
D **Sonstiges**	**1** Beleuchtung	Schalten Sie alle Lichter durch und checken auch Ihr Ersatzlampenset auf Vollständigkeit.
	2 Scheibenwaschanlage	Prüfen Sie die Waschdüsen und stellen sie gegebenenfalls neu ein. Den Vorratsbehälter füllen Sie mit Reinigungslösung bis zur Gänze auf. Denken Sie im Winter an den Frostschutzzusatz.

Fit im Winter

Nach all den vielen Sommertipps könnten Sie fast schon auf die Idee kommen, wir wären Wintermuffel. Dem ist natürlich nicht so – Auto fahren macht auch im Winter Spaß! Vorausgesetzt, Sie stellen sich ernsthaft auf »Väterchen-Frost« ein und treiben Ihren C-MAX nicht gerade auf Turnschuhen über Eis und Schnee...

Von Haus aus hat Ihr C-MAX übrigens gute Wintereigenschaften: Seine angetriebenen Vorderräder sind gut belastet und das moderne Fahrwerk tut sein Übriges. Wenn dann noch moderne Winterreifen mit von der Partie sind, können Regen, Schnee und Eis Ihnen und Ihrem Ford so leicht nichts mehr anhaben. Es sei denn, Sie vergessen die Grenzen der Fahrphysik und glauben, gute Reifen allein bremsen den Winter schon aus. In dem Fall benötigen Sie recht bald einen stabilen Bergegurt oder das Abschleppseil, das Sie hoffentlich immer an Bord haben.

Wenn Sie allerdings mit klarem Kopf die Herausforderungen der kalten Jahreszeit annehmen und Ihren C-MAX mit der gebotenen Rück- und Vorsicht nutzen, kommen Sie immer gut an. Und wenn's denn mal ganz dick von oben kommen sollte, wirkt ein Satz griffiger Schneeketten – auf den Antriebsrädern montiert – meistens weiter. Unser Tipp kommt weniger im Flachland denn im Gebirge zu Ehren, doch als Wintersportler wissen Sie ohnehin: Auf winterlichen Passstraßen sind Schneeketten gesetzlich vorgeschrieben – auch bei unseren europäischen Nachbarn. Beim C-MAX gehören Ketten übrigens auf die angetriebene Vorderachse...

Das sollten Sie im Winter an Bord haben

Manchmal hindert Sie nicht einmal das eigene Auto oder vielleicht sogar Ihr eigenes Unvermögen am Weiterkommen. Nein, es sind die äußeren Umstände, die sich gegen Sie verbündet haben. Und da ist es sinnvoll ein paar Utensilien an Bord zu haben. So zum Beispiel:

- Frostschutzgemisch für die Scheibenwaschanlage (A),
- Reservekanister, damit Ihnen im Stau das Benzin nicht ausgeht (B),
- warme Decke, falls Sie festsitzen und das Benzin zur Neige geht (C),
- kleine Schaufel zum Freischaufeln verschneiter Räder (D),
- Kopflampe die Ihnen im Dunklen die Hände frei hält (E),
- Abschleppseil, besser noch einen langen Schwerlastspanngurt (F),
- Starthilfekabel zum Überbrücken schlaffer Batterien (G).

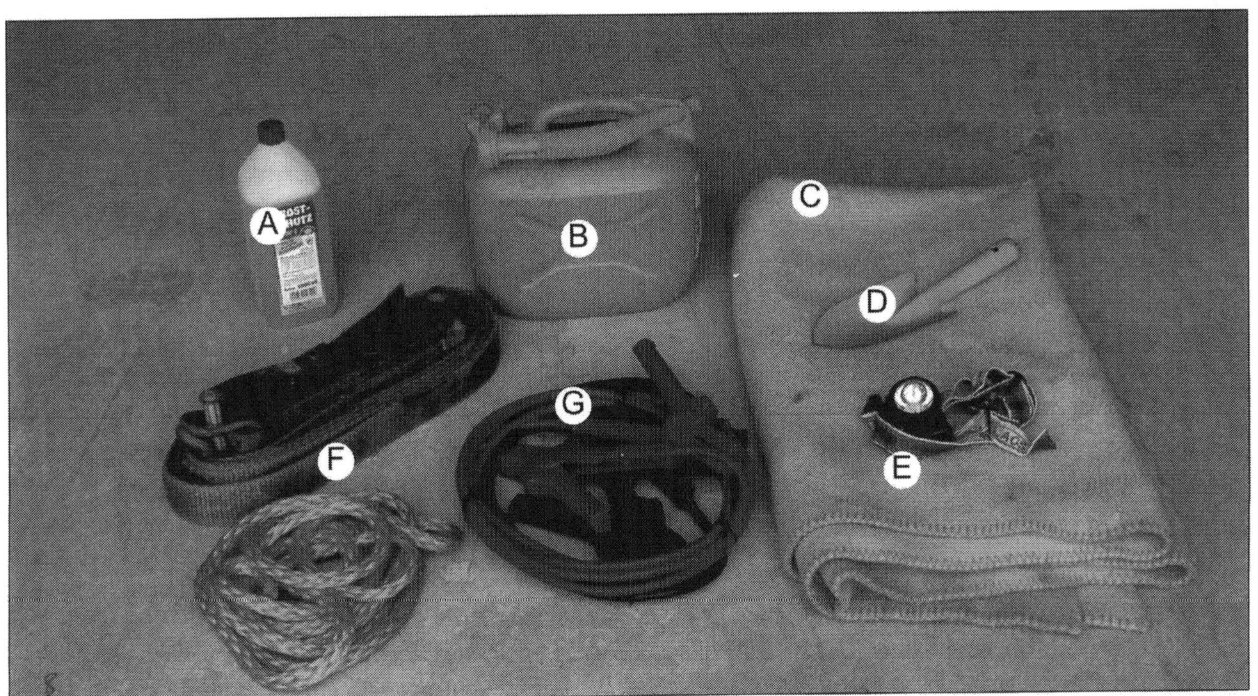

Erste Hilfe im Schnee: (A) Frostschutz für die Scheibenwaschanlage, (B) Reservekanister, (C) Decke, (D) kleine Schaufel, (E) Kopflampe, (F) Abschleppseil oder Spanngurt, (G) Starthilfekabel.

Weniger ist mehr – so unterstützen Sie den Anlasser

Unter winterlichen Bedingungen hat der Anlasser bei jedem Kaltstart Höchstleistungen zu erledigen: Der Starter Ihres C-MAX lutscht beim Kaltstart kurzfristig bis zu 2000 Watt aus der Batterie. Ein Großteil der immensen Leistung geht auf das Konto interner Reibungsverluste. Warmstarts realisiert der Starter dagegen schon mit rund einem Fünftel der Kaltstartpower. Darum machen Sie es dem Anlasser und der Batterie bei jedem Start möglichst leicht: Verzichten Sie derweil auf alle unnötigen Verbraucher. Schalten Sie das Fahrlicht, die Innenraumlüftung, das Radio, die beheizbare Heckscheibe, kurzum – schalten Sie ALLE Verbraucher aus, die der Batterie jetzt unnötig Strom abziehen könnten. Der Starter tut sich nämlich mit jedem zusätzlichen Watt leichter und die Batterie ist um jeden abgeschalteten Verbraucher erleichtert…

Winterreifen – ein Sicherheits- und Komfortgewinn, auch im Flachland

Sie wissen es bereits aus Fahrschulzeiten und unzähligen Presseberichten – dennoch wiederholen wir den Rat: Grundvoraussetzung für sicheres Vorankommen auf winterlichen Straßen ist die richtige Bereifung. Seit 2006 schreibt die Straßenverkehrsordnung in §2 Abs.3a zwingend eine »geeignete Winterbereifung« vor. Was jedoch als »geeignete Winterbereifung« zählt, definieren die Gesetzestexter nicht näher. Dennoch, die bequeme Ausrede auf Winterreifen getrost verzichten zu können, ist gefährlich: Wer mit falschen Reifen ertappt wird, riskiert ein Bußgeld und im Falle eines Unfalls sogar den Versicherungsschutz!

Wir appellieren daher an Ihr Verantwortungsbewusstsein: Spätestens nach dem 15. Oktober bis zum 15. März sind ordentliche Winterreifen (Schlechtwetterreifen) angesagt. Besagte Pneus steigern die Fahrsicherheit und den Fahrkomfort. Übrigens nicht nur auf Eis und Schnee, Sie spuren zudem viel komfortabler auf nassen Straßen und reduzieren das Aquaplaning-Risiko ganz erheblich. Welche Winterreifen gut zu Ihrem C-MAX passen, verraten wir Ihnen an anderer Stelle.

Übrigens: Auch Ganzjahresreifen können bei unkritischen Wetterlagen mit überwiegend milden Temperaturen schon »geeignet« sein. Bei plötzlichen Witterungseinbrüchen sind sie jedoch schlichtweg nicht mehr ausreichend.

Der Lamellentrick: Spikes sind in Deutschland tabu, aber Lamellen in der Lauffläche erreichen einen ähnlich guten Kraftschluss wie die Stahlnägel. Die Lamellen öffnen sich bei rotierenden Reifen und übertragen damit geringfügig mehr Drehmoment auf die Straße.

Winterpneus – es müssen keine High-Performance-Reifen sein

Wer die Qual hat die Wahl, so auch bei den richtigen Winterreifen für Ihren C-MAX. Eines vorweg: Auch ein mittelmäßiger Winterreifen hat in seiner Jahreszeit immer noch größere Sicherheitsreserven als ein guter Sommerreifen. Damit ist dann auch schon die Frage nach dem meist teuren High-Performance-Winterreifen für Ihren C-MAX schlichtweg beantwortet: Es muss nicht immer »Kaviar« sein. In aller Regel sind Sie mit einem guten Mittelklasseprodukt hinreichend bedient. Ihr Ford-Händler bietet Ihnen übrigens Ganzjahreskompletträder im Format 205/55 R 16 zu durchaus günstigen Konditionen an. In dem Fall verliert selbst der günstigste No-Name-Gummi an Charme. Daher unser Rat: Halten Sie sich einfach an die Empfehlungen Ihres Vertragshändlers oder besser noch, Sie informieren sich in einschlägigen Reifentests der Motorpresse, der Stiftung Warentest oder bei großen Automobilclubs. Hier liegen Sie auf der sicheren Seite und finden zudem den für Sie richtigen Reifen. Der Rat sticht übrigens auch bei Sommerreifen.

Wenn Sie nicht nur das Profil sondern auch die Größe variieren möchten, linken Sie sich beispielsweise auf den Web-Seiten von Continental ein. Dort finden Sie

Das Schneeflockensymbol

WISSENSWERTES

Die große Verunsicherung vieler Autofahrer, welche Reifen im Winter am besten geeignet sind, minimiert das Schneeflockensymbol. Die Entstehungsgeschichte dieses Symbols basiert auf dem zum Teil betriebenen Missbrauch mit der »M+S-Kennung« (Matsch und Schnee). Das Kürzel »M+S« ist nämlich, entgegen der öffentlichen Darstellung, keine offiziell geschützte Kennzeichnung für unbeschränkte Wintertauglichkeit. Und das völlig zu Recht, denn längst nicht alle »M+S«-Reifen« weisen in ihren Hauptprofilblöcken jene Lamelleneinschnitte auf, die für gute

Garant für richtige Winterreifen: Die Schneeflocke mit zusätzlicher M+S-Kennung auf der Reifenflanke.

Traktion auf Schnee und Eis sorgen. So tragen etwa auch waschechte Geländereifen das »M+S-Symbol« auf ihrer Reifenflanke. Und das, obwohl gerade grob profilierte Geländeprofile auf winterlichen Straßen allenfalls die Haftung von Turnschuhen auf den kalten Asphalt bringen. So ist die Schneeflocke auf der Reifenflanke, seit 2002 europaweit als freiwilliges Hersteller-Kennzeichen von »richtigen« Winterreifen, durchaus begrüßenswert. Sie prangt übrigens zusätzlich zur »M+S« Markierung auf der Reifenflanke. Ernstzunehmende Winterreifen sind Pneus, die, im Vergleich mit einem Standard-Referenzreifen, mindestens sieben Prozent mehr Traktion auf Schnee bieten und zudem auch den Bremsweg um mindestens sieben Prozent verkürzen. »M+S-Reifen« hingegen müssen – per Definition – nur ein besonders grobes Profil, jedoch keine besonderen Wintereigenschaften, haben. Anders als Sommerreifen sind Winterreifen hierzulande mit einem geringeren Geschwindig-keitsindex, als den im Fahrzeugschein angegebenen Wert, zugelassen. Die Umrüstung auf den »lang-sameren« Reifen muss dann allerdings ein Auf-kleber mit der gebotenen Höchstgeschwindigkeit im Sichtbereich des Fahrers kenntlich machen.

Euro-Schnelltest: Winterreifen verlieren ihre Wirkung unterhalb vier Millimeter Restprofilstärke. Das entspricht etwa dem goldenen Rand einer Ein-Euro-Münze.

unter dem Link »Reifenkonfigurator« alle für den C-MAX gängigen Größen aufgelistet. Seien Sie allerdings misstrauisch beim Kauf vermeintlich günstiger Gebrauchtreifen oder mit Runderneuerten aus dubiosen Quellen. Unser Rat: Finger weg – Sicherheit geht vor Sparsamkeit!

An dieser Stelle gleich noch ein Rat: Winterreifen mit weniger als vier Millimeter Profiltiefe sind keine vollwertigen Winterreifen mehr. Nichts spricht allerdings dagegen, sie im Frühjahr bis zur Mindestprofiltiefe aufzubrauchen.

Üben übt – moderne Schneeketten sind einfach zu montieren

Passende Schneeketten für Ihren C-MAX hat natürlich Ihr Ford-Händler am Lager, falls nicht, beschafft er sie. Zudem geizt auch der Zubehörhandel nicht mit passenden Angeboten. Egal wo Sie nun fündig werden, das Attribut »MONTAGELEICHT« schmückt heutzutage nahezu alle Verpackungen. Unser Rat: Seien Sie durchaus misstrauisch und lassen sich am eigenen Auto, nicht an einem bequemen Demonstrationsmodell, von der Montageleichtigkeit überzeugen. Lassen Sie es mit der Demonstration dann noch nicht gut sein, sondern legen die Antriebsräder Ihres C-MAX versuchsweise selbst erneut in Ketten. Üben übt – wir reden aus eigener Erfahrung. Sie wären sonst nämlich nicht der erste Schneekettenmonteur, der seine Feuertaufe unverrichteter Dinge frustriert und mit steif gefrorenen Fingern beendet.

Mit Bügel schneller zu montieren: Moderne Bügelketten passen sogar im Stand um die Räder.

Synonym für gutes Licht: Die Beleuchtungsplakette am rechten, unteren Scheibenrand.

Sollten Sie Mitglied eines Automobilclubs sein, können Sie in den meisten größeren Regionalgeschäftstellen übrigens Schneeketten in gängigen Größen ausleihen. Melden Sie Ihren Bedarf freilich rechtzeitig an, die Clubs verwalten, besonders im Kompakt- und Mittelklassesegment, lange Wartelisten...

Doppelnutzen – gutes Licht und gute Sicht

Rund 10 Millionen Autofahrer nehmen jährlich an der traditionellen Beleuchtungsaktion im Oktober teil. Dazu stellen Kfz-Werkstätten an den untersuchten Autos regelmäßig zahlreiche Mängel fest. Im vergangenen Jahr beispielsweise hatten mehr als 37 Prozent der vorgestellten Wagen mangelhaftes Licht und unzulängliche Scheibenwischerblätter. Uns ist das unverständlich. Denn seit vielen Jahren findet alljährlich im Oktober die unentgeltliche Beleuchtungsaktion der Automobilclubs und Kfz-Werkstätten statt. Außerdem unterstützen alle Bosch Car Service- und AutoCrew-Betriebe die Aktion unentgeltlich.

Alle Werkstätten, die an der Licht- und Sicht-Aktion teilnehmen sind übrigens an einem auffälligen Plakat »Licht, Sicht, Sicherheit« zu erkennen. Und das aus gutem Grund: Denn neben einer funktionierenden Beleuchtung sind in der dunklen Jahreszeit und bei schlechtem Wetter im Herbst und Winter auch schlierenfrei wischende Scheibenwischer ein gewichtiger Sicherheitsaspekt.

Geprüft werden daher zum einen die Funktion aller Scheinwerfer und Heckleuchten sowie die korrekte Einstellung der Frontscheinwerfer. Bei gleicher Gelegenheit findet auch eine unentgeltliche Überprüfung der Scheibenwischer statt. Und besonders sicherheitsbewusste Autofahrer bekommen auf Wunsch vor Ort sogar Scheinwerfer-Glühlampen mit höherer Leuchtkraft montiert.

Gummipflege – so bleiben Türdichtgummis geschmeidig

Alle Dichtungsgummis sind bei Minustemperaturen besonderen Anforderungen ausgesetzt: Sie werden spröde und frieren leicht an den Dichtflächen fest. Das ist dann bereits der Anfang vom Ende einer intakten Dichtung. Denn angerissene oder spröde Dichtungen sehen nicht nur optisch unansehnlich aus, sie erledigen ihren Job auch nicht mehr richtig und lassen Wasser in den Innenraum. Sparen Sie also nicht bei der Gummipflege, der Wechsel defekter Gummidichtungen ist zeitaufwändiger als deren regelmäßige Pflege – teurer ist er allemal. Massieren Sie alle Tür- und sonstigen Dichtgummis mit einer Silikonpaste oder einem besonderen Gummipflegstift ein. Das muss nicht unbedingt nach jeder Wagenwäsche sein, doch vor und nach dem Winter nehmen Sie sich die Zeit.

Am besten griffbereit in der Tasche: Den Schlossenteiser nicht im Auto vergessen. Denn ist der Türschließzylinder erst eingefroren, bleibt der Enteiser im Innenraum völlig wirkungslos.

Schnell gemacht: Gummidichtungen sollten mit Vaseline oder einem speziellen Gummipflegestift mindestens einmal vor und nach der kalten Jahreszeit eingerieben werden – dann bleiben die Dichtungen geschmeidig.

Hält Türschlösser fit – Enteiser aus der Spraydose

Wenn Sie Ihren C-MAX regelmäßig per Funkkontakt öffnen und verschließen, erscheint Ihnen unser Pflegetipp weltfremd. Wir raten Ihnen nämlich, rechtzeitig vor dem Winter – und danach – die Innereien aller Schließzylinder mit einem Silikonspray gegen Frost zu schützen. Zudem sollten Sie ein kleines Sprühfläschchen Schlossenteiser in der Tasche haben. Denn der Trick mit dem Feuerzeug funktioniert bei Nichtrauchern nicht unbedingt und kann zudem ein Nachspiel haben. Ist der Schlüssel nämlich zu heiß, könnte der Elektronikchip der Wegfahrsperre darunter leiden: Im Zweifelsfall sitzen Sie dann zwar im Auto, doch Ihr Auto macht keinen Mucks: Das Zündschloss erkennt »seinen« Schlüssel nicht mehr und der Anlasser bleibt beharrlich stumm.

Scheibenwaschwasser – im Winter niemals ohne Frostschutz

Sowohl ins Kühl- als auch ins Scheibenwaschwasser gehört ein Frostschutzmittel. Während die Kühlflüssigkeit ständig frostgeschützt im Motor kursiert, reicht dem Scheibenwaschwasser im Winter ein Frostschutzmittel. Beide Frostschutzlösungen haben übrigens NICHTS miteinander zu tun. Vertauschen Sie die Flüssigkeiten also niemals. Die Folgen, zumindest für den Motor, könnten fatal sein!
Scheibenwaschmittel gibt's in jedem Zubehörshop oder an der Tankstelle. Achten Sie jeweils auf die richtige Dosierung. Ergänzen Sie dagegen Kühlerfrostmittel nur in Erstausrüsterqualität. Sollten Sie auf der heimischen Werkbank nämlich das falsche Gebräu mixen, könnte das Ihrem Motor den Garaus bereiten. Im Kapitel »Antrieb« gehen wir detailliert darauf ein.

PRAXISTIPP

Durchblick aus der Flasche

Für viele Laternenparker gehören zugefrorene Scheiben im Winter zum alltäglichen Ärgernis. Wer hat schon Lust auf regelmäßigen Früh- oder Abendsport am zugigen Straßenrand? Doch ohne geht's nicht. Wer etwa aus reiner Bequemlichkeit den Verkehr aus kleinen Sehschlitzen beobachtet, riskiert nicht nur einen veritablen Unfall, er riskiert zusätzlich ein saftiges Bußgeld. Der Gesetzgeber verlangt laut §23 StVO von jedem Fahrzeugführer »die Sicht weder

Alternative zum Eiskratzer: Flüssiger Scheibenenteiser aus der Sprühflasche.

durch Beladung noch durch den Zustand des Fahrzeugs zu beeinträchtigen«. Im Klartext: Alle Autoscheiben müssen sauber sein.

Was also tun im Sinne der eigenen Bequemlichkeit und der Scheibenlebensdauer? Wer den Eiskratzer verbannen möchte, steigt kurzerhand auf Thermomatten oder flüssigen Scheibenenteiser um. Thermomatten werden um die A-Säulen gezogen und mit den Türen auf der Scheibe fixiert. Scheibenenteiser in Spray- oder Pumpdosen taut die Scheibe wie von Geisterhand ab – der Doseninhalt ist mit Alkohol versetzt. In der Praxis gibt's allerdings große Qualitätsunter-schiede. Achten Sie zunächst auf das Sprühbild auf der Scheibe. Denn wird sie nur punktuell benetzt, verpufft die Wirkung im Nu. Wegen der Verdunstungskälte des Alkohols wird der Eispanzer auf der Scheibe sogar noch »stabiler«. Also doch ein Fall für den Eiskratzer! Sprühdosen die ihren Inhalt allerdings gleichmäßig auf der Scheibe verteilen, sorgen für Durchblick, zumindest dann, wenn Sie anschließend die Scheibe mit guten Wischerblättern weitgehend trocken- wischen.

Mollig warm und klare Scheiben – mit Standheizung keine Hexerei

Trotzt knapper werdender Ressourcen und starker Luftbelastung möchten wir nicht werten: Eine Standheizung ist im Winter fraglos ein Komfortzugewinn, erst recht bei besonders wärmedichten Dieselmotoren und für Laternengaragenparker. Denn sobald die Standheizung auch noch per Vorwahlzeituhr oder über Funkwellen zu aktivieren ist, steigen Sie nie mehr in ein kaltes Auto ein. Natürlich sind dann auch die Scheiben frei, bevor Sie den Motor starten. Sie haben fortan auch keine Kaltstartprobleme mehr zu befürchten, die Motorkühlflüssigkeit ist auch schon vorgewärmt. Ab Werk gibt's besagten Komfort im C-MAX nicht. Die Standheizung steht in der Aufpreisliste, programmierbar über den Bordcomputer und mit Zusatzheizungsfunktion.
Natürlich sind auch solide Zubehörangebote eine komfortable Alternative, erkundigen Sie sich einfach in einem nahe gelegenen Bosch Automotive-Stützpunkt oder Sie googeln das Angebot im Internet. Das klingt einfach und einladend, doch die Montage überlassen Sie besser einem Profi. Einen durchschnittlich begabten Do-it-Yourselfer überfordern die nötigen Eingriffe unter der Motorhaube und im Innenraum.
Übrigens, eine Standheizung leistet auch im Sommer sinnvolle Dienste: Als Standlüfter kühlt sie den parkenden C-MAX zumindest auf Außentemperaturniveau herunter.

Relativ einfach nachrüstbar – die Sitzheizung im C-MAX

Sollten Sie die Sitzheizungsoption beim C-MAX-Kauf ignoriert haben, können Sie später auch noch selber nachhelfen: Die von soliden Zubehöranbietern angebotenen Heizmatten haben teilweise Erstausrüsterqualität. Mitunter sind sie mit bruchresistenten Karbonheizmatten den Serienprodukten qualitativ sogar voraus. Der Fachhandel bietet für die gängigsten Sitzformate Nachrüst-Kits an. Geschickte Heimwerker bugsieren die Matten locker in Eigenregie unter die Sitzpolster. Der TÜV steht dem Ganzen allerdings ablehnend gegenüber und legt demzufolge sein Veto ein. Demnach muss der ordnungsgemäße Einbau in einem Fachbetrieb erfolgen oder von einem autorisierten Betrieb bestätigt sein.

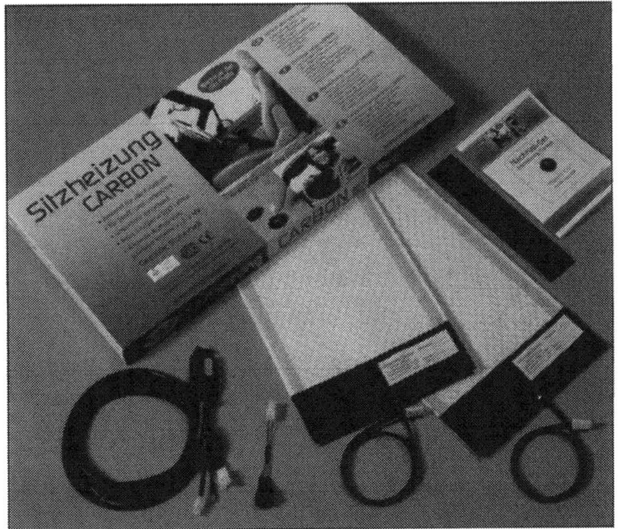

Für rund 100 Euro pro Sitz zu haben: ein Sitzheizungsnachrüstkit mit Carbonwärmeleitern.

Macht müde Motoren munter – der Starthilfebooster

Wir haben Ihnen die außergewöhnliche Energieleistung des Anlassers und der Batterie, die beide während jeden Kaltstarts absolvieren, schon näher gebracht. Gleichfalls haben wir Ihnen die Vorzüge einer Standheizung gepriesen.

Verschwiegen haben wir dagegen bislang, dass Standheizungen nicht nur Benzin bzw. Diesel, sondern auch Strom konsumieren. Sollten Sie im Winter allmorgendlich nicht ganz auf Risiko setzen, ergänzen Sie Ihr Bordwerkzeug besser noch mit einem Starthilfebooster. Gute Booster helfen schlappen Batterien kurzfristig auf die Sprünge, sei es bei grimmiger Kälte oder wegen notorischer Unterladung. Wunder freilich sollten Sie von Batterieboostern nicht erwarten...

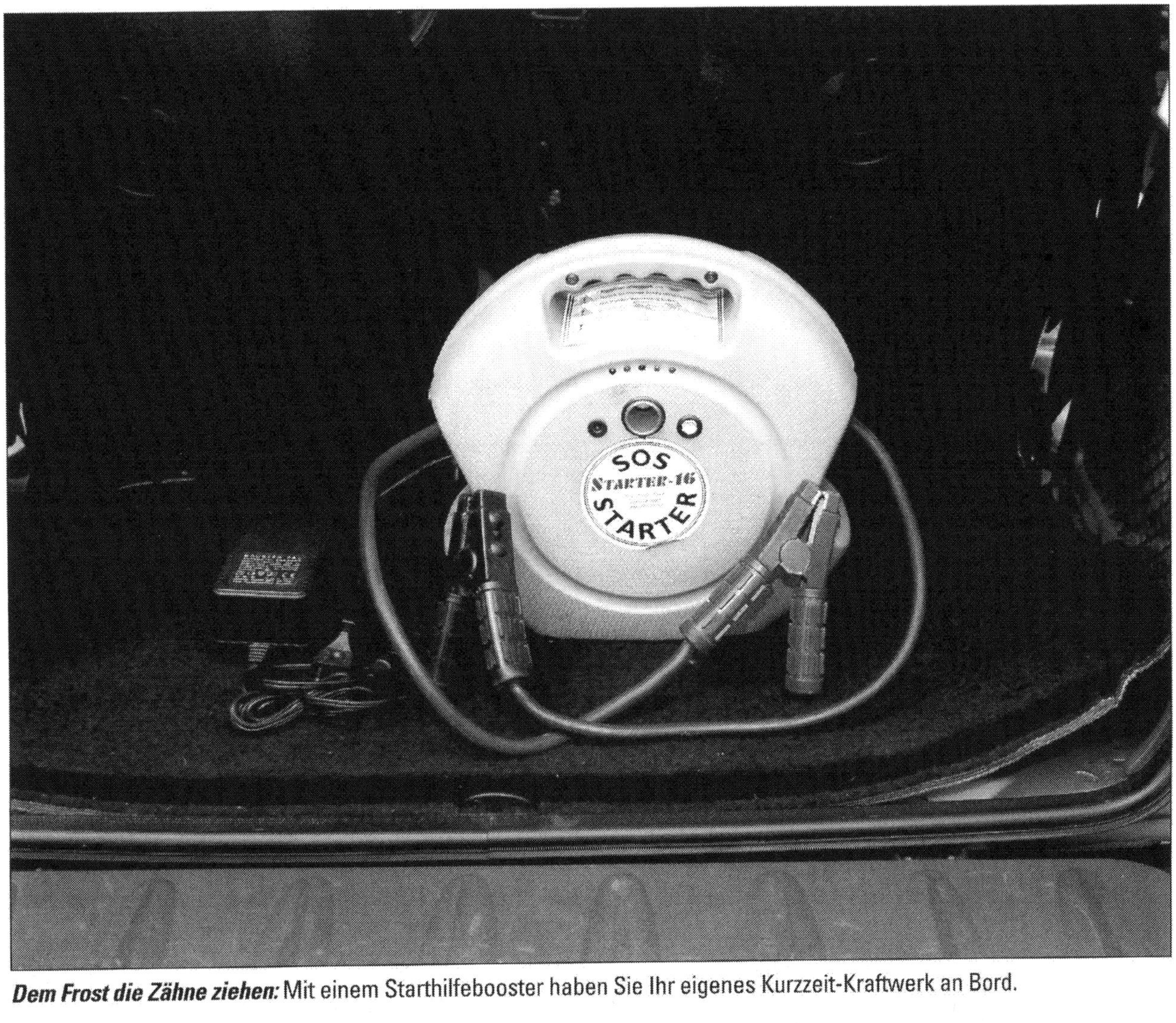

Dem Frost die Zähne ziehen: Mit einem Starthilfebooster haben Sie Ihr eigenes Kurzzeit-Kraftwerk an Bord.

Den Winter entschärfen

CHECKLISTE

Störung	Worauf zu achten ist	Was wann tun?
A Motor	1 Motoröl	Häufige Kaltstarts und hohe Temperaturschwankungen belasten das Motoröl extrem. Verkürzen Sie eventuell die Wechselintervalle. Beachten Sie dazu unsere Hinweise im Kapitel »Antrieb«.
	2 Kühlmittel	Checken Sie auf jeden Fall die Kühlmittelkonzentration. Wird's frostiger als – 4 °C kann ansonsten schon der Motorblock platzen.
	3 Thermostat	Wenn im Winter der Thermostat nicht korrekt arbeitet, bleibt's dem Motor entweder zu kalt oder er wird zu heiß. In beiden Fällen zieht das teure Schäden nach sich. Halten Sie das im Auge und wechseln in beiden Fällen den Temperaturregler aus.
B Räder und Reifen	1 Winterreifen	Winterreifen verdienen ihren Namen nur mit mindestens vier Millimeter Restprofilstärke. Montieren Sie die Reifen möglichst vor dem ersten Schnee. Fast abgefahrene Winterpneus können Sie bis weit ins Frühjahr hinein getrost abfahren. Halten Sie allerdings die maximale Höchstgeschwindigkeit ein.
C Licht und Sicht	1 Beleuchtung	Kontrollieren Sie regelmäßig die Beleuchtungsanlage und reinigen regelmäßig die Scheinwerfergläser.
	2 Verglasung und	Die Scheiben sollten frei von Kratzern und Scheibenwischer Steinschlägen sein. Wechseln Sie im Herbst die Wischerblätter und präparieren den Waschwasserbehälter mit genügend Reiniger- und Frostschutzlösung.
D Karosserie	1 Türen und Hauben	Massieren oder sprühen Sie die Gummidichtungen durchgängig mit Vaseline oder Silikonfett ein. Die Dichtungsoberfläche wird damit Wasser abweisend und friert weniger schnell an die Karosserie an.
	2 Schlösser und Scharniere	Schlösser und Gelenke bleiben mit einer fein dosierten Extraportion Silikon gelenkig und zudem widerstandsfähiger gegen Frost.
	3 Lacke	Gönnen Sie dem Lack regelmäßige Wäschen. So setzt sich erst gar keine Salzkruste fest.
F Elektrik	1 Batterie	Batterien leiden unter Kälte, das gilt übrigens auch für die Schlüsselbatterie. Spätestens wenn der Anlasser nur noch quälend durchzieht, gehört der Speicher ans Ladegerät oder, bei entsprechendem Alter, erneuert.

Kleine Ursache – ...

... große Wirkung! In unserem Fall gilt das geflügelte Wort jenen unscheinbaren Autopannen, die den meisten von uns schon Zeit und Nerven gekostet haben. Sie lassen Termine platzen, werfen die Tagesplanung über den Haufen oder reizen uns bis zur Weißglut. Meistens sind's Lappalien: im folgenden Kapitel kommen sie groß heraus. Natürlich geben wir auch Erste-Hilfe-Tipps.

Wir müssen zur Arbeit, sind ohnehin schon spät dran und der Anlasser streikt beharrlich. Ausgerechnet! Schon mal erlebt – oder?
In rund 90 Prozent aller Fälle streikt nicht der Anlasser sondern die Batterie. Nur selten trägt sie freilich die Schuld: Meistens sind Sie der Hauptschuldige, jawohl, der Hauptschuldige sind Sie!
Wie das? Womöglich haben Sie am Vorabend das Licht brennen lassen. Hand aufs Herz: Sind Sie nicht auch derjenige, der im Winter die beheizbare Heckscheibe mitsamt Außenspiegeln laufend unter Strom hält. Wärmt Ihnen vielleicht auch die Sitzheizung den Po ab der ersten Zündschlüsseldrehung? Oder dudelt nicht auch das Radio schon vor dem ersten Motorlebenszeichen? Das Heizgebläse pustet die Scheiben doch ohnehin fortlaufend mit erwärmter Luft an – ob sie beschlagen oder klar sind. Erkennen Sie sich in unseren Beispielen wieder?
Einerlei, all der Komfort ist längstens automobiler Alltag. Dass all die Goodies freilich auch Strom fressen, interessiert allenfalls am Rande. Und exakt hier liegt der wunde Punkt: Im Auto kommt Strom nicht einfach aus der Steckdose, stattdessen legt sich unterhalb der Motorhaube der Generator kräftig dafür ins Zeug. Mit seiner Überproduktion füttert er die Batterie.
Die Speichermöglichkeiten einer Batterie freilich sind eng eingeschränkt – erst recht, wenn sie schon in die Jahre gekommen ist. Und wenn der Generator im Kurzstreckenverkehr die Batterie dann zwangsläufig nicht ausreichend versorgen kann, streikt irgendwann der Anlasser – vornehmlich im Winter.
Leere Batterien sind übrigens schon seit den Kindertagen des Autos der absolute Pannen-Klassiker. Dabei könnten sie mit etwas mehr Ein-, Weit- und Vorsicht längst von streikenden Türschließern oder Zündschlüsseln abgelöst sein.
Denn längst nicht jeder elektrische Bordverbraucher muss ständig an der Batterie lutschen. Und wenn doch, dann ist eben irgendwann ein Zwischenstopp am Batterieladegerät oder eine längere Fahrstrecke angesagt.
Für den Moment helfen Ihnen unsere Ratschläge zwar nicht weiter: Die Batterie ist leer. Sie müssen pünktlich zur Arbeit – die Zeit drängt. Mit einem Fremdstartkabel an Bord und einem hilfsbereiten Autofahrer könnte es jetzt eventuell noch zeitig klappen...

Motor fremdstarten – mit Starthilfekabeln kein Problem

Zur Starthilfe verwenden Sie besser nur spezielle Elektronik-Starthilfekabel mit Überlastschutz. Jene Kabel halten nämlich gefährliche Spannungsssspitzen von den Elektronikmodulen Ihres C-MAX fern.

- Schalten Sie an Ihrem Auto zunächst alle elektrischen Verbraucher aus. Lassen Sie den Helfer so nah an Ihren C-MAX heranfahren, dass die Starthilfekabel möglichst bequem zwischen beide Batterien passen.
- Der Motor des Spenderautos läuft im Stand, derweil klemmen....
- ... Sie die Starterkabel an die leere und dann an die volle Batterie an.
- Verbinden Sie zunächst beide Batteriepluspole (rote Klemmanschlüsse) und ...
- ... danach suchen Sie sich eine stabile Masseverbindung im Motorraum, zum Beispiel den Federbeindom. Dort schließen Sie die schwarze Klemmzange an. Erst dann verkuppeln Sie die freie Klemme mit dem Minuspol des Helfers.
- Eile ist nun nicht unbedingt geboten, die leere Batterie bekommt bereits den ersten Anschub.

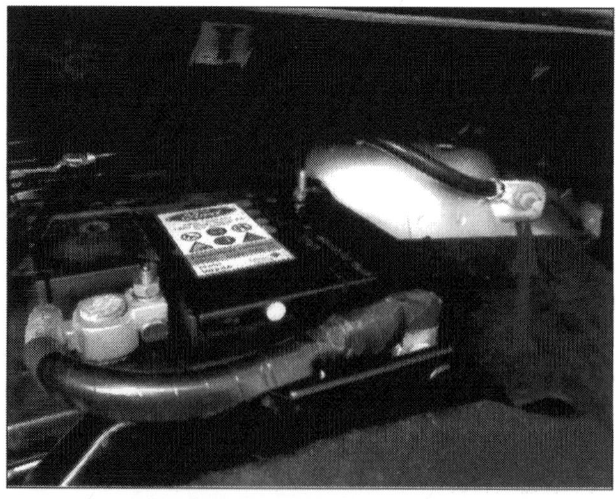

Schlecht zugänglich: der Batterieminuspol im C-MAX unterhalb des Windlaufs.

- Versuchen Sie den Motor zu starten. Sollte er sich verweigern, legen Sie immer wieder kleine Pausen ein – ansonsten könnten Sie den Anlasser überfordern.

- Wenn der Motor brummt, nabeln Sie den Spenderwagen möglichst schnell von Ihrem Auto ab. Um derweil eventuelle Spannungsspitzen abzufangen, schalten Sie an Ihrem Wagen vorab noch kurz die beheizbare Heck- und Frontscheibe an.

- Anschließend klemmen Sie das Minuskabel an der leeren und danach an der vollen Batterie ab. Mit dem roten Kabel verfahren Sie gleich. Schalten Sie die beheizbare Heckscheibe jetzt wieder aus.

- Belasten Sie auf den ersten Kilometern die leere Batterie mit möglichst wenigen Verbrauchern. Nach rund 30 Kilometern reicht die Batteriekapazität meist schon aus, um zumindest den nächsten Startvorgang zu realisieren.

Was tun bei einer Reifenpanne?

Statistisch gesehen bekommt Ihr Auto etwa alle 70.000 km einen Plattfuß. Dann heißt es richtig zu reagieren und umsichtig zu handeln. Schätzen Sie das Gefahrenpotenzial für sich und andere Verkehrsteilnehmer realistisch ein.
Entscheiden Sie an Ort und Stelle: Können Sie den platten Reifen vor Ort relativ gefahrlos wechseln? Ist der Platz hinreichend mit Warndreieck und Pannenlicht zu sichern?
Falls nicht, vermeiden Sie unnötige Risiken. Bugsieren Sie den Havaristen besser im gemäßigten Tempo und mit Warnblinklicht an eine gefahrlosere Stelle.
Denken Sie allerdings daran: Ein platter Reifen überlebt, selbst im Schritttempo, schadlos nur wenige hundert Meter. Falls Sie der Reifenwechsel ohnehin überfordern sollte, rufen Sie besser erste Hilfe per Handy herbei und sichern Ihr Auto mitsamt Umgebung umgehend vorschriftsmäßig ab.

Wagen richtig aufbocken

Für den Fall einer Reifenpanne oder eines Reifenwechsels, zum Beispiel von Winter- auf Sommerreifen, hat Ihr C-MAX je nach Ausstattung einen Wagenheber mit an Bord. In dem Fall beachten Sie bitte unseren Hinweis: Als sichere Standhilfe anlässlich größerer Instandsetzungs- bzw. Wartungsarbeiten ist der Bordwagenheber denkbar ungeeignet – ja sogar gefährlich!

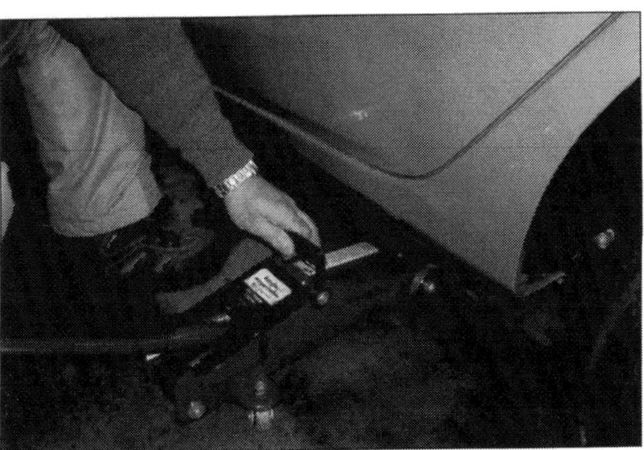

Möglichst senkrecht unter dem Längsholm ansetzen: Den Wagenheber mit einem Auflageholz oder Gummi.

- Ziehen Sie zunächst die Handbremse an und legen den ersten oder den Rückwärtsgang ein. Auf öffentlichen Straßen müssen Sie laut StVZO auch den Warnblinker einschalten und ein Warndreieck in gebührendem Abstand hinter dem Auto aufstellen.

- Nur wenn Ihr C-MAX auf Stahlfelgen rollt, hebeln Sie zunächst die Radzierblende mit einem Schraubendreher aus dem Bordpannenset ab. Den Schraubendreher setzen Sie als Hebel zwischen Felge und Blende an.

- Lösen Sie dann die Radschrauben um eine Umdrehung und ...

- ... heben den Wagen an.

- Heben Sie den Wagenheber so weit an, dass er noch leicht in den betreffenden Profilsteg vor dem zu liftenden Rad hineinpasst. Achten Sie unbedingt auf den stabilen Stand des Wagenheberfußes. Auf weichem Untergrund vergrößern Sie die Standfläche des Hebers sicherheitshalber mit einem entsprechend großen Unterlegholz.

- Sobald das zu wechselnde Rad den Bodenkontakt verloren hat, drehen Sie die Radschrauben aus der Radnabe, ...

- ... ziehen das Rad von der Nabe und richten das Reserverad zunächst nur provisorisch vor der Radnabe aus.

- Versuchen Sie dann möglichst den obersten Radbolzen in der Nabe anzusetzen. Mit den anderen verfahren Sie gleich.

- Sobald sie sitzen, ziehen Sie alle Radbolzen handfest vor.

- Lassen Sie jetzt den Wagen ab und ziehen die Bolzen gleichmäßig über Kreuz fest. Mit einem Radkreuz können Sie das Rad übrigens gefühlvoller anziehen als mit dem Bordsteckschlüssel.

- »Knallen« Sie die Bolzen nicht bombenfest an. Fest ist fest – das vorgeschriebene Drehmoment beträgt 130 Nm.

- Wenn Sie nun wieder die Radabdeckung ansetzen, achten Sie darauf, dass die Ventilöffnung dem Ventil genügend Platz lässt.

- Zur eigenen Sicherheit checken Sie das Rad nach ca. 10 Kilometern erneut auf festen Sitz.

Können platzen – gealterte Kühlschläuche

Platzt während der Fahrt ein Kühlwasserschlauch oder hat sich gar ein Marder ausgerechnet unter der Motorhaube Ihres C-MAX in einen Schlauch verbissen, muss guter Rat an Ort und Stelle nicht unbedingt schon teuer sein. Sollten Sie zufällig sogar Reserveschläuche an Bord haben, tauschen Sie den Schlauch sofort aus und der Schaden ist dauerhaft beseitigt. Falls nicht, und das wird die Regel sein, versuchen Sie den alten Schlauch provisorisch mit einem festen Gewebeband zu retten. Entfetten und trocknen Sie vorher die Schadstelle und lassen den Schlauch auch möglichst auskühlen. Erst dann umwickeln Sie die undichte Passage in mehreren Schichten möglichst fest mit einem Gewebeklebeband. Bevor Sie den Motor starten, vergessen Sie nicht, die Kühlflüssigkeit zu ergänzen.
Damit Sie nicht von vornherein für die Katz' gearbeitet haben, lösen Sie noch schnell den Verschlussdeckel des Kühlerausgleichbehälters um eine Umdrehung. Das Kühlsystem bleibt dann drucklos und Ihre Flickstelle hat, bis zur endgültigen Reparatur, immerhin eine faire Chance. Achten Sie während der Weiterfahrt stets auf die Motortemperaturanzeige und gehen keinerlei Risiken ein: Überhitzten Motoren droht ein kapitaler Hitzetod.
Zur Reparatur verwenden Sie besser nur Originalschläuche: Die passen garantiert und verhärten nicht schon nach kurzer Zeit. Inspizieren Sie gleichfalls die anderen Schläuche und Schlauchschellen – korrodierte Schellen erneuern Sie grundsätzlich.

Unmöglich im C-MAX – an der falschen Zapfsäule betanken

Lachen Sie bitte nicht: Diesel anstatt Benzin, Benzin anstatt Diesel – nichts ist unmöglich... Wenn Sie dem ADAC oder Chatteilnehmern Glauben schenken möchten, kommt das häufiger vor, als Sie bis soeben noch glaubten. Oder haben Sie etwa auch schon Ihre Erfahrungen an der falschen Zapfsäule gemacht? Dann sind Sie zwar besonders sensibel, doch im aktuellen C-MAX ist das kein Thema mehr: Sein Tankeinfüllstutzen akzeptiert nur noch die passende Zapfpistole: Passend heißt: In den Tankeinfüllstutzen passt nur die Pi-

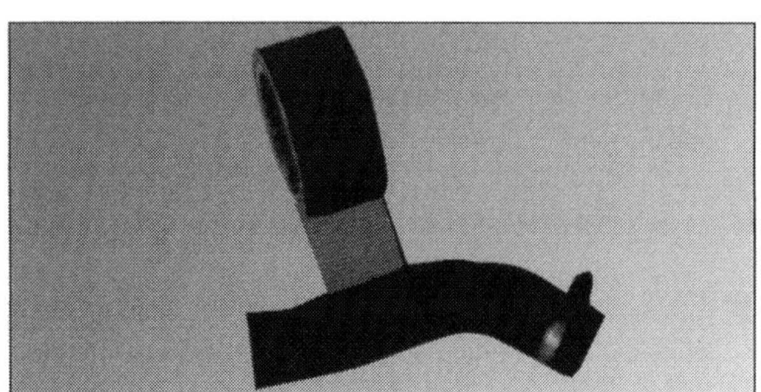

Notreparatur bis zum Austausch: Ein festes Gewebeklebeband dichtet kleinere Undichtigkeiten kurzfristig ab – zumindest auf fettfreiem, trockenen Untergrund.

Lässt nur die passende Pistole in den Tank: Das Ford Easy-Fuel-System schließt falsch Betankungen schon im Entstehen verlässlich aus.

stole, die dem Motor den richtigen Kraftstoff liefert – EasyFuel macht's möglich.
Und noch etwas schickt EasyFuel aufs Altenteil: stinkige Kraftstoffhände! Sobald Sie nämlich die Tankklappe öffnen, schwenkt der Tankverschluss gleich mit nach außen. Er hängt fest an der Tankklappe und kommt mit den Händen nicht mehr in Kontakt.

Schaltet bei Unregelmäßigkeiten auf Notlaufprogramm – Motorelektronik

Untrügliches Indiz für eine zickende Motorelektronik ist zunächst die Cockpitwarnleuchte »Motorelektronik«. Sollten Sie allerdings den Hinweis übersehen, bemerken Sie das spätestens beim Beschleunigen – der Motor agiert schlapp.
Sie können dann zwar noch weiterfahren, doch möglichst nur bis zum nächsten Ford-Händler. Denn die Motorwarnleuchte warnt nicht ins Blaue: Der aktuelle Grund bedingt im Zweifelsfall teure Folgeschäden. Nehmen Sie die Warnung ernst und lassen das schnellstens checken. Das geht problemlos, Ihr C-MAX hat ein »Schadensgedächtnis«, das Ihr Händler per Systemtester einfach abruft und ausliest.
In dem Fall ist Hilfestellung im Do-it-yourself-Verfahren nur selten erfolgreich, es sei denn, Sie lokalisieren die Fehlfunktion exakt. Und da löst mitunter schon ein wackeliger Steckkontakt, oxidierter Massepunkt oder einfach nur ein poröser Unterdruckschlauch das Rotlicht im Cockpit aus. In dem Fall können Sie den Fehlerspeicher übrigens auch selber wieder löschen. Klemmen Sie für rund eine halbe Stunde die Batterie ab, das elektronische Gedächtnis vergisst derweil und Sie können anschließend getrost weiterfahren – die Motorelektronik regeneriert auf den folgenden Kilometern selbstständig und speichert tatsächlich vorhandene Missstände natürlich erneut.

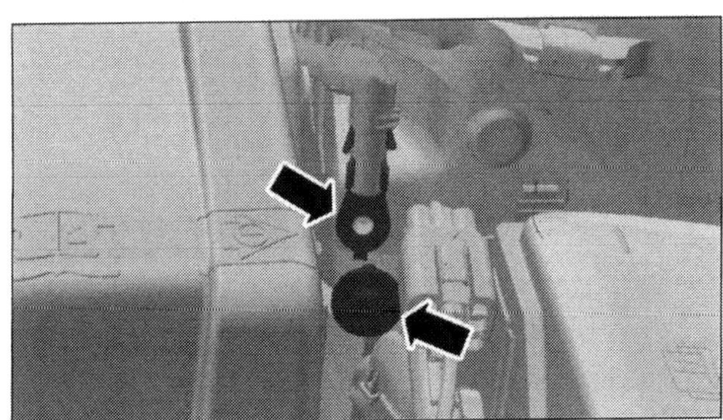

Im C-MAX schlecht zugänglich: das Kabel (Pfeil) vorne rechts an der Batterie.

So gehen Sie vor:

- Lassen Sie den Motor für etwa drei Minuten im Stand laufen.
- Nachdem der Motor die Betriebstemperatur erreicht hat, steigern Sie die Drehzahl für rund zwei Minuten auf 1200 U/min.
- Dann starten Sie eine rund zehn Kilometer lange Probefahrt. Schalten Sie währenddessen häufig die Gänge durch.
- Im Normalfall ist die Motorelektronik danach wieder fit.

Sollte der Fehler allerdings wiederholt auftreten, kommen Sie an einer ordentlichen Systemanalyse nicht vorbei: In dem Fall ist Ihr Ford-Händler erste Wahl!
Die gleichen Erfahrungen können Sie übrigens auch mit Ihrem ABS-System machen. Checken Sie zunächst die Bremsflüssigkeit und den Zustand der Bremssegmente. Ist dort alles im grünen Bereich, fahren Sie die Werkstatt an und lassen den möglichen Fehler auslesen.

Erste Hilfe für kleine Pannen – die Bordapotheke

Mit dem serienmäßigen Bordwerkzeug wechseln Sie Ihrem C-MAX gerade einmal ein defektes Rad. Punkt! Natürlich können Sie auch andere Havaristen schleppen oder sich selber abschleppen lassen. Eine Abschleppöse ist gleichfalls mit im »Handgepäck« – für den Rest sorgen Sie selber vor oder Sie sind im Ernstfall aufgeschmissen.
Sollte Sie das nicht gerade beruhigen, ergänzen Sie Ihr Bordwerkzeug eben nach eigenem Gusto. Wir haben Ihnen ein kleines Survival-Set zusammengestellt, das sich konsequent an Pannen-Klassikern orientiert. Große Sprünge sind damit nicht machbar, doch erste Hilfe allemal möglich.

- Reifendichtmittel: Dichtet kleinere Durchstiche im Reifen von innen ab. Vorsicht: nicht in praller Sonne liegen lassen: Explosionsgefahr!
- Kühlerabdichtmittel: Funktioniert ähnlich wie das Reifendichtmittel und leistet bei Marderbissen oder kleinen Steinschlagschäden im Kühlernetz mitunter gute Hilfe.
- Hochfestes Klebeband: Damit können Sie lose Karosserieteile befestigen (zum Beispiel nach einem Unfall) oder auch Kühlerschläuche flicken.
- Kabelbinder: Funktionieren bei guter Qualität sogar als Schlauchschellenersatz.

- Scheibenreinigungskonzentrat (auch pur anzuwenden) und Insektenentferner helfen Ihnen besonders in der Nacht oder wenn die Scheibe von Öl oder Kühlwasser verschmiert ist.
- Reservekanister: Vorschriftsmäßig mit fünf Litern befüllt, streckt er den Aktionsradius Ihres Autos hierzulande meistens bis zur nächsgelegenen Tankstelle.

Erste Hilfe am Straßenrand: (A) Reifendichtmittel, (B) hochfestes Klebeband, (C) Kabelbinder, (D) Kühlerdichtmittel, (E) Scheibenreinigungskonzentrat, (F) Insektenreiniger, (G) Reservekanister.

Gilt auch beim Abschleppen – die StVO

WISSENSWERTES

Einem jeden Abschleppen steht der Nothilfegedanke vor: Ein abzuschleppendes Auto ist NICHT über weite Strecken zu transportieren, sondern nur bis zur nächstgelegenen oder nächstgeeigneten Werkstatt. Der Fahrzeugführer des schleppenden Autos benötigt grundsätzlich die Fahrerlaubnis des schleppenden Autos. Der Fahrzeuglenker des geschleppten Autos benötigt indes keine gültige Fahrerlaubnis. Außerdem muss er keinem gesetzlichen Mindestalter entsprechen. Der Schlepper muss den Geschleppten mit dem Fahrzeug vertraut machen, der Geschleppte muss bremsen und lenken können.

Denken Sie außerdem daran, während des Schleppens gilt der §15a der Straßenverkehrsordnung. Demnach darf ein Auto auf der Autobahn grundsätzlich nur bis zur nächsten Ausfahrt geschleppt werden. Nur logisch, dass Sie natürlich auch kein havariertes Auto auf die Autobahn schleppen dürfen. Während des Schleppvorgangs müssen beide Autos das Warnblinklicht aktiviert haben.

Wagen abschleppen – keine Hexerei

Wenn Ihr C-MAX unvermittelt zur Immobilie wird, haben Sie zwei Optionen: 1. Sie beauftragen einen Pannendienst, der Ihr Auto huckepack nimmt. 2. Sie suchen einen hilfreichen Automobilisten, mit dem Sie kurzzeitig eine Seilschaft eingehen. Seilschaft heißt: Sie schleppen Ihren C-MAX in die nächste Werkstatt. Die Abschleppöse finden Sie im vorderen Stoßfänger auf der rechten Seite unterhalb des Scheinwerfers, bzw. auf der linken Seite im Heckstoßfänger. Clipsen Sie die entsprechende Verkleidung aus dem Stoßfänger und schrauben die Öse möglichst weit ins Gewinde, ein paar Umdrehungen bieten zu wenig Sicherheit – der Haken könnte ausreißen. Sollte der Haken nur widerwillig zu schrauben sein, knebeln Sie die Öse kurzerhand mit dem Kurbelarm des Wagenhebers oder eines stabilen Schraubendrehers.
Sobald das Abschleppseil (komfortabler und sicherer ist übrigens eine Abschleppstange) beide Autos verbindet, beachten Sie unbedingt bitte noch ein paar wichtige Grundsätzlichkeiten:

- Schleppen Sie einen C-MAX mit Automatikgetriebe möglichst niemals weiter als 50 Kilometer, der Automat könnte sonst Schaden nehmen.
- Fahren Sie im Doppelpack niemals schneller als 50 km/h, das Sicherheitsrisiko wäre zu hoch. Zumal…
- … die erforderliche Bremskraft mit stehendem Motor um ein Vielfaches größer ist als bei laufendem Motor (Bremsservo arbeitet nicht).

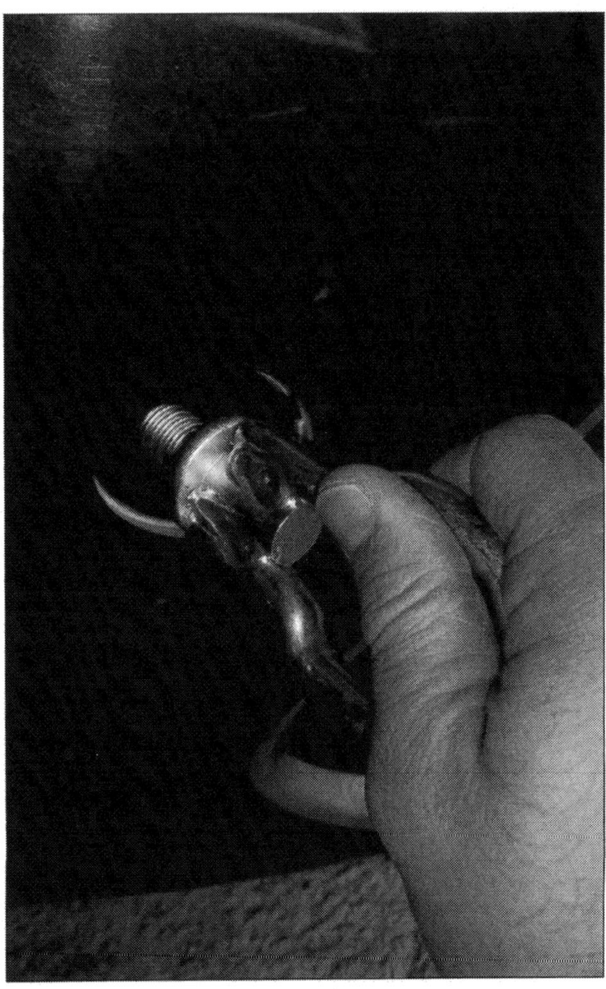

Vor der Seilschaft montieren: Abschleppöse in den vorderen bzw. hinteren Stoßfänger.

Nahezu perfekt und komplett ...

... die werkseitigen Ausstattungsmöglichkeiten des Ford C-MAX. Ford setzt beim C-MAX II nicht nur äußerlich auf neue Linien, der Innenraum nimmt gleichermaßen die Formensprache des frischen Ford Kinetic Designs auf. Mit 2648 Millimeter Radstand (C-MAX 2788 mm) und ausstattungsspezifischen Spurweiten von 1544-1559 Millimeter an der Vorder- sowie 1554-1569 Millimeter an der Hinterachse bietet der C-MAX in seinem Umfeld eine gute Raumökonomie, geschmackvolles Design und anspruchsvolle Sicherheitsfeatures: »Anti-Dive-Sitze«, mit atmungsaktiven Polsterstoffen, steigern gleichermaßen die passive Sicherheit und den Komfort. Kinder im »ISO FIX-, MaxiCosi- oder Reboard-Alter« reisen im Ford-Van nicht unbequemer als erwachsene Familienmitglieder. Der C-MAX-Innenraum stellt eindeutig Ergonomie, Komfort und Funktionalität in den Vordergrund: Sämtliche Bedienungselemente, inklusive Radio und Bordcomputer, sind bequem zu erreichen und liegen gut im Blickfeld.

Keine Frage, das Image alltäglicher Fortbewegungsmittel hat die zweite C-Max-Auflage vom Start weg verdrängt. Fragwürdiger Designspeck oder unsicheres Make-up sind nicht die Botschaften des C-MAX respektive Grand C-MAX. Im Sinne der Ford-Raumausstatter bieten beide ein stilvolles Ambiente und – je nach Motorisierung bzw. Orderpaket – Ausstattungen, in denen auch anspruchsvollere Käuferkreise ihr Zuhause finden. Beide Vans verwöhnen mit großzügigem Platzangebot, der Grand C-MAX lädt gar über zwei großen Schiebetüren in den Fond ein. Er glänzt zudem mit flexiblen Sitzen, denen Ford den Namen »FoldFlatSystem« andichtete. FoldFlat macht die Plätze der zweiten und dritten Sitzreihe zu einzeln umklappbaren Multifunktionselementen. Dank FoldFlat wächst der Stauraum nahezu auf Kleintrasporterniveau – selbstverständlich mit ebener Ladefläche.
Zudem ist die zweite Sitzreihe längsverschiebbar. Sie gewährt somit den beiden Hinterbänklern in der dritten Reihe noch bequemen Beiraum. Auf Wunsch verschwindet der mittlere Sitz der zweiten Reihe sogar unter dem rechten Außensitz, es entsteht ein Durchgang zur dritten Doppelsitzreihe.
Eine absolute Sonderstellung nehmen übrigens die Innenraummaterialien ein: Ford schützt die Nasen und Augen der Bordcrew konsequent mit allergieminimierenden Werkstoffen. Der TÜV Rheinland bescheinigt beiden Van-Ablegern einen »allergiegesteten Innenraum«.
Bordkomponenten zur passiven und aktiven Sicherheit sind überwiegend Stand der Technik. Jeder C-MAX bietet beispielsweise ein programmiertes Rückhaltesystem. Auf allen Plätzen gibt's natürlich automatische Dreipunktgurte, auf den vorderen Sitzen verquickt mit pyrotechnischen Gurtstraffern und Gurtkraftbegrenzern. Das Ende der Frontsitzflächen optimieren außerdem Anti-Dive-Polster. Sie hindern die vorne Sitzenden bei einem Frontalcrash daran, ungebremst unter dem Beckengurt hindurchzurutschen. Die Fußpedalerie taucht in diesem Fall, genau wie bei einem Auffahrunfall, kraftlos aufs Bodenblech ab. So bekommen auch Fahrers-Füße eine faire Chance…

Wo der Profi gefragt ist

Die Innenräume heutiger Autos sind mittlerweile hoch gesicherte Umgebungen. Ob und wo traditionelle Heimwerker noch selbst Hand anlegen können, lösen wir auf den folgenden Seiten auf. Wir empfehlen Ihnen allerdings bewusst nur jene Wartungs- und Reparaturarbeiten, die versierte Schrauber problemlos zu Ende führen können. Wo letztlich die Hilfe eines Profis erste Wahl ist, thematisieren wir natürlich auch: So zum Beispiel sind alle Arbeiten an Komponenten des passiven und aktiven Insassenschutzes ein Fall für den Fachmann!
Wir möchten Sie nicht demotivieren selbst Hand anzulegen: Nutzen Sie Ihr Wissen als Hinweis auf mögliche Gefahrenpotenziale, die ein Profi mitunter besser im Griff hat als Sie. Das latente Risiko, bei solcherart Reparaturversuchen sich selbst zu verletzen, steht dabei nicht unbedingt im Vordergrund: Die Verantwortung für sich tragen Sie schließlich selber! Wer sonst sollte Ihnen die Verantwortung für Leib und Leben abnehmen?
Viel wichtiger ist uns der Gefahrenhinweis, mit unfachmännisch manipulierten Sicherheitselementen in einen Unfall verwickelt zu werden. In dem Fall gefährden Sie nicht nur sich selber, in dem Fall gefährden Sie auch andere Menschen. Kurzum – hinterfragen Sie ständig Ihre Verantwortung für SICH und für ANDERE. Ehrliche Antworten machen Sie übrigens nicht arbeitslos: Der C-MAX bietet Ihnen noch genügend Freiräume, um Ihrer Schrauberlust als Do-it-Yourselfer sinnvoll zu frönen.

Mindert Unfallblessuren: Intelligent Protection System (IPS) im aktuellen C-MAX. Selbstverständlich sind alle Plätze mit Automatiksicherheitsgurten, vorne mit Gurtstraffer und -kraftbegrenzer, bestückt. Den vorderen Raum entschärfen zusätzlich Airbags im Lenkrad, im Armaturenbrett, zwei Seitenairbags sowie ein Knieairbag auf der Fahrerseite bei Frontal- und Seitencrashs. Kopf- und Schulterairbags gibt's gleichfalls in allen Modellen. Anti-Dive-Polster hindern die vorn Sitzenden bei einem Aufprall unter den Beckengurt zu rutschen. Und den Fahrerfüßen schafft bei einem Frontalcrash oder Auffahrunfall die kraftlos aufs Bodenblech fallende Fußpedalerie zusätzlichen Freiraum.

Arbeiten am Lenkrad oder unterhalb des Armaturenbretts

GEFAHRENHINWEIS

Klemmen Sie vor allen Arbeiten im Einflussbereich der Airbags die Bordbatterie mindestens eine halbe Stunde vorher ab. So lange nämlich benötigen erfahrungsgemäß die Zündkondensatoren, um ihre gespeicherte Hochspannung an die Karosserie abzuleiten. Erst danach sind Arbeiten, beispielsweise die Demontage des Fahrer- oder Beifahrerairbags sowie der vorderen Türverkleidungen, relativ gefahrlos möglich. Übrigens, sobald Sie einen neuen Airbag montieren, entladen Sie auf jeden Fall vorab die Airbagverpackung elektrostatisch. Airbags dürfen zudem nur mit der gepolsterten Seite nach oben und gleichfalls nur in dafür vorgesehenen, verschließbaren Sonderräumen lagern. Optisch beschädigte Airbags haben ohnehin ausgesorgt, entsorgen Sie die Dinger fachgerecht. Bevor Sie den Kondensator eines neu montierten Airbags erstmalig ans Bordnetz anschließen, verschließen Sie alle Autotüren und öffnen die Seitenfenster etwa eine Handbreit.

Schützt empfindliche Oberflächen vor Montagekratzern – Kunststoffkeil

Wenn Sie Ihre ersten Montageversuche an Kunststoffverblendungen nicht gleich mit verkratzten Oberflächen unvergessen machen möchten, empfehlen wir Ihnen als Trennwerkzeug einen handlichen Montagekeil entweder aus Hartholz oder Kunststoff. Damit schonen Sie die empfindlichen Kunststoffoberflächen vor Beschädigungen. Einen zusätzlichen Sicherheitspuffer gewähren Klebebänder, beispielsweise Tesa-Krepp, mit denen Sie das Umfeld sowie die Kanten der Montagestellen abkleben. Praktisch zudem: ein weicher Putzlappen zwischen Montagekeil und der unmittelbaren Pressstelle. Kunststoffhalteclips fixieren im C-MAX die meisten Innenraumverkleidungen. Der eine oder andere Clip wird die Montage erfahrungsgemäß nicht unversehrt überstehen: Montageclips sind ab Werk geplante Verschleißteile. Decken Sie sich vor der Arbeit also mit Ersatzclips ein. Noch eine Bemerkung zum Umgang mit Kunststoffteilen: Ihre Elastizität nimmt mit der Umgebungstemperatur ab. Einstellige Temperaturbereiche erhöhen die Bruchgefahr erheblich. Wärmen Sie in dem Fall besser den Kunststoff mit einem Haarföhn oder Heißluftgebläse vor.

Gut für Umwelt und Geldbeutel – recyclingfähige Kunststoffkomponenten

Grundsätzlich steht Ihr C-MAX für ein möglichst langes Autoleben. Dennoch kalkulierten die Ford-Entwickler am Bildschirm schon sein geordnetes Ableben mit ein: Alle C-MAX-Varianten zeichnet daher eine zeitgemäße Wiederverwertbarkeit aus. Neue Werkstoffkombinationen steigern demzufolge die Recyclingqualitäten der neuesten Generation. Insgesamt nutzt Ford rund 300 Bauteile und Baugruppen, die aus recyceltem Material bestehen. In einer Vielzahl weiterer Anwendungen kommen nachwachsende Rohstoffe wie zum Beispiel Baumwolle, Jute oder Schilfgras zum Einsatz. Am Ende steht ein stolzes Ergebnis: Der Ford C-MAX ist zu rund 95 Gewichtsprozenten wieder verwertbar.
Eine einfache Demontage, insbesondere der Kunststoffkomponenten, sowie deren möglichst sortenreine Recyclingeigenschaften, tragen ebenso dazu bei, wie die entsprechende Kennzeichnung aller Kunststoffe. Den C-MAX komplettieren übrigens gut zehn Prozent Recyclingkunststoffe. Neu aufgekocht erleben sie, beispielsweise im Bereich des Armaturenträgers, in den Radläufen oder im Umfeld der Lampengehäuse, ihren zweiten Frühling.

Ablagen und Verkleidungen – nicht kopflos verändern

Den C-MAX-Innenraum schmücken zu großen Teilen Kunststoffverblendungen. Das schmeichelt zwar der Optik, doch Arbeiten hinter den Kulissen stehen Sichtblenden zunächst einmal im Weg: Sie verhüllen den Arbeitsplatz. Solange Sie die Verblendungen freilich an den richtigen Stellen liften, machen sie problemlos Platz. Andernfalls wird's problematisch – mitunter auch teuer. Dann nämlich, wenn die Fixierstifte bersten oder eventuell sogar die gesamte Verblendung bricht. Planen Sie Ihr Vorgehen also schon im Vorfeld möglichst präzise und gehen mit der nötigen Umsicht vor.
Verstehen Sie unseren Hinweis bitte gleichermaßen als Warnung und geldwerten Tipp…
Wenn wir gerade schon Ratschläge erteilen, hier noch ein weiterer: Sollten Sie den Armaturenträger, bzw. sein Umfeld, mit zusätzlichen Accessoires bestücken, bekleben Sie auf keinen Fall Airbagsichtblenden, etwa mit Halterungen oder sonstigen Utensilien. Im Falle eines Unfalls trifft Sie oder Ihren Beifahrer dann nicht nur der Airbag, sondern gleichermaßen auch Ihre Zusatzinstallationen mit voller Wucht.

Kindersitzlösungen - das gilt es zu beachten

Auf dem Beifahrersitz Ihres C-MAX dürfen MaxiCosi- oder Reboard-Kindersitze nur mit deaktiviertem Beifahrerairbag installiert sein! Das gilt nicht für ISO FIX-Sitzgelegenheiten: Sie fixiert eine spezielle Halterung unterhalb der Rückbank.

Vor der Montage von Reboard- oder MaxiCosi-Kindersitzen deaktivieren: den Beifahrerairbag sowie die Schulterairbags (Option). Schieben Sie dazu den Sitz ganz zurück.

Von Zeit zu Zeit prüfen - Sicherheitsgurte im C-MAX

Sicherheitsgurte haben ein Innenleben und bei Gebrauchtwagen selbstverständlich auch eine unbekannte Vergangenheit. Wir raten Ihnen darum, alte Bänder mit anonymer Historie zu erneuern. Machen Sie Ihren Entschluss bitte nicht allein von einer scheinbar properen Optik oder einem leidlich funktionierenden Aufrollmechanismus abhängig: Nach einem Crash sind gedehnte Gurtbänder so oder so unbrauchbar – und das sehen Sie den Materialfasern nicht auf den ersten Blick an.

Auch wenn Ihnen das Vorleben alter Gurte aus dem Effeff bekannt sein sollte, checken Sie die Bänder von Zeit zu Zeit. Ihr C-MAX hat auf allen Plätzen Automatiksicherheitsgurte. Etwaige Fehler im Sicherheitsrückhaltesystem signalisiert Ihnen die Airbagkontrollleuchte im Cockpit. Nervt das Lämpchen ständig, bitten Sie Ihren Ford-Händler den Fehler auszulesen. Übrigens: Airbagkomponenten dürfen weder Sie noch Ihr Händler zerlegen oder reparieren.
Die Rollgurte des C-MAX steuern zwei Sensoren: Der Bewegungssensor wird beim Bremsen, Kurven fahren, an steilen Bergauf-Passagen und bei ungünstiger Fahrzeuglage aktiv. Dahingegen bremst der Gurtsensor den Gurt nur dann ein, wenn er ruckartig abrollt. Beide Systeme ergänzen sich in ihrer Funktion – sie müssen unabhängig voneinander funktionieren.

Da Sicherheitsgurte auch im normalen Alltag Alterungsprozessen unterliegen, checken Sie immer mal wieder den optischen Zustand: Sollten Sie dabei...

- wellige Gurtbänder
- ausgefranste Kanten
- aufgeriebenes Gewebe oder gar
- angerissene Nähte

entdecken, ersparen Sie sich getrost die dynamische Prüfung. Hängen Sie in Ihrem C-MAX möglichst schnell neue Bänder auf.

Ansonsten gehen Sie der Reihe nach vor.
Bremsprüfung:

- Legen Sie den Gurt korrekt an (Ihr Beifahrer tut es Ihnen gleich), ...
- ... starten den Motor und fahren im ersten Gang zehn km/h (nicht schneller).
- Dann bremsen Sie möglichst abrupt. Beide Gurte müssen sofort blockieren. Andernfalls sind die Bewegungssensoren nicht mehr einwandfrei, tauschen Sie den/die defekten Gurt/e aus.
- Checken Sie die Gurte auf allen Sitzplätzen.

Zusatzprüfung (Kurven fahren):

- Suchen Sie einen genügend großen Platz (Parkplatz), um mit voll eingeschlagenen Vorderrädern fahren zu können. Denken Sie daran, Ihr C-MAX hat einen Wendekreis von gut 10 Metern.
- Fahren Sie mit ganz eingeschlagener Lenkung und mit höchstens 16 km/h im Kreis umher.
- Derweil versucht Ihr Beifahrer, alle Automatikgurte langsam aus der Aufrollautomatik herauszuziehen. Klappt das, verschrotten Sie den betreffenden Gurt!

Gurtsensor prüfen:

- Halten Sie auf ebener Fläche und im stehenden Auto den Gurt nahe der oberen Verankerung fest. Ziehen Sie das Gurtband dann ruckartig aus der Aufrollautomatik. Nach spätestens 10 cm muss die Automatik blockieren. Falls nicht – verschrotten Sie den Gurt.

Bevor Sie Ihrem C-MAX neue Gurte spendieren, prüfen Sie alle Befestigungspunkte an den B- und C-Säulen sowie an der Bodengruppe. Treibt dort bereits der Rost sein Unwesen oder sind die Bleche bereits angefressen, seien Sie misstrauisch: Unsicher befestigte Gurte bieten allenfalls das Sicherheitspotenzial eines Hosenträgers.

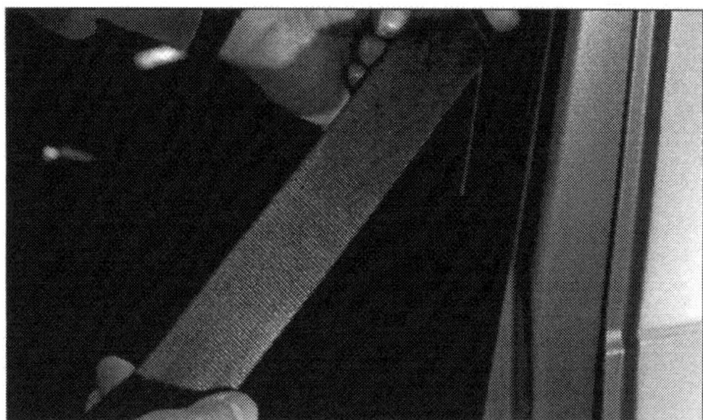

Augen auf – im eigenen Interesse: Das Gurtband darf keine optischen Beschädigungen haben. Falls doch, entsorgen Sie den Gurt umgehend.

Sitze demontieren

Strenge Sicherheitsvorschriften – bei Arbeiten an den Vordersitzen

Fahrer und Beifahrer sitzen im C-MAX auf »Anti Dive-Sicherheitssitzen«. Die Sitzmöbel sind integraler Bestandteil des Sicherheitssystems (IPS – Intelligent Protection System). Zum serienmäßigen IPS gehören selbstverständlich Dreipunktgurte auf allen Plätzen sowie Airbags und Gurtstraffer mitsamt Gurtkraftbegrenzern auf den vorderen Plätzen. Demzufolge montieren Sie die Vordersitze Ihres Vans nicht unbedarft in Eigenregie – Gurtstraffer und Co. könnten das irrtümlich als Crash interpretieren. Folge: Sie zünden unvermittelt und hätten ihr Pulver für den Ernstfall schon verschossen. Für den Fall, dass Sie selber tätig werden, erkundigen Sie sich vorab bei Ihrem Ford-Händler nach den gültigen Sicherheitsvorschriften.

Vordersitze demontieren

Werkzeug:
Ratsche, kurze Verlängerung, Torx T40-Nuss

- Klemmen Sie mindestens 30 Minuten vor Arbeitsbeginn das Batteriemassekabel ab. In der Zeit verliert der Airbag-Zündkondensator seine Spannung.
- Anschließend schieben Sie den Sitz nach hinten, lösen an der Sitzkonsole die vorderen Schrauben (Pfeile) und...
- ...ziehen unter dem Sitz den Mehrfachstecker auseinander.

Zunächst zwei Schrauben lösen: vorne an den Sitzschienen.

- Schieben Sie den Sitz jetzt vollständig nach vorne, ...
- ...lösen an der Konsole beide hinteren Schrauben (Pfeile) und bugsieren den Sitz vorsichtig über die geöffnete Fronttür aus dem Innenraum.
- Beenden Sie die Montage in umgekehrter Reihenfolge und ziehen die Schrauben mit 40 Nm an.

Rücksitzbank demontieren

- Ziehen Sie die Sitzlehnenverstellhebel (Pfeile) nach unten und klappen die Sitzlehne auf das Sitzkissen.
- Entriegeln Sie danach die entsprechenden Hebel am Sitzgestell und richten die Sitzbank im 90°-Winkel auf.
- Klappen Sie den gesamten Sitz jetzt in die 45° Boden-Position. Um den Verriegelungsmechanismus zu öffnen, drücken Sie beide roten Hebel (Pfeile) nach unten. Sie können die Sitzbank jetzt aus dem Auto jonglieren.
- Beenden Sie die Montage in umgekehrter Reihenfolge. Achten Sie darauf die Sitzbank ordnungsgemäß in der Bodengruppe zu arretieren.

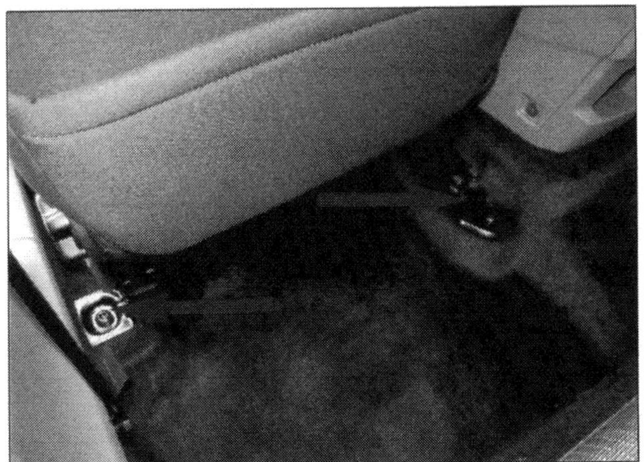

Lösen: beide hinteren Schrauben an den Sitzschienen

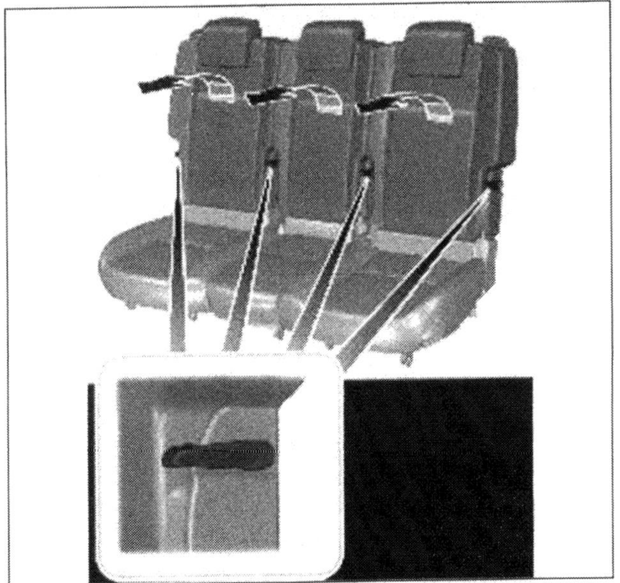

Nach unten auf die Sitzkissen klappen: die Rückenlehnen.

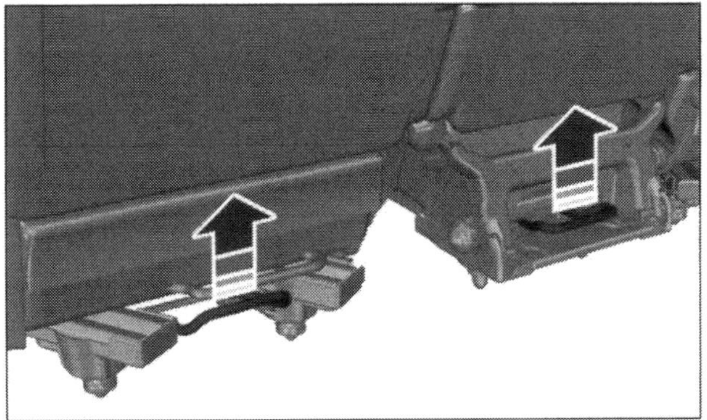

Senkrecht stellen: die komplette Rücksitzbank.

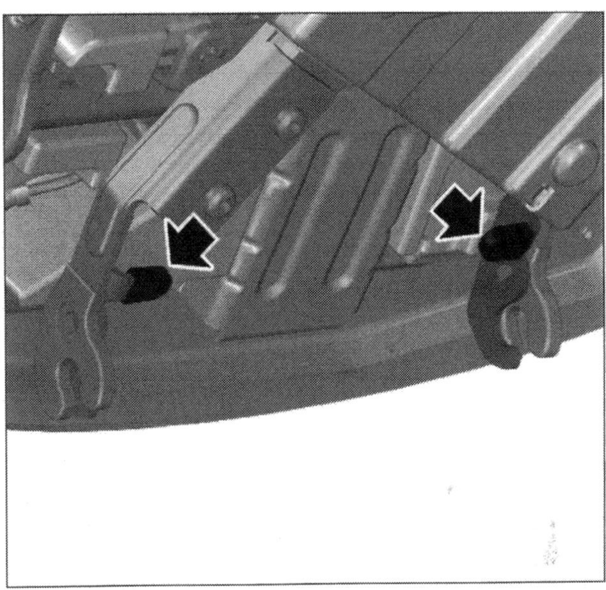

Beide roten Hebel entriegeln: zur Demontage der Rücksitzbank.

Äußere Rücksitze demontieren (Grand C-MAX, 5+2-Sitzer)

Werkzeug:
Ratsche, kurze Verlängerung, Torx T40-Nuss

- Zunächst schieben Sie den Sitz nach hinten und lösen die vorderen Schrauben an der Konsole.
- Schieben Sie jetzt den Sitz nach vorne und …
- … lösen beide hinteren Schrauben.
- Das war's – heben Sie die Sitze aus dem Innenraum.
- Beenden Sie die Montage in umgekehrter Reihenfolge und ziehen die Sitzschrauben mit 40 Nm an.

Mittleren Rücksitz demontieren (Grand C-MAX, 5+2-Sitzer)

Werkzeug:
Ratsche, kurze Verlängerung, Torxeinsatz T40

- Den mittleren Rücksitz fixieren zwei Schrauben. Um die Schrauben zu finden, schwenken Sie das rechte Sitzkissen nach vorn.
- Anschließend lösen Sie die Schrauben (Pfeile) und heben den Sitz aus dem Innenraum.
- Die Montage beenden Sie in umgekehrter Reihenfolge.
- Richten Sie den Sitz zwischen den beiden äußeren Sitzen aus und ziehen die Torxschrauben mit 25 Nm fest.

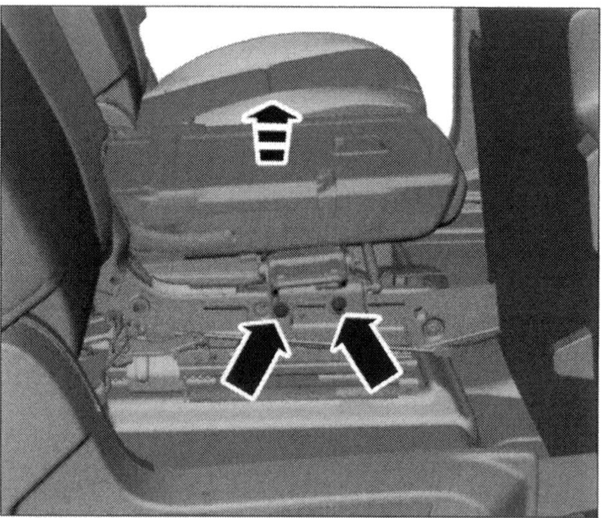

Schnell ausgebaut: der mittlere Sitz der zweiten Sitzreihe im Grand C-Max.

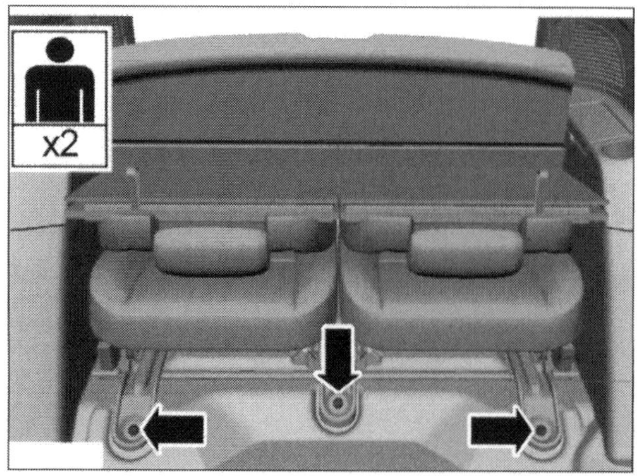

Vom Innenraum aus lösen: die vorderen Scharnierschrauben.

Dritte Sitzreihe demontieren

Werkzeug:
Ratsche, kurze Verlängerung, Torxeinsatz T40

- Die dritte Sitzreihe ist insgesamt fünfmal verschraubt. Schwenken Sie die Sitzlehne nach vorn und heben die Kofferraum-Matte an.
- Anschließend lösen Sie die hinteren Rücklehnenscharniere (Pfeile).
- Jetzt lösen Sie die drei vorderen Schrauben (Pfeil).
- Anschließend heben Sie die Sitzbank aus dem Innenraum. Lassen Sie sich assistieren.
- Die Montage beenden Sie in umgekehrter Reihenfolge.
- Ziehen Sie die Torxschrauben mit 35 Nm fest. Prüfen Sie zudem die Freigängigkeit der Gurtbänder laufen.

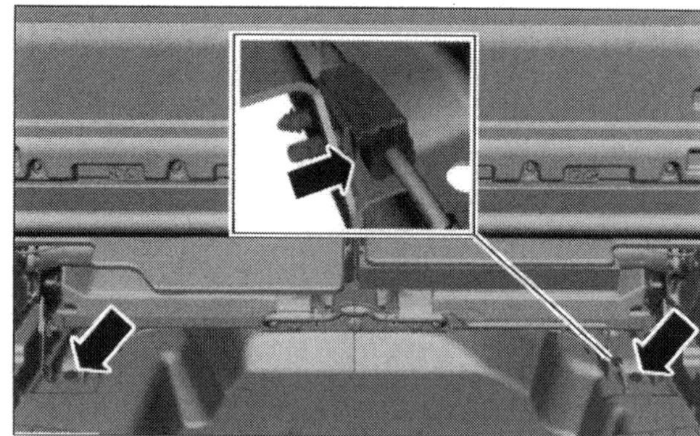

Beginnen Sie mit den hinteren Schrauben: die Rückenlehne ist umgelegt.

Innenraumleuchten (je nach Ausführung) wechseln

Werkzeug:
Mittlerer Schlitzschraubendreher

- Schließen Sie die Türen, die Innenleuchten sind jetzt spannungsfrei und...
- ...hebeln die Leuchte mit einem Schlitzschraubendreher aus der Halterung.
- Öffnen Sie das Lampengehäuse (2 Clips) und erneuern die Soffitte (zehn Watt).
- Um die Leseleuchte zu erneuern, drehen Sie die Lampenfassung gegen den Uhrzeigersinn aus dem Lampengehäuse und ....
- ...ziehen die alte Kugellampe mit spitzen Fingern oder einer Klammer aus der Fassung.
- Die neue Leuchte (fünf Watt) drücken Sie vorsichtig in die Fassung und beenden die Montage in umgekehrter Reihenfolge. Vergessen Sie anschließend den obligatorischen Funktionscheck nicht.

Gepäckraumleuchte

Werkzeug:
Mittlerer Schlitzschraubendreher

- Mit einem Schlitzschraubendreher hebeln Sie zunächst das Lampengehäuse aus der Seitenverkleidung.
- Jetzt ziehen Sie die defekte Glassockellampe (W5W) mit spitzen Fingern oder einer Klammer aus der Fassung.
- Stecken Sie die neue Lampe vorsichtig in die Fassung und montieren das Lampengehäuse ins Seitenteil – fertig!

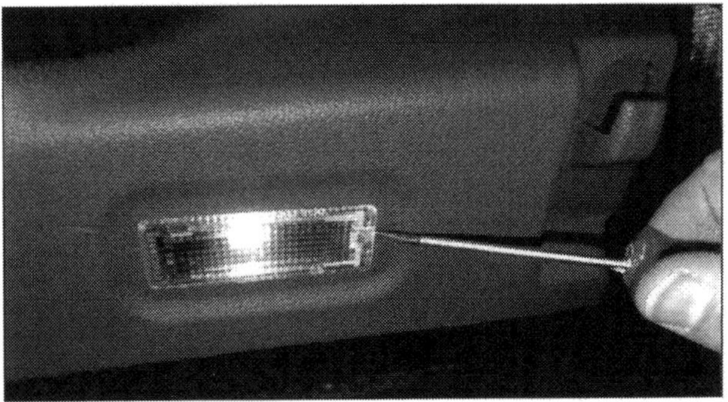

Schnell gemacht: die Gepäckraumleuchte wechseln.

Make-up-Spiegelbeleuchtung erneuern

Werkzeug:
Mittlerer Schlitzschraubendreher

- Hebeln Sie mit einem flachen Schraubendreher das Lampengehäuse aus der Sonnenblende und ziehen den Stromanschluss ab.
- Setzen Sie die neue Lampe ein und...
- ...beenden die Arbeit in umgekehrter Reihenfolge.

Die Schalter

Im C-MAX sind unterschiedliche Schaltertypen verbaut: Rechts und links der Lenksäule reichen die Betätigungshebel des Lenkstockschalters aus der Lenksäulenverkleidung. Das Heizgebläse und die Luftverteilung aktivieren Sie über Drehschalter von der Mittelkonsole aus. Die elektrischen Fensterheber (Option) setzen Kippschalter von den Türarmlehnen aus in Gang. Druckschalter steuern dagegen die Nebelschlussleuchte, die Zusatzscheinwerfer sowie die beheizbare Heck- und Frontscheibe. Mit etwas Geschick wechseln Sie defekte Kipp- und Druckschalter in eigener Regie, ansonsten beauftragen Sie Ihren Ford-Händler damit. So auch mit dem Tausch der Lenkrad-* und Lenkstockschalter*, da kommt zwangsläufig der Airbag mit ins Spiel...
**Option*

Aktiviert auch die Wegfahrsperre - das Lenkschloss

Mit dem entriegelten Lenkschloss deaktivieren Sie binnen weniger Sekunden die automatische Wegfahrsperre und geben dem Start-/Stoppschalter grünes Licht. Mit abgezogenem Zündschlüssel deaktivieren Sie den Schalter, aktivieren jedoch die Wegfahrsperre sowie nach etwa einer halben Lenkraddrehung zusätzlich noch das Lenkradschloss.
An der Lenkschlossmechanik treten erfahrungsgemäß nur selten Störungen auf. Bei älteren Autos verkleben, bzw. korrodieren schon mal die Kontakte auf der Schlossplatte. In dem Fall haben Sie schlechte Karten, Sie müssen nämlich das gesamte Lenkschloss tauschen – die Kontaktplatte separat ist nicht zu erneuern. Beauftragen Sie also Ihren Ford-Händler mit der Arbeit.

Bestandteil der elektronischen Wegfahrsperre - Lenkradschloss und Zündschlüssel

Sollte Ihr Auto partout nicht in die Gänge kommen wollen, muss das nicht zwangsläufig am Lenkradschloss liegen – schließlich hat Ihr Auto ab Werk noch eine elektronische Wegfahrsperre an Bord. Einmal aktiviert, bleibt sie so lange dienstbar, bis ein codierter Schlüssel sie deaktiviert. Die Betonung liegt auf codiert, denn der Schlüssel – ein Unikat – trägt einen Minisender mit eigenem Code im Schlüsselgriff. Unprofessionelle Langfinger haben da schlechte Karten, solange das Lenkschloss seinen, also den ab Werk fest programmierten, Schlüsselcode nicht erkennt, macht der Anlasser keinen Mucks. Organisierte Autoschieber überlisten gängige Wegfahrsperren mittlerweile allerdings mit High-Tech-Software in minutenschnelle nach Belieben.

Verhindert den Datenfluss - abgeschirmter Zündschlüssel

In der Praxis freilich kann es Ihnen auch passieren, dass der elektronische Zündschlüssel seinen eigenen Code nicht mehr erkennt. Zum Beispiel dann, wenn Sie den Schlüssel irgendwann als Flaschenöffner zweckentfremdet oder als provisorisches Schlagwerkzeug missbraucht haben. Zudem verwirren die Elektronik auch andere Schlüssel oder Metallteile (Schlüsselbund). In dem Fall bleibt's unter der Motorhaube still, denn die Wegfahrsperre erkennt Ihren Schlüssel nicht mehr. Als aufmerksamer Fahrer bemerken Sie das Malheur an der Kontrollleuchte im Armaturenbrett. Ziehen Sie in dem Fall den Schlüssel ab und starten nach rund fünf Sekunden erneut. Streikt Ihr C-MAX immer noch, starten Sie mit dem Ersatzschlüssel und lassen den offenbar verstimmten Schlüssel von Ihrem Ford-Händler neu codieren.

Die Zentralverriegelung

Die Zentralverriegelung öffnet und schließt alle Türen sowie die Heckklappe mit kleinen Stellmotoren – vorausgesetzt, beide Vordertüren sind tatsächlich im Schloss. C-MAX Türen reagieren übrigens auch ferngesteuert auf Knopfdruck: Der Sender sitzt im Zündschlüssel und die insgesamt vier Empfänger sind im Auto verteilt: Zwei in der Mittelkonsole, je einer unter der Rücksitzbank bzw. am hinteren Stoßfänger. Die Signale gehen jeweils von beiden Vordertüren aus – von außen passiert das per Zündschlüssel und von innen mit dem Türöffnungshebel. Der Gepäckraum lässt sich per Knopfdruck von innen, ferngesteuert oder mit dem Zündschlüssel von außen öffnen. Nicht so die Motorhaube: deren Schloss reagiert nur mechanisch auf einen Bowdenzug. Und da die Zentralverriegelung gleichfalls auch die Wegfahrsperre sowie die Innenraumbeleuchtung ansteuert, kommt Ihr C-MAX ohne herkömmliche Türkontaktschalter aus. Er begrüßt und verabschiedet Sie per Zeitrelais mit einem beleuchteten Innenraum ...

Wegfahrsperre

Bei Funktionsstörungen der Wegfahrsperre fällt der Anfangsverdacht zunächst auf den Zündschlüssel. Die Wegfahrsperre deaktiviert beim Einschalten der Zündung ein korrekt codierter Schlüssel automatisch. Die Kontrollleuchte im Kombiinstrument leuchtet währenddessen für drei Sekunden und erlischt anschließend. Wenn die Kontrollleuchte ca. eine Minute leuchtet und danach unregelmäßig blinkt, hat die Wegfahrsperre den Schlüssel nicht erkannt. Ziehen Sie den Schlüssel einfach ab und wiederholen den Startvorgang. Lässt sich der Motor nicht mit einem korrekt codierten Schlüssel starten, liegt eine Störung vor. Lassen Sie die Wegfahrsperre von Ihrem Fordhändler checken.

Zündschlüssel synchronisieren

Funktionsstörungen der Zentralverriegelung haben überwiegend ihren Ursprung in einem unerkannten Zündschlüssel. Synchronisieren Sie darum den Schlüssel (Sender) mit dem Empfänger. Übrigens: Sie können relativ einfach bis zu vier verschiedene Zündschlüssel für Ihren C-MAX prägen.

- Um sicherzustellen, dass keine akustischen Warnsignale während des Programmiervorgangs Ihre Ohren unnötig verunsichern, schließen Sie alle Türen.
- Zum Programmieren drehen Sie den Zündschlüssel binnen sechs Sekunden vier Mal von Position »0« in Position »II«.
- Schalten Sie die Zündung aus. Ein Signalton fordert Sie jetzt auf, den Programmiervorgang innerhalb zehn Sekunden fortzusetzen.
- Dazu drücken Sie eine beliebige Taste auf der Schlüsselfernbedienung. Im Erfolgsfall ertönt dann ein Signalton.
- Sollten Sie für andere Familienmitglieder noch weitere Schlüssel programmieren wollen, wiederholen Sie nur diesen Schritt!
- Zum Schluss schalten Sie die Zündung ein – der/die Schlüssel sind jetzt programmiert.

Schlüsselbatterie wechseln

Sollte, trotzt synchronisiertem Zündschlüssel, die Zentralverriegelung nicht funktionieren, ist meistens eine schlappe Batterie (Knopfzelle CR 2032) im Schlüsselgriff das Ärgernis. Wechseln Sie die Batterie einfach wie beschrieben aus.

Klappschlüssel

- Stecken Sie einen passenden Schlitzschraubendreher möglichst weit in den Schlitz seitlich des Schlüsselgriffs. Drücken Sie den Schraubendreher so weit nach unten, bis der Batteriedeckel keinen Kontakt mehr zum Schlüssel hat.
- Tauschen Sie die alte Batterie und beenden die Arbeit in umgekehrter Reihenfolge. Achten Sie auf die Polarität, das »PLUS«-Zeichen zeigt nach oben.
- Die alte Batterie entsorgen Sie bitte umweltgerecht. Die meisten Supermärkte haben Batterierücknahmeboxen aufgestellt.

Schlüssel ohne Schlüsselbart

- Drücken Sie beide Tasten (Pfeile) zusammen und liften die Abdeckung (1) vorsichtig vom Schlüssel.
- Nehmen Sie den Ersatz-Schlüsselbart aus dem Sender und legen ihn beiseite.
- Anschließend öffnen Sie die Sendereinheit. Dazu bugsieren Sie einen kleinen Schraubendreher in die Schlüsselöse (2) und clipsen das Gehäuse vorsichtig auseinander. Wiederholen Sie den Vorgang an der Gehäuseseite und …
- …hebeln die Sendeeinheit auf.
- Nehmen Sie die alte Batterie aus dem
- …setzen eine neue (CR 2032) ein.

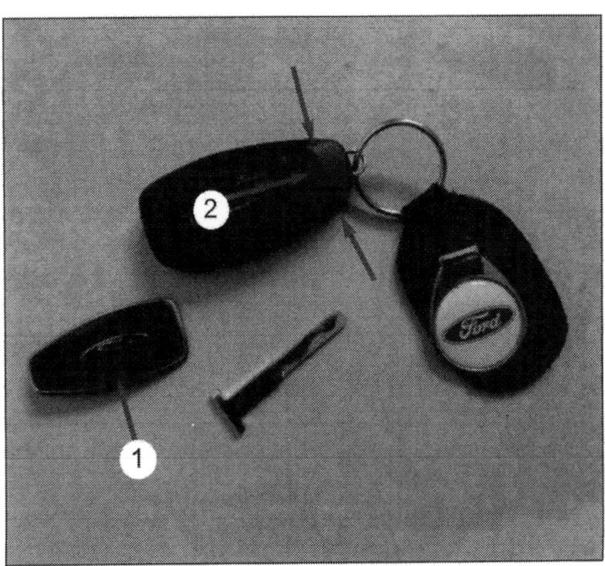

Den Schlüssel öffnen um die Senderbatterie zu wechseln.

- Achten Sie unbedingt auf die Batteriepolarität und beenden die Arbeit in umgekehrter Reihenfolge.
- Die alte Batterie entsorgen Sie bitte umweltgerecht. Die meisten Supermärkte haben Batterierücknahmeboxen aufgestellt.

Türgriff demontieren

Einerlei ob Sie die vorderen oder die hinteren Türgriffe bei einem Viertürer demontieren – die Arbeitsschritte unterscheiden sich nur unwesentlich voneinander. Wir beschreiben die Arbeit exemplarisch am Beispiel eines vorderen C-MAX-Türgriffs.

Werkzeug:
Schlitzschraubendreher, Torx T20-Schraubendreher

- Öffnen Sie die entsprechende Tür und hebeln den Blindstopfen (Pfeil) mit einem Schlitzschraubendreher aus dem Türprofil.
- Jetzt lösen Sie die Befestigungsschraube der Schließzylinderabdeckung um 12 Umdrehungen und ziehen die Verkleidung vom Türblatt ab.
- Nun können Sie den Türgriff vorsichtig aus der Türaußenhaut drehen. Achten Sie derweil auf den Anschlussstecker der Zentralverriegelung.
- Beenden Sie die Montage in umgekehrter Reihenfolge.

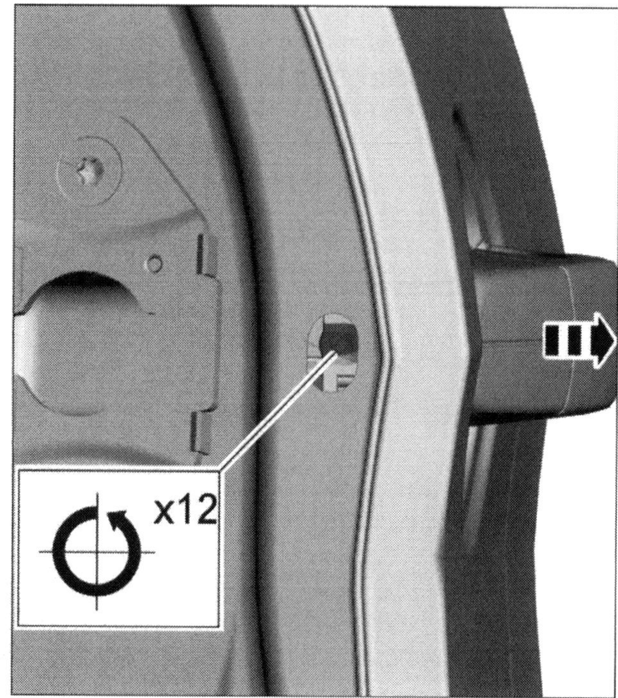

Zwölf Umdrehungen lösen: die Halteschraube im Türfalz.

Türverkleidung demontieren

Da die Arbeit bei allen Karosserievarianten nahezu gleich ist, beschreiben wir die Montageschritte am Beispiel des C-MAX. Bevor Sie die Batterie abklemmen, fahren Sie das Seitenfenster bis zum Anschlag hoch und notieren den Radio-Diebstahlcode. Falls Sie das vergessen, bleibt das Radio bzw. der Entertainmentbildschirm nach getaner Arbeit entweder stumm oder dunkel...

Werkzeug:
Schlitzschraubendreher, Torx T20- und T25-Schraubendreher

- Klemmen Sie das Batteriemassekabel mindestens 30 Minuten vor Arbeitsbeginn ab. In der Zeit verliert der Zündkondensator seine Spannung.
- Danach knippen Sie die Türgriffblende (Pfeil) los. Sinnvollerweise hebeln Sie das leicht zerbrechliche

Mit einem kleinen Schlitzschraubendreher ausknippen: Blindstopfen im Türöffnergriff.

Stück mit einem passenden Schlitzschraubendreher aus den Verankerungen. Lösen Sie die darunter liegende Schraube.

- Anschließend hebeln Sie mit einem breiten Schlitzschraubendreher die untere Türgriffblende aus der Armauflage und...

- ...lösen beide Türgriffschrauben (Pfeile).

- Ziehen Sie den Türgriff inklusive Fensterheber-Bedienpaneel aus der Türverkleidung und trennen den Anschlussstecker.

- Lösen Sie die Halteschraube (Pfeil) in Höhe des Türschlosses und hebeln danach mit einem Holzspatel oder stabilen Schlitzschraubendreher die Türinnenverkleidung vom Türrahmen ab. Rundum fixieren die Verkleidung acht Klemmdübel. Beginnen Sie an der Unterseite und arbeiten sich Schritt für Schritt nach oben vor. Falls vorhanden, achten Sie darauf, dass die Dichtfolie möglichst nicht einreißt.

- Anschließend öffnen Sie den Zentralstecker und lösen die Türöffnermechanik von der Verkleidung.

- Um an die Türinnereien zu kommen, ziehen Sie die Türdichtfolie nur punktuell ab. Den Folienklebestreifen trennen Sie mit dem Kunststoffmesser eines Einwegbestecks.

- Fassen Sie möglichst nicht auf die Kontaktränder der Folie bzw. die Klebeflächen, das würde die Klebe- und Dichtwirkung herabsetzen.

- Beenden Sie die Arbeit in umgekehrter Reihenfolge. Achten Sie rundum auf einen satten Sitz der Dichtfolie (falls verbaut). Falls Sie der Dichtfläche misstrauen, tragen Sie besser sofort eine neue Acrylraupe auf, dann hat das Wasser keine Chance mehr.

Im Türgriff zu lösen: beide Griffschrauben.

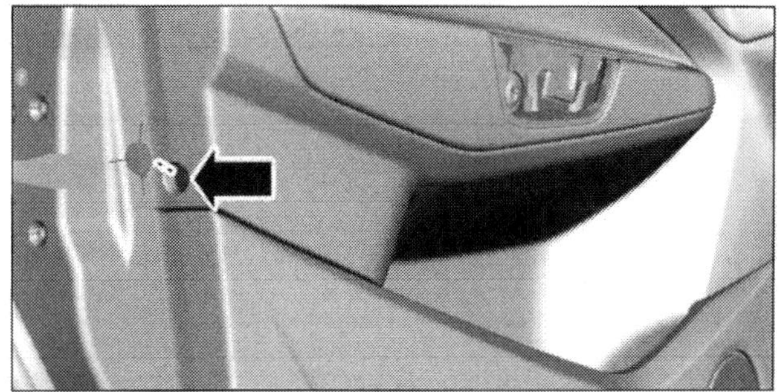

Nicht vergessen: die Halteschraube am Türblatt.

Heckklappenverkleidung demontieren

Die vierteilige Heckklappenverkleidung ist mit Klammern fixiert.

Werkzeug:
Schlitzschraubendreher, Torx T25-Schraubendreher

- Öffnen Sie die Heckklappe und hebeln den oberen Teil (1) der Verkleidung aus vier Halteclips.

- Um die Verkleidung möglichst unbeschädigt zu demontieren, lösen Sie die Kunststoffdübel mit einem stabilen Spachtel, Stemmeisen oder Fleischwender. Setzen Sie das Werkzeug immer nur punktuell zwischen Türrahmen und der Verkleidung an.

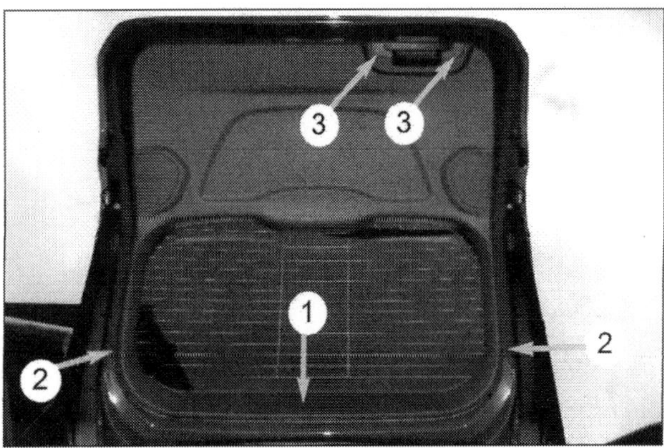

Sitzen am Klappengriff: zwei Torxschrauben. Die restlichen 20 Clips sind unterhalb der Verkleidung rundum verteilt.

- Wiederholen Sie die Arbeitsschritte jeweils an der linken und rechten Heckklappenverkleidung (2).
- Jetzt ziehen Sie am Klappengriff beide Stopfen von den Torxschrauben, lösen die Schrauben (3) und legen den Griff beiseite.
- Danach ziehen Sie die Verkleidungsunterseite mit den restlichen zwölf Clips ab. Beginnen Sie jeweils gefühlvoll von der Mitte nach außen - ansonsten könnte die Pappe schnell brechen.
- Beenden Sie die Montage in umgekehrter Reihenfolge.

Fensterheber-Mechanik demontieren

Da der Aufwand für alle Türen weitgehend identisch ist, beschreiben wir Ihnen die Arbeit am Beispiel einer Vordertür.

Werkzeug:
Schlitzschraubendreher, Torx T20- und T25-Schraubendreher, Klebeband

- Demontieren Sie die Türverkleidung und ...
- ...ziehen die Elektrostecker vom Lautsprecher ab.
- Anschließend lösen Sie insgesamt sechs Schrauben vom Lautsprecher sowie vom Elektronikmodul und...
- ...trennen mit einem Seitenschneider beide Kabelbinder (Pfeile).
- Damit Sie den Fensterheber von der Scheibe demontieren können, senken Sie das Fenster so weit ab, bis Sie beide Halteschrauben (Pfeile) lösen können.

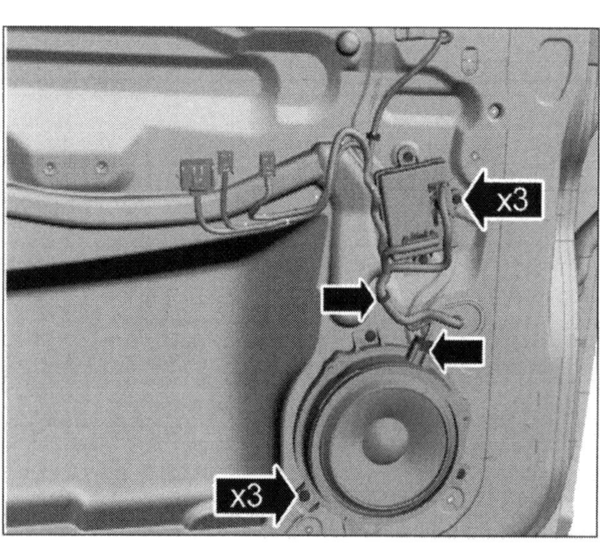

Aus der Tür demontieren: Basslautsprecher mitsamt benachbartem Elektronikmodul.

- Nun pressen Sie die Scheibe mit Muskelkraft in die obere Endstellung und fixieren sie dort mit Klebeband.
- Trennen Sie den Kabelstecker (Pfeil) vom Fensterhebermotor und lösen vier Halteschrauben um je zwei Umdrehungen. Anschließend können Sie den Fensterheber aus der Tür bugsieren.
- Beenden Sie die Montage in umgekehrter Reihenfolge.

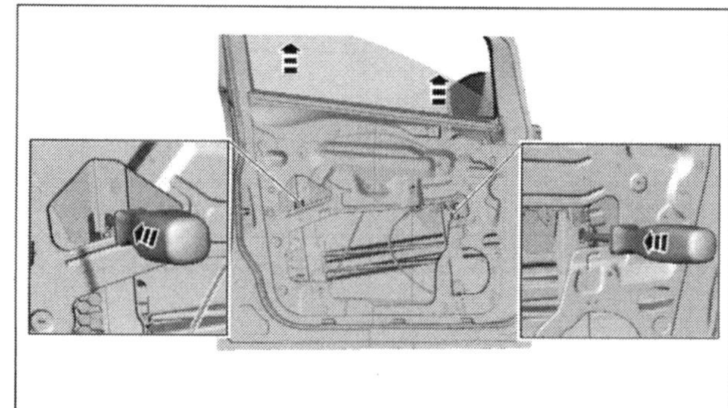

Vom Fensterheber lösen: das Seitenfenster.

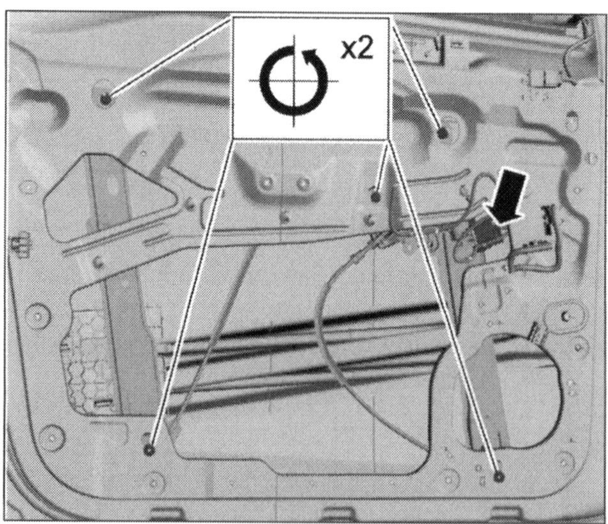

Von vier Schrauben gehalten: die Fensterhebermechanik im Türinnenblatt.

Fensterheber-Motor demontieren

Da der Aufwand für alle Türen weitgehend identisch ist, beschreiben wir die Arbeit am Beispiel einer Vordertür. Ein neuer Motor wird beim Händler per Ford-WDS initialisiert.

Werkzeug:
Schlitzschraubendreher, Torx T20-Schraubendreher

- Demontieren Sie die Türverkleidung sowie den Fensterheber wie beschrieben.
- Danach lösen Sie den Fensterhebermotor (drei Schrauben, 1 und 2), die Führungsbolzen (3) können verbleiben.
- Jetzt ziehen Sie den montierten Motor von der Antriebswelle und ...
- ...beenden die Montage mit einem neuen oder instand gesetzten Motor in umgekehrter Reihenfolge. Vergessen Sie den Funktionscheck nicht.

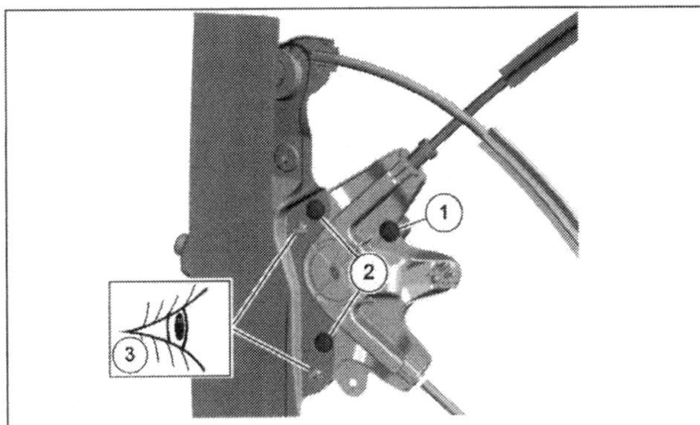

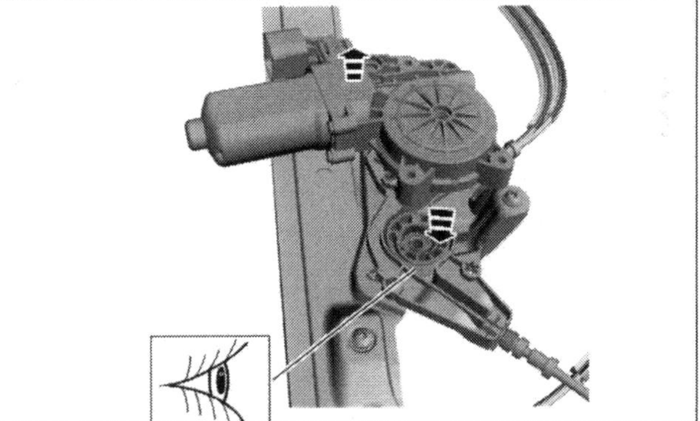

Fensterhebermotor demontieren: mit drei Schrauben und zwei Führungsbolzen innerhalb der Tür fixiert.

Elektrischer Fensterheber streikt

PRAXISTIPP

Schalter defekt:
Demontieren Sie den gegenüberliegenden Schalter und stecken den Mehrfachstecker um. Mit dem intakten Schalter schließen Sie das Fenster.

Sicherung defekt:
Überprüfen Sie im Sicherungskasten die Sicherungen Nr. 46 (25A, Motorraum) bzw. Nr. 4, Nr. 5, Nr. 6 und Nr. 7 (je 25A, Kofferraum).

Zuleitung zum Elektromotor unterbrochen:
Verlegen Sie eine Freiluftleitung mit Plus (wenn keine Spannung anliegt) oder mit Masse (wenn keine Masse anliegt) zum Motor und lassen den Motor anlaufen.

Motor blockiert:
Demontieren Sie die Türverkleidung, hängen die Scheibe aus und pressen sie mit Muskelkraft in die obere Endstellung. Sichern Sie die Scheibe mit Klebeband oder verkeilen sie von unten mit einer passenden Holzlatte.

Alle hier gegebenen Tipps sind natürlich nur Notlösungen zur ersten Hilfe auf der Straße. Zuhause beheben Sie das Ärgernis besser fundiert.

Mittelkonsole demontieren

Werkzeug:
Schlitzschraubendreher, Torx T20, 13er-Stecknuss, Ratsche

- Hebeln Sie den Schaltsack und die obere Konsolenblende vorsichtig mit einem Holzspatel aus beiden Halteclipsen.

- Den Handgriff wiederholen Sie an der Mittelkonsolen/Armaturenbrett-Blende. Sie ist mit acht Clips (Pfeile) befestigt. Nachdem der Anschlussstecker vom Startknopf gezogen ist, bugsieren Sie die Verkleidung aus dem Auto.

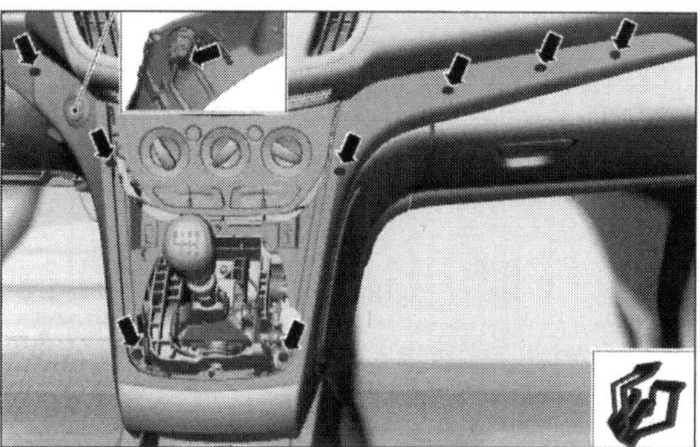

Aus insgesamt acht Clips abziehen: die Mittelkonsolen/Armaturenbrett-Blende.

(ohne Armlehne)

- Entfernen Sie den Aschenbecher aus der Mittelkonsole und ziehen die Handbremse an – das schafft mehr Arbeitsplatzraum.

- Danach hebeln Sie die Handbremshebelverkleidung mit einem breiten Schlitzschraubendreher oder Holzspatel vorsichtig von der Konsole ab.

- Ziehen Sie nun mit einem Schlitzschraubendreher die Blindstopfen beidseitig an den vorderen Seitenverblendungen ab. Die darunter liegenden Schrauben lösen Sie allesamt.

- Nachdem Sie beidseitig beide Schrauben (Pfeile) und – falls vorhanden – den Anschlussstecker getrennt haben, ziehen Sie die Mittelkonsole aus beiden Klammern (Pfeile).

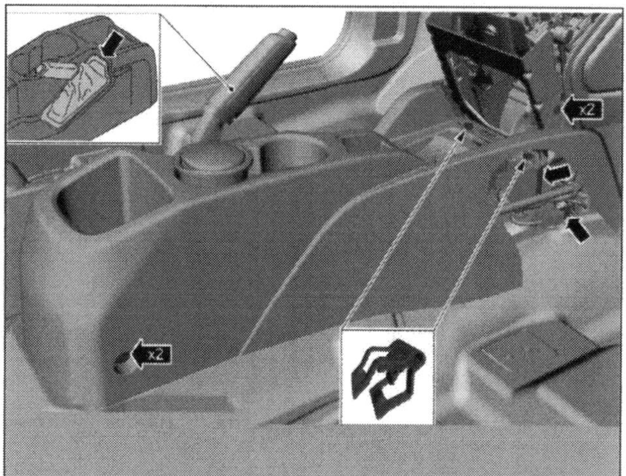

Mit vier Schrauben und zwei Klammern fixiert: die Mittelkonsole zwischen den Sitzen.

(mit Armlehne)

- Öffnen Sie den Deckel der Ablagebox und knippen mit einem Schlitzschraubendreher beidseitig die Blindstopfen aus der oberen Konsolenverkleidung. Lösen Sie die darunter liegenden Torxschrauben.

- Ziehen Sie anschließend die Handbremse an und hebeln, von hinten beginnend, die Konsolenverkleidung von der Mittelkonsole. Vergessen Sie nicht, den Elektrostecker zu trennen.

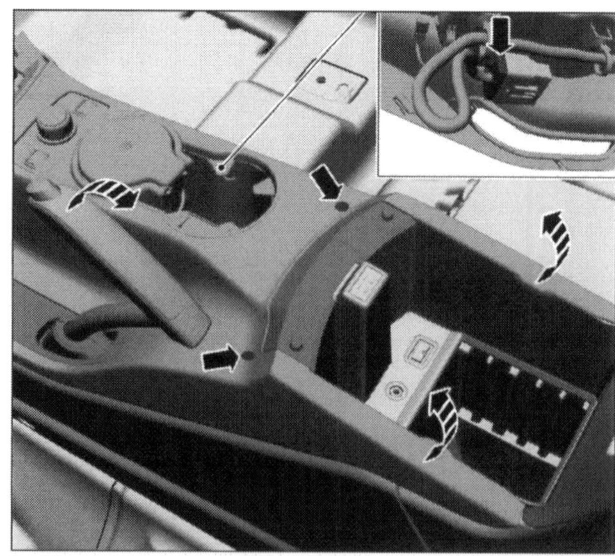

Mit zwei Schrauben fixiert: die obere Mittelkonsolenverkleidung im C-MAX.

■ Ziehen Sie im nächsten Arbeitsschritt rundum die überlappende Fußraumverkleidung von der Mittelkonsole ab.

■ Nachdem Sie die acht Schrauben (Pfeile) gelöst sowie den Anschlussstecker getrennt haben, ziehen Sie die Konsole vorsichtig nach hinten aus dem Armaturenträger heraus und legen sie außerhalb des Arbeitsplatzes beiseite.

(alle)

■ Beenden Sie die Montage in umgekehrter Reihenfolge und führen anschließend einen Funktionscheck aus.

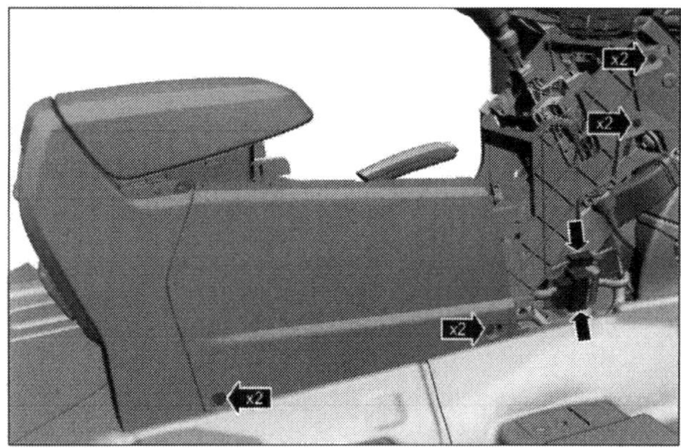

Achtfach verschraubt: die Mittelkonsole mit Armlehne.

Reinluftfilter wechseln

■ Schieben Sie zunächst den Beifahrersitz ganz nach hinten, tauchen danach tief im Fußraum ab und demontieren zunächst die untere Armaturenbrettverkleidung (zwei Klammern, Pfeile).

■ Der Platz reicht nun erfahrungsgemäß aus, um beide Haltenasen des Filtergehäusedeckels (Pfeile) bequem lösen zu können.

■ Den Deckel legen Sie beiseite.

■ Das Filterelement ziehen Sie einfach seitlich aus dem Gehäuse.

■ Da der Filter atemgängige Umweltstäube bindet, versuchen Sie ihn nicht zu reinigen sondern e ntsorgen Sie ihn als Sondermüll und gönnen Ihrer Nase ein frisches Filterelement.

■ Beenden Sie die Montage in umgekehrter Reihenfolge und setzen das neue Filterelement passgenau ein.

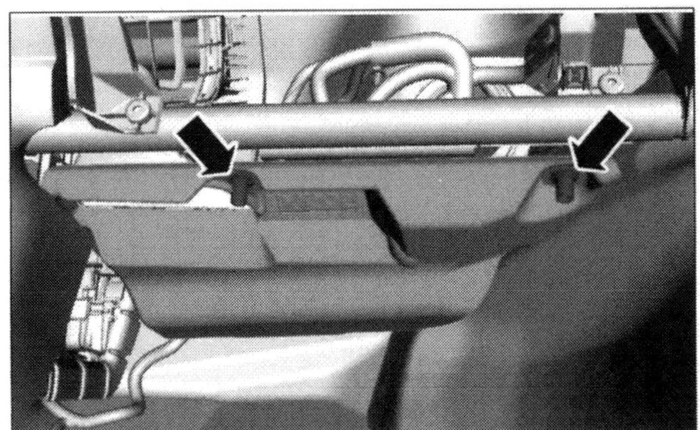

Mit zwei Klammern gehalten: untere Armaturenbrettverkleidung im rechten Fußraum.

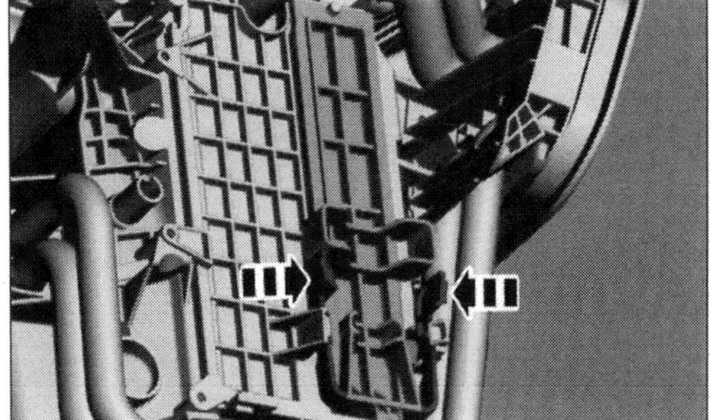

Im C-MAX schnell erledigt: Reinluftfiltereinsatz im Innenraum tauschen.

Innenraumtemperatur-Sensor demontieren

Falls Ihre Klimaanlage nicht mehr richtig funktioniert, ist erfahrungsgemäß häufig der Innenraumtemperatursensor indisponiert.

- Öffnen Sie die Fahrerseite, knien im Fußraum nieder, ...
- ...ziehen anschließend die untere Lenkradverkleidung ab und legen sie beiseite.
- Trennen Sie den Anschlussstecker vom Sensor, lösen die Schrauben (Pfeil) und tauschen den »Schnüffler« gegen einen neuen.

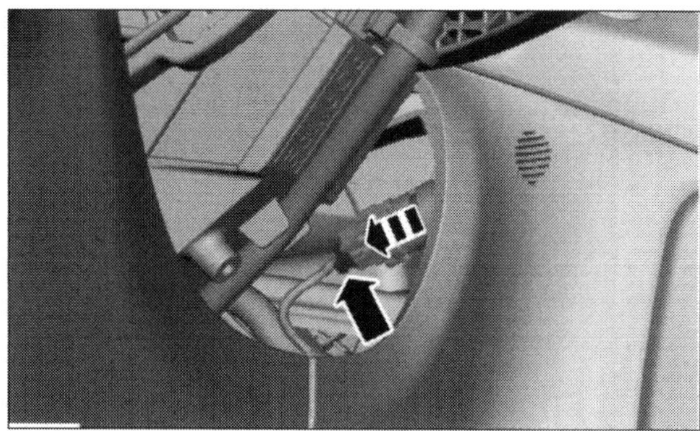

Regelt die Temperatur: der Innenraumtemperatursensor.

Lautsprecher demontieren

Vor der Arbeit schalten Sie grundsätzlich alle Verbraucher aus und ziehen außerdem den Zündschlüssel ab. Unabhängig davon, welchen Lautsprecher Sie nun ausbauen möchten, an der Demontage der jeweiligen Türverkleidung kommen Sie nicht vorbei. Sämtliche Lautsprecherkabel sind mit Steckverbindern ans Lautsprecherchassis montiert. Mitunter sind die Lautsprecherchassis aufgenietet. In dem Fall bohren Sie die Nieten aus und schrauben die neuen Lautsprecher kurzerhand mit Blechschrauben an den Montageplätzen fest.

Je nach Ausstattungs- und Modellvariante beschallt Sie Ihr C-Max mit unterschiedlichen Lautsprechern.

Werkzeug:
Torxschraubendreher T20, Schlitzschraubendreher, evtl. Bohrmaschine, 10 mm-Bohrer

Arbeitsschritte:

(Vorder- / Hintertüren)

- Stellen Sie das Radio ab und ...
- ...demontieren die Türverkleidung wie beschrieben.
- Drehen Sie die Befestigungsschrauben am Lautsprecherchassis los, bzw. bohren Sie die Hohlniete aus.

(Armaturenbrett, Mitte)

- Stellen Sie das Radio ab und ...
- ...demontieren die Lautsprecherabdeckung. Dazu hebeln Sie mit einem breiten Schlitzschraubendreher die Verkleidung vorsichtig aus (sechs Halteclips, Pfeile). Fädeln Sie jetzt die lose Abdeckung aus der oberen Befestigung.
- Anschließend lösen Sie die Schrauben am Lautsprecherchassis, liften das Chassis soweit an, bis Sie die Kabelanschlüsse bequem abziehen und den Lautsprecher beiseite legen können.

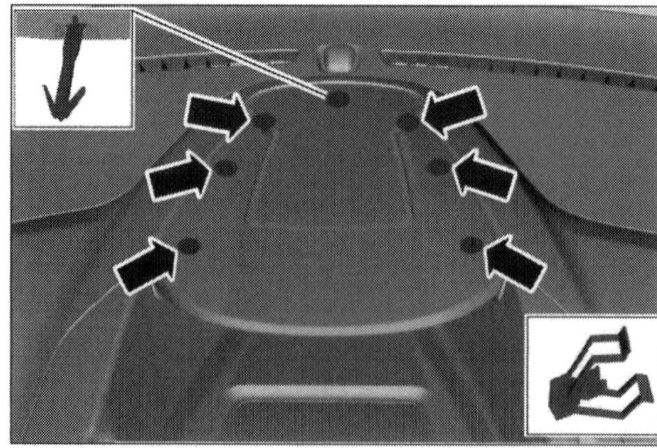

Sitzt hinter der Kunststoffblende: der Basslautsprecher im Armaturenbrett.

(Armaturenbrett, seitlich)

- Stellen Sie das Radio ab und ...

- ...ziehen einfach die A-Säulenverkleidung von der A-Säule.

- Jetzt können Sie das Lautsprechergitter inklusive Hochtöner aus dem Armaturenbrett hebeln, ...

(alle)

- ... ziehen den Stecker vom Lautsprecherchassis ab und bugsieren den Lautsprecher aus dem jeweiligen Stativ. Nehmen Sie wirklich nur die Stecker und nicht etwa, weil es bequemer ist, unachtsam die Lautsprecherkabel in die Finger. Sie vermeiden damit Wackelkontakte in den Zuleitungen.

- Wenn Sie Lautsprecher nachrüsten oder neu installieren, haben Sie die Wahl zwischen Originalkabelsätzen mit Formsteckern oder Zwillingsleitungen als Meterware. Verlegen Sie Zwillingsleitungen in Eigenregie, achten Sie bei den Steckern unbedingt auf die Polarität. Zur besseren Orientierung sind Zwillingslitzen entweder farblich oder mit unterschiedlichen Isolierprofilen gekennzeichnet. Achten Sie zur Steckermontage auf die richtige Polarität, in dem Fall sind die Lautsprecher später auch belastbar.

- Beenden Sie die Montage in umgekehrter Reihenfolge.

WISSENSWERTES

Hecklautsprecher - die Größe muss stimmen

Bevor Sie Ihren C-MAX nachträglich zu einem rollenden Konzertsaal aufmotzen und ihm vielleicht noch ein paar zusätzliche Hecklautsprecher oder gar voluminöse Reflexboxen spendieren, bedenken Sie bitte, dass üppige Lautsprecher zwar nachhaltig den Sound verbessern, ihre größeren Kernmagneten jedoch die Funktion der Heckautomatikgurte beeinträchtigen können. Starke Magnetfelder irritieren mitunter auch elektronische Steuergeräte und Sensoren. Vor diesem Hintergrund wägen Sie Ihre tatsächlichen Prioritäten ernsthaft ab: Sind Ihnen gesteigerter Hörgenuss wichtiger als mögliche Fehlfunktionen vorhandener Sicherheitssysteme?

Dachantenne demontieren

Werkseitig montierte Radios schnüffeln per Dachantenne in den Ätherwellen. Die Ford-Antennen sind nahezu unverwüstlich. Vorausgesetzt Sie muten ihnen keine rotierenden Waschbürsten zu und schrauben sie vor dem Duschbad vom Antennenfuß. Falls Sie das vergessen, fighten die Waschbürsten über kurz oder lang mit dem Antennenstab und »knicken« ihn ab.

Die dann fälligen Kosten lassen sich minimieren: Legen Sie selber Hand an und kaufen eine passende Antenne im Autozubehör. Die fälligen Montagekosten sparen Sie nämlich locker in die eigene Tasche. Mit etwas Glück passt sogar der neue Stab auf den alten Schraubanschluss der gebrochenen Antenne.

Sollten Sie die Antenne allerdings komplett installieren müssen, verstecken Sie das Antennenkabel unter dem Dachhimmel unterhalb einer D-Säulenblende. Sollte das Kabel bereits liegen, achten Sie darauf, dass es dem neuen Fuß auch tatsächlich passt.

Falls das Radio nach der Montage unvermittelt mit unzureichendem Empfang oder, krasser noch, mit Wellensalat nervt, verdächtigen Sie getrost den Adapter des alten Antennenkabels.

Werkzeug:
Torxschraubendreher T25, Schlitzschraubendreher

Arbeitsschritte:

- Ziehen Sie auf beiden Seiten die C-Säulenverkleidung von den Holmen ab.

- Demontieren Sie danach die Gurthalterung im Dachhimmel. Dazu clipsen Sie den Gurt mitsamt Halterung aus beiden Klammern.

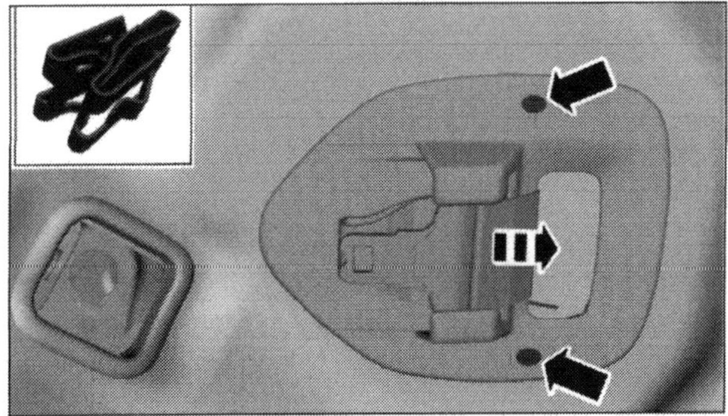

Sitzt im Dachhimmel: die Gurthalterung.

- Ziehen Sie danach den hinteren Dachhimmel so weit herunter (zwei Klammern im Dach), bis Sie den Antennenfuß erreichen.
- Trennen Sie die elektrischen Anschlüsse vom Verstärker und Antennensignal (Pfeile), lösen die Befestigungsschraube des alten Antennenfußes (Pfeil) und ...
- ...ziehen ihn, von einem Helfer assistiert, vorsichtig nach oben aus der Dachhaut heraus. mit einem Helfer aus der Dachhaut.
- Bevor Sie den neuen Fuß fest montieren, sorgen Sie für eine saubere Masseverbindung zwischen Dachhaut und Antennenanschluss, ziehen die Befestigungsschraube nur handfest vor, schrauben die Antenne ein, richten den Fuß auf dem Dach aus und ziehen die Mutter dann mit fünf Nm fest.
- Beenden Sie die Montage in umgekehrter Reihenfolgee und checken noch schnell den Sitz des Dichtgummis.Vergessen Sie den anschließenden Funktionscheck nicht.

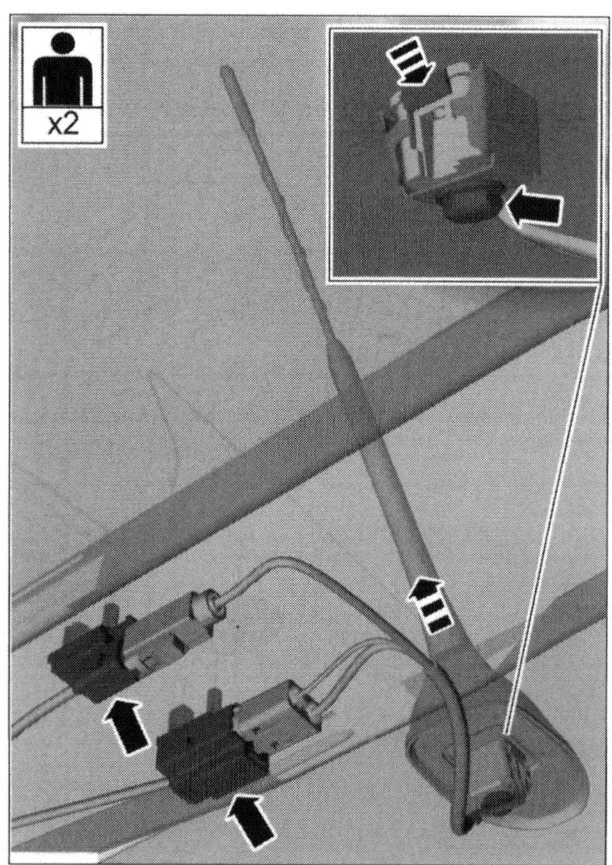

Vom Antennenfuß demontieren: das Antennenkabel.

Besser machen – mobil telefonieren

Wir sind zwar keine Schwarzmaler, doch ein Kassandraruf sei erlaubt: Mobil telefonieren während der Fahrt lenkt ab und erhöht das Unfallrisiko!
Darum schränkt der Gesetzgeber den Handygebrauch während der Fahrt auch sinnvoll ein: Nutzen Sie Ihr Handy also niemals ohne Freisprecheinrichtung.
Beantworten Sie sich darum zunächst die Frage: Möchten oder müssen Sie im Auto möglichst immer und überall erreichbar sein?
Welche Mobiltelefonlösungen bietet Ford ab Werk im C-MAX an?
Sie haben die Qual der Wahl.
Ab Werk bekommen Sie ein MP3-fähiges Audiosystem mit LCD-Multifunktionsdisplay (MFD) inklusive Mobiltelefon-Vorbereitung mit Bluetooth-Schnittstelle und Audio-Fernbedienung. Das Ganze können Sie steigern per Ford-Navigationssystem inklusive Sound & Connect sowie grafikfähigem farbigen 5"-MFD. Die Anlage beschallt den Innenraum mit vier 20 Watt-Boxen inklusive geschwindigkeitsabhängiger Lautstärkeregelung. Zusätzlich wertet Sound & Connect noch digitale Audio Broadcasting-Signale (DAB) aus.
Da alle Möglichkeiten den hier vorhandenen Umfang sprengten und zudem ständig dem Stand der Technik angepasst werden, verweisen wir an dieser Stelle auf die Internetadresse www.ford-mobile-connectivity.com. Dort werden Sie ständig auf dem neuesten Stand der mobilen Ford-Kommunikation gehalten.
Sie möchten noch mehr individuelle Kommunikationsauswahl? Fehlanzeige ab Werk! Doch aus Internetforen leiten wir ab: Die Grenzen sind fließend – lesen Sie sich im Net ein...
Doch sollte Ihnen das ganze Angebot nicht zusagen, aktualisieren Sie Ihr Wissen in Handy-Shops, oder fahren Sie einen lokalen Stützpunkt der großen Infotainment-Handelsketten an. Deren Experten kennen den Markt...
Möchten Sie in Ihrem C-MAX freilich nur gelegentlich telefonieren, raten wir Ihnen zu einer technisch und finanziell überschaubaren Lösung: Greifen Sie zu Hardwarekomponenten, die mit ausklappbaren Mikrofonen bestückt an der Fahrersonnenblende zu montieren sind. Die Auswahl ist üppig.
Immer noch zu viel Hightech? Dann kommunizieren Sie mit Head Set – Schnur gebunden oder drahtlos. Bei dieser Lösung ist allerdings der Rufannahmeknopf wichtig: Er aktiviert in der Regel auch die Spracheingabe des Handys.

Multimediaanschluss nachrüsten – relativ schnell möglich

Wenn Sie »Multimedia« beim C-MAX-Kauf unterschätzt haben, bieten Ihnen Infotainment-Shops, eventuell sogar Ihr Ford-Händler, spezielle Nachrüst-Multimediaanschlüsse an. Binnen einer Montagestunde schließen Sie daran Ihren CD-Player, Walkman, MP3-Player oder auch einen iPod an. Die Musikboxen, sie verschwinden in einer Ablage oder unsichtbar im Handschuhfach, nutzen die vorhandenen Lautsprecher in Ihrem C-MAX.

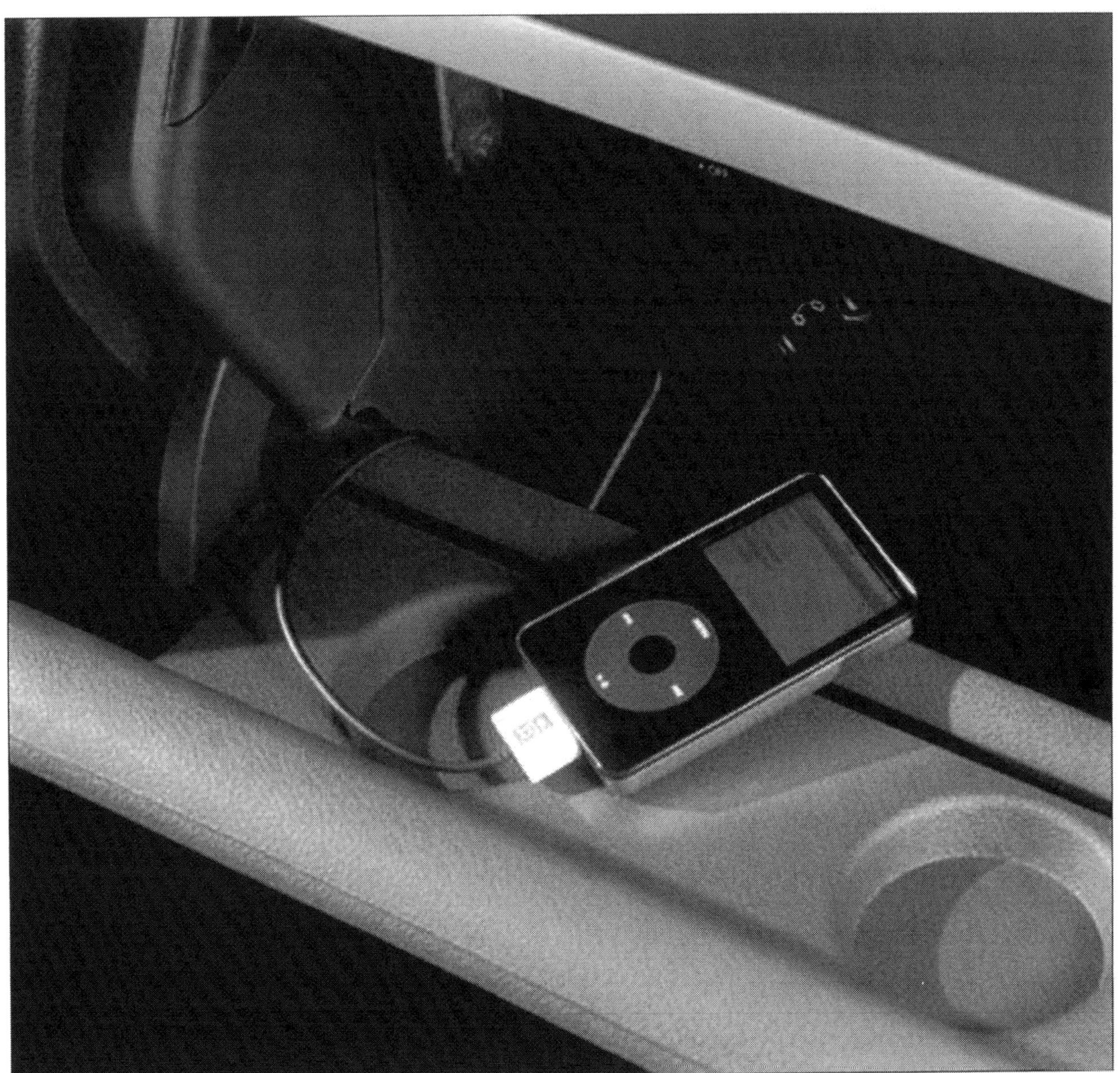

Schnell zu installieren: Multimediaanschlüsse mit Aux-In- Buchse zu vertretbaren Kosten.

Intelligent gemacht

Aktuelle Sicherheitsstandards erfüllen die aktuellen C-MAX-Varianten mit beruhigenden Sicherheitsreserven. Ihre Karosserie schluckt Verformungsenergie zu einem Großteil in Computer-strukturierten Lastpfaden. Die Rohbaukomponenten bestehen zu rund 45 Prozent aus hoch- und höherfesten Stählen. Anti Dive-Vordersitze, diverse Airbags sowie Dreipunktgurte mit Gurtstraffern und Gurtkraftbegrenzern erhöhen auf allen Plätzen die Überlebenschancen in Crashsituationen.

Als erstes Ford-Modell basieren die aktuellen C-MAX-Derivate seit 2010 auf einer neuen Grundarchitektur. Der aktuelle C-MAX ist damit der Ford-interne Trendsetter für das weltweite C-Segment, auf dessen Plattform in der endgültigen Ausbauphase bis etwa 2014 rund zehn verschiedene Modelle und Modellvarianten aufbauen.

Damit nicht genug des Trendsettings: Der C-MAX II beerbt zudem als »Ford Kinetic Design«, das bis 2010 angesagte »Ford New Edge Design«. Wer hinter »Kinetic Design« allerdings eine optische Revolution vermutet, irrt gewaltig. Kinetic Design, so wie es die Linienrichter am Beispiel des C-MAX interpretieren, führt modernisiertes Interieur, attraktive Ausstattungen und fortschrittliche Technologien zueinander. Das Ganze gepaart mit vorbildlicher Fahrdynamik und zeitgemäßer Umweltverträglichkeit. Nicht mehr – doch auch nicht weniger!

Zugleich tritt der C-MAX seit 2010 erstmals in zwei unterschiedlichen Karosserievarianten an: Er ist als Fünfsitzer wie auch als Grand C-MAX mit verlängertem Radstand und optional sieben Sitzen verfügbar. Der Grand C-MAX bietet generell ein großzügiges Raumangebot und den bis zu fünf Hinterbänklern speziell zwei seitliche Schiebetüren, die den Ein- und Ausstieg auch in engen Parklücken besonders erleichtern.

Die Ford Plattform-Strategie

WISSENSWERTES

Automobilinsider bezeichnen als Plattform eine nahezu identische, technische Basis unterschiedlicher Modellvarianten. Die Praxis zeigt jedoch, dass die Plattform nur untergeordneten Einfluss auf die modellspezifische Erscheinung – also die endgültige Karosserieform hat. Dennoch, die pekuniären Vorteile konsequent angewandter Plattformstrategien sind gravierend: Daraus resultierende Synergieeffekte schaffen, sowohl in der Entwicklungs- als auch in der späteren Produktionsphase verwandter Modelle, massive Kostenvorteile. Für plattformverwandte Modelle laufen beispielsweise alle Sicherheits- und Crashtests gemeinsam ab. Die wohl häufigsten Attribute einer gemeinsamen Plattform sind das Fahrwerk und der Antrieb. Zudem schicken global auftretende Hersteller nahezu identische Typen, lediglich mit unterschiedlichen Markenlogos, ins Rennen. »Umgelabelte«, also umbenannte Modelle schöpfen die praktischen Sparpotenziale noch effizienter als lupenreine Plattform-Klone aus. Ford hat das längst erkannt und nutzt daher weltweit möglichst viele gleiche Plattformen bzw. möglichst viele »umgelabelte« Modelle.

Auf hohem Niveau – der C-MAX Vorderwagen mit computerberechneten Lastpfaden

Ein entscheidender Faktor für den hohen C-MAX Sicherheitsstandard ist seine weitgehend torsionssteife Fahrgastzelle. Die Karosseriefrontstruktur des Ford Vans absorbiert in computerberechneten Deformationszonen auftretende Zerstörungskräfte. Während eines Frontalcrashs schluckt der Vorderwagen als Hauptlastpfad die meiste Energie. Durchaus gewollt verteilen sich die Verformungskräfte im oberen Karosseriebereich in Richtung der A-Säulen. Von dort aus geht's weiter über die Türschachtverstärkungen nach hinten. Den unteren Lastpfad bildet der Fahrschemel, dessen aufwändige Profilstruktur am meisten Crashenergie vernichtet.

Zudem sind die Aggregate und mechanischen Baugruppen des C-MAX unter der Motorhaube so angeordnet, dass sie bei einer Kollision die programmierte Verformung der Karosseriestruktur zwar begünstigen, jedoch nicht in den Innenraum eindringen. Der gesamte Antriebsblock schränkt den Überlebensraum der Insassen also nicht nennenswert ein.

Stabile B-Säulen und widerstandsfähige Türen halten bei einem Seitenaufprall den Kontrahenten möglichst weit von der Fahrgastzelle fern. Während eines Heckaufpralls hindern die stabil in der Bodengruppe verankerten Einzelsitze gleich wie der klapp- und verschiebbare Mittelsitz das Ladegut daran, in den Passagierraum zu katapultieren.

Im Dienste der passiven Sicherheit – IPS (Intelligent Protection System)

Das Ford-Insassenschutzsystem (IPS) setzt im C-MAX gleichermaßen auf Elektronik und Mechanik. Es bietet unter anderem zweistufig auslösende Frontairbags. Ein im Vorderwagen montierter Crashsensor erfasst dazu im Millisekundenbereich die Art des Unfalls sowie die zu erwartende Intensität des Aufpralls. Daraufhin lösen die Airbags mit entsprechenden Füllmengen aus.

Warum entsprechend? Weil ein im Bordrechner elektronisch gespeichertes Protokoll potenzielle Unfallsituationen auf Abruf bereit hält und fortlaufend mit der Realität vergleicht. Neun Airbags, ein Knieairbag für den Fahrer, zwei Front-, zwei Kopf- und Schulterairbags für Fahrer und Beifahrer, Seitenairbags für Fahrer- und Beifahrer sowie für die äußeren Fondsitze der zweiten Sitzreihe, sind serienmäßiger Bestandteil des IPS-Systems. Damit im C-MAX auch der Nachwuchs gut gesichert verreist, sind die beiden äußeren Sitze der zweiten Sitzreihe mit ISOFIX-Halterungen ausgerüstet.

Qualität und Wirtschaftlichkeit

Hinsichtlich Qualität, Zuverlässigkeit und Robustheit standen bislang alle C-MAX-Jahrgänge gut da: Die Käufer profitieren von sinnvollen Serviceintervallen mit relativ geringen Wartungsumfängen. Solide Voraussetzungen also, um die laufenden Unterhaltskosten zu minimieren. Hohe Wertbeständigkeit verspricht gleichfalls die langzeitgeschützte Karosserie mit einem 24-stufigen Farb- und Korrosionsschutzauftrag. Das Anti-Rost-Paket beinhaltet unter anderem galvanisch verzinkte Bleche, Sprüh-Phosphatierung, elektrostatisch aufgetragenen Primer, Füller, Grundierung, eine Wachs-Hohlraumversiegelung, PVC-Unterboden- und Steinschlagschutz, rosthemmend versiegelte Karosserieverbindungsstellen, Kunststoffinnenkotflügel (vorne) sowie textile Innenkotflügel (hinten). Aufwandsgemäß gewährt Ford eine zwölfjährige Garantie gegen Durchrostung. Ein weiteres Pfund für C-MAX Käufer: Die zweijährige Neuwagen-Herstellergarantie mit weit über die gesetzlich vorgeschriebene Gewährleistung hinausreichenden Versprechen.

Arbeiten an der Karosserie

Die meisten in diesem Kapitel beschriebenen Reparaturen erledigen Sie mit einer soliden Werkzeuggrundausstattung. Motorhaube, Heckklappe und Türen sind jedoch, obwohl kompaktformatig, ziemlich sperrig. Spannen Sie anlässlich dieser Arbeiten also einen Helfer mit ein. Und sogleich noch ein Tipp: Die Montage von Motorhaube, Heckklappe und Türen geht Ihnen leichter von der Hand, wenn Sie an den Fixpunkten vorab deren ursprüngliche Position mit einem wasserfesten Filzschreiber anzeichnen.

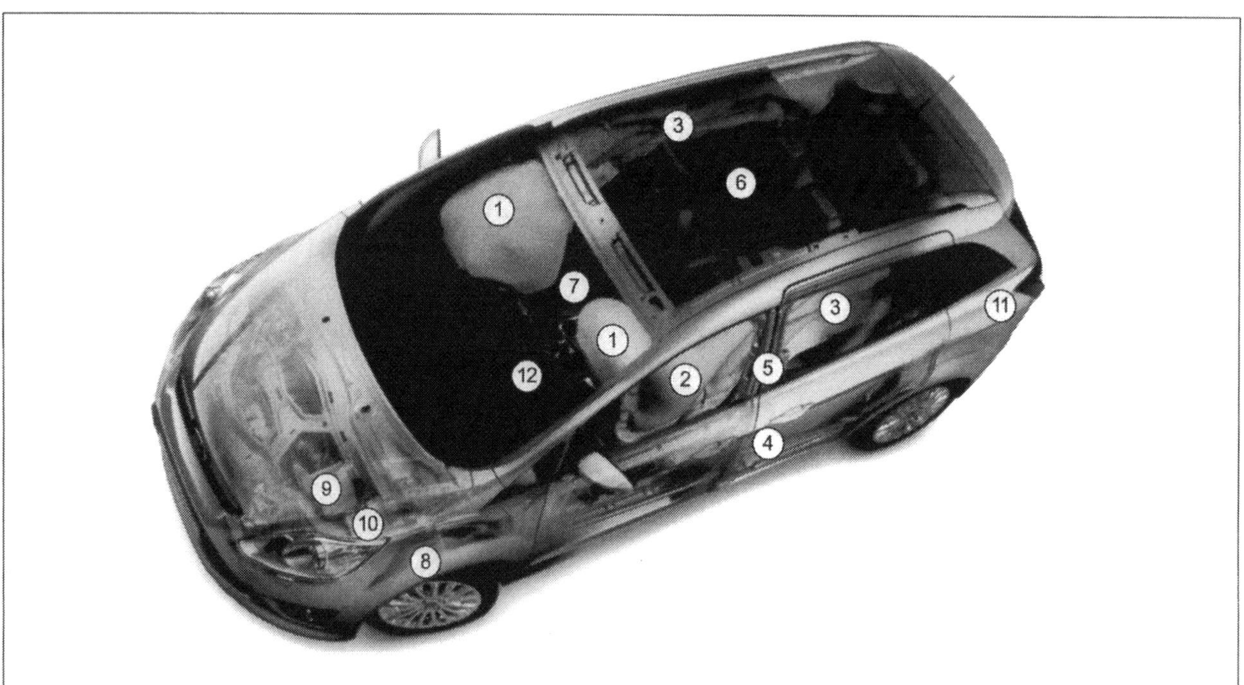

Luftig abgesichert: Die vorderen Passagiere sichern Front- und Seiten-Airbags gegen harte Kollisionen ab. Den Fahrer schützt zusätzlich noch ein Knieairbag. Kopf-/Schulter-Airbags gibt's in allen Modellen nur auf Wunsch und gegen Aufpreis. Drei-Punkt-Automatikgurte sind ab Werk auf allen Plätzen mit von der Partie. 1 Fahrer-, Beifahrerairbag, 2 Fahrer-, Beifahrerschulterairbag, 3 Seitenairbags für Fahrer und Beifahrer sowie für die äußeren Sitze der zweiten Sitzreihe, 4 computeroptimierte Sicherheitsfahrgastzelle mit effizienten Knautschzonen, 5 Dreipunktgurte auf allen Plätzen, Gurtstraffer, Gurtkraftbegrenzer und höhenverstellbare Schultergurte vorn, 6 ISOFIX-Halterungen, 7 Anti-Dive-Sitze, 8 ABS mit EBD, 9 ESP, ASR und TCS, 10 Sicherheitsbremsassistent (EBA), 11 Notbremslicht, 12 Sicherheitslenksäule.

Arbeiten an der elektrischen Anlage

Früher oder später konfrontieren Sie Karosseriearbeiten zwangsläufig mit elektrischen oder elektronischen Komponenten. Klemmen Sie vor diesen Arbeiten grundsätzlich immer die Batterieminusklemme ab. Währenddessen beachten Sie bitte: Eine abgeklemmte Batterie wertet der Bordrechner als Eingriff in die Bordelektronik!
Demzufolge müssen das Motormanagement sowie diverse elektrische Bordverbraucher, zum Beispiel das Radio, erst wieder regenerieren bzw. neu animiert werden. Nähere Hinweise zum Thema Batterie ab- und anklemmen entnehmen Sie bitte dem Kapitel »Elektrik«.

Arbeiten an der Klimaanlage (AC)

Lassen Sie zu Karosseriearbeiten die Komponenten der Klimaanlage möglichst unberührt. Öffnen Sie den Kühlmittelkreislauf bitte nicht: Austretendes Kühlmittel malträtiert Ihre Haut mit schlimmen Erfrierungssymptomen. Muten Sie dem Verdichter, Verdampfer und den Zuleitungen, beispielsweise bei Schweiß- oder Lötarbeiten, gleichfalls keine hohen Temperaturen zu. Besser noch, Sie verstehen unseren Hinweis gleich als Tabu für Schweiß- oder Lötarbeiten im Umfeld der AC! Es sei denn, ein Fachbetrieb hat das Kältemittel bereits evakuiert.

Schweißarbeiten an der Karosserie

Bei den meisten Karosserieschweißarbeiten ist Widerstandspunktschweißen erste Wahl. Ab Werk fügen den C-MAX rund 2300 Schweißpunkte zu einem stabilen Ganzen zusammen. Diese Präzision ist natürlich bei Karosseriearbeiten an der heimischen Werkbank nicht mehr haltbar. In der Regel erledigen Sie Ihre Karosseriearbeiten ohnehin mit einem Schutzgasschweißgerät. Das provoziert mitunter gesundheitliche Probleme. Denn ein Teil der Karosserie ist verzinkt. Hohe Temperaturen und Zink reagieren negativ aufeinander – im Zusammenwirken entsteht Zinkoxid. Zinkoxiddämpfe sind hoch toxisch! Sorgen Sie also für eine gute Belüftung des Arbeitsplatzes und führen Schweißarbeiten niemals ohne geeignete Atemschutzmaske aus. Zinkoxid entsteht übrigens auch bei Arbeiten mit dem Winkelschleifer – zumindest dann, wenn Sie verzinkte Oberflächen flexen.

Klimaanlage: Die AC-Komponenten vertragen keine hohen Temperaturen. Das Kältemittel evakuieren Sie generell NICHT selber!

Profi-Rat: Bevor Sie neue Bleche einsetzen oder andere Schweißarbeiten vornehmen, legen Sie eine Probenaht und stellen währenddessen Ihren Schweißautomaten genau auf das Material ein. Der zusätzliche Aufwand lohnt – Schweißprofis wissen das längst...

Es muss nicht gleich ein Neuteil sein – Kunststoffteile reparieren

Beschädigte Kunststoffteile, etwa Stoßfänger oder Frontmasken, müssen nicht gleich Neuteilen weichen. Oftmals können Sie das Schadteil auch reparieren. Untersuchungen der Automobilhersteller, von Autoversicherern und Prüforganisationen wie TÜV oder DEKRA beweisen: Fachgerecht reparierte Kunststoffteile sind Neuteilen in Funktion, Stabilität und Optik gleichzustellen. Dementsprechend haben nahezu alle Automobilproduzenten Reparaturfreigaben erteilt. Gut so, denn reparierte Teile sind bis zu 50% günstiger als Neuteile.

Da Sie als gewiefter Heimwerker die Reparatur, bis auf partielle Lackierarbeiten, ohnehin selbst ausführen, schlummert da reichlich Sparpotenzial. Bevor Sie allerdings richtig loslegen, informieren Sie sich im guten Fachhandel über das erforderliche Reparaturset. Das Angebot an Kunststoffreparatursets ist mittlerweile so reichhaltig, dass Sie die Offerten auf den ersten Blick bestimmt nicht mehr überschauen.

Recherchieren Sie vor allem die Materialbeschaffenheit des zu reparierenden Kunststoffteils. Die meisten Kunststoffe tragen auf der Rückseite einen Materialstempel. Suchen Sie also den Stempel und kaufen das zum Material passende Reparaturset. Ganz auf Nummer sicher gehen Sie natürlich, wenn Sie den Rat Ihres Fachverkäufers oder, besser noch, eines Karosseriebauers einholen.

Karosse im Rohbau: Schweißroboter sind immun gegen Zinkoxid. Dennoch werden die giftigen Dämpfe direkt am »Tatort« abgesaugt und umweltverträglich gewaschen.

Kennzeichnungspflichtig: alle industriellen Kunststoffteile ab zwei cm².

GEFAHRENHINWEIS

Karosseriearbeiten – das sollten Sie vorab beachten

Klemmen Sie vor ALLEN nennenswerten Karosseriearbeiten die Batterie ab. Räumen Sie danach den Airbag- sowie den Gurtstrafferkondensatoren weitere 30 Minuten ein, um sich zu entladen. Falls nicht, interpretieren die Sensoren irrtümlich schon leichte Hammerschläge oder Schlagschraubervibrationen als Unfall und zünden mitunter unvermittelt und grundlos.
Bleiben Sie besser auch geklebten Karosseriescheiben fern. Als konstruktive Karosserieelemente sind sie ein typischer Fall für die Werkstatt. Überlassen Sie kleinere Steinschläge nicht ihrem Schicksal, sondern möglichst schnell dem Scheibenprofi. Der füllt die Scheibenkrater mit Spezialharz. Fachmännisch ausgeführt, ist die behandelte Scheibe hinsichtlich Stabilität und Transparenz einer Neuscheibe wieder ebenbürtig. Ihre Kaskoversicherung übernimmt die Reparaturkosten übrigens in vollem Umfang.

Das schaffen Sie locker...

Auf den folgenden Seiten beschreiben wir Ihnen ausschließlich Arbeitsschritte, die mit einigem Talent allesamt in Eigenregie zu bewerkstelligen sind. Doch bei allem handwerklichen Geschick, verheben Sie sich nicht an altem Blech! Anders gesagt – machen Sie nur das wirklich selber, was Ihnen leicht von der Hand geht. Ansonsten lassen Sie Ihren Ford-Händler oder einen professionellen »Blechklopfer« Hand anlegen.
Die relativ reparaturfreundliche Karosseriestruktur erbte der C-MAX übrigens von seinen Vorgängern. Als Do-it-Yourselfer werden Sie die Tatsache natürlich schätzen: Spätestens wenn nach einer Verkehrsrempelei ein neuer Stoßfänger, eine Tür, ein Kotflügel, die Motorhaube oder eine neue Heckklappe zum Tausch anstehen.

Karosseriewartungsarbeiten – verlängern die Lebensdauer

Vor dem Hintergrund Dauerhaltbarkeit ist zum Beispiel ein regelmäßiger Check des Unterbodenschutzes und des Decklacks sinnvoll investierte Zeit. Je früher Sie dort Schäden entdecken, umso preisgünstiger wird die erforderliche Reparatur.
Machen Sie es sich zur Gewohnheit, den Unterboden alljährlich vor dem Winter und zum Frühjahr hin auf Steinschlagschäden zu checken. Seien Sie besonders wachsam an Stellen, denen der Straßendreck besonders dick anhaftet. Schauen Sie auch unterhalb der Radläufe, also in den Radhäusern, nach dem Rechten – vergessen Sie auch die Holme, Schweller und Traversen nicht. Schadhafte Stellen, sofern sie nicht schon zu groß geworden sind, bessern Sie einfach mit handelsüblichen Produkten aus. Das Angebot an Sprühflaschen ist riesengroß. Achten Sie nur darauf, dass der gekaufte Korrosionsschutz mit dem vorhandenen Material eine tragfähige Verbindung eingehen kann.
Ähnlich akribisch inspizieren Sie die Lackoberfläche Ihres C-MAX. Öffnen Sie dazu alle Türen und Hauben. Achten Sie besonders auf die Karosseriefalzen sowie die Bereiche unterhalb der Tür- bzw. Haubendichtungen. Erfahrungsgemäß hat der Rost dort leichtes Spiel mit dem Decklack, wo zwei Karosiebleche gegeneinander stoßen, verklebt oder gepunktet sind. Entdecken Sie dort Handlungsbedarf, fackeln Sie nicht lange und bessern die Schadstellen mit einem Lackstift oder Reparaturfarbset aus. Bei größeren Schadstellen im Außenbereich, speziell der Motorhaube, wägen Sie ab: Mitunter ist ein Lackprofi oder Lackdoktor dann nämlich die bessere, weil preisgünstigere Wahl.

Qualitätssicherung: Schon während der Produktion sind viele Maschinen auf Qualitätskotrolle geeicht.

Windlauf/Wasserabweiser demontieren

Werkzeug:
15-mm-Nuss, T40-Nuss, Ratsche

- Zeichnen Sie mit einem Filzstift die Lage der Wischerblätter auf der Scheibe an.
- Demontieren Sie danach beide Wischerarme wie beschrieben. Die Verkleidung deponieren Sie anschließend außerhalb Ihres Arbeitsplatzes. ...
- ...lösen die vier Schrauben (Pfeile) vom Windlauf und ziehen das Kunststoffteil senkrecht aus der unteren Einfassung der Scheibendichtung.
- Beenden Sie die Montage in umgekehrter Reihenfolge.

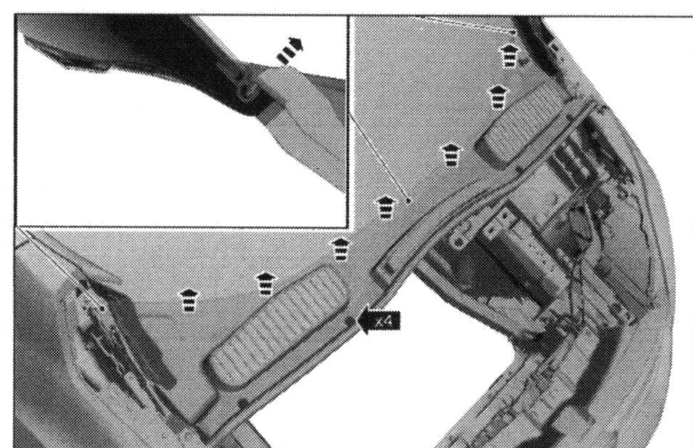

Mit vier Klammern fixiert: Der Windlauf/Wasserabweiser unterhalb der Motorhaube.

Außenspiegel demontieren

Werkzeug:
Schlitzschraubendreher, 10-mm-Nuss, Ratsche

- Klemmen Sie das Batteriemassekabel ab und demontieren anschließend die entsprechende Türverkleidung wie beschrieben.
- Jetzt ziehen Sie den Mehrfachstecker vom Außenspiegel auseinander und lösen im Anschluss die innere Spiegelverkleidung an fünf Klammern des Seitenfensterrahmens. Gehen sie vorsichtig vor, die Klemmstifte brechen leicht ab. Legen Sie die Blende beiseite, ...
- ...demontieren den Spiegel (drei Schrauben 1, 2), heben das Spiegelgehäuse an und ziehen es vorsichtig vom Türblatt ab.
- Beenden Sie die Montage in umgekehrter Reihenfolge, die beiden Spiegelschrauben (1) sind mit 10 Nm fest und die Fixierschraube (2) ist mit 1,5 Nm angezogen.

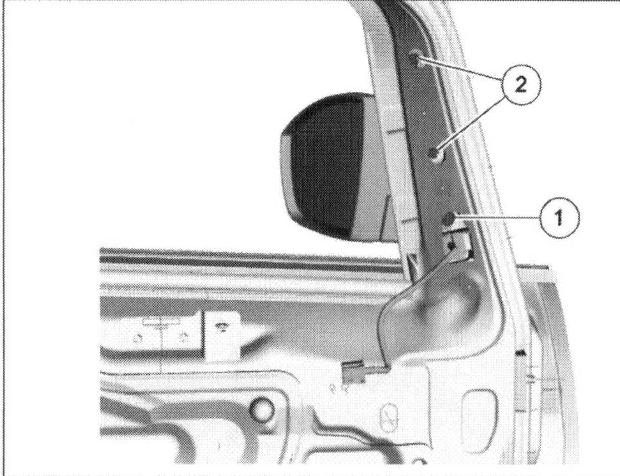

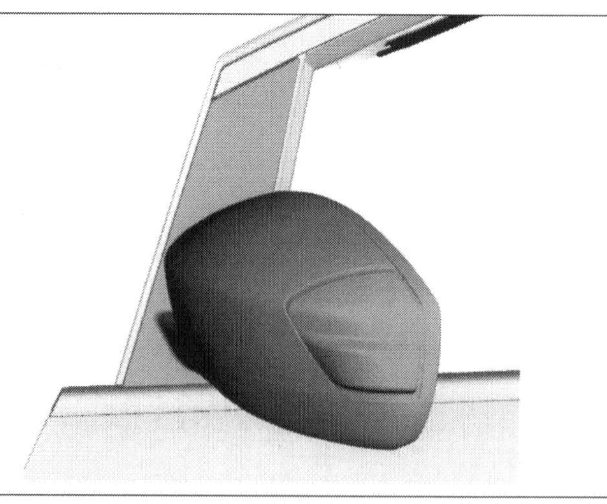

Schnell gewechselt: das Außenspiegelgehäuse an beiden Vordertüren des C-MAX.

Spiegelglas aus- und einbauen

Werkzeug:
Kunststoff- oder Holzkeil, Handschuhe, Schutzbrille

Vorsicht: Schützen Sie Ihre Hände mit Handschuhen und tragen eine Schutzbrille. Schützen Sie auch das Spiegelgehäuse vor Beschädigungen mit einem Textil-Klebeband.

- Klappen Sie den Spiegel in Fahrtrichtung nach vorn und ...
- ...drücken das Glas möglichst an der inneren, oberen Ecke so weit ins Spiegelgehäuse hinein, dass Sie es auf der gegenüberliegenden Seite mit einem Spachtel oder Holzspatel aus der Halterung knippen können.
- Falls vorhanden, trennen Sie den Anschlussstecker vom defekten Glas.
- Zur Montage setzen Sie das Glas vorsichtig an und achten darauf, dass es hörbar in die Haltekäfige einrastet. Falls nicht, fällt es Ihnen beim nächstbesten Schlagloch von der Tür...

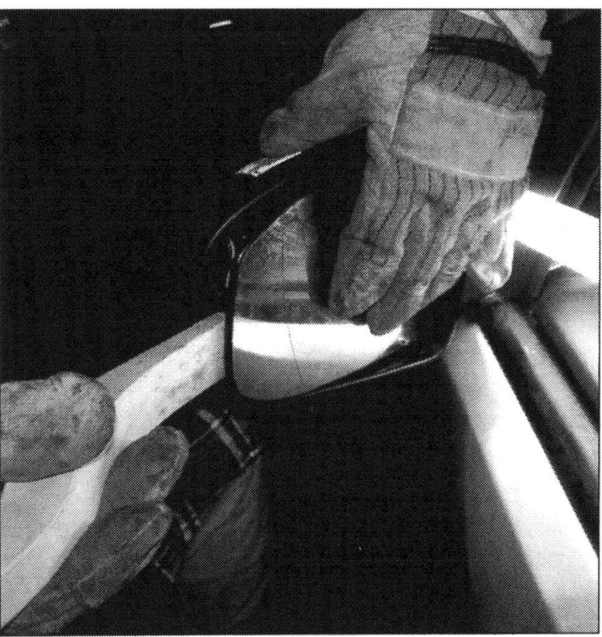

Mit einem Kunststoff- oder Holzkeil ausheben: das Außenspiegelglas. Gegen eventuelle Glassplitter schützten Sie Ihre Hände mit Handschuhen.

Motorhaube demontieren

Lassen Sie sich bei der Arbeit besser von einem Helfer assistieren.

Werkzeug:
10-Millimeter-Nuss, Ratsche, Markierstift

- Stützen Sie die geöffnete Motorhaube sicher ab und ...
- ...markieren mit einem Filzstift die Scharnierstellung unterhalb der Haube.
- Trennen Sie den Waschwasserschlauch von den Waschdüsen, lösen danach die Scharnierschrauben und stellen die Haube beiseite.
- Komplettieren Sie die neue Motorhaube schon vor der Montage mit den Anbauteilen des Altteils.
- Danach legen Sie die neue Haube vorsichtig auf und richten die Scharnierflächen an Ihren Markierungen aus. Verwenden Sie eine neue Motorhaube, müssen Sie die Montageposition natürlich erst ermitteln.
- Sobald Sie das erledigt haben, ziehen Sie die Scharnierschrauben handfest vor und richten die Motorhaube exakt aus.
- Dazu richten Sie die geschlossene Haube so auf dem Vorderwagen aus, dass zu beiden Kotflügeln das Spaltmaß stimmt.
- Danach justieren Sie die Haubenvorderkante zu beiden Kotflügeln.
- Im Idealfall stimmen bei geschlossener Haube dann auch schon die Fuge zum Windlauf und die Höhe zu beiden Kotflügeln.
- Falls nicht, wiederholen Sie den Vorgang so lange, bis Sie mit Ihrem Ergebnis zufrieden sind.

Motorhaube justieren

Werkzeug:
10-Millimeter-Nuss, Ratsche, Markierstift

- Richten Sie die Haube mit leicht vorgezogenen Scharnierschrauben (Pfeile) so aus, dass sie mit dem Stoßfänger fluchtet und die Spaltmaße zu beiden Kotflügeln gleich sind.
- Achten Sie auch auf die Haubenhöhe im Scharnierbereich. Falls die Flucht nicht stimmt, lösen Sie die Scharnierschrauben (Pfeile) und...
- ...ziehen die Haube hoch bzw. senken sie im Umkehrschluss ab.
- Schließen Sie die grob eingestellte Haube und pressen mit beiden Händen die Haubenfläche bündig an die Kotflügel. Dann öffnen Sie die Klappe vorsichtig und ...
- ...ziehen auf beiden Seiten die Scharnierschrauben gleichmäßig fest (25 Nm).
- Schließen Sie die Haube erneut und kontrollieren die Spaltmaße.
- Unzureichend? Dann drehen Sie beide vorderen Haubenanschlagpuffer (Pfeil) ein.
- Lassen Sie nun die Haube erneut ins Schloss fallen, checken die Haubenstellung und korrigieren – falls erforderlich – die Höhe mit den Anschlagpuffern. Stellen Sie beide Puffer so ein, dass die geschlossene Haube unter leichter Vorspannung steht.
- Das ist dann gleichfalls auch die Grundstellung des Haubenschlosses.
- Wenn die Haube jetzt aus ca. 20 cm Höhe satt ins Schloss fällt, haben Sie gut gearbeitet. Aus geringerer Höhe muss zumindest der Sicherungshaken einrasten. Falls nicht, setzen Sie das Haubenschloss eben noch etwas tiefer.
- Beenden Sie die Arbeit in umgekehrter Reihenfolge.

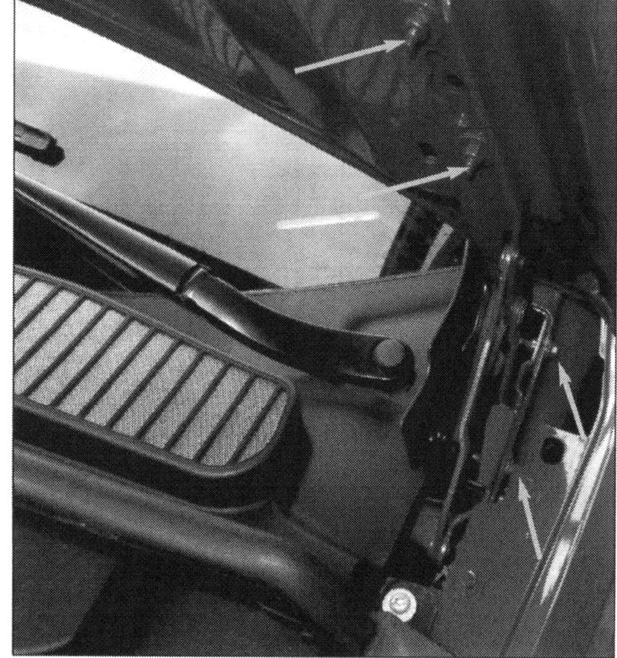

Scharnierpositionen anzeichnen: Dann klappt's später schneller mit den Spaltmaßen.

Eventuell erforderlich: Motorhaubenniveau mit den Anschlagpuffern anpassen fein justieren.

Radhausverkleidung demontieren

Werkzeug:
Torxschraubendreher, Schlitzschraubendreher, Zange

- Ziehen Sie die Handbremse an, sichern zusätzlich die Hinterräder mit Unterlegkeilen, bocken den Vorderwagen auf und nehmen das betreffende Vorderrad ab.

- Falls Ihr C-MAX Schmutzfänger hat, demontieren Sie den entsprechenden Lappen (je fünf Klammern und Schrauben) aus dem Radlauf.

- Um die Radhausverkleidung zu demontieren, hebeln Sie zunächst mit einem kleinen Schlitzschraubendreher den inneren Stift aus den drei Dübeln. Die entspannten Dübel ziehen Sie komplett mit einer Zange aus der Verkleidung.

- Anschließend lösen Sie noch zehn Torxschrauben und nehmen die Verkleidung aus dem Radlauf.

- Beenden Sie die Demontage in umgekehrter Reihenfolge.

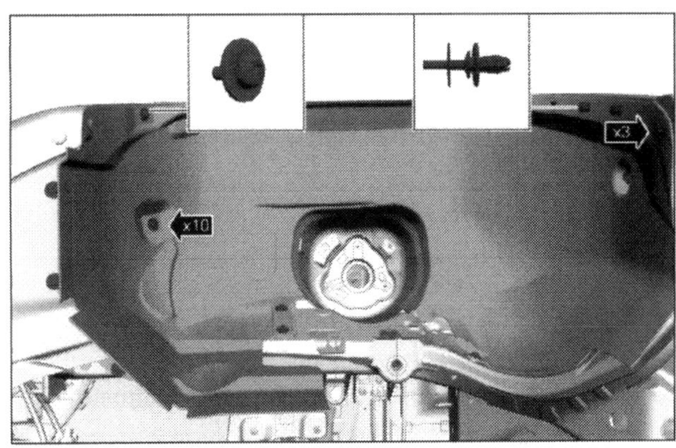

Mit zehn Schrauben und drei Dübeln fixiert: die Radhausverkleidungen in beiden vorderen Radläufen des C-MAX.

Kotflügel demontieren

Vorsicht: *Damit das Sicherheitsrückhaltesystem nicht ungewollt auslöst, klemmen Sie die Batterie mindestens 30 Minuten vor Arbeitsbeginn ab.*

Die Arbeit auf beiden Seiten ist nahezu gleich. Wir beschreiben die linke Seite.

Werkzeug:
Ratsche, 10er-Nuss, breiter Schlitzschraubendreher

- Ziehen Sie die Handbremse an, sichern die Hinterräder zusätzlich mit Unterlegkeilen und bocken den Vorderwagen auf. Nehmen Sie das betreffende Vorderrad ab.

- Jetzt demontieren Sie, wie beschrieben, die Stoßfängerverkleidung, die Radhausverkleidung, den Windlauf und den linken Scheinwerfer.

- Als Nächstes nehmen Sie sich das vordere Dreiecksfenster zur Demontage vor. Ziehen Sie zunächst die innere Verkleidung von der A-Säule ab, lösen jetzt die vier sichtbaren Schrauben und legen die Scheibe außerhalb Ihrer Reichweite beiseite.

- Demontieren Sie nun den vorderen Teil der Schwellerverkleidung. Dazu hebeln Sie zunächst die inneren Spannstifte beider Kunststoffdübel mit einem kleinen Schraubendreher aus den Dübelgehäusen. Sobald Sie das erledigt haben, ziehen Sie die entspannten Dübelgehäuse aus der Schwellerverkleidung.

- Im letzten Arbeitsgang lösen Sie die Schwellerverkleidung vorsichtig an den restlichen drei Klammerpunkten und ziehen das gute Stück dann noch komplett aus dem hinteren Verkleidungsteil.

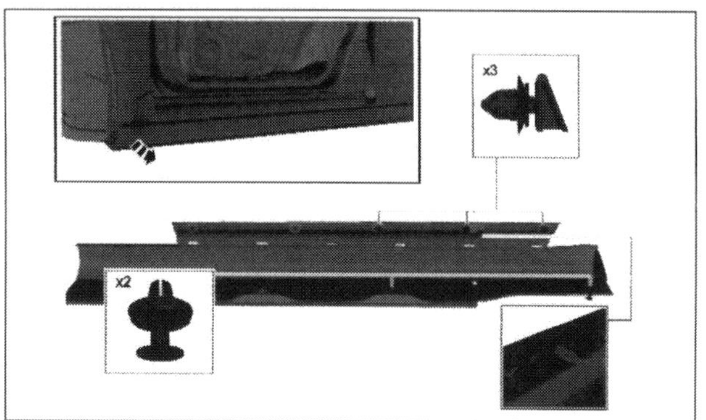

Von Clips und Dübeln fixiert: die Schwellerverkleidung im C-MAX.

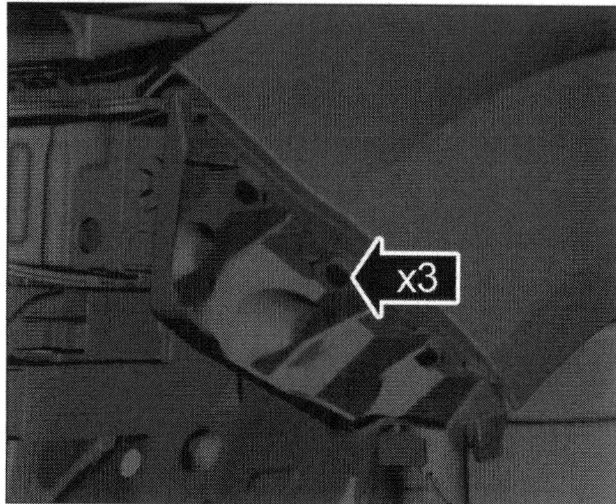

- Nun lösen Sie am vorderen Dreiecksfenster die Befestigungsschraube und...

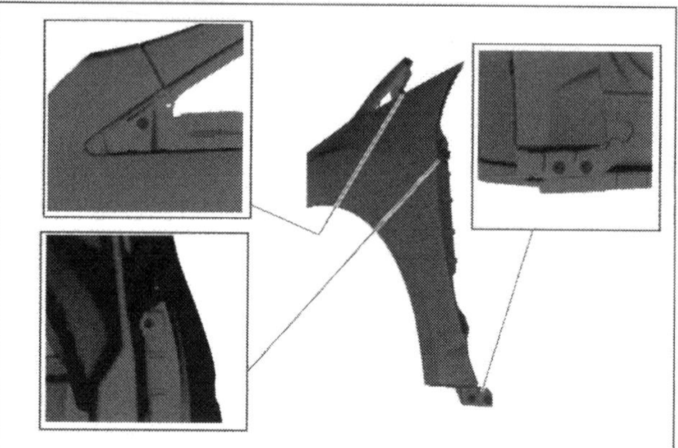

- ...danach die restlichen Befestigungsschrauben im Kotflügelfalz, am Stoßfänger und am Türschweller.

- Trennen Sie nun mit einem schmalen Spachtel bzw. scharfen Messer vorsichtig den »verklebten« Kotflügel vom Stehblech. Das Prozedere gelingt Ihnen besser, wenn Sie vorher die Fläche mit einem Heißluftgebläse oder leistungsfähigen Föhn temperieren: Der Unterbodenschutz bzw. die Dichtmasse wird dann flexibel und lässt sich leichter trennen.

- Ziehen Sie den Kotflügel nun vorsichtig nach vorne ab.

- Den neuen Kotflügel lackieren Sie bereits vor der Montage und schützen ihn an den Innenfalzen und im Kontaktbereich des Innenflügels gegen Rost.

- Am Vorderwagen reinigen Sie nun sämtliche Kontaktflächen von der alten Dichtmasse und sonstigem Dreck. Arbeiten Sie mit einem Schaber oder scharfen Messer. Achten Sie jedoch darauf, dass Sie den Lack unversehrt lassen. Und zwar peinlich genau, ansonsten produzieren Sie Rostnester, oder Sie »bauen« die Lackschichten neu auf. Geben Sie jeder neu aufgetragenen Lackschicht auch jeweils genügend Zeit um gut auszutrocknen.

- Bevor Sie den neuen Kotflügel auflegen, schließen Sie die Tür und richten den Flügel entsprechend zum Türfalz aus. Fixieren Sie den Kotflügel provisorisch mit zwei passenden Durchschlägen in für Sie gut erreichbaren Befestigungslöchern.

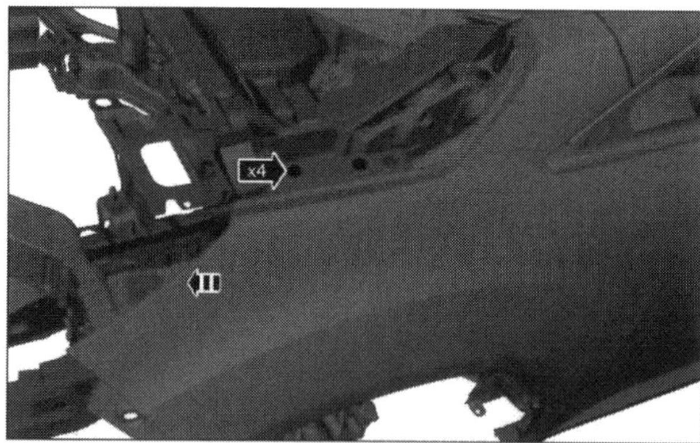

Elfmal am Vorderwagen verschraubt: der Kotflügel.

- Montieren Sie nun die Motorhaube anhand Ihrer zuvor gemachten Markierungen und stellen sie auf.

- Setzen Sie dann jeweils von der Mitte nach außen alle Schrauben an und ziehen sie handfest vor. Reinigen Sie vorher die Gewinde und fetten sie leicht ein. Checken Sie das Türspaltmaß und korrigieren es wenn erforderlich.

- Jetzt ziehen Sie im Kotflügelfalz die Schrauben von der Mitte zu den Rändern hin fest. Richten Sie den Kotflügel währenddessen immer wieder aus.
- Ähnlich verfahren Sie anschließend mit den Schrauben im Türschweller.
- Checken Sie nach jeder »festen« Schraube auch das Spaltmaß zur Motorhaube.
- Abschließend prüfen Sie sämtliche Spaltmaße und ziehen den Flügel dann endgültig fest.
- Beenden Sie die Montage in umgekehrter Reihenfolge. Vergessen Sie nicht, die Scheinwerfer einzustellen.
- Eventuell müssen Sie jetzt noch die Motorhaube neu justieren.

Stoßfängerverkleidung vorne demontieren

Um die Kotflügel möglichst nicht zu beschädigen, lassen Sie sich besser assistieren.

Werkzeug:
Schlitzschraubendreher, T 25-Torxschraubendreher

- Bocken Sie den Vorderwagen auf und...
- ...lösen die untere Motorverkleidung an sieben Schrauben und fünf Clips.
- Falls vorhanden, demontieren Sie die Scheinwerferwaschdüsen. Dazu ziehen Sie die Düsen so weit aus dem Stoßfänger, bis Sie den Arretierclip per Schraubendreher lösen können.
- Danach demontieren Sie, wie beschrieben, beide Scheinwerfer und legen sie beiseite.
- Lassen Sie den Vorderwagen ab und lösen auf beiden Seiten die Radhausverkleidungen.
- Anschließend demontieren Sie den Stoßfänger von oben. Lösen Sie dazu beide Torxschrauben und öffnen die vier Spreiznieten vom Kühlergrill.
- Falls an Ihrem C-MAX Einparksensoren oder Nebelleuchten montiert sind, ziehen Sie die Anschlussstecker ab. Vermeiden Sie es die Sensoren mit allzu starkem Druck aus dem Kunststoffgehäuse zu pressen.
- Anschließen lösen Sie den Stoßfänger (acht Klammern),...
- ...drücken auf beiden Seiten die Stoßfängerabdeckung von den Kotflügelfalzen ab und ziehen die Verkleidung vorsichtig mit einem Helfer vom Vorderwagen ab.

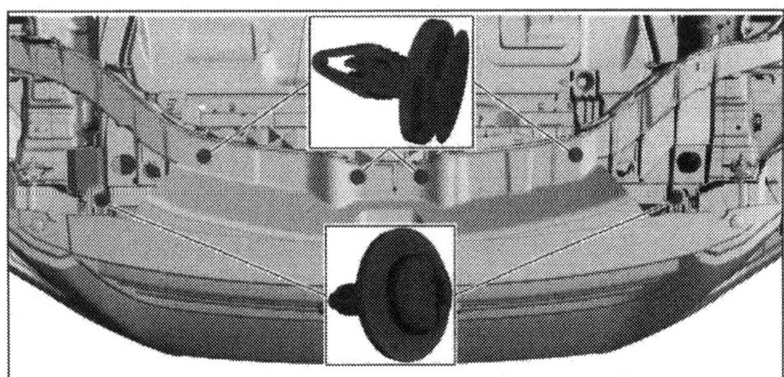

Von oben lösen: den vorderen Stoßfänger (zwei Schrauben, vier Nieten).

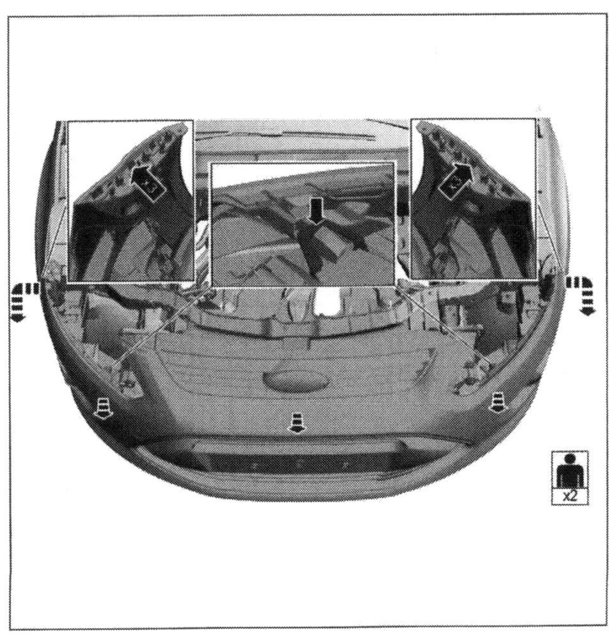

Mit Assistent aus dem Vorderwagen ziehen: den Stoßfänger mitsamt Kühlergrill.

- Beenden Sie die Arbeit in umgekehrter Reihenfolge und richten, bevor Sie die Verkleidungsschrauben endgültig festziehen, den Stoßfänger zur Karosserie hin aus.

Stoßfängerverkleidung hinten demontieren

Da die Arbeitsschritte an allen Modellen weitgehend identisch sind, beschreiben wir die Arbeit am Grand C-MAX. Adaptieren Sie die Beschreibung bitte an den tatsächlichen Arbeitsumfang Ihres Modells. Um die Seitenwände möglichst nicht zu beschädigen, arbeiten Sie besser mit einem Helfer.

Werkzeug:
Torx Schraubendreher

- Bocken Sie den Hinterwagen auf, unterlegen die Vorderräder mit Bremsklötzen, öffnen die Heckklappe und demontieren beide Rückleuchten wie beschrieben.
- Anschließend lösen Sie in beiden Radläufen jeweils drei Befestigungsschrauben und biegen die Radhausverkleidungen jeweils so weit zur Seite, dass Sie die Befestigungsschrauben (Pfeil) vom Stoßfänger lösen können.
- Jetzt ziehen Sie unterhalb des rechten Bodenblechs beide Elektrostecker (Pfeile) auseinander und lösen zudem beide Verschraubungen (Pfeile).
- Lösen Sie die vier Stoßfängerschrauben (Pfeile) bei geöffneter Heckklappe, …
- … ziehen auf beiden Seiten die Stoßfängerabdeckung von der Seitenwand ab und ziehen danach die Verkleidung mit einem Helfer vorsichtig aus der Karosserie.
- Sollte die Kunststoffverblendung einen Unfall- oder Rangierschaden haben, zerlegen Sie die Blende Schritt für Schritt. Bohren Sie die seitlichen Verstärkungen ab und ziehen Sie die Lampen- sowie die Sensorgehäuse aus den Montageplätzen.
- Beenden Sie die Montage in umgekehrter Reihenfolge. Falls Sie eine neue Verkleidung verwenden, komplettieren Sie das Formteil mit den noch brauchbaren Einzelteilen der alten Blende und…
- …hängen die komplettierte Blende zunächst nur provisorisch vor die Karosserie und richten sie grob aus. Während der Endmontage gleichen Sie dann regelmäßig die Flucht und Spaltmaße aus.

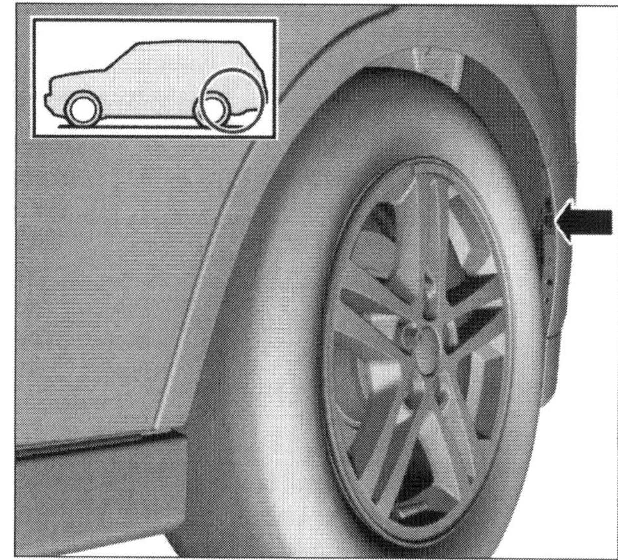

In beiden Radläufen lösen: jeweils eine Schraube.

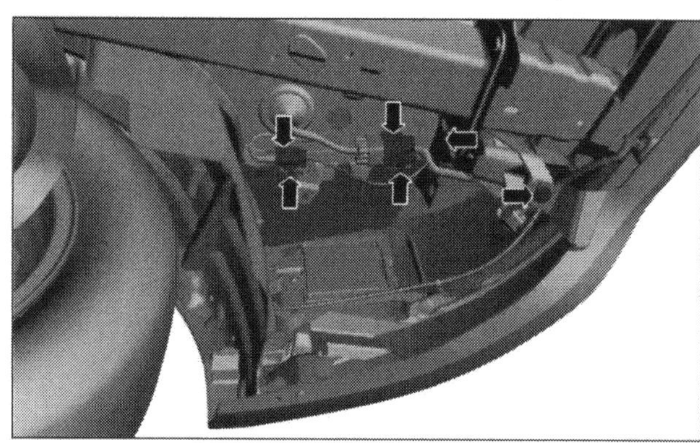

Unter dem Bodenblech lösen: zwei Schrauben und Elektrostecker in Fahrtrichtung rechts.

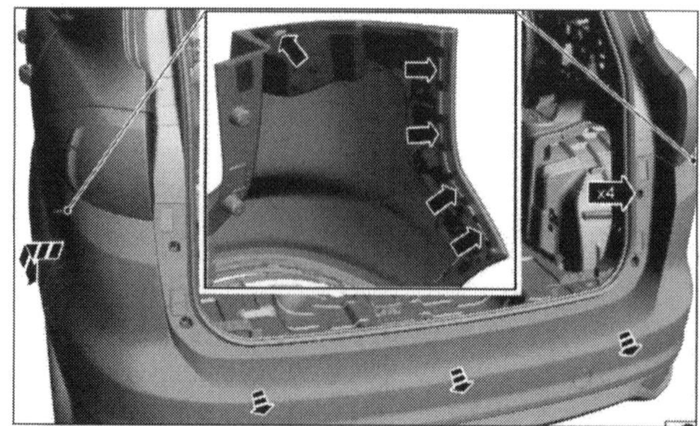

Bei geöffneter Heckklappe demontieren: den Stoßfänger (vier Schrauben).

Tür demontieren

Vorsicht: *Damit das Sicherheitsrückhaltesystem nicht ungewollt auslöst, klemmen Sie die Batterie mindestens 30 Minuten vor Arbeitsbeginn ab.*

Die Arbeit ist auf beiden Seiten und an allen Türen nahezu gleich. Wir beschreiben die linke Vordertür. Um Kratzer zu vermeiden, arbeiten Sie besser mit einem Helfer.

Werkzeug:
T40 Torx-Nuss, Schlitzschraubendreher, Ratsche, farbiger Markierstift

- Klemmen Sie das Batteriemassekabel ab, öffnen die entsprechende Tür, zeichnen sich die Scharnierstellungen an der A-Säule an und räumen dem Airbag-Kondensator bis zur Türdemontage rund 30 Minuten Pausenzeit ein.
- Lösen Sie den Türfeststeller an der A-Säule (eine Schraube, 1) und schieben den Feststeller in das Türblatt zurück.
- Anschließend hebeln Sie den Kabelschutz (2) aus der A-Säule und trennen den darunter liegenden Kabelstecker.
- Spätestens jetzt wird Ihr Helfer aktiv. Er setzt einen Hydraulikwagenheber mittig unter dem Türblatt an. Um derweil die Tür zu schonen, schützen Sie die Kontaktfläche zwischen Heber und Türfalz mit einem Holz inklusive Putzlappen.
- Sobald der Wagenheber die Tür spannungsfrei stabilisiert, hält Ihr Helfer das Türblatt in der Waage und Sie lösen die untere und obere Scharnierschraube (Pfeil) an der Tür.
- Die gelöste Tür ziehen Sie jetzt vorsichtig vom Scharnier und stellen sie kippsicher beiseite.
- Beenden Sie die Montage in umgekehrter Reihenfolge.
- Um die Tür möglichst effizient auszurichten, ziehen Sie die vier Muttern zunächst handfest vor. Achten Sie darauf, dass Sie die Spaltmaße (vordere und hintere Nut 4 mm ± 1 mm, untere Nut 6 mm ± 2 mm, Scheibenrahmen 9 mm ± 1,5 mm) möglichst exakt einhalten.
- Falls nicht, korrigieren Sie den Türsitz so lange, bis die Spaltmaße in der Toleranz liegen.
- Dann ziehen Sie die Scharniere mit 30 Nm fest. Die Muttern erneuern Sie generell. Benetzen Sie, nachdem die Tür richtig eingestellt ist, die überstehenden Bolzengewinde leicht mit einem dauerelastischen Kleber. Das sichert die Muttern.

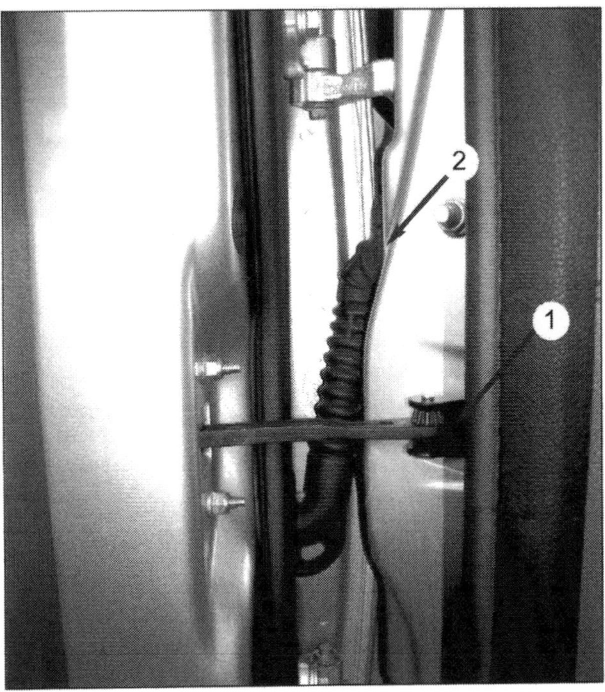

Schnell erledigt: Türdemontage am Ford C-Max.

Heckklappe demontieren

Die Heckklappe ist sperrig, arbeiten Sie besser mit einem Helfer.

Werkzeug:
10-Millimeter-Nuss, Ratsche, Markierstift

- Klemmen Sie das Batteriemassekabel ab, öffnen die Heckklappe und zeichnen sich die Lage der Klappenscharniere an.
- Um an die Anschlussstecker und Schlauchleitungen zu kommen, demontieren Sie die komplette Heckklappenverkleidung, wie beschrieben.
- Danach ziehen Sie die Kabelstecker von der beheizbaren Heckscheibe, der dritten Bremsleuchte, dem Heckscheibenwischer und der Zentralverriegelung ab. Vergessen Sie auch den Wasserschlauch von der Scheibenwaschdüse nicht.
- Stützen Sie die Heckklappe ab – geschickter wäre ein Helfer – und pressen die Gummitülle der Versorgungsleitungen per Schlitzschraubendreher aus der Bohrung.
- Hebeln Sie die Klappenaufsteller aus den Kugelkopfhalterungen. Zunächst quetschen Sie jedoch die Halteklammer vom Aufstellerkugelkopf ab. Der Aufsteller lässt sich dann leicht vom Kugelkopf abziehen.
- Lösen die vier Scharnierschrauben (Pfeile), liften die Klappe von der Karosserie und stellen sie möglichst kippsicher auf eine Unterlage.
- Um die Klappe möglichst effizient wieder auszurichten, ziehen Sie die Befestigungsschrauben zunächst nur leicht vor. Achten Sie darauf, dass die Klappe mittig in der Montageöffnung sitzt und halten Sie die Spaltmaße ein (seitlich 4 mm ± 1 mm, Dach 2 mm ± 1,5 mm). Daraus ergibt sich automatisch das untere Sollmaß von 6 mm ± 1 mm.

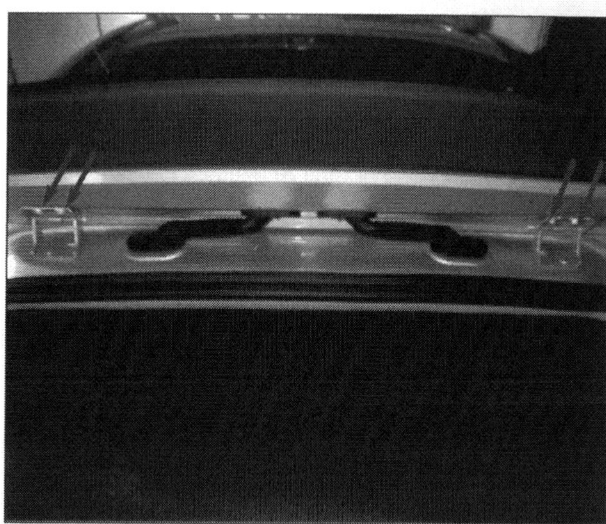

Zwei Scharniere im Dachfalz lösen: zur Heckklappendemontage.

Gummidichtung ersetzen

Wenn Sie sich schon die Heckklappe vorgenommen haben, prüfen Sie gleich auch die Heckklappendichtung: Staub- oder Wasserlaufspuren auf beiden Seiten der Dichtfläche verraten undichte Stellen. Ist die Dichtung spröde oder rissig, spendieren Sie Ihrem C-MAX ein neues Formteil. Ziehen Sie dazu die alte Dichtung vollständig ab und säubern den Falz von alten Dichtmittelresten und Schmutz.
Pressen Sie neues Dichtmittel (z. B. Fugendichtmittel, Acryl) sparsam in die Dichtungsnut. Warum kein Silikon? Die im Silikon enthaltene Essigsäure fördert den Rostfraß. Falls Sie kein fertiges Formteil bekommen sollten, setzen Sie ein entsprechend profiliertes Dichtprofil in Schlossmitte an und pressen es nun rundum auf den Falz. Das überstehende Ende kürzen Sie einfach mit einem Seitenschneider passend ein. Passend heißt: Sie geben der Stoßverbindung etwas Vorspannung und schlagen dann die vormontierte Dichtung vorsichtig mit einem Gummihammer auf den Karosseriefalz auf.

Wartung & Pflege

Welches Auto läuft auf Dauer schon ungeschmiert? Eben! Warum sollte ausgerechnet Ihr C-MAX aus der Reihe tanzen? Wenn Sie selber Hand anlegen möchten, gehen Sie bitte überlegt nach Wartungsplan vor. Wir haben Ihnen eine Liste mit den sinnvollsten Prüf- und Wartungsarbeiten vorbereitet.

Was Service- und Wartungsintervalle anbetrifft, macht Ford beim C-MAX eindeutige Vorgaben: Alle 20.000 Kilometer steht ein Service an – einerlei ob Otto oder Diesel.
Damit die turnusmäßigen Wartungsarbeiten möglichst geringe Standzeiten verursachen, erfreut der C-MAX den Do-it-Yourselfer mit durchaus überschaubarer Technik und praktischen Lösungen im Innenraum, dem Fahrwerk sowie unter der Motorhaube. Beispiel die Scheinwerferbirnen: die wechseln Sie minutenschnell in Eigenregie.

24 Monate Händlergarantie – wann erlischt das Versprechen?

Doch im Einzelfall überlegen Sie freilich genau, welche Arbeiten Sie selber ausführen möchten, bzw. Ihrem Ford-Händler in Auftrag geben. Zumindest jedoch sollten Sie in dem Fall ganz pragmatisch Ihre Entscheidung überlegen, wenn Ihr Auto noch in die 24-monatige – bzw. 100.000-Kilometer-Phase des »Ford Garantie-Schutzbrief plus« fällt.
Das Hersteller-Garantieversprechen erlischt nämlich ganz abrupt und unwiderruflich, sollten Sie die von Ford vorgesehenen Inspektionen nicht, bzw. nicht zeitgerecht oder nicht nach Herstellervorgaben erledigen lassen.
C-MAX-Eigner sollten zudem bedenken und wissen, dass die Otto- bzw. Dieselmotoren, mit Ausnahme des 1,6 l-Flexifuel, kein Ethanol E85 oder Biodiesel B30 klaglos verdauen und dauerhaft auch kein Rapsöl im Tank tolerieren. Sollten Sie als Dieselfahrer dem Preisvorteil des Speiseöls dennoch erliegen, tragen Sie etwaige Schäden an den Kraftstoffdichtungen, den Kraftstoffleitungen sowie an den Common-Rail-Injektoren aus eigener Tasche – die Neuwagengarantie ist in dem Fall perdu.
Ähnliche Einschränkungen formuliert Ford für den Einsatz nicht spezifikationsgerechter Betriebsflüssigkeiten. Dazu gehören beispielsweise das Motoröl, die Kühl- und auch die Bremsflüssigkeit.
Es lohnt also durchaus, vor geplanten Modifikationen oder Do-it-yourself-Aktivitäten einen Blick in die Händler-Garantiebestimmungen zu werfen – zumindest während der ersten 24 Monate ab Zulassungsdatum – danach sind Sie ohnehin auf Kulanzangebote des Vertragshändlers angewiesen.
Auf die Karosserie gewährt Ford eine zwölfjährige Garantie gegen Durchrostung. Hinzu kommt eine zweijährige Lackgarantie.

Der Wartungsplan

Dieses Kapitel umfasst, auf Basis der Ford-Vorgaben, die für Ihren C-MAX relevanten Arbeiten.
Doch Plan hin, Plan her – ignorieren Sie im C-MAX-Alltag bitte nicht Ihren gesunden Menschverstand und Ihr kritisches Auge: An modernen Autos sind nicht alle tatsächlich sinnvollen Handgriffe und Wartungsarbeiten fest zu umreißen – auch nicht im Zeitalter von Bordcomputer & Co. Ohne das nötige Quäntchen Erfahrung und Weitsicht wird Ihr Ford irgendwann zur Immobilie...

WISSENSWERTES

Altöl – nur an Sammelstellen als Sondermüll entsorgen

Es ist zwar eine Binsenweisheit, wir weisen dennoch darauf hin: Altöl gehört nicht in die »Gosse«, sondern verantwortungsvoll entsorgt!
Liefern Sie Altöl dort ab, wo Sie Ihr Frischöl gekauft haben: Gegen Vorlage des Kassenbons entsorgen sämtliche Verkaufsstellen Altöl in der Menge des an Sie verkauften Frischöls – der Gesetzgeber verpflichtet sie dazu. Zudem entsorgen Altölsammelstellen Ihrer Gemeinde oder Stadt die schmierige Brühe. Dort werden Sie auch den verdreckten Ölfilter und ölverschmutzte Putzlappen umweltverträglich los. Adressen erfahren Sie bei der Gemeindeverwaltung, bei Automobilklubs oder im Internet unter dem Suchwort »Altölsammelstellen«.

Ölverbrauch – wie viel ist NORMAL?

Ford hat da klare Vorstellungen: Ihr C-MAX sollte nicht mehr als einen halben Liter auf 1000 Kilometer konsumieren. In der Praxis freilich rechnen Sie mit rund einem viertel Liter auf 1000 Kilometer. Das gilt jedoch nur, wenn Sie die Ölwechselintervalle einhalten, den Motor nicht übermäßig belasten und die Ölqualität den Ford-Spezifikationen entspricht.
Mindestens ebenso besorgniserregend wie ein übermäßig hoher Ölverbrauch ist ein konstanter oder gar steigender Ölpegel: Ihr C-MAX ist nämlich keine mobile Ölquelle. In dem Fall verdünnt kondensierter Kraftstoff oder Kondenswasser das Motoröl. Darunter leiden die ursprünglichen Schmiereigenschaften dramatisch. Das Phänomen der »Ölvermehrung« beobachten Sie vornehmlich im Winter oder im Kurzstreckenbetrieb. In dem Fall empfehlen wir Ihnen, das Motoröl auch zwischen den üblichen Intervallen zu wechseln.

Checkliste – was sporadisch anfällt

Arbeitspunkte / Bauteil	Was ist zu tun?
Probefahrt	
Instrumente, Warn- und Kontrollleuchten und Hupe	Funktion prüfen
Kupplung	Funktion / Zustand prüfen, ggf. einstellen
Scheibenwischer, Waschanlagen	Funktion / Zustand prüfen, ggf. einstellen
Innenraum	
Außenbeleuchtung und Kontrollleuchten; Instrumentenbeleuchtung	Funktion / Zustand prüfen
Handbremse	Funktion / Zustand prüfen, ggf. einstellen
Sicherheitsgurte, Gurtschlösser und Gurtpeitschen	Funktion / Zustand prüfen
Aktivkohlefilter	Wechsel jährlich
Warnweste	Vorhandensein prüfen – falls zutreffend
Erste-Hilfe-Ausrüstung	Vorhandensein / Verfallsdatum prüfen
Warndreieck	Vorhandensein prüfen
Motorraum	
Leitungen, Schläuche, Verkabelungen, Öl- und Kraftstoffleitungen	Prüfen auf Verlegung, Undichtigkeiten, Scheuerstellen und Beschädigungen
Motor, Vakuumpumpe, Kühler und Heizung	Prüfen auf Verlegung, Undichtigkeiten, Scheuerstellen und Beschädigungen
Kühlflüssigkeit	Frostschutz prüfen
Kühlmittel-Ausgleichsbehälter, Vorratsbehälter Scheibenwaschanlagen und Batterie	Füllstand prüfen (ggf. auffüllen)
Scheinwerfereinstellung	Prüfen, ggf. einstellen
Bremsflüssigkeit	Prüfen
Dieselfilter	Wasser ablassen (mit Ablassschraube)
Fahrzeugunterseite	
Motor	Motoröl ablassen; Ölfilter erneuern
Lenkung, Aufhängung, Kugelgelenke, Antriebswellengelenke, Manschetten	Prüfen auf Beschädigung, Befestigung und Verschleiß
Motor, Getriebe	Prüfen auf Beschädigung und Undichtigkeiten
Schläuche, Verkabelungen, Öl- und Kraftstoffleitungen, Auspuffanlage	Prüfen auf Verlegung, Undichtigkeiten, Scheuerstellen und Beschädigung
Unterbodenschutz	Prüfen auf Beschädigung, ggf. ausbessern
Reifen	Verschleiß, Luftdruck und Zustand prüfen
Bremsanlage	Bremsklötze und -scheiben bei angebauten Rädern auf Verschleiß prüfen. Bremstrommeln hinten prüfen
Reifenpannen-Soforthilfe-System	Dichtmittelflasche Verwendbarkeitsdatum prüfen

Zusätzliche Arbeiten:

Arbeitspunkte / Bauteil	Duratec	Duratorq-TDCi
Klimaanlage (AC)	Nach jeweils 2 Jahren: Füllstand prüfen, bzw. Kältemittel erneuern lassen. Nach jeweils 3 Jahren: Temperatur an der Auslassleitung Verdampfer prüfen. Leitungen Klimaanlage auf Beschädigung und Undichtigkeiten sichtprüfen	Nach jeweils 2 Jahren: Füllstand prüfen, bzw. Kältemittel erneuern lassen. Nach jeweils 3 Jahren: Temperatur an der Auslassleitung Verdampfer prüfen. Leitungen Klimaanlage auf Beschädigung und Undichtigkeiten sichtprüfen
Bremsanlage	Alle 2 Jahre: Bremsflüssigkeit erneuern	Alle 2 Jahre: Bremsflüssigkeit erneuern
Aktivkohlefilter	Jährlich erneuern	Jährlich erneuern
Kühlsystem	Alle 10 Jahre entleeren, spülen und neu befüllen	Alle 10 Jahre entleeren, spülen und neu befüllen
Nockenwellen-Zahnriemen	Nach 160.000 km, spätestens jedoch alle 8 Jahre erneuern	Nach 200.000 km, spätestens jedoch alle 10 Jahre erneuern
Mehrrippenantriebsriemen	Nach 160.000 km, spätestens jedoch alle 8 Jahre erneuern	Nach 200.000 km, spätestens jedoch alle 10 Jahre erneuern
Zündkerzen	Nach 60.000 km, spätestens jedoch alle 6 Jahre erneuern	–
Luftfiltereinsatz	Nach 60.000 km, spätestens jedoch alle 3 Jahre erneuern	Nach 60.000 km, spätestens jedoch alle 3 Jahre erneuern
Ventilspiel	Alle 60.000 km oder nach 6 Jahren prüfen bzw. korrigieren	–
Dieselfilter	–	Nach 60.000 km, spätestens jedoch alle 3 Jahre erneuern

Kraftpakete

Ab Werk bietet Ford den C-MAX mit elf verschiedenen Antrieben an (Grand C-MAX neun): Sechs Ti-VCT-Ottomotoren zwischen 63 kW (85 PS) und 134 kW (182 PS) sowie fünf aufgeladene Duratorq Common-Rail-Dieselmotoren mit 70 kW (95 PS) bis 120 kW (163 PS) – alle Motoren erreichen Euro5. Die leistungsstärksten Ottovarianten, die Turbo aufgeladenen 1,6-Liter EcoBoost sind Benzin-Direkteinspritzer mit 270 Nm bzw. 300 Nm Drehmoment zwischen 1750 – 2500 respektive 1500 – 2250 min.$^{-1}$. Mit serienmäßig sechs Gängen sind sie gleichwohl komfortable Gleiter wie temperamentvolle Sprinter. Das Seitenmotiv zeigt den 1,6-Liter TDCi-Basisdieselmotor mit 70 kW (95 PS), respektive 85 kW (115 PS) und Dieselpartikelfilter (DPF). Beide Leistungsstufen haben relativ leichtes Spiel mit dem C-MAX gleichwie dem Grand C-MAX.

Ottomotoren

Die Otto-Fraktion des C-MAX besteht aus sechs, quer über der Vorderachse montierten, 1,6-Liter-Vierzylindermotoren mit variablen Steuerzeiten. Der Basismotor bemüht aus 1,6 Liter Hubraum 63 kW/85PS. Die erste Leistungsstufe bringt's bereits auf 77 kW (105 PS). Sie ist gleichzeitig der Einstieg in den Grand C-MAX. Mit 92 kW/125 PS hält der beliebteste Benziner sowohl den C-MAX als seinen größeren Bruder in Fahrt.

Allein im C-MAX bietet Ford den 88 kW (120 PS) Flexifuel Motor an. Der »Vielstoffmotor« verbrennt klaglos alle hierzulande angebotenen Bio-Ethanol-Kraftstoffgemische auf Superbenzin-Basis.

Die beiden aufgeladenen Einssechser mit 103 kW (140 PS) bzw. mit 134 kW (182 PS) kommen in beiden Van-Varianten an den Start. Sie hieven in ihrem Umfeld die grundsolide Familienkutsche leistungsmäßig auf Augenhöhe mit gestandenen Sportwagen. Richtig gefordert beschleunigen sie den C-MAX bis 204 km/h bzw. 217 km/h, der Grand C-MAX rennt mit den beiden 202 km/h bzw. 215 km/h.

Standard bei den Ti-VCT Motoren - sequenzielle Kraftstoffeinspritzung und elektronisches Gaspedal

Obwohl die diversen Ottotreibsätze den C-MAX in völlig unterschiedlichen Leistungsklassen ansiedeln, erkennen versierte Do-it-Yourselfer sofort den gemeinsamen Duratec-Stammbaum. Beispielsweise am fortschrittlichen Motormanagement, das die Gemischaufbereitung, den Zündzeitpunkt, die Abgaswerte sowie weitere Lebensgeister im und am C-MAX bei Laune hält. Die Ti-VCT-Motoren bekommen ihren Treibstoff sequenziell angeliefert (EFI), elektronische Signale (E-Gas) steuern unisono die Drosselklappen. Bei jeder Kurbelwellenumdrehung sucht und findet die Gemischbildung der Ford Duratec-Aggregate den zeitgemäßen Kompromiss zwischen Leistung, Drehmoment, Laufkultur, Verbrauch und Abgaskonzentration. Jeweils zwei Lambdasonden – eine vor und hinter dem Kat – halten das Mischungsverhältnis konstant. Und was die Elektronik allein nicht realisiert, bringt letztlich eine Abgasrückführung auf den Punkt: Macht unter dem Strich Euro5 für alle Ti-VCT-Motoren.

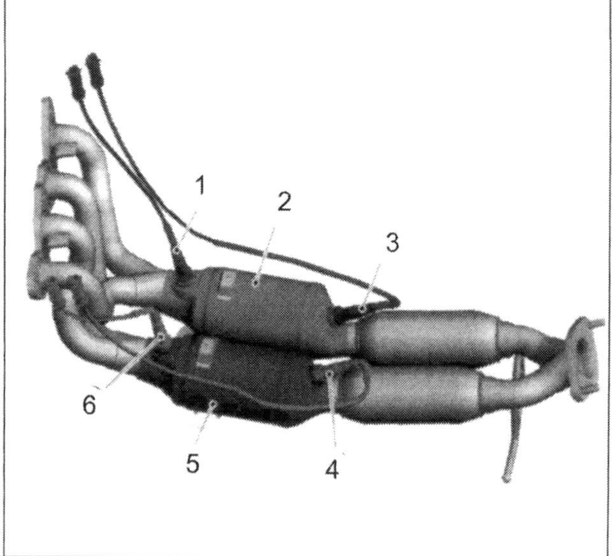

Entgiften die Ti-VCT im Doppelpack: Lambdasonden und Katalysatoren im Auspuffkrümmer des C-MAX.
1 beheizte Lambdasonde für Zylinder 1 und 4;
2 Katalysator für Zylinder 1 und 4;
3 nachgeschaltete Lambdasonde für Zylinder 1 und 4;
4 nachgeschaltete Lambdasonde für Zylinder 2 und 3;
5 Katalysator für Zylinder 2 und 3;
6 beheizte Lambdasonde für Zylinder 2 und 3.

Aufwändig - Ti-VCT-Antiklopfregelung in Realzeit

Die Verbrennungsgase des C-MAX behandelt ein zeitgemäßes Abgasmanagement. Zudem kommt eine reaktionsschnelle Antiklopfregelung mit ins Spiel. Sie checkt den jeweiligen Zünd- und Einspritzzeitpunkt der einzelnen Zylinder in Realzeit. Eine relativ aufwändige Regelelektronik optimiert den Verbrennungsablauf der Frischgase, reduziert zudem den spezifischen Kraftstoffverbrauch und stabilisiert die Leistungskurven der elastischen DOHC-Triebwerke.

Ford verzichtet bei den C-MAX-Motoren auf hydraulische Ventilstößel. Grund: Mechanische Stößel arbeiten präziser als ihre hydraulischen Pendants. Das beschleunigt den Gaswechsel innerhalb der Brennräume – speziell bei höheren Drehzahlen. Wichtig für Do-it-Yourselfer: Ventilspielkorrekturen stehen im C-MAX erst jenseits der 100.000 Kilometer an. Grund: Verbesserte Materialien grenzen heutzutage den vorzeitigen Verschleiß an Ventilen und Ventilsitzen überschaubar ein.

Typisch für die modifizierten Duratec Sauger - variable Steuerzeiten (Ti-VCT)

Der entscheidende Unterschied zu den älteren Duratec-Basismotoren ist reine Kopfsache: Die Ti-VCT-Vierzylinder manipulieren ihre Gaswechsel in den Brennräumen mit Nockenwellen, deren Steuerzeiten zwei elektronisch/hydraulisch wirkende Aktuatoren drehzahl- und lastabhängig variieren. Ti-VCT steht also für Twin independent Variable Cam Timing. Der elektronisch/hydraulisch hochgerüstete Nockenwellantrieb steht im C-MAX vordergründig im Zeichen eines breit gespreizten nutzbaren Drehzahlfensters.
So auch im Basis-Motor, dem 1,6-Liter XTDA, mit 63 kW (85 PS) bei 6000 $min.^{-1}$, sein maximales Drehmoment beträgt 141 Nm bei 2500 $min.^{-1}$. Der Motor hat seine Feuertaufe an anderen Arbeitsplätzen längst bestanden. Vor der Transplantation adaptierten Ford-Ingenieure den kompakten Vierzylinder gründlich an seine neue Umgebung. Zum Beispiel mit einem modifizierten Motormanagement, das für mehr Laufruhe unter der Motorhaube, kräftigeren Durchzug und gesteigerte Wirtschaftlichkeit verantwortlich zeichnet. Der Fahrspaß kommt dennoch nicht zu kurz: Gepaart mit einem 5-Ganggetriebe startet der Einssechser in 15,9 Sekunden von 0 auf 100 km/h, die Höchstgeschwindigkeit beträgt 165 km/h. Sein durchschnittlicher Superbenzin-Konsum bleibt, angesichts der gebotenen Fahrleistungen, mit durchschnittlich 6,6 Liter auf 100 Kilometer durchaus moderat. Mit leicht zurückhaltendem Gasfuß sind sechs Liter durchaus realistisch. Der Fiskus stuft den 63 kW C-MAX gemäß Euro5 ein – der Motor emittiert exakt154 Gramm CO_2 pro Kilometer.

Elastisch und ausdauernd: Die C-MAX Ti-VCT-Saugmotoren mit 1,6-Liter Hubraum und 63 - 92 kW Leistung.

Die ersten Leistungsstufen - Ti-VCT mit 77 kW (105 PS) und 92 kW (125 PS)

Die beiden ersten Leistungsstufen des Duratec Ti-VCT mit 77 kW (105 PS) und 92 kW (125 PS) runden das Benziner-Angebot im C-MAX ab. Sie wurden für den Einsatz im neuen C-MAX nochmals optimiert. Mit verbessertem Abgasdurchsatz und verminderter innerer Reibung sank der Kraftstoffverbrauch bei erhöhter Leistung. Beide Leistungsstufen erreichen einen Normverbrauch von 6,6 Liter/100 km, sie emittieren 154 g/km CO2.
Zudem beschleunigt die 77 kW (105 PS)-Variante den C-MAX in 12,6 Sekunden von null auf 100 km/h und auf eine Höchstgeschwindigkeit von 180 km/h. Der 92 kW (125 PS)-Motor ist gut für maximal 188 km/h und 11,5 Sekunden für den Standardsprint von 0 - 100 km/h.

Kraftstoffdirekteinspritzung/variable Steuerzeiten - EcoBoost-Motoren

Die beiden neuesten Ableger der Duratec-Familie arbeiten als Direkteinspritzer. Der Kraftstoff nimmt bei den Aggregaten also nicht den indirekten Weg über das Saugrohr in die Brennräume, sondern gelangt auf dem direkten Weg sofort an den Ort des Geschehens: Vier Sechslochinjektoren zerstäuben den Kraftstoff direkt in den Brennräumen.
Ford-intern EcoBoost genannt, haben diese Motoren noch keine große Historie. Wir gehen daher etwas näher auf die neuen 1,6-Liter-Vierzylinder ein: Die turboaufgeladenen Ottomotoren stellen im Hause Ford eine völlig neue Generation von hocheffizienten, verbrauchs- und CO2-armen Aggregaten nach dem Downsizing-Prinzip dar. Unter Einsatz modernster Technologien erzielen die Reihenvierzylinder bis zu 20 Prozent geringere Verbrauchs- und Emissionswerte als gleich starke Vertreter konventioneller Bauart.

Clever kombiniert – drei Schlüsseltechnologien für EcoBoost

Beide 1,6-Liter EcoBoost-Motoren sind besonders leichte Vollaluminium-Konstruktionen, die drei umweltgerechte Technologien miteinander verquicken.

Für die gesamte Motorenbaureihe charakteristisch sind

- die Hochdruck-Benzindirekteinspritzung,
- besonders schnell ansprechender Turbolader mit geringer Massenträgheit sowie
- die doppelte, unabhängige Nockenwellenverstellung Ti-VCT.

Für sich betrachtet sorgt jede der genannten Technologien für erhebliche Vorteile. Im Verbund freilich wirken sie noch dominanter: Das Technik-Trio realisiert einen nochmals effizienteren Verbrennungsprozess in jedem Drehzahlbereich und eine kraftvollere Leistungsentfaltung. Ergebnis: EcoBoost-Motoren liegen auf dem Verbrauchsniveau deutlich kleinerer Triebwerke und überzeugen bereits bei niedrigen Drehzahlen mit einer bulligen Durchzugskraft und außerdem noch mit direktem Ansprechverhalten.

Das Herz der neuen Direkteinspritzer ist das Hochdruck-Kraftstoffmanagement (Bosch MED 17), welches in jedem Zylinder mit Einspritzdrücken von bis zu 200 bar arbeitet. Das System zerstäubt den Kraftstoff per 6-Loch-Injektoren auf eine Tropfengröße von unterhalb 0,02 Millimetern – gerade mal ein Fünftel des Durchmessers eines menschlichen Haares.

Im Vergleich zu herkömmlichen Einspritzsystemen gestattet die Direkteinspritzung eine kühlere und dichtere Kraftstoffladung. Der EcoBoost operiert mit einer höheren Verdichtung und höherem Turbo-Ladedruck. Beides trägt zur hohen Energie-Effizienz und zum kraftvollen Durchzug bei.

Aus Fahrersicht zieht schon der leistungsschwächere EcoBoost aus niedrigen Drehzahlen so kraftvoll durch wie moderne Common-Rail-Turbodiesel. Er hängt darüber hinaus spontan am Gas und besticht mit großer Laufruhe bis zur Höchstdrehzahl von 6000 $min.^{-1}$.

Zu dieser lebendigen Charakteristik trägt einen Großteil der äußerst schnell ansprechende Turbolader (Borg Warner, Typ KP39) bei. Seine vergleichsweise kleinen und leichten Turbinenräder kommen nicht nur besonders schnell in Schwung, sie halten auch ohne weiteres Drehzahlen von 200.000 $min.^{-1}$ aus. Vorteil: Das spezielle Laderdesign liefert schon bei Motordrehzahlen um die 1600 $min.^{-1}$ praktisch verzögerungsfreien Schub.

Die »Bullencharakteristik« relativiert kein gravierender Nachteil an anderer Stelle: Der EcoBoost liefert seine Leistung über ein breites Drehzahlband ab und wirkt auch bei hohen Touren nicht atemlos. So stellt beispielsweise die 132 kW (180 PS)-Version durchgehend von 1500 bis 5500 $min.^{-1}$ mindestens 95 Prozent ihres maximalen Drehmoments zur Verfügung. Dabei lässt sich die Kraft in beiden Leistungsstufen kurzzeitig sogar noch steigern. Mit Overboost-Funktion klettert das Drehmomentmaximum für bis zu 15 Sekunden auf 270 Nm. Ein willkommener Leistungsschub etwa für Überholmanöver oder bei starker Beschleunigung. Die Extra-Power wirkt in einem breiten Drehzahlbereich. In der EcoBoost-Variante mit 132 kW (180 PS) beispielsweise zwischen 1900 und 4000 Touren mit 270 Nm. Das gibt den Ingenieuren die Freiheit, deutlich längere Übersetzungen zu wählen und damit den Verbrauch weiter zu minimieren.

Als dritte Schlüsseltechnologie des EcoBoost-Pakets kommt die variable Nockenwellverstellung (Ti-VCT) zu ehren. Ti-VCT optimiert unter anderem innerhalb der Brennräume den Gaswechsel je nach aktueller Motordrehzahl. Eine weitere Eigenschaft von Ti-VCT ist der »Scavenging-Effekt«. Scavenging nutzt innerhalb der Brennräume die Druckunterschiede beim Gaswechsel zwischen Ein- und Auslasskanälen geschickt aus. Auf diese Weise gelangt bei niedrigen Drehzahlen mehr und kühlere Frischluft in die Zylinder, was sich in höherem Drehmoment und schnellerem Drehzahlgewinn des Turboladers auswirkt. Die Aktuatoren des Ti-VCT-Systems werden hydraulisch betätigt und können die Steuerzeiten der Ein- und Auslassventile unabhängig voneinander um bis zu 50 Grad verstellen. Die beiden oben liegenden Nockenwellen des Vierventil-Zylinderkopfs (DOHC) treiben Zahnriemen an, die Ventile beaufschlagen mechanische Stößel.

Die gesamte Auslegung der neuen Duratec-EcoBoost-Generation zielt auf maximale Effizienz, beispielsweise durch Reduktion der inneren Reibung und anderer Energieverluste. Zu den zahlreichen Einzelmaßnahmen gehören unter anderem reibungsarme Beschichtungen der Kolbenringe, polierte Nockenoberflächen, eine Ölpumpe mit variablem Volumen, ein SRC-Generator mit Energie-Rückgewinnungseigenschaften (Smart Regenerative Charging) sowie das ebenso innovative wie patentierte »No flow-Kühlsystem«. Dabei stellt das elektronische Motormanagement den Kühlmittelfluss so ein, dass der Motor unmittelbar nach

dem Kaltstart bereits die optimale Betriebstemperatur erreicht.
Damit auch die Emissionen mit der kurzen Aufheizzeit des Motors mithalten, heizt auch der Katalysator nach dem Kaltstart extrem schnell auf. So sorgen zum Beispiel speziell angepasste Ventilsteuerzeiten des Ti-VCT-Systems und Mehrfacheinspritzungen pro Arbeitstakt dafür, dass die kritische Warmlaufphase extrem kurz ausfällt. Der Gesetzgeber belohnt den technischen Aufwand indirekt: Er stuft die EcoBoost-Triebwerke gemäß Euro5 ein – sie emittieren 154 Gramm CO2 pro Kilometer.

Dieselmotoren

Effizientes Dieselquartett – 1,6- bis 2-Liter Hubraum, Duratorq-TDCi – 66/80/81/100 kW (90/109/110/136PS)

Dieselfreunde wählen in der dritten C-MAX-Generation unter vier Antrieben aus. Alle Motoren arbeiten nach dem Common-Rail-Prinzip. Das Selbstzünderquartett ist dieseltechnisch rundum auf der Höhe der Zeit – mit Ladeluftkühlung, Abgasturbolader, Oxidationskatalysator, Abgasrückführung und Partikelfilter bestückt, erfüllen beide Einssechser Euro5. Die Zweiliter erreichen Euro4.
Bereits der Basis-1,6-Liter ist mit 66 kW (90 PS) bei 4000 min.$^{-1}$ kein lustloser Schwächling, er produziert bei zivilen 1750 min.$^{-1}$ ein maximales Drehmoment (215 Nm). Der zweite Duratorq leistet, bei gleichem Hubraum, 80 kW (109 PS) bei 4000 min.$^{-1}$, sein maximales Drehmoment beträgt 240 Nm bei 1750 min.$^{-1}$. Ford kombiniert das ECOnetic-Modell mit dem Motor.
Die erste Leistungsstufe mit 2 Liter Hubraum zündet im C-MAX 81 kW (110 PS) bei 4000 min.$^{-1}$, ihr maximales Drehmoment beträgt 265 Nm bei 2000 min.$^{-1}$. Bei gleicher Drehzahl schickt der stärkste 2-Liter-Diesel 320 Newtonmeter ins 6-Gang-Schaltgetriebe – mit Overboost sind kurzfristig 340 Nm möglich. Die Leistung des stärksten Duratorq beträgt 100 kW (136 PS) bei 4000 min.$^{-1}$.

Mit Temperament gesegnet – die Dieselclique im C-MAX

Der Basis-Diesel beschleunigt den C-MAX bis zu 170 km/h, er spurtet aus dem Stand in 13,3 Sekunden auf 100 km/h, verbraucht durchschnittlich 4,6 Liter Diesel/100 km und glänzt mit einem CO2-Ausstoß von 119 Gramm pro Kilometer. Der Gesetzgeber stuft den C-MAX gemäß Euro5 ein.
Mit gleichen CO2-Werten bekommt die leistungsstärkere 1,6-Liter-Dieselvariante natürlich auch Euro5 attestiert. Sie fährt stündlich maximal 184 km weit, eilt in 13,3 Sekunden von 0 auf 100 km/h und verbrennt gleichfalls 4,4 Liter Diesel/100 Kilometer.
Der erste 2-Liter-Duratorq hat's da leichter: Er bleibt dem PowerShift-Getriebe vorbehalten, beansprucht aus dem Stand auf 100 km/h 11,8 Sekunden und stellt bei 185 km/h den Vortrieb ein. An der Tanksäule lässt sich der TDCi mit 85 kW (115 PS) sein Temperament innerorts mit 7,1 Liter/100 km vergüten. Überland sind's 4,8 Liter über die gleiche Distanz, macht im Mittel ca. 5,6 Liter/100 km. Die CO2-Bilanz fällt mit 149 Gramm/km gleichfalls weniger überzeugend aus. Dennoch, der Gesetzgeber stuft den 2-Liter-TDCi gemäß Euro5 ein.
Mit 201 bzw. 200 km/h mischt der zweitstärkste C-MAX-Diesel soeben im Club 200 mit. Für den Sprint von 0 – 100 km/h nimmt der manuelle Schalter 9,6 Sekunden lang Anlauf, mit PowerShift-Getriebe beschleunigt der 103 kW (140 PS)-Diesel in 10,1 Sekunden über die gleiche Distanz. Die Kraftstoffbilanz angesichts der Fahrleistungen durchaus vorzeigbar: Innerstädtisch 6,4 (7,1) Liter/100 km, über Land 4,4 (4,8) Liter/100 km und im gemischten Fahrbetrieb passieren 5,1 (5,6) Liter/100 km das Common-Rail. Die Co2-Bilanz fällt gleichfalls unterschiedlich aus: 134 Gramm/km für den Schalter und 149 Gramm/km für den PowerShift C-MAX – beide bekommen Euro5 zuerkannt.

Liegen voll im Trend: Die Ford Duratorq-Motoren im C-MAX.

Die leistungsstärksten TDCi machen mit 120 kW (163 PS) merklich mehr Dampf. Maximal 210 km kommt der Schalter stündlich weiter, die PowerShift-Variante schafft drei km/h weniger. Deutlicher der Unterschied beim Sprint von 0 auf 100 km/h: 8,6 Sekunden mit manuellem Schalthebel und 9,3 Sekunden mit PowerShift. Einerlei ob mit PowerShift oder manueller Schaltung – der Dieselkonsum bleibt vorzeigbar: Innerstädtisch verbrennt der Diesel 6,4 (7,1), über Land 4,4 (4,8) und gemischt 5,1 (5,6) Liter/100 km. 134 Gramm CO2/km emittiert der manuelle Schalter und 149 Gramm Co2 /km der PowerShift C-MAX in die Atmosphäre. Der Gesetzgeber stuft beide Diesel gemäß Euro 5 ein.

Werkstatt oder do it yourself – eine Frage der Ausstattung und der eigenen Möglichkeiten

Über die Jahre bleiben zwangsläufig selbst die robustesten Motoren nicht ohne Fehl und Tadel. Regelmäßige Pflege hält sie zwar länger bei Laune, doch sobald die ersten größeren Wehwehchen den Umfang überschaubarer Wartungsarbeiten sprengen, wägen Sie ganz nüchtern zwischen do it yourself und professioneller Reparatur ab: Den C-MAX Motoren helfen Sie mit einem durchschnittlichen Werkzeugsortiment erfahrungsgemäß nicht zwingend wieder auf die Sprünge. Es sei denn, die Ausstattung Ihres Schrauberreichs ist höheren Ansprüchen gewachsen und Ihr persönliches Detail- und Fachwissen steht dem nicht nach. Sollten Sie beides vereinen, geht die vorliegende Serviceanleitung nicht tief genug ins Detail – wir empfehlen Ihnen stattdessen die zeitnah erscheinende Reparaturanleitung »Ford C-MAX, Grand C-MAX« des Bucheli Verlags.

Motivierender Zuspruch klingt anders – wir widersprechen an dieser Stelle nicht. Uns liegt vielmehr daran, Ihnen ungeschönt die Realität zu skizzieren – und zwar bevor Ihnen die Probleme über den Kopf wachsen. Bewahren Sie daher bitte bei allem Do-it-yourself-Drang stets Augenmaß, stellen Sie Ihre technischen Fähigkeiten eher unter als über den eigenen Scheffel: Finanziell kommt Sie das ohnehin günstiger als unreflektierte Schrauberlust.

Unser Appell richtet sich lediglich an Ihr Selbstverständnis. Unter dem Strich bietet Ihnen der C-MAX allemal noch genügend Betätigungsfelder. Denken Sie nur an die Prüf- und Wartungsarbeiten des Service-Hefts, da zahlt sich Eigenregie besonders aus. Wo do it yourself den Geldbeutel außerdem noch schont, lesen Sie auf den folgenden Seiten.

Motor durchdrehen

Bei einer Reihe von Arbeiten unter der Motorhaube kommt es darauf an, die Kolbenstellung des Motors genau zu fixieren. Ausgehend vom oberen Totpunkt (OT) des ersten Kolbens ergeben sich die Arbeitsstellungen der übrigen dann automatisch.

OT-Stellung 1. Zylinder: Der Kolben des ersten Zylinders (im C-MAX Fahrtrichtung rechts) steht im oberen Totpunkt, wenn sich die Ventile des vierten Zylinders überschneiden (Auslassventil schließt, Einlassventil beginnt zu öffnen). Die Ventile des ersten Zylinders sind dann geschlossen. Einprägungen an der Nockenwelle und an der Kurbelwellenriemenscheibe stehen dann deckungsgleich mit den Markierungen im Zylinderkopf- und Motorgehäuse.

Zur Kontrolle...

- ...demontieren Sie die Zündkerzen (Einspritzventile beim TDCi) und...
- ...legen den größten Gang ein. Schieben Sie dann den Wagen vorsichtig so weit vor, bis der Kolben im ersten Zylinder auf OT steht.
- Ohne fremde Hilfe können Sie den Motor auch mit einer Stecknuss durchdrehen. Die Nuss setzen Sie an der Antriebsriemenscheibe der Lichtmaschine an.
- Der Motor dreht williger, wenn Sie den Antriebsriemen mit den Fingern etwas in den Riementrieb pressen.
- Achten Sie darauf, die Kurbelwelle immer nur im Uhrzeigersinn zu drehen.

Fehlerspeicher auslesen

Der Diagnosestecker, oder kurz »OBD-Stecker« (On-Board-Diagnose-Stecker) genannt, liegt links neben dem Lenkrad. Praktisch, doch gewiefte Do-it-Yourselfer wird's dennoch frustrieren: Sie lesen den Fehlerspeicher nicht ohne fremde Hilfe aus. Grundvoraussetzung um den OBD-Stecker anzuzapfen: ein Laptop, spezielle Software sowie ein Interface-Kabel. Das riecht stark nach maßgeschneidert für Ford-Händler – oder?

Links neben dem Lenkrad verblendet: der OBD-Stecker (Pfeil) im C-MAX.

Ihr C-MAX wird müde – prüfen Sie den Kompressionsdruck

Sollten Sie im Laufe der Zeit den Eindruck gewinnen, Ihrem C-MAX ginge an Steigungen oder im Anhängerbetrieb langsam aber sicher die Luft aus, muss das nicht unbedingt Einbildung sein: Ihre Vermutung kann durchaus mechanische Hintergründe haben. Gehen Sie der Sache mit einem Kompressionsdruckcheck entweder selber auf den Grund, oder beauftragen Sie einen Profi damit.

Im Do-it-yourself-Fall benötigen Sie einen Kompressionsdruckmesser mit gerader Verlängerung und einen Helfer, der den Motor per Anlasser durchdreht. Doch zunächst schrauben Sie alle Zündkerzen/Injektoren aus dem Zylinderkopf.

Beginnen Sie mit dem ersten Zylinder (Fahrtrichtung rechts) und pressen die Gummitülle des Messgeräts fest auf die Zündkerzenöffnung. Ihr Helfer tritt das Kupplungspedal ganz durch und startet den Motor per Anlasser. Zählen Sie die Kurbelwellenumdrehungen: Nach etwa sechs bis acht Umdrehungen erreicht ein gesunder Motor den Maximaldruck. Mit den übrigen Zylindern verfahren Sie gleich.

WISSENSWERTES

Kompressionsdruck messen – Anlasser und Batterie müssen fit sein

Es ist zwar eine Binsenweisheit, doch wir erinnern gerne daran: Die Basis für verlässliche Kompressionsdruckwerte sind ein durchzugsstarker Anlasser, eine geladene Batterie und ein betriebswarmer Motor. Denn sollte die Kurbelwelle nur gemächlich rotieren, baut sich der Kompressionsdruck nur widerwillig auf – in dem Fall macht die Messung wenig Sinn.

Sobald die einzelnen Zylinder große Abweichungen aufweisen, kreisen Sie den Fehler weiter ein:

- Bei zu geringem Kompressionsdruck dichten Sie den Kolben zur Zylinderwand kurzerhand mit ein paar Tropfen Motoröl ab. Tröpfeln Sie das Öl mit einer Spritzölkanne ins Zündkerzen-/Einspritzdüsenloch und wiederholen die Messung.
- Stellen Sie danach keinen Unterschied fest, können Sie sicher sein, der Druck entweicht entweder an den Ventilen, den Ventilsitzen, den Ventilführungen, am Zylinderkopf oder an der Zylinderkopfdichtung.
- Sind die Werte jedoch besser, sind entweder die Kolbenringe oder gar sämtliche Zylinderlaufflächen verschlissen.

Richtwerte für den Kompressionsdruck

Motortyp	Normal	Toleranzgrenze
1,6 l TI-VCT	15 - 18	14
1,6 l Flexifuel	15 - 18	14
1,6 l EcoBoost	14 - 17	13
1,6 l TDCi	25 - 30	23
2,0 l TDCi	25 - 30	23

Kompressionsdruck messen

Bei Ausbau des Kraftstoffpumpenrelais bzw. Abklemmen elektrischer Bauteile erhält das Motorsteuergerät eine Fehlermeldung. Lassen Sie die Information später bitte wieder von Ihrem Ford-Händler aus dem Fehlercodespeicher löschen.

Werkzeug:
Zündkerzennuss, Ratsche, Kompressionsdruckmesser

(Ottomotor)

- Fahren Sie vor der Messung den Motor warm (Betriebstemperatur). Alle beweglichen Teile laufen dann mit ihrem Einbauspiel.

- Öffnen Sie den Sicherungskasten im Innenraum und ...

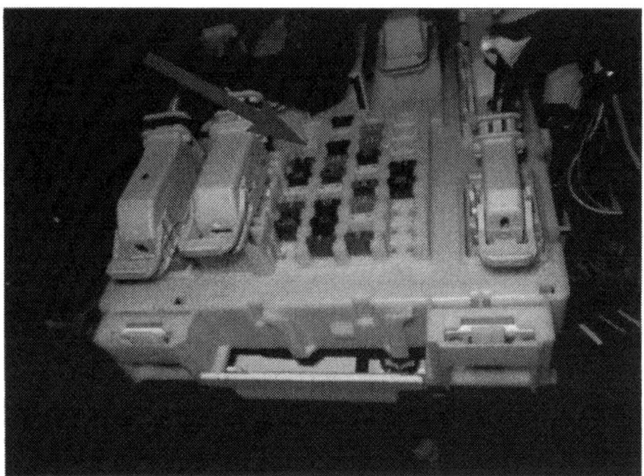

Direkt im Sicherungskasten gesteckt: Kraftstoffpumpensicherung im Innenraum.

Abziehen nachdem der Motor nicht mehr läuft: die Zündmodulstecker.

- ...ziehen, um die Kraftstoffförderung während der Messung zu unterbrechen, mit einer Klammer oder Kombizange die Kraftstoffpumpensicherung »F56« (Pfeil) aus der Fassung.

- Lassen Sie danach den Motor so lange laufen, bis er von alleine abstirbt. Das Kraftstoffsystem ist jetzt zuverlässig entleert.

- Ziehen Sie jetzt die Zündmodulstecker (Pfeile) ab und demontieren alle Zündkerzen.

- Ziehen Sie die Handbremse an, schalten in den Leerlauf und treten das Kupplungs- und Gaspedal gleichzeitig voll durch.

- Pressen Sie den Gummikonus des Druckprüfers auf das Kerzenloch des ersten Zylinders – bei Bedarf arbeiten Sie mit einem passenden Adapter.

- Ihr Helfer dreht den Motor per Anlasser etwa 6 bis 8 Mal durch. Wichtig bei Ottomotoren mit konventioneller Drosselklappensteuerung (kein E-Gas): Die beste Frischgasfüllung (äußere Gemischbildung) erreichen Sie nur bei voll getretenem Gaspedal.

- Lesen Sie den Messwert ab und notieren das Ergebnis. Bei einem Druckprüfer mit Messschreiber schalten Sie einfach auf den nächsten Zylinder.

- Beenden Sie den Kompressionscheck in umgekehrter Reihenfolge.

(Dieselmotor)

- Fahren Sie den Motor vor der Messung warm (Betriebstemperatur). Alle beweglichen Teile harmonieren dann besser zueinander.

- Demontieren Sie den Windlauf, ...

- ...ziehen die Anschlussstecker (Pfeile) der Einspritzventile ab. Anschließend ziehen Sie im Sicherungskasten die Glühkerzenrelais-Sicherung »F28« (Pfeil) aus der Fassung.

- Jetzt demontieren Sie, wie beschrieben, die vier Glühkerzen aus dem Zylinderkopf.

Vor der Messung abziehen: Anschlussstecker an den E-Ventilen und die Glühkerzenrelais-Sicherung.

- Ziehen Sie die Handbremse an, legen den Leerlauf ein und treten das Kupplungspedal voll durch.
- Pressen Sie den Gummikonus des Druckprüfers auf das Kerzenloch des ersten Zylinders – bei Bedarf arbeiten Sie mit einem passenden Adapter.
- Ihr Helfer dreht den Motor jetzt per Anlasser etwa 6 bis 8 Mal durch.
- Lesen Sie den Messwert ab und notieren das Ergebnis zum späteren Vergleich mit den übrigen Zylindern. Bei einem Druckprüfer mit integriertem Messschreiber schalten Sie nach jeder Messung einfach auf den nächsten Zylinder.
- Beenden Sie den Kompressionscheck in umgekehrter Reihenfolge. Die Glühkerzen bekommen ein Drehmoment von 7 Nm.

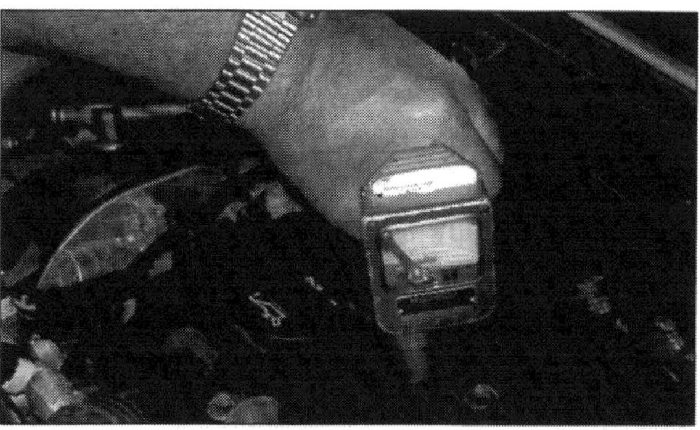

Luftdicht verschließen: Der Gummikonus des Kompressionsdruckprüfers dichtet das Kerzenloch ab.

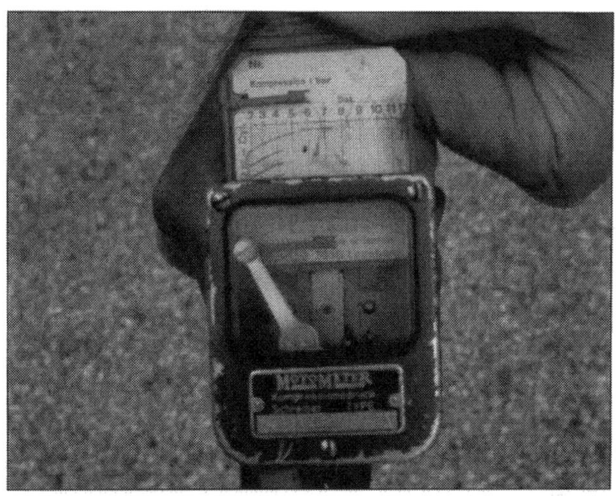

Gleichmäßigkeitsprüfung: Wichtiger als der absolute Spitzendruck sind gleiche Werte in allen Zylindern. Ford toleriert Differenzen bis maximal 1,5 bar.

Chemische Chamäleons – moderne Motorenöle

Moderne Motoröle sind aus Erdöl raffinierte Schmierstoffe. Bevor sie freilich ihre Karriere als Motoröl antreten, mischen die Ölhersteller ihnen noch spezielle Additive unter. Das macht am Schluss der Raffinationskette bis zu 20 Prozent des Motoröls aus. Additive schützen das Öl beispielsweise vor Oxidation und verhindern sein Aufschäumen bei hohen Drehzahlen. Eines der wichtigsten Additive sind die VI-Verbesserer (VI = Viskositätsindex). VI-Verbesserer sind lange Molekülketten, die unter Wärmeeinfluss quellen und beim Abkühlen wieder schrumpfen. Additive stellen somit das Motoröl automatisch in einem bestimmten Temperaturfenster auf die vorhandene Motortemperatur ein. Gekonnt gemischt, überspannen Additive gleich mehrere Viskositätsklassen.

Bei hohen Temperaturen büßen VI-Verbesserer jedoch einen Großteil ihrer Wirkung ein – zudem setzen Wasser, Kraftstoff und Verbrennungsrückstände ihrer Lebensdauer natürliche Grenzen. Über einen längeren Zeitraum widersteht ein dünnes Mineralöl den im Motor herrschenden Drücken und Temperaturen nur unzureichend. Regelmäßige Ölwechsel sind daher kein verzichtbarer Luxus, sondern schlichtweg eine technisch/chemische Notwendigkeit.

Hochpreisig – synthetische Leichtlauföle

Synthetiköle sind im Prinzip nicht synthetischer als mineralische Motoröle – jedoch durchweg teurer. Grund: Bei Synthetikölen wird der Molekülaufbau des natürlichen Rohöls in aufwändigen Verfahren (Cracken) aufgelöst und mit speziellen Additiven neu dosiert vermischt. Als Äquivalent zum hohen Einstandspreis versprechen Synthetikölhersteller einen geringeren Öl- und Kraftstoffverbrauch, eine größere Viskositätsbeständigkeit und längere Standfestigkeit. Sollten Sie sich den Luxus von Synthetikölen in Ihrem C-MAX gönnen, spreizen Sie die ohnehin schon gedehnten Ölwechselintervalle nur mit kritischem Augenmaß noch weiter.

Wenn nach 20.000 Kilometern dann wieder der reguläre Motorölwechsel ansteht, erneuern Sie grundsätzlich auch den Ölfilter. Ansonsten verschenken Sie leichtfertig einen Großteil der positiven Eigenschaften neuen Motoröls.

Mitunter problematisch – erhöhter Öldruck

Um den Ölfilm zuverlässig aufzubauen, zirkuliert das Motoröl in einem filigranen Leitungs-, Kanal- und Bohrungs-Labyrinth. Den geregelten Transport organisiert eine Ölpumpe. Sie saugt Motoröl direkt aus der Ölwanne und fördert es an die jeweiligen Schmierstellen.

Allein die Höhe des Öldrucks ist nicht unbedingt entscheidend für das Wohlbefinden des Motors: Zu hoher Druck, beispielsweise bei kaltem und zähflüssigen Öl, verursacht auf Dauer Motorschäden. Dem wirkt ein Überdruckventil (Bypass) im Ölfilteranschlussflansch entgegen. Der Bypass öffnet im C-MAX bei etwa 4,0 bar und leitet das Öl direkt auf die Saugseite der Ölpumpe um. In technisch gesunden Triebwerken gelangt das Öl bei mittleren Motordrehzahlen mit etwa 3 bar (Öltemperatur ca. 80 °C; Mehrbereichsöl SAE 5W-30) an die Schmierstellen. Im Leerlauf reicht dem C-MAX schon 1,0 bar bei rund 80 °C. Damit das Motoröl möglichst sauber zirkuliert, passiert es kurz nach der Ölpumpe einen feinporigen Ölfilter.

Signalisiert nur den Mindestdruck – die Öldruckwarnleuchte

Erwarten Sie von der serienmäßigen Öldruckwarnleuchte in Ihrem C-MAX bitte keine kontinuierlichen Öldruckangaben. Sie leuchtet lediglich, wenn der Öldruck unter 0,4 bar fällt und tritt somit erst dann auf den Plan, wenn Motorschäden bereits im Anmarsch sind. Solange die Kontrollleuchte beim leichten Gasgeben allerdings noch erlischt, ist das Öl erfahrungsgemäß überhitzt, bzw. zu dünnflüssig geworden. Lassen Sie es fortan etwas beschaulicher angehen, ein gesunder Motor kühlt während der Fahrt wieder ab.

Exakte Öldruckinformationen liefert Ihnen ein Öldruckmesser. Als Do-it-Yourselfer sollten Sie Gebrauch davon machen: Öldruckmesser sind einfach zu montieren und für kleines Geld zu kaufen.

Stichwort »Besser machen«: Nachgerüstete Öldruckmesser sind ein durchaus sinnvolles Zubehör.

Begriffe / Normen rund ums Öl

WISSENSWERTES

Viskosität: Maß für die Fließfähigkeit des Schmieröls. Im Winter ist dünnflüssiges Motoröl, das nach dem Kaltstart sofort an alle Schmierstellen im Motor gelangt, erste Wahl. Im Sommer dagegen ist dickflüssigeres Öl gefragt, es hält den Schmierfilm bei höheren Temperaturen stabiler.

SAE-Klasse (Society of Automotive Engineers): Bezeichnet die Viskositätsklasse, zum Beispiel SAE 5 W-30. Je kleiner die erste Zahl, umso besser fließt das Öl bei Kälte (W = Winter). Ein Öl mit 0 W schmiert noch bei minus 30 Grad, bei 5 W steigt dieser Wert auf minus 25 Grad, bei 15 W auf minus 15 Grad. Je höher die zweite Zahl, umso temperaturbeständiger ist das Öl letztlich bei hohen Temperaturen.

ACEA (Association des Constructeurs Européen d'Automobiles): Die 1996 eingeführte europäische Ölnorm löst die CCMC-Norm ab. Für Ottomotoren gibt's die Gruppen A1 (Kraftstoff sparendes Öl), A2 (gering belastetes Öl), A3 (Hochleistungsöl). Für Dieselmotoren gilt die Einteilung B1, B2 und B3.

CCMC (Comittée des Constructeurs d'Automobiles du Marché Commun): Die Spezifikation besteht aus den Buchstaben G (Benzine) und PD (Diesel) sowie einer Zahl. Je höher die Zahl, umso besser ist die Ölqualität.

API (American Petroleum Institute): Die Spezifikation besteht aus den Buchstaben S (Ottomotor) und C (Dieselmotor) sowie einem weiteren Buchstaben. Je höher dieser im Alphabet rangiert, umso besser die Ölqualität.

Vor dem Ölkauf lesen – das Kleingedruckte auf der Dose

C-MAX-Motoren reichen herkömmliche Longlife-Mehrbereichsöle. Wichtig – der Schmiersaft muss alle relevanten Normen erfüllen. Im Zweifelsfall fragen Sie Ihren Händler, denn über die Eignung entscheidet nicht der werbewirksame Auftritt eines Ölherstellers, sondern allein die Ölspezifikation, die richtige Viskositätsklasse und das »Kleingedruckte« auf der Dose: Ford empfiehlt SAE 5W-30-Motorenöle, die mindestens der Ford-Spezifikation WSS-M2C913-B entsprechen. Sollten Sie andere Öle verwenden wollen, müssen Sie mindestens der Qualität SAE 5W-30, SAE 5W-40 oder SAE 10W-40 und den Bestimmungen gemäß ACEA A1/B1 oder ACEA A3/B3 entsprechen. Öle mit der Bezeichnung API SC, SD, SE oder SF (Diesel API CC) könnten Ihrem Ford sogar schaden. Wenn Sie alle Unwägbarkeiten vermeiden möchten, linken Sie sich im Internet ein – unter (http://ford.de/) finden Sie eine Liste aller freigegebenen Motorenöle. Oder Sie fahren Ihren Ford-Händler an: Der hat das richtige Öl bestimmt auf Lager und bietet mitunter sogar gerade eine Ölwechselaktion zu besonders verlockenden Konditionen an.

Übrigens, sobald ein Schmiersaft den genannten Kriterien entspricht, können Sie Ölsorten verschiedener Hersteller durchaus mischen. Gehen Sie in dem Fall jedoch davon aus, dass spezielle Eigenschaften der ursprünglichen Rezeptoren nachlassen. Denn jedes Produkt basiert auf einer individuellen Additivrezeptur, deren Wirksamkeit im Mix mit anderen Ölen »ermüdet«. Das gilt übrigens auch für die Kombination von Mineral- und Synthetiköl – die Melange hat im Alltagsbetrieb ohnehin keinerlei Vorteile.

Völlig normal – geringer Ölverbrauch

Gänzlich ohne Ölverbrauch ist kein Motor: Auch technisch gesunde Ford-Triebwerke verbrennen geringe Ölmengen – mit rund einem Viertelliter auf 1000 km können Sie rechnen. Ford gibt einen maximalen Ölverbrauch von einem halben Liter (auf 1000 km) an. Zumindest dann, wenn Sie die Ölwechselintervalle nicht überziehen und den Motor nicht übermäßig belasten. Außerdem treiben defekte Dichtungen, verhärtete Ventilschaftkäppchen, verschlissene Ölabstreifringe, zu großes Kolbenspiel oder ausgeleierte Ventilführungen den Ölverbrauch in die Höhe.

Null Ölverbrauch – seien Sie misstrauisch

Vor allem im Winter und vornehmlich im Kurzstreckenverkehr steht der Ölpegel am Messstab wie eine Eins – der Motor erreicht dann selten seine Betriebstemperatur. Folglich vermengen sich an den Zylinderwänden kondensierte Kraftstoffrückstände oder Wassermoleküle zu einer Verschleiß provozierenden Melange mit dem Motoröl. Im Extremfall steigt dann sogar der Ölpegel. Seien Sie also bei Motoren misstrauisch, die null Ölverbrauch haben. In deren Ölsumpf sprudelt insgeheim ja keine Ölquelle. Sollte Ihr C-MAX also kein Öl verbrauchen oder gar vermehren, lassen Sie das Gebräu in kürzeren Intervallen ab – etwa schon nach 10.000 Kilometern oder halbjährlich.

Nicht vergessen – regelmäßig den Motorölstand checken

Checken Sie den Motorölstand nach jedem dritten Tankstopp oder nach längeren Autobahnfahrten mit hohen Tempi. Fehlmengen ergänzen Sie frühestens, wenn der Ölpegel etwa mittig zwischen beiden Markierungen des Ölstabs steht. Ihrem C-MAX fehlt dann etwa ein halber Liter.

- Erhöhen Sie den Pegel niemals über Maximum: Das Zuviel an Motoröl sucht über Dichtflächen (Ventildeckel, Ölwanne) und Radialwellendichtringe (Kupplung, Riemenscheibe) einen Weg ins Freie. Mitunter verdreckt es über die Kurbelgehäuseentlüftung zunächst den Luftfilter und gelangt dann zurück in die Brennräume.
- Vorsicht bei betriebswarmem Motor: Der Ölstab kann sehr heiß sein.
- Benutzen Sie zum Nachfüllen aus größeren Gebinden einen sauberen Trichter.
- Kontrollieren Sie den Ölstand möglichst bei betriebswarmem Motor. Im Idealfall parkt Ihr Auto vorher schon rund fünf Minuten, mit abgestelltem Motor, auf einer möglichst waagerechten Fläche.
- Ziehen Sie den Peilstab und wischen ihn mit einem flusenfreien Lappen oder Papiertuch trocken. Bugsieren Sie den Stab dann wieder bis zum Anschlag in die Peilstaböffnung und ziehen ihn erneut heraus.
- Liegt der Pegel, zwischen Minimum und Maximum, eher im oberen Viertel, ist das o. k. Reicht er bis zur Mitte, ergänzen Sie maximal einen halben Liter. Dümpelt der Ölstand dagegen unterhalb Minimum, ergänzen Sie die Fehlmenge sofort – Ihrem C-MAX fehlt rund ein Liter Motoröl.

IMMER gemeinsam wechseln – Motoröl und Ölfilter

Der C-MAX bekommt neues Motoröl entweder nach 12 Monaten oder 20.000 Kilometern. Halten Sie die Wechselintervalle auch dann ein, wenn Sie überwiegend lange Strecken zurücklegen. Das Öl ist zwar weniger beansprucht, doch auch ein gutes Motoröl ist nach 20.000 Kilometern oder 12 Monaten nicht mehr topfit. Wenn Sie Ihre Kilometer gar ausschließlich in der Stadt oder auf Kurzstrecken abspulen, spendieren Sie dem Motor spätestens nach 15.000 Kilometern oder alle sechs Monate einen Ölwechsel.

Es muss nicht immer Maximum sein: Lassen Sie den Ölstand ruhig zwischen »min.« und »max.« pendeln. Die Nachfüllmenge zwischen beiden Markierungen beträgt je nach Motor zwischen 1,0 bis 1,5 Liter.

Ölwechsel – do it yourself lohnt nicht immer

Werkzeug:
Ratsche, 13-mm-Nuss, Auffangschüssel (mind. 6 Liter Fassungsvermögen), universeller Ölfilterschlüssel

Do it yourself lohnt dann, wenn Sie ein preiswertes Öl mit den vorgeschriebenen Spezifikationen aus dem Zubehörhandel, Warenhaus, Internet oder von der Tankstelle nutzen. Zu einem konventionellen Ölwechsel (Öl aus der Wanne ablassen, Filtereinsatz wechseln, Öl an Sammelstelle entsorgen) müssen Sie Ihren C-MAX aufbocken. Schneller und sauberer erledigen Sie den Ölwechsel an einer SB-Station – dort saugen Sie in der Regel den alten Saft mit einem Ölheber bequem aus der Ölwanne.
Die Methode ist zwar bequem, jedoch nicht ohne Nachteile: Ein Großteil des Ölschlamms verbleibt nämlich in der Ölwanne – und belastet zwangsläufig das neue Öl. Am bequemsten sind Ölwechsel immer noch in der Fachwerkstatt. Natürlich arbeitet Ihr Ford-Händler nicht für Gotteslohn. Er berechnet Ihnen zudem die Entsorgung des Altöls mitsamt altem Ölfilter. Dennoch kann sich der Gang in die Werkstatt pekuniär lohnen. Zumal immer mehr Werkstätten saisonal befristete Ölwechselaktionen inklusive Motoröl und Ölfilter anbieten. Fragen Sie also Ihren Händler und kalkulieren im Vorfeld: Werkstätten erledigen die Arbeit mitunter auch dann, wenn Sie Öl und Filter selbst anliefern.

So viel Motoröl passt in den C-MAX

Motortyp	Motoröl mit Filter* (l)
1,6 l Ti-VCT	4,1
1,6 l Flexifuel	4,1
1,6 l EcoBoost	4,1
1,6 l TDCi	3,8
2,0 l TDCi	5,5

**Der Ölfilter ist auf den Motor abgestimmt. Verwenden Sie nur Originalfilter und verzichten auf dubiose Wühltischangebote.*

Wenn Sie den Ölwechsel selbst vornehmen, ...

- ...fahren Sie das Motoröl warm: Erst dann sind die Schmutzpartikel in der Schwebe.
- Bocken Sie Ihren C-MAX auf ebener Fläche waagerecht auf.
- Schieben Sie eine flache Wanne, Schüssel oder einen aufgeschnittenen Plastikölkanister mit ausreichendem Fassungsvermögen unter die Ölwanne.
- Lösen Sie die Ölablassschraube (Pfeil) mit einer Ratsche und lassen das alte Motoröl vorsichtig aus der Wanne ab. Wirklich vorsichtig! Denn beim Herausdrehen der Ablassschraube schwappt heißes Öl aus der Ölwanne in den Auffangbehälter.
- Sobald das Öl abgelaufen ist, montieren Sie die Ölablassschraube. Verwenden Sie grundsätzlich einen neuen Dichtring.
- Platzwechsel – schieben Sie die Auffangwanne nun unter den Ölfilter. Denn dort tropft's gleich.

Die herkömmliche Methode: Das alte Motoröl läuft direkt aus der Ölwanne.

(Ottomotoren)
Den Ölfilter lösen Sie am Geschicktesten mit einem Spannbandschlüssel. Falls Sie keinen besitzen, behelfen Sie sich mit einem stabilen Schraubendreher. Den stechen Sie einfach quer durchs Filtergehäuse (Vorsicht: Verbrühungsgefahr – heißes Öl läuft aus) und nutzen ihn dann als Knebel.

■ Bevor Sie den neuen Filter aufschrauben (einsetzen), ölen Sie den neuen Dichtring leicht ein und ziehen den Filter dann handfest.

Schnell zu wechseln: der Ölfilter anlässlich des Ölwechsels nach 30.000 km.

(1,6 l TDCi)

■ Lösen Sie den Ölfilterdeckel mit einer Ratsche mit Verlängerung (Nuss 27 mm), ziehen Sie den Filtereinsatz heraus, erneuern, bevor Sie den neuen Filter montieren, den O-Ring oben im Filterflansch und...

■ ..ziehen den Deckel wieder an.

Typisch Diesel: Ölfiltergehäuse in Fahrtrichtung links am Motorblock (Pfeil).

(2,0 l TDCi)

■ Ziehen Sie die obere Motorverkleidung vom Zylinderkopf ab und lösen das Öleinfüllrohr. Das bringt Ihnen Platzvorteile.

■ Anschließend demontieren Sie das Filterschutzblech an insgesamt drei Schrauben (1, 2).

■ Jetzt trennen Sie drei Anschlussstecker (Pfeile) und legen den Kabelstrang zur Seite.

■ Nun lösen Sie den Ölfilterdeckel mit einer Ratsche plus Winkelverlängerung (Ford Teilenummer 303-[1]579), ziehen den Filtereinsatz heraus, erneuern den O-Ring oben im Filterflansch, setzen den neuen Filter ins Gehäuse und...

■ ..ziehen den Deckel mit 25 Nm fest.

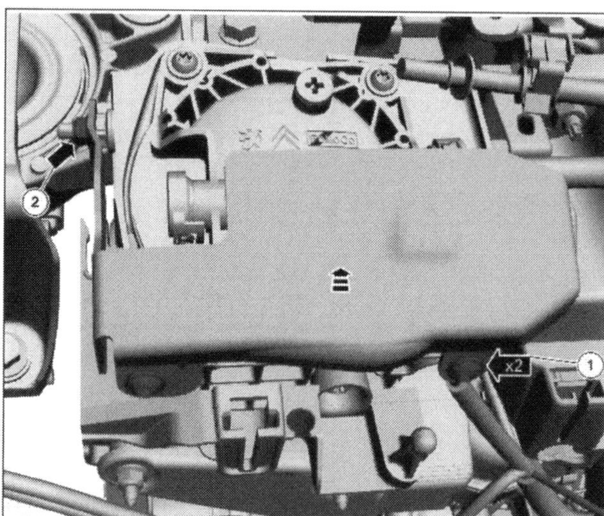

Vom Ölfilter lösen: das Schutzblech an drei Schrauben.

Von den Anschlüssen abziehen: drei Anschlussstecker.

(alle)

- Befüllen Sie den Motor mit der vorgegebenen Ölmenge (siehe Tabelle auf dieser Seite) und lassen ihn kurz im Stand anlaufen. Die Öldruckwarnleuchte erlischt erst, nachdem das Ölfiltergehäuse gefüllt ist.

- Checken Sie jetzt noch einmal, ob Ölfilter und Ablassschraube auch tatsächlich dicht sind.

- Erst dann stellen Sie Ihren C-MAX wieder auf die Räder.

Umweltgerecht entsorgen

WISSENSWERTES

Altes Motoröl liefern Sie bei Ihrem Frischölverkäufer ab. Sämtliche Verkaufsstellen müssen Altöl mindestens in der Menge entsorgen, wie sie frisches Öl verkaufen.

Zudem können Sie Altöl, zusammen mit dem Ölfilter und ölverschmutzten Putzlappen, auch an einer Altölsammelstelle Ihrer Gemeinde oder Stadt entsorgen. Adressen »googeln« Sie im Internet, bei der Gemeindeverwaltung oder bei Automobilclubs.

Kein Grund zur Sorge – Ölschwitzflecken an der Motorperipherie

Überschaubare Ölschwitzflecken unter der C-MAX Motorhaube müssen Sie nicht gleich verunsichern: In überschaubaren Mengen sucht Motoröl sich – erst recht bei starken Temperaturschwankungen – vorbei an Gehäusedichtflächen und durch Dichtungsporen einen Weg ins Freie. Anders sieht die Sache aus, wenn sich im Motorraum oder unter dem abgestellten Wagen starke Ölspuren breit machen. Größere Leckagen dichten Sie möglichst schnell ab, ansonsten sind Folgeschäden im Anzug.

Steht ständig unter Druck – das Kühlsystem

Sobald der Motor läuft, baut das Kühlsystem einen definierten Überdruck auf. Erst wenn im Kühlsystem – abhängig von der Motorversion – der Druck 1,4 bar übersteigt, öffnet im Verschlussdeckel des Ausgleichsbehälters ein Überdruckventil und entlässt den Überdruck an die Atmosphäre. Ein gewollter Vorgang: Der Überdruck hindert den an die Wasserstoffmoleküle gebundenen Sauerstoff nämlich daran, schon bei rund 100 °C zu verflüchtigen. Dieser Trick erhöht den Siedepunkt der Kühlflüssigkeit und die Motorbetriebstemperatur, zudem senkt er den spezifischen Kraftstoffverbrauch. Das bei abgekühlter Flüssigkeit entstehende Vakuum gleicht ein zweites, so genanntes Vakuumventil im Verschlussdeckel aus.
Speziell bei Stadtfahrten oder im Stop-and-go-Verkehr reicht der kühlende Fahrtwind häufig allein nicht aus, um den Motor vor Überhitzungsschäden zu bewahren. Für diesen Sonderfall besitzt der C-MAX einen elektrisch angetriebenen Kühlerventilator, der ihm die fehlende Kühlluft durch den Wärmetauscher fächelt.
Unter normalen Betriebsbedingungen können Sie das Kühlsystem des C-MAX weitgehend vernachlässigen: Es reicht, gelegentlich den Füllstand im Ausgleichbehälter sowie die Elastizität und Dichtheit der Kühlflüssigkeitsschläuche zu checken. Wenn Sie dort keine Unregelmäßigkeiten erkennen, wird's Ihrem C-MAX nicht zu heiß.

Temperaturabhängig – der Kühlmittelkreislauf

Das vom Thermostaten koordinierte Zusammenspiel der Elemente Luft und Wasser bewahrt den Motor gleichermaßen vor einem Kälteschock und Hitzekollaps: Nach jedem Kaltstart pulsiert das Kühlmittel zunächst im kleinen Kühlkreislauf. Der kleine Kreislauf beschreibt den Wassermantel des Motors inklusive Heizungswärmetauscher. In dieser Phase verschließt der Thermostat den Durchfluss zum Kühler. Erst wenn die Kühlflüssigkeit am Messfühler rund 89 °C erreicht, beginnt der Thermostat automatisch in vollem Umfang zu öffnen.
Mit steigender Motortemperatur steigt der Durchfluss ständig. Bei etwa 101 °C gibt der Thermostat den ganzen Durchfluss frei – die Kühlflüssigkeit durchströmt den Kühler jetzt ungebremst von oben nach unten. Währenddessen umspült der Fahrtwind die heiße Kühlflüssigkeit und entzieht ihr einen Großteil der Wärme. Sobald jedoch der Fahrtwind allein nicht mehr ausreicht, kommt bei rund 110 °C der elektrische Kühlerlüfter so lange mit ins Spiel, bis die normale Betriebstemperatur von etwa 89 °C wieder erreicht ist.
Bei betriebswarmem Motor strömt die Kühlflüssigkeit aus dem in Fahrtrichtung linken in den rechten Kühl-

wasserkasten und von dort auf dem direkten Weg wieder zurück zur Wasserpumpe. Nach der Wasserpumpe passiert die beschleunigte Flüssigkeit den Motorblock und Zylinderkopf: Die überwiegende Menge des Kühlmittels läuft über den geöffneten Thermostaten zurück in den linken Kühlwasserkasten des Wärmetauschers, der Rest durchfließt den Heizungswärmetauscher.
Die im Kühler von oben nach unten abfließende Flüssigkeit ändert auf ihrem Weg durch die Kühlerlamellen ihr spezifisches Gewicht. Mit abnehmender Temperatur wird sie dichter. Mit anderen Worten, die Kühlflüssigkeit wird schwerer und sinkt in den Wärmetauscher bis sie unten – im rechten Wasserkasten – Richtung Wasserpumpe wieder austritt.
Der Kühlkreislauf des Ford C-MAX ist damit geschlossen - die Kühlflüssigkeit geht erneut in den Kreislauf.

Das Kühlmittel

Die Kühlflüssigkeit (Kühlmittel) besteht im C-MAX aus einer Mischung von Frost- und Korrosionsschutzmitteln sowie Wasser. Ford stellt werkseitig die Kühlflüssigkeit (Farbe rot/orange) mit rund 50% Kühlkonzentrat (Ford Spezifikation: Kühlkonzentrat Super Plus, WSS-M97B44-D) und 50% Wasser ein. Das reicht allemal für einen zuverlässigen Schutz bis rund –37 °C. Erst bei etwa –38 °C beginnt die Flüssigkeit zu gelieren (Stockpunkt) – ein Wert, der in unseren Breitengraden meistens nur theoretische Bedeutung hat. Die Werksbefüllung mit silikatfreiem Kühlerfrostschutz hält laut Ford ein Autoleben lang. Mischen Sie darum das original Kühlmittel bitte nicht mit x-beliebigen Frostschutzmitteln. Füllen Sie grundsätzlich nur von Ford freigegebene Flüssigkeiten, auf jeden Fall jedoch Mixturen mit entsprechenden Spezifikationen nach.

Die Kühlkomponenten

WISSENSWERTES

Wasserpumpe: In allen C-MAX Motoren beschleunigt eine auf der rechten Seite des Motorblocks montierte Kreiselpumpe die Kühlflüssigkeit im Kühlsystem. Ein flankenoffener Mehrrippenriemen treibt die Pumpe an.

Kühler: Besteht aus zwei Kunststoffwasserkästen, die eine Vielzahl dünnwandiger Leichtmetallröhrchen miteinander verbindet. Um die Leistungsfähigkeit des Kühlers zu steigern, vergrößern zwischen den Röhrchen leporelloartig gefaltete Aluminiumstreifen die Kühloberfläche. Sie leiten die Überschusswärme direkt an die Oberfläche ab.

Thermostat: Regelt die Kühlflüssigkeitstemperatur im Motor. Der Thermostat öffnet beim 1,6 l TI-VCT bei etwa 92 °C, bei 101 °C ist er dann komplett geöffnet. Bei gebrauchten Thermostaten ist eine Toleranz von ± 3 °C zulässig. Thermostate bestehen aus einem verschlossenen, mit Spezialwachs gefüllten Thermoelement (Zylinder), einer Druckfeder und einem Ventilteller. In dem Maße wie sich die Kühlflüssigkeit im Motor erwärmt, dehnt sich das Wachs im Thermoelement aus und hebt den Ventilteller, gegen den Widerstand einer Druckfeder, von seinem Sitz. Erst bei Betriebstemperatur ist das Ventil ganz geöffnet. Kühlt das Wasser ab, drückt die Feder gegen den Ventilteller und sperrt den Durchfluss entsprechend.

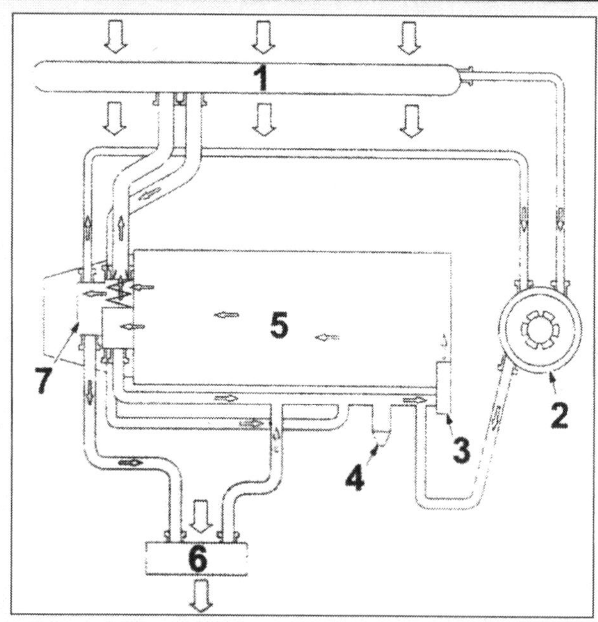

Unendlicher Kreislauf: Die Komponenten des Motorkühlsystems stehen hydraulisch in Kontakt. 1 Wasserkühler; 2 Kühlflüssigkeitsausgleichsbehälter; 3 Wasserpumpe; 4 Zusatzheizer (Option, Diesel); 5 Motorblock; 6 Heizungswärmetauscher; 7 Thermostatgehäuse.

Bei den übrigen C-MAX-Motoren werden die Wasserpumpe sowie der Thermostat über das Temperaturmanagement, je nach Belastung, elektrisch geregelt. Diese Regelung senkt den Kraftstoffverbrauch zusätzlich.

Auf Dichtheit prüfen – das Kühlsystem

- Undichte Wasserschläuche erkennen Sie leicht rund ums Leck an hellgrauen Ablagerungen.
- Checken Sie alle Wasserschläuche an Motor, Kühler und Heizungskühler von Zeit zu Zeit mit einem kritischen Blick oder, besser noch, mit Knetbewegungen an den Schläuchen. Harte, spröde oder rissige Schläuche tauschen Sie besser sofort aus.
- Kontrollieren Sie, ob die Schlauchenden weit genug auf den Anschlussstutzen sitzen...
- ...und ob die Entlüftungsschraube fest angezogen ist.
- Prüfen Sie gleichfalls noch, ob alle Schlauchschellen fest sitzen: lockere Schellen sind ein potenzieller Gefahrenherd.
- Wechseln Sie auch korrodierte Schlauchschellen umgehend aus.

Kräftig zusammendrücken: Walken Sie die betriebswarmen Schläuche kräftig durch. Nur so entdecken Sie eventuelle Risse oder andere Beschädigungen.

Kühlflüssigkeit prüfen und nachfüllen

Checken Sie bei kaltem Motor den realistischen Kühlflüssigkeitspegel im Ausgleichsbehälter. Das Kühlsystem ist dann fast drucklos und die Kühlflüssigkeit hat ihr normales Volumen erreicht.

- Bei kaltem Motor muss der Pegel mindestens die untere Behältermarkierung erreichen.
- Vorsicht: Bei warmem Motor dehnt sich das Kühlmittel automatisch aus. Der Behälter muss dann noch Platz für die überschüssige Flüssigkeit haben. Lassen Sie sich also nicht von dem höheren Stand blenden.
- Öffnen Sie zum Nachfüllen vorsichtig den Verschlussdeckel. Bei heißem Motor steht der Behälter unter Druck. Legen Sie darum vorher einen dicken Lappen über den Deckel. Sollten Sie den Deckel vorschnell öffnen, besteht Verbrühungsgefahr – die Kühlflüssigkeit sprudelt siedend heiß aus dem Behälter.
- Befüllen Sie den Ausgleichsbehälter nicht über die obere Markierung hinaus.
- Kleinere Fehlmengen ergänzen Sie getrost bei warmem Motor.

Nachschub aus dem Kanister: Sollte der Flüssigkeitsstand im Ausgleichsbehälter die »MIN-Markierung« unterschreiten, ergänzen Sie das Reservoir mit vorgemischter Flüssigkeit. Achten Sie beim Öffnen des Behälters auf Blasenbildung und Ölschlamm – daran erkennen Sie eine defekte Zylinderkopfdichtung.

Zehn Jahre alterungsbeständig – die Originalkühlflüssigkeit

Ford schreibt beim C-MAX einen Kühlflüssigkeitswechsel nach zehn Jahren vor. Das gilt allerdings nur für die silikatfreie Originalflüssigkeit (Farbe: rot, orange). Sobald Sie das Original jedoch mit anderen Kühlflüssigkeiten mischen, laufen Sie Gefahr, dass der Mix über die Zeit erneuerte Aluminiumbauteile (z. B. Thermostatgehäuse) angreift. Sollten Sie Ihrem C-MAX also irgendwann ein Neuteil montieren müssen, das mit der Kühlflüssigkeit kontaktet, wechseln Sie – unabhängig vom Alter oder der Laufleistung – die Melange gegen originale Ford-Kühlflüssigkeit aus.

Und so wird's gemacht:

- Öffnen Sie mit Bedacht zunächst den Verschlussdeckel des Ausgleichsbehälters und lassen vorsichtig den Überdruck aus dem Kühlsystem entweichen. Die Betonung liegt auf »Bedacht« und »Vorsicht«: Bei heißem Motor besteht nämlich akute Verbrühungsgefahr!
- Nachdem das System drucklos ist, schrauben Sie den Verschlussdeckel ganz ab.
- Demontieren Sie die untere Motorverkleidung und stellen ein Auffanggefäß unter den Kühler.
- Jetzt, lösen Sie die Schlauchschelle des unteren Kühlerschlauchs, ziehen ihn vom Kühlerflansch und ...
- ...lassen die Kühlflüssigkeit ganz ablaufen.
- Befüllen Sie das System über den Ausgleichsbehälter mit dem neuen Konzentrat. Ergänzen Sie die Restmenge so lange mit möglichst kalkarmem Leitungswasser (bis etwa zwei Millimeter unterhalb der oberen Markierung), bis keine Luftblasen mehr entweichen.
- Danach montieren Sie den Kühlerschlauch und starten den Motor.
- Lassen Sie ihn bei mittlerer Drehzahl (2500 $min.^{-1}$) etwa 15 Minuten laufen, bis der Thermostat geöffnet hat. Ergänzen Sie dann im Ausgleichsbehälter die evtl. Fehlmenge mit kalkarmem Leitungswasser.
- Jetzt erhöhen Sie die Drehzahl kurzfristig auf ca. 5000 U/min (Diesel 4500 $min.^{-1}$) und lassen den Motor dann sofort in die Leerlaufdrehzahl fallen. Wiederholen Sie diesen Vorgang etwa sechs Mal.
- Das Kühlsystem ist erst dann befüllt, wenn bei betriebswarmem Motor der Flüssigkeitspegel im Ausgleichsbehälter konstant bleibt.
- Erst dann setzen Sie den Verschlussdeckel auf und lassen auf einer Probefahrt (rund 10 Kilometer) das Konzentrat mit dem destillierten Wasser vermengen. Außerdem haben die noch verbliebenen Luftbläschen dann Gelegenheit, restlos zu entweichen.
- Nach der Probefahrt öffnen Sie vorsichtig den Ausgleichsbehälter und lassen den Motor bei mittlerer Drehzahl laufen, der Kühlerventilator muss sich einschalten.
- Falls erforderlich ergänzen Sie mit kalkarmem Leitungswasser den Kühlflüssigkeitsstand bis zur oberen Markierung. Vergessen Sie nicht, den Deckel wieder fest zu verschrauben.

Damit trotzen Sie dem Winter – Frostschutz bis –37 °C

In unseren Breitengraden reicht allemal ein Frostschutz bis –37 °C. Das entspricht, auf Basis des Ford-Konzentrats, etwa einer 50%igen Mischung. Haben Sie ab und an jedoch den Flüssigkeitsstand mit destilliertem Wasser ergänzt, reicht für kältere Tage mitunter die Konzentration nicht mehr aus. Prüfen Sie darum die Mischung spätestens im Herbst mit einer Frostschutzspindel und lassen die Kühlflüssigkeit von Ihrer Werkstatt neu einstellen. Als Faustregel gilt: Etwa ¾ Liter Kühlkonzentrat erhöht den Kälteschutz um ca. 12 °C.
Vorsicht: Mischen Sie die Originalkühlflüssigkeit niemals mit irgendwelchen anonymen Produkten – der Korrosionsschutz und die Metallverträglichkeit könnten arg darunter leiden. Im Zweifelsfall programmiert der Mix sogar kapitale Reparaturen. Wenn Sie die Originalkühlflüssigkeit auf Reisen also mit einem anonymen Produkt ergänzen müssen, wechseln Sie die Kühlflüssigkeit zu Hause besser gleich komplett. Erst recht bei Leichtmetallmotoren, ansonsten könnten ungeeignete Frostschutzzusätze den Motor beizeiten wie eine trockene Semmel zerbröseln.

Gesamtfüllmenge – Mischungsverhältnis (bis -37 °C)

Motortyp	Kühlkonzentrat (Liter)	Wasser (Liter)	Gesamtfüllmenge (Liter)
1,6 l Ti-VCT	ca. 2,8	2,7	5,5
1,6 l Flexifuel	ca. 2,8	2,7	5,5
1,6 l EcoBoost	ca. 2,8	2,7	5,5
1,6 l TDCi	ca. 3,0	2,8	5,8
2,0 l TDCi	ca. 3,2	3,1	6,3

- Beachten Sie unter »Kühlflüssigkeitswechsel« die Arbeitsschritte bis Punkt 5 und …
- …lassen dann rund 1 – 2 Liter Kühlmittel ablaufen.
- Verschließen Sie den Kühler und …
- …befüllen den Kühlflüssigkeitsausgleichsbehälter mit der erforderlichen Konzentratmenge. Den Rest ergänzen Sie mit alter Kühlflüssigkeit.

WISSENSWERTES

Motor verliert Kühlflüssigkeit

Sollte Ihr Motor während der Fahrt größere Mengen an Kühlflüssigkeit verlieren, ergänzen Sie den Flüssigkeitsstand auf keinen Fall mit kaltem Wasser: Der heiße Motor bekommt dann einen Kälteschock. Im Extremfall reißt der Motorblock oder der Zylinderkopf verzieht auf der Dichtfläche. Im ersten Fall wandert der Motorblock vorzeitig auf den Schrott. Die zweite Möglichkeit endet mit einer undichten Zylinderkopfdichtung: Das Kühlmittel tritt sichtbar aus oder es vermengt mit dem Motoröl zu einer verschleißfördernden Emulsion. Sollten Sie also kein heißes Wasser parat haben, warten Sie genügend lang mit dem Nachschub. Lassen Sie im Anschluss einen Fachmann dem Kühlmittelverlust auf den Grund gehen.

Thermostat erneuern (1,6 l Ti-VCT)

Arbeitsschritte:

- Demontieren Sie den Generator wie beschrieben.
- Öffnen Sie den Verschluss des Ausgleichsbehälters um den Druck im Kühlsystem abzubauen. Vorsicht bei warmem Motor: Verbrühungsgefahr.
- Stellen Sie einen Auffangbehälter unter den Kühler und ziehen den unteren Kühlerschlauch ab, bzw. öffnen die Ablassschraube. Lassen Sie etwa drei Liter Kühlflüssigkeit ab.
- Lösen Sie nun beide Schlauchschellen am Thermostatgehäuse und ziehen die Kühlwasserschläuche vom Flansch ab.

Zwei Kühlwasserschläuche und vier Schrauben: vom Thermostat lösen.

- Erst jetzt schrauben Sie die vier Befestigungsschrauben aus dem Thermostatgehäuse und nehmen das Gehäuse vorsichtig ab. Eventuell müssen Sie mit leichten Schlägen (Gummi- oder Plastikhammer) gegen das Gehäuse etwas nachhelfen.

- Zum Einbau säubern Sie die Dichtflächen gründlich. Legen Sie den Thermostat ins Gehäuse (kleine Bohrung zeigt nach oben) und ziehen den Gehäusedeckel gleichmäßig mit 9 Nm an.

- Beenden Sie die Montage in umgekehrter Reihenfolge und ergänzen die fehlende Kühlflüssigkeit.

Der Luftfilter (Ansauggeräuschdämpfer)

Um die Ansaugluft möglichst effizient zu säubern, durchströmt sie vor Eintritt in das Ansaugsystem den Luftfilter (Ansauggeräuschdämpfer). Im C-MAX sitzt der Filter relativ gut zugänglich links im Motorraum. Das Filtergehäuse ist nicht etwa ein zufällig passender Kasten, sondern ein exakt berechnetes Konstruktionsteil. Es modelliert die Ansaugluft zu einer beruhigten Gassäule und minimiert die Ansauggeräusche. Im C-MAX besteht der Geräuschdämpfer aus einem Kunststoffgehäuse mitsamt harmonikaartig gefaltetem Papierfiltereinsatz.

Halten ein Motorleben lang: High-FLow-Luftfilter aus Baumwollvlies, so zum Beispiel von K&N.

Nach spätestens 60.000 Kilometern tauschen – den Luftfiltereinsatz

Die Frischluft durchströmt das Luftfiltergehäuse von außen nach innen. Den Filtereinsatz (Filterelement) dichten zwei flexible Kunststoffringe gegen ungewollte Nebenluft ab. Dementsprechend passiert die gesamte Frischluftmenge auf ihrem Weg in die Brennräume den Filtereinsatz. Verschleißfördernde Schmutzpartikel verfangen sich zwangsläufig im Filterpapier. Größere Fremdkörper, zum Beispiel Insekten oder von der Straße aufgewirbelte Sandkörnchen, fallen ins Filtergehäuse. Luftfilter und Filterelement erfüllen ihre Aufgabe nur bei regelmäßiger Wartung und Pflege.
Unter normalen Fahrbedingungen schreibt Ford alle 60.000 km einen Filterwechsel vor. Wenn Sie Ihren C-MAX freilich überwiegend über verstaubte Pisten treiben, wechseln bzw. reinigen Sie das Element frühzeitiger. Denn ein verschmutzter Filtereinsatz schnürt dem Motor die Ansaugluft ab. Folge: Das Kraftstoff-/Luftgemisch gerät aus dem Gleichgewicht, die Motorleistung sinkt und der Kraftstoffverbrauch steigt.

Stichwort – Besser machen

Wenn Sie sich regelmäßige Wechselintervalle mit neuen Filtern ersparen möchten, empfehlen wir Ihnen den Kauf eines Luftfilters auf Basis eines baumwollgeflockten Trägernetzes. Mit zu den bekanntesten Anbietern zählt der Hersteller K&N (www.knfilters.com). Unser Tipp fußt weniger auf Leistungssteigerung denn auf Langlebigkeit und Filterwirkung: Entsprechende Filternetze sind auswaschbar, sie gewähren zudem höhere Luftdurchsätze bei besserer Filterwirkung und passen in das original Filtergehäuse. Der eine oder andere Chat-Besucher attestiert seinem Auto nach der Montage aggressivere Ansauggeräusche und geringfügig bessere Fahrleistungen. Wir würden das nicht unbedingt bestätigen.

Luftfiltereinsatz reinigen und auswechseln

Unabhängig von der zurückgelegten Fahrstrecke blasen Sie den Serienfilter mindestens einmal jährlich aus und erneuern ihn nach spätestens zwei Jahren. Neue Filtereinsätze bekommen Sie beim Ford-Vertragshändler, im Zubehörhandel oder per Internet. Es muss übrigens nicht generell ein Originalersatzteil sein – doch achten Sie unbedingt auf Qualitätsware und meiden billige Plagiate: Auf Wühltischen wechseln mitunter minderwertige Filter obskurer Produktpiraten den Besitzer. Im Moment sparen Sie vielleicht ein paar Cent, doch auf Dauer verübelt Ihnen der Motor den Kauf – er verschleißt zeitiger. »Billig ist nicht automatisch preisgünstig…«.

Schnell zu Wechseln: Luftfilterelement unter der C-MAX-Motorhaube.

Werkzeug:
8-mm-Nuss, Verlängerung, Ratsche

- Lösen Sie den Filtergehäusedeckel an vier Schrauben (Pfeile).
- Liften Sie den Deckel, bis Sie das Filterelement herausziehen können.
- Reinigen Sie das Filtergehäuse mitsamt Deckel. Verwenden Sie dazu einen fusselfreien Lappen oder – besser noch – blasen Sie das Gehäuse mit Druckluft aus. Achten Sie zur Montage darauf, dass der neue Filtereinsatz plan auf dem Gehäuseunterteil aufliegt.

Luftfilterelement reinigen

- Reinigen Sie Papierfiltereinsätze niemals in Flüssigkeiten. Der Filter ist danach Schrott!
- Klopfen Sie das Filterelement stattdessen vorsichtig auf einer harten Unterlage aus. Die verdreckte Seite halten Sie derweil selbstverständlich strikt nach unten. Größere Verschmutzungen und Insektenkadaver fallen in dem Fall bereits ab.
- Danach blasen Sie den Filter von der Unterseite nach oben mit Druckluft aus.
- Sollten Sie die Blasrichtung verwechseln, gelangen die feinen Staubpartikel nur noch tiefer in die Filterporen.
- Achten Sie zur Montage immer darauf, dass beide Dichtflächen sauber gegen die Gehäuseteile abdichten.

Standard – elektronisch geregelte Kraftstoffeinspritzanlagen

Unter den Motorhauben der C-MAX repräsentieren elektronisch geregelte Bosch-, Siemens- oder Visteon-Kraftstoffeinspritzanlagen den technischen Standard der Ottomotoren. Alle Diesel arbeiten nach dem Common-Rail-Verfahren mit Hochdruckpumpen und elektronischer Steuerung von Siemens oder Bosch. Die »Ottos« entgiften Dreiwege-Katalysatoren, überwacht von jeweils zwei Lambdasonden. Bei den Selbstzündern sind Oxidationskatalysatoren inklusive Abgasrückführung und Partikelfilter erste Wahl.

Verteilerlose 3-D-Kennfeldzündanlagen takten im Rhythmus 1 – 3 – 4 – 2 die Verbrennung bei den Benzinern. Die Anlagen stehen, wie alle Akteure des elektronischen Motormanagements, unter Aufsicht eines Bordrechners. Im gleichen Zündrhythmus läuft die Verbrennung bei den Selbstzündern ab. Hier freilich sind die Zündimpulse keine Frage von externer Elektronik, sondern vielmehr das physikalische Resultat des Aufeinandertreffens hoch komprimierter Frischluft mit zündfähigem Dieselöl.

Das C-MAX Motormanagement arbeitet weitgehend wartungsfrei. Erfahrungsgemäß lassen sich Fehlfunktionen nur mit einem gerüttelt' Maß an Praxiserfahrung, umfangreichen Fachkenntnissen und speziellem elektronischen Messequipment lokalisieren: Ohne stehen selbst hochbegabte Do-it-Yourselfer auf verlorenem Posten. Vertrauen Sie Ihr Auto bei Motormanagement-Missfunktionen darum besser einem Ford-Händler oder ausgewiesenen Spezialisten an. Er liest die

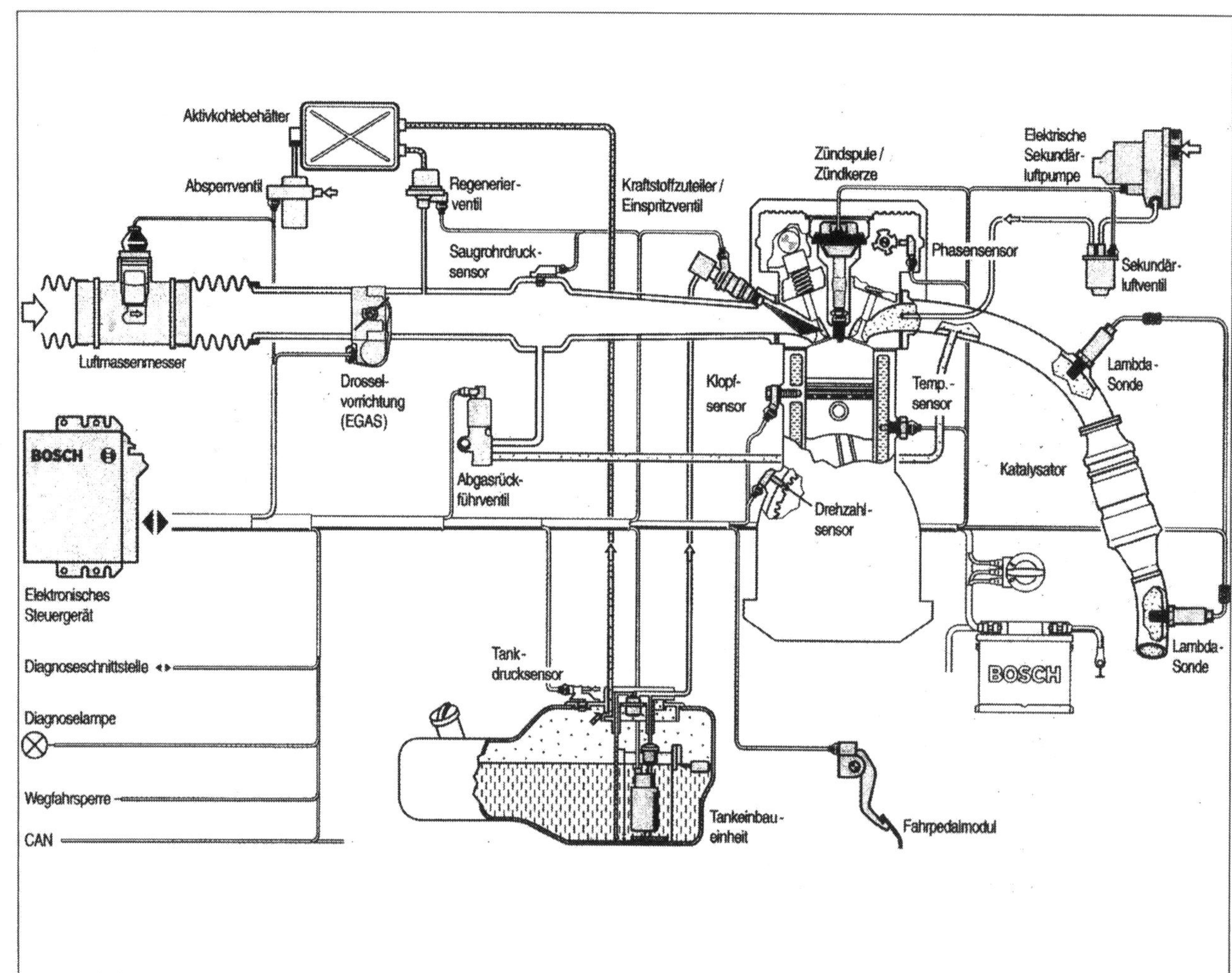

Ziehen alle an einem Strang: Die Managementmodule des elektronischen Motormanagements. Fällt in einem sekundären Regelkreis ein Modul oder ein Sensor aus, halten Notlaufprogramme den Motor weiter bei Laune. Doch Störungen in einem primären Regelkreis, beispielsweise »Motordrehzahl«, sind so entscheidend, dass der Motor sofort abstirbt oder erst gar nicht startet.

Fehlercodes der »OBD II« treffsicher mit dem Ford-Systemtester aus.
Damit Sie im Ernstfall nicht gänzlich im Dunklen tappen, ist es durchaus empfehlenswert und vorteilhaft, die theoretischen Grundzüge des C-MAX-Motormanagements ansatzweise zu kennen. Und sei's nur, um dem Werkstattprofi auftretende Unregelmäßigkeiten präziser beschreiben zu können: Je eindeutiger Sie am Werkstatttresen die Wehwehchen Ihres C-MAX benennen, umso überschaubarer fällt die spätere Rechnung aus.
Sollten Sie neugierig geworden sein? Auf der Internetseite (http://www.obd-2.de) haben Sie die Möglichkeit, sich genau über die Möglichkeiten der »OBD II« zu informieren.

Hier sind die Fehlercodes für Ihren C-MAX:

MIL-Code	BESCHREIBUNG
P0030	Unterbrechung im Stromkreis - Heizelement - Lambda-Sonde (HO2S)
P0031	Niedrige Spannung im Heizelement - Lambda-Sonde
P0032	Hohe Spannung im Heizelement - Lambda-Sonde
P0036	Unterbrechung im Stromkreis - Heizelement - Katalysatorüberwachungs-Sensor
P0037	Niedrige Spannung im Heizelement - Katalysatorüberwachungs-Sensor
P0038	Hohe Spannung im Heizelement - Katalysatorüberwachungs-Sensor
P0053	Widerstand des Heizelements - Lambda-Sonde außerhalb des zulässigen Bereichs
P0054	Widerstand des Heizelements - Katalysatorüberwachungs-Sensor außerhalb des zulässigen Bereichs
P0106	Plausibilitätsfehler - Saugrohr-Absolutdruck-Sensor (MAP-Sensor)
P0107	MAP-Sensor Stromkreis Eingang niedrig
P0108	MAP-Sensor Stromkreis Eingang hoch
P0109	Vorübergehende Fehlfunktion - MAP-Sensor
P0112	Niedriges Eingangssignal im Stromkreis - Ansauglufttemperatur-Sensor (IAT-Sensor)
P0113	Hohes Eingangssignal im Stromkreis - IAT-Sensor
P0114	Zeitweiliger Ausfall - IAT-Sensor
P0116	Signal - Kühlmitteltemperatur-Sensor (ECT-Sensor) dauerhaft niedrig
P0117	Niedriges Eingangssignal im Stromkreis - ECT-Sensor
P0118	Hohes Eingangssignal im Stromkreis - ECT-Sensor
P0119	Zeitweiliger Ausfall - ECT-Sensor
P0122	Drosselklappenwinkelgeber (TP-Sensor) Stromkreis 1 Eingang niedrig
P0123	Hohes Eingangssignal im Stromkreis - TP-Sensor 1
P0130	Unterbrechung im Stromkreis - Lambda-Sonde
P0131	Niedrige Spannung im Stromkreis - Lambda-Sonde
P0132	Hohe Spannung im Stromkreis - Lambda-Sonde
P0133	Lange Ansprechzeit im Stromkreis - Lambda-Sonde
P0134	Niedrige Amplitude - Lambda-Sonde
P0136	Unterbrechung im Stromkreis - Katalysatorüberwachungs-Sensor
P0137	Niedrige Spannung im Stromkreis - Katalysatorüberwachungs-Sensor
P0138	Hohe Spannung im Stromkreis- Katalysatorüberwachungs-Sensor
P0139	Lange Ansprechzeit im Stromkreis - Katalysatorüberwachungs-Sensor
P0171	Fehler im Kraftstoffsystem, Grenzwert mager
P0171	Fehler im Kraftstoffsystem, NOx-Emissionen
P0172	Fehler im Kraftstoffsystem, Grenzwert fett
P0172	Fehler im Kraftstoffsystem, CH-/CO-Emissionen
P0201	Unterbrechung im Stromkreis – Einspritzventil, Zylinder 1
P0202	Unterbrechung im Stromkreis – Einspritzventil, Zylinder 2

MIL-Code	BESCHREIBUNG
P0203	Unterbrechung im Stromkreis – Einspritzventil, Zylinder 3
P0204	Unterbrechung im Stromkreis – Einspritzventil, Zylinder 4
P0222	TP-Sensor Stromkreis 2 Eingang niedrig
P0223	TP-Sensor Stromkreis 2 Eingang hoch
P0231	Niedrige Spannung am Eingang - Kraftstoffpumpe
P0232	Hohe Spannung am Eingang - Kraftstoffpumpe
P0261	Niedrige Spannung im Stromkreis – Einspritzventil, Zylinder 1
P0262	Hohe Spannung im Stromkreis – Einspritzventil, Zylinder 1
P0264	Niedrige Spannung im Stromkreis – Einspritzventil, Zylinder 2
P0265	Hohe Spannung im Stromkreis – Einspritzventil, Zylinder 2
P0267	Niedrige Spannung im Stromkreis – Einspritzventil, Zylinder 3
P0268	Hohe Spannung im Stromkreis – Einspritzventil, Zylinder 3
P0270	Niedrige Spannung im Stromkreis – Einspritzventil, Zylinder 4
P0271	Hohe Spannung im Stromkreis – Einspritzventil, Zylinder 4
P0300	Fehlzündungen an verschiedenen Zylindern
P0301	Fehlzündung festgestellt - Zylinder 1
P0302	Fehlzündung festgestellt - Zylinder 2
P0303	Fehlzündung festgestellt - Zylinder 3
P0304	Fehlzündung festgestellt - Zylinder 4
P0315	Schwungscheibensegment-Adaption hat Grenzwert erreicht
P0324	Kommunikationsfehler oder Plausibilitätsfehler - Klopfsensor (KS)
P0325	Plausibilitätsfehler - Klopfsensor
P0335	Plausibilitätsfehler - Kurbelwellenstellungs-Sensor (CKP-Sensor)
P0336	Fehlende Zähne - CKP-Sensor
P0336	Fehlende Synchronisierung - CKP-Sensor
P0336	Kein Signal - CKP-Sensor
P0340	Kein Signal - Nockenwellenstellungs-Sensor (CMP-Sensor)
P0341	Plausibilitätsfehler - CMP-Sensor
P0351	Primäre Fehlfunktion - Zündspule A
P0352	Primäre Fehlfunktion - Zündspule B
P0420	Katalysator-Wirkungsgrad unter Grenzwert
P0444	Unterbrechung im Stromkreis - Reinigungsmagnetventil - Aktivkohlekanister
P0458	Niedrige Spannung im Stromkreis - Reinigungsmagnetventil - Aktivkohlekanister
P0459	Hohe Spannung im Stromkreis - Reinigungsmagnetventil - Aktivkohlekanister
P0460	Signalfehler - Kraftstoffvorratsanzeige vom Kombiinstrument
P0500	Signalfehler - Fahrgeschwindigkeits-Sensor (VSS)
P0500	Plausibilitätsfehler - Fahrgeschwindigkeit über CAN (VS CAN)
P0503	VSS-Signal zu hoch
P0511	Fehler im Stromkreis - Leerlaufluftregelungs-Ventil (IAC-Ventil)
P0560	Hohe Spannung in Batterie
P0562	Unterbrechung im Stromkreis - Batterie
P0571	Plausibilitätsfehler - Bremsschalter
P0603	Fehler - Antriebsstrangsteuergerät (PCM) NVMY oder EEPROM
P0604	RAM-Fehler - PCM
P0605	Prüfsummenfehler - PCM
P0610	Fahrzeug-Identifikations-Blockprüfsumme inkorrekt oder nicht programmiert
P0617	Fehler im Anlasserrelais
P0620	Fehler im Stromkreis - Generator

MIL-Code	BESCHREIBUNG
P0625	Niedrige Spannung im Generator
P0626	Hohe Spannung im Generator
P0628	Niedrige Spannung im Primärstromkreis - Kraftstoffpumpe
P0629	Hohe Spannung im Primärstromkreis - Kraftstoffpumpe
P0641	Gestörtes Signal - Spannungsversorgung 1 - Fahrstufen-Sensor
P0642	Niedrige Spannung - Spannungsversorgung 1 - Fahrstufen-Sensor
P0643	Hohe Spannung - Spannungsversorgung 1 - Fahrstufen-Sensor
P0646	Niedrige Spannung im Relaisstromkreis - Kupplung - Klimaanlage
P0647	Hohe Spannung im Relaisstromkreis - Kupplung - Klimaanlage
P0651	Gestörtes Signal - Spannungsversorgung 2 - Fahrstufen-Sensor
P0652	Niedrige Spannung - Spannungsversorgung 2 - Fahrstufen-Sensor
P0653	Hohe Spannung - Spannungsversorgung 2 - Fahrstufen-Sensor
P0654	Fehler im Ausgangsstromkreis - Motorlauf
P0686	Niedrige Spannung im Hauptrelais
P0687	Hohe Spannung im Hauptrelais
P0691	Niedrige Spannung im Steuerstromkreis - Kühlerlüfter 1
P0692	Hohe Spannung im Steuerstromkreis - Kühlerlüfter 1
P0693	Niedrige Spannung im Steuerstromkreis - Kühlerlüfter 2
P0694	Hohe Spannung im Steuerstromkreis - Kühlerlüfter 2
P0704	Plausibilitätsfehler - Kupplungsschalter
P1000	Bereitschaftstest nicht abgeschlossen - EOBD-System
P1500	Fehler im Ausgangsstromkreis - Fahrgeschwindigkeits-Sensor (VSS)
P1632	Fehlfunktion - Generatoranforderung
P1794	Fehler - Batteriespannung zu hoch oder zu niedrig
P2100	Fehlfunktion - H-Brücke - Drosselklappengehäuse
P2107	Fehler - Sicherheitsstufe 3
P2108	Fehler - Sicherheitsstufe 2
P2119	Fehlfunktion - Drosselklappengehäuse
P2122	Fahrpedalsensor (APP-Sensor) Stromkreis 1 Eingang niedrig
P2123	Hohe Eingangsspannung im Stromkreis - APP-Sensor 1
P2127	APP-Sensor Stromkreis 2 Eingang niedrig
P2128	Hohe Eingangsspannung im Stromkreis - APP-Sensor 2
P2128	Plausibilitätsfehler - Stromkreise 1 und 2 - APP-Sensor
P2135	Plausibilitätsfehler - Stromkreise 1 und 2 - TP-Sensor
P2176	Fehler im Anpassungsalgorithmus - Drosselklappengehäuse
P2280	Undichtigkeit oder Verstopfung - Luftfilter
P2282	Luftundichtigkeit zwischen Drosselklappe und Einlassventilen
U0001	Kein Signal oder zeitweiliger Übertragungsfehler - CAN-Bus
U0101	Fehlender Datenblock von Drosselklappensteuereinheit - CAN
U0121	Fehlender Datenblock von ABS - CAN
U0122	Fehlender Datenblock von ESP - CAN
U0155	Fehlender Datenblock von HEC - CAN
B1213	Mindestanzahl der programmierten PATS-Schlüssel unterschritten
B1600	Signal von Transponder - PATS-Zündschlüssel nicht empfangen
B1601	Inkorrekter Schlüsselcode von Transponder-Schlüssel empfangen
B1602	Ungültiger Schlüsselcode von Transponder-Schlüssel
B1681	Kein Signal - PATS-Sende-/Empfangseinheit
B2103	Antenne - Wegfahrsperre (PATS) nicht angeschlossen

MIL-Code	BESCHREIBUNG
B2139	Fehlende Übereinstimmung - Bestätigungscode - Wegfahrsperre (PATS)
B2141	Keine PCM-Kennung - Wegfahrsperre (PATS) übertragen
B2431	Fehler bei der Programmierung -Transponder - Wegfahrsperre (PATS)
U2510	Fehler mit Datenübertragung - Wegfahrsperre (PATS) an Diagnoseanschluss

Auf einen Blick - die Motormanagements der Ottomotoren (Bosch, Siemens)

Kraftstoffsystem
- Sequenzielle Kraftstoffeinspritzung
- Mehrlocheinspritzventile
- Tankentlüftungssystem

Luftansaugsystem
- Saugrohrdruck/- und Temperaturfühler (TMAP)
- Luftmassenmessung (1,6 l Ti-VCT)
- Drosselklappenmodul (TCU)
- Leerlaufregelventil (IAC)

Zündsystem
- Digitales integriertes, elektronisches Zündsystem (EI)
- Zündspannungsüberwachung

Abgasregelung
- direkt am Abgaskrümmer angeflanschter Dreiwege-Katalysator mit prinzipbedingter, extrem kurzer Vorwärmzeit.
- zwei Lambdasonden – jeweils eine vor und nach dem Katalysator
- Kraftstoffverdunstungssystem (EVAP)
- Kraftstoffverdunstungssystem

Sensoren
- Drosselklappensensor (TP)
- Nockenwellensensor (CMP)
- Kurbelwellensensor (CKP)
- Kühlmitteltemperatursensor (ECT)
- Klopfsensor (KS)
- Fahrpedalpotenziometer (APP)
- Servopumpendruckschalter (PSP)
- Kupplungspedalschalter (CPP)

Diagnosemöglichkeiten
- Diagnosestecker (DLC) in der Armaturentafel links neben der Lenksäule

Im Detail - das Management der Ti-VCT-Einspritzanlage

Motorsteuergerät (**P**ower **C**ontrol **M**odule - PCM): Die Regiezentrale des elektronischen Motormanagements sitzt neben dem Handschuhfach unterhalb des Armaturenbretts. Das PCM verwertet ständig aktuelles Datenmaterial aus den unterschiedlichsten Motorkennfeldern (Drehzahl, Saugrohrdruck, Ansaugluft-, Kühlflüssigkeitstemperatur, etc.) und vergleicht sie mit einem fest installierten Datenpool. Nach dem Abgleich ermittelt und berechnet das PCM unter anderem die Öffnungsdauer der elektromagnetisch betätigten Einspritzventile, die Kraftstoffmenge und das Kraftstoff-Luft-Gemisch. Das Motorsteuergerät ist ohne großen Aufwand neu einzulesen bzw. zu aktualisieren. Zum Beispiel dann, wenn modifizierte Strategien mit neuen Kennfeldern die vorhandene Software abgelöst haben. In dem Fall löscht die veralteten Datencocktails des EEPROM kurzerhand ein mobiles Diagnosegerät und frischt sie im nächsten Schritt mit der neuesten Software auf. Das geschieht ohne großen Umstand bei Ihrem Ford-Händler, denn das entsprechende Servicemodul hat jeder C-MAX bereits ab Werk an Bord.

Kraftstoff-Verdampfungskontrollsystem (**EVAP**orative Emission – EVAP): Das System bindet die im Tank entstehenden Kohlenwasserstoffe in einem Aktivkohlefilter außerhalb des Tanks. Den Taktstock dazu führt das PCM mit fest gespeicherten und kalibrierten Kennwerten. Zum System gehören ein Aktivkohlefilter, ein Verdampfungskontrollventil sowie ein Kraftstoffdampfabscheider. Der Aktivkohlefilter korrespondiert über diverse Kunststoff- und Gummileitungen mit dem Kraftstofftank, dem Verdampfungskontrollventil und dem Ansaugkrümmer: Solange das Verdampfungskontrollventil verschlossen ist, parkieren die im Tank aufsteigenden Dämpfe vorübergehend im Aktivkohlefilter. Erst wenn der Motor anläuft, öffnet das Kontrollventil und entlässt die im Aktivkohlefilter gebundenen Kraftstoffdämpfe in den Ansaugkrümmer. Dort gelangt die Mixtur zusammen mit den Frischgasen in die Brennräume und verbrennt.

Drosselklappenmodul (**T**hrottle **C**ontrol **U**nit – TCU): Das TCU-**Modul (Pfeil)** steuert ein Gleichstrommotor. TCU wandelt mechanische Fußtritte in last- und drehzahlabhängige, elektronische Signale. Zwei Sensoren mit Selbstdiagnosefunktion zeichnen dafür verantwortlich und veranlassen die Drosselklappe in Leerlaufstellung nur einen geringen und bei Volllast den gesamten Querschnitt des Drosselklappengehäuses freizugeben. Beide Sensoren sitzen direkt am Drosselklappengehäuse, sie arbeiten wie ein variabler Widerstand (Potentiometer): Je nach Winkelstellung der Drosselklappe tastet ein Schleifer eine Widerstandsbahn ab und variiert so, abhängig von seiner Stellung, die Ausgangsspannung an den Sensoren. Sein Tastsinn ist für das Motorsteuergerät von großer Bedeutung: Es interpretiert die Spannungskurven des TCU als Kraftstoffspeiseplan und leitet daraus die für jeden Zylinder passende Kraftstoffration ab.

Leicht am Drosselklappenmodul zu erkennen: Drosselklappensensor und Gleichstrommotor (Pfeil).

Drosselklappenstellungssensor (**T**hrottle **P**osition **S**ensor– TPS): Der Sensor sitzt direkt am Drosselklappengehäuse, er arbeitet nach dem Potentiometerprinzip. Je nach Winkelstellung der Drosselklappe tastet ein Schleifer eine Widerstandsbahn ab und variiert somit die Ausgangsspannung des Sensors. Die Daten verarbeitet das PCM und ordnet ihnen eine entsprechende Drosselklappenstellung zu.

Fahrpedalmodul (**A**ccelerator **P**edal **P**osition – APP): Das Fahrpedal steht im C-MAX mit keinem mechanischen Bowdenzug mehr in Kontakt. Es funktioniert elektronisch (Drive by Wire) mit zwei separaten Schleifpotentiometern.

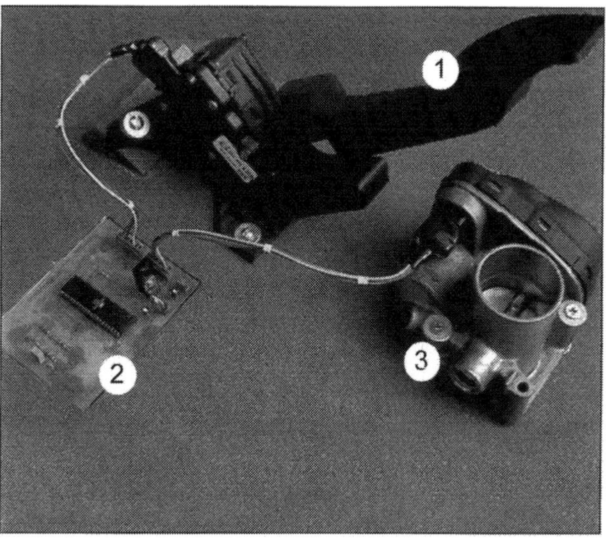

Interpretiert das Gaspedal: Das Fahrpedalmodul (APP) ersetzt den mechanischen Gaszug. 1 Fahrpedalmodul, 2 Steuerung, 3 Drosselklappenmodul.

Nockenwellenstellungssensor (**C**amshaft **P**osition – CP): Der CP-Sensor checkt die Stellung der Nockenwellen und leitet daraus die zur sequenziellen Einspritzung und Klopfregelung notwendige Zylindererkennung ab. Der Sensor besteht aus zwei Hall-Elementen und lokalisiert bei stehendem Motor mit eingeschalteter Zündung bereits die Nockenwellenstellung. Wichtig für das PCM. Es nutzt die Informationen, um vom Start weg jeden Zylinder optimal mit der adäquaten Kraftstoffmenge und einem just in time-Zündfunken zu beliefern.

Saugrohr-Absolutdrucksensor mit integriertem Ansauglufttemperatursensor (**T**emperature and **M**onifold **a**bsolute **P**ressure – TMAP): Der TMAP-Sensor minimiert eventuell auftretende Leistungsverluste auf Berg- und Talstrecken, indem er bei eingeschalteter Zündung und Volllast den momentan herrschenden Motorbetriebszustand ermittelt. Als Messgröße interpretiert er den barometrischen Druck im Ansaugkrümmer. Die Erkenntnisse speichert und verarbeitet das PCM – bei unterschiedlichen Lastzuständen – als Referenzgröße für den jeweiligen Saugrohrdruck. Die Sensorsignale sind zunächst nur Bezugsgrößen für den Kaltstart und die Warmlaufphase. Zusätzlich dienen sie dem MAP-Sensor noch als Korrekturgröße um unterschiedlich Zylinderfüllungsgrade auszugleichen. Aus sämtlichen Eingangssignalen des TMAP-Sensors errechnet das PCM die tatsächlich vom Motor angesaugte Luftmasse.

Kurbelwellenpositionssensor (**C**ran**k**shaft **P**osition – CKP): Der CKP-Sensor sitzt bei den Duratec-Motoren seitlich des Kurbelwellenschwingungsdämpfers am Steuergehäusedeckel. Er erfasst induktiv an einer Zahnscheibe die winkelgenaue Position der Kurbelwelle sowie die momentane Motordrehzahl. Die Scheibe verteilt auf 360° 36 Zähne minus einen Zahn. Ihre gewollte Zahnlücke (Markierung für den 1. Zylinder) sitzt 90° vor OT. Die Messdaten des CKP-Sensors beeinflussen die Kraftstoffeinspritzmenge, den Einspritzzeitpunkt, den Zündzeitpunkt und die Leerlaufregelung. Streikt der Sensor, bleibt das Motormanagement im Tiefschlaf: Der Motor stirbt ab und bleibt stumm – bis zum Sensor-Austausch.

Kühlmitteltemperatursensor (**E**ngine **C**oolant **T**emperature – ECT): Der ECT-Sensor ist ein temperaturabhängiger Widerstand mit negativem Temperaturkoeffizienten. In dem Fall variiert der Sensor-Widerstandswert umgekehrt proportional zur eigentlichen Kühlmitteltemperatur.

Beheizbare Lambdasonde (**H**eated **O**xygen **S**ensor – HO2S): Den C-MAX-Auspuff schnüffeln zwei Lambdasonden aus, im 1,6-Liter Ti-VCT sind's deren vier. Sie messen den Sauerstoffgehalt der Abgase jeweils vor und nach dem Katalysator. Ihre Analysen verarbeitet das PCM zu digitalen Steuerimpulsen für die Kraftstoffeinspritzung und das Kraftstoffverdunstungssystem. Um einwandfrei – im Sinne von Lambda 1 – zu arbeiten, sind die Sonden auf den ständigen Wechsel von leicht angefettetem bzw. abgemagertem Gemisch angewiesen. Lambdasonden haben starken Einfluss auf die Funktion und Lebensdauer des Katalysators.

Einspritzventile (Injektoren): Im mehrflutigen Ansaugrohr sitzt jeweils ein Einspritzventil vor jedem Zylinder (sequenzielle Einspritzung bei den Duratec-Motoren) und bei den EcoBoost-Triebwerken je ein sechsstrahliger Injektor direkt im Brennraum. Die Injektoren reagieren auf elektrische Impulse. Ihre Reaktionszeit beträgt etwa 1 bis 1,5 Millisekunden. Um die Gemischbildung schneller und homogener zu unterstützen, verteilen die Injektoren bei den Duratec-Varianten einen geteilten Kraftstoffstrahl vor die Einlassventile und bei den EcoBoost-Motoren mit bis zu 200 bar direkt in den Brennraum. Jeder Einspritzvorgang hebt die Injektorennadel nur etwa 0,1 Millimeter von ihrem Sitz.

Klopfsensor (**K**nock **S**ensor – KS): Der Klopfsensor registriert direkt zwischen dem zweiten und dritten Zylinder mechanische Schwingungen am Motorblock. Sobald die »Klingelgrenze« erreicht wird, signalisiert der KS dem CKP- und CMP-Sensor das Malheur. Das PCM nimmt daraufhin den Zündzeitpunkt des betreffenden Zylinders um 1,5° Grad zurück. Falls das nicht reicht, geht's so lange weiter in Richtung Spätzündung, bis die Verbrennung wieder normal verläuft. Schon zwei Sekunden später nähert das PCM dann den Zündzeitpunkt wieder kontinuierlich der Klopfgrenze oder – bei normaler Kraftstoffqualität – dem vorgegebenen Zündzeitpunkt an. Im montierten Zustand darf der KS keinesfalls Kontakt zu angrenzenden Schwingungsmassen haben.

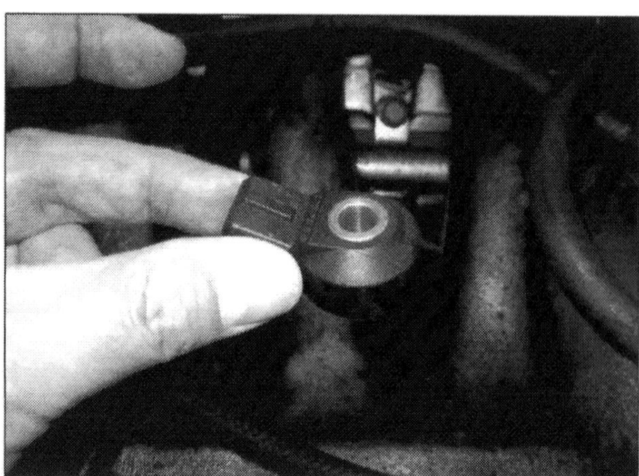

Unscheinbares Modul mit großer Wirkung: Der Klopfsensor am Motorblock.

Eingeschränkt möglich – Selbsthilfe an der Einspritzanlage

it Ihrem jetzigen Wissensstand über das Einspritzmanagement des C-MAX MK2 verstehen Sie unsere anfängliche Empfehlung »Arbeiten an der Einspritzanlage besser einem Profi zu überlassen« bestimmt leichter. Zumindest für den Fall, dass tiefer gehende Korrekturen anstehen. Denn nur spezielle, in einer ganz bestimmten Reihenfolge ablaufende Tests offenbaren mögliche Defekte im elektronischen Motormanagement. Normales Heimwerkerwissen und Hobbyhandwerkzeug reichen da einfach nicht mehr aus. Doch seien Sie ganz beruhigt: Ernsthafte Störungen am Motormanagement treten in der Praxis höchst selten auf – Ausnahmen bestätigen natürlich die Regel.

Steuergerät reparieren

WISSENSWERTES

Defekte am Motormanagement sind äußerst selten – umso ärgerlicher sind Störungen, die ausgerechnet Ihren C-MAX aus dem Gleichgewicht bringen sollten. Zumal Werkstätten in dem Fall schnell mit neuen Geräten bei der Hand sind. Das muss nicht unbedingt Profitdenken Ihrer Werkstatt sein, denn der Diagnoseaufwand übersteigt mitunter den Gegenwert eines Neuteils.

Doch fabrikneue Rechner sind nicht grundsätzlich erste Wahl. Mitunter schießt nämlich nur eine schadhafte Lötstelle oder ein defektes Elektronikbauteil im Rechner quer. Solcherart Schäden sind durchaus nicht aus der Luft gegriffen sondern realistisch und somit bei Elektronik-Freaks relativ schnell behoben. Das Steuergerät funktioniert danach wieder wie am ersten Tag – für einen Bruchteil des Neuwerts. Auf der heimischen Werkbank erkennen Sie Fehlleistungen Ihres Rechners freilich, wenn überhaupt, nur zufällig. Macht nichts, mittlerweile befassen sich Spezialisten mit der professionellen Reanimation defekter Blackboxes. Schauen Sie bei Bedarf einfach ins Internet oder machen Sie Ihr Problem in den einschlägigen C-MAX -Foren offenkundig. Erfahrungsgemäß tischen Ihnen dort nicht irgendwelche Elektronikhexer blumige Versprechen auf, sondern C-MAX-Fahrer liefern Ihnen reelle Erfahrungsberichte frei Haus.

Fehlerteufel im Detail: Steuergeräte werden gern getauscht, dabei rechnet sich meistens eine Reparatur. Übergeben Sie die Platine einem Spezialisten zur Revision.

Sichtprüfung an der Einspritzanlage

Bei allem berechtigten Respekt vor dem C-MAX-Motormanagement betrachten Sie das technische Umfeld der Einspritzanlage nicht grundsätzlich als Parc Fermé wägen Sie im Einzelfall nur möglichst realistisch Ihre Erfolgsaussichten ab. Regelmäßigen Sichtprüfungen steht ohnehin NICHTS im Wege: Checken Sie ab und an die Kraftstoff- und Luftschläuche sowie deren Anschlussstellen auf korrekten Sitz und Ermüdungsrisse. Allen voran ...

- den Unterdruckschlauch zum Bremskraftverstärker,
- die Schläuche der Motorbe- und Entlüftung (sind sie verstopft, verschmutzt oder aufgequollen?),
- die Kraftstoffschläuche und Kraftstoffleitungen (erkennen Sie Scheuerstellen, Altersrisse oder Schwitzspuren?),
- die Druckregleranschlüsse (sie müssen staubtrocken sein).
- Halten Sie gleichfalls die Kabelstecker im Auge: Falls Sie irgendwann einen Zentralstecker unter der Motorhaube trennen mussten, kann das schon die Erklärung für ärgerliche Kontaktschwächen sein.
- In dem Fall versuchen Sie die Stecker zunächst mit Kontaktspray zu reanimieren.
- Biegen Sie Kontaktzungen mit viel Gefühl lediglich im Notfall nach.

Verunsichert den Bordrechner – Nebenluft

Undichte Stellen im Ansaugsystem lassen Nebenluft unkontrolliert passieren. Das verunsichert den Bordrechner: Nebenluft provoziert unrealistische Steuerimpulse. Die Module der Gemischaufbereitung speisen den Motor dann beispielsweise mit der falschen Kraftstoffmenge ab: Das Gemisch magert in dem Fall unkontrolliert ab oder es überfettet. Gravierende Motorschäden sind in beiden Fällen das Endergebnis.

Fehlfunktionen des Gemischaufbereitungssystems signalisiert übrigens auch ein ungleichmäßiger (sägender) Leerlauf. Seien Sie also schon beim geringsten Anzeichen hellwach und kreisen den Fehler systematisch ein:

- Prüfen Sie die Unterdruckschläuche auf Risse und festen Sitz. Checken Sie an der Einspritzanlage oder am Ansaugkrümmer sämtliche Schläuche (Saugrohrdrucksensor, Bremskraftverstärker, Kraftstoff-Verdunstungsanlage, etc.).
- Fahren Sie den Wagen etwa zehn Kilometer warm und lassen ihn anschließend im Leerlauf brummeln.

Öffnen Sie die Motorhaube und ziehen den Stecker der ersten Lambdasonde (unmittelbar am Abgaskrümmer) – vergessen Sie nicht Ihre Finger mit hitzeresistenten Handschuhen zu schützen. Bei abgezogenem Stecker variiert die Leerlaufdrehzahl mehr oder weniger rhythmisch. Falls nicht, lesen Sie den Fehlerspeicher aus und beheben, falls möglich, die vorhandene Unregelmäßigkeit in Eigenregie

- Besprühen Sie nacheinander sämtliche Schlauchverbindungen und Flanschdichtungen der Einspritzanlage mit einem handelsüblichen Kaltstartspray: Achten Sie aufmerksam darauf, wann die Motordrehzahl schwankt – an der Stelle zieht der Motor Nebenluft. Dichten Sie das Leck ab und fahren akribisch weiter fort.

Leerlaufdrehzahl prüfen

Die Leerlaufdrehzahl justiert, je nach eingeschaltetem Verbraucher (z. B. Scheinwerfer, beheizbare Heckscheibe, Frischluftgebläse), das Steuergerät über den Leerlaufstellmotor. C-MAX-Ottomotoren drehen im Stand mit etwa 750 ± 100 min.$^{-1}$. Zur Drehzahlkontrolle ist natürlich ein Drehzahlmesser erforderlich. Drehzahldifferenzen können Sie am C-MAX nicht isoliert justieren: Vielmehr gehören die Fehlfunktionen im gesamten Motormanagement eingekreist. Es sei denn, die Batterie war abgeklemmt: In dem Fall regeneriert der Bordrechner normalerweise auf den ersten Kilometern automatisch.

Systematisch einkreisen – Leerlaufschwankungen

Falls Sie die Batterie abgeklemmt hatten, lassen Sie dem Bordrechner rund zehn Kilometer Zeit um das verstimmte Motormanagement erneut auf Kurs zu bringen. Falls das wider Erwarten nicht klappt, gehen Sie folgendermaßen vor:

- Kontrollieren Sie die Luftschläuche auf Risse und Befestigung.
- Prüfen Sie, ob alle elektrischen Anschlüsse einwandfrei sitzen. Die Steckkontakte dürfen nicht korrodiert sein. Für weitere Kontrollen verwendet die Werkstatt einen speziell auf das Steuergerät abgestimmten Motortester.
- Zu geringer Kraftstoffvordruck verursacht gleichfalls Leerlaufdrehzahlschwankungen. Lassen Sie das einen Profi in der Werkstatt mit einem Drucktest checken.

Einspritzventile checken

Defekte Injektoren entlarven Sie unter Umständen schon durch bloßes Handauflegen: Im Gegensatz zu funktionierenden Düsen vibrieren defekte Ventile nicht im Takt. Machen Sie den Test möglichst nicht am knisternd heißen Motor, das erspart Ihnen schmerzhafte Brandblasen an den Fingerkuppen.

- Ziehen Sie zur Spannungskontrolle den Stecker eines Einspritzventils ab und legen dann einen LED-Spannungsprüfer (keine Prüflampe) an den Stecker an. Der Motor ist währenddessen aus.
- Starten Sie nun den Motor: Die Leuchtdioden im Spannungsprüfer müssen flackern, ansonsten fließen keine Steuerströme. Das muss nicht unbedingt an der Zuleitung liegen, eventuell hat auch das Steuergerät einen Defekt. In diesem Fall ist die Werkstatt Ihre erste Adresse.
- Zur Widerstandsmessung ziehen Sie den Versorgungsstecker des betreffenden Einspritzventils ab und verbinden beide Kontaktzungen am Ventil mit einem Multimeter. Bei 20 °C beträgt der Messwert etwa 12 ± 1 Ohm.
- Falls die Abweichungen zu groß sind, lassen Sie zweckmäßigerweise gleich alle Ventile erneuern.

Die Zündanlage

Vor dem Siegeszug des elektronischen Motormanagements funkten in Ottomotoren herkömmliche Spulenzündsysteme. Sie kappten das theoretische Leistungsvermögen der Zündfunken auf ein Minimum heutiger Standards. Im C-MAX inszenieren elektronische Komponenten im Zündrhythmus 1 – 3 – 4 – 2 flexible und für jeden Zylinder ganz individuelle Zündprogramme.

Immer auf der Lauer – die Zündspannungsüberwachung

Anders gesagt: An den C-MAX-Zündkerzen springt kein Funke über, den die Motorsteuerung nicht vorher auf den Kurbelwinkel genau berechnet hat. Der Bordrechner wertet dazu während jeder Kurbelwellenumdrehung Signale des Kurbelwellen- und Nockenwellensensors aus.

Der Nockenwellensensor analysiert den Betriebszustand eines jeden Zylinders und der Kurbelwellen-

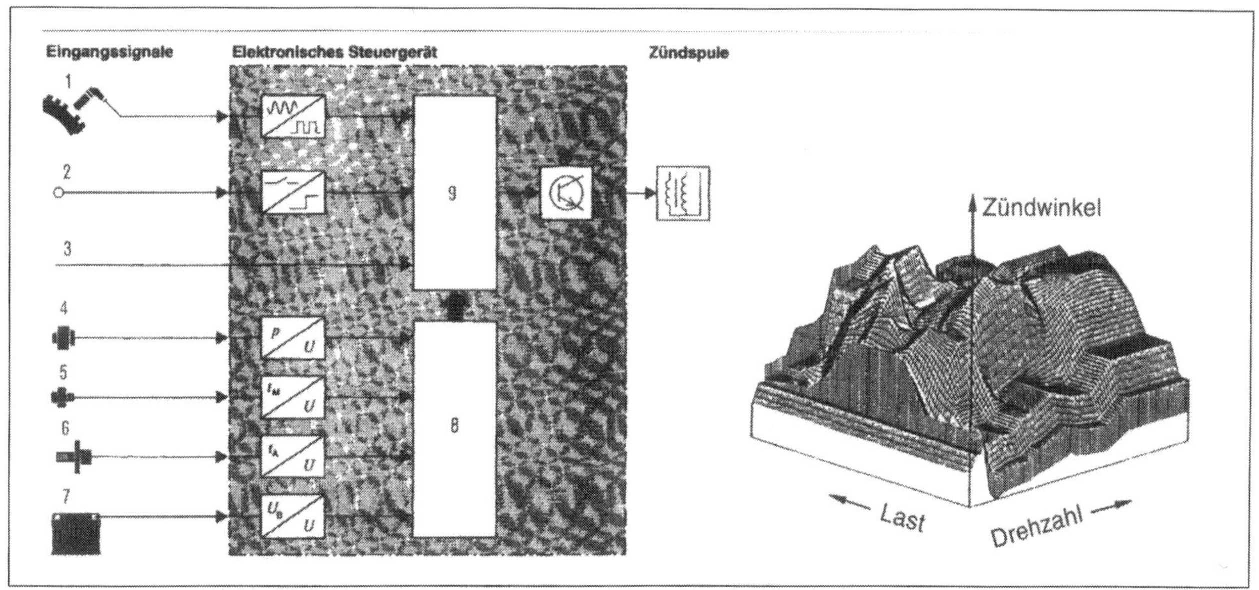

Hightech-Zündfunken: Grundaufbau einer modernen Zündanlage. Bevor der Zündfunke an der Kerze überspringt, verteilt der C-MAX-Bordrechner den Blitz detailgerecht an jede Zündkerze. Der Mikrocomputer (9) des Steuergeräts (linke Darstellung) nutzt dazu unterschiedlichste Eingangssignale, so zum Beispiel die Motordrehzahl (1), diverse Schaltersignale (2), den Saugrohrdruck (4), die Motortemperatur (5), die Ansauglufttemperatur (6) oder die Batteriespannung (7). Damit der Bordrechner die Datenflut auch differenziert wertet, ändert ein Wandler den Großteil der analogen Sensorsignale in digitale Informationen um (8). Die digitalisierten Signale gelangen aus der Zündendstufe an die Zündspule. Doch vorab bekommt jeder Zündfunke hinsichtlich Kraftstoffverbrauch, Drehmoment, Abgas, Abstand ur Motorklopfgrenze, Motortemperatur, Fahrbarkeit usw. seine ganz spezifische Prägung. Je nach Motorenbauerphilosophie sind die Gewichtungen untereinander verschieden. Die spezielle Handschrift ist dann im Zündwinkelkennfeld (rechte Darstellung) abgelegt. Heutige Kennfelder beschreiben ein dreidimensionales Berg-und-Tal-Gebilde, mittlerweile mit mehr als 4000 einzeln abrufbaren Zündwinkeln. Die Regie über diese Kraterlandschaft führt das Motorsteuergerät.

sensor (CKP-Sensor) misst permanent die Drehgeschwindigkeit der Kurbelwelle.
Richtig gelesen: Der CKP-Sensor misst die Drehgeschwindigkeit der Kurbelwelle. Etwaige Fehlzündungen quittiert die Kurbelwelle nämlich bis zur nächsten Zündung mit einem kurzen Drehzahlabfall. Dem Sensor reicht die Zeit allemal, um der Blackbox den Verzug zu signalisieren. Das Steuergerät vergleicht sodann die Blitzinfo mit vorhanden Solldaten: Bei mehr als neun Prozent Fehlzündungen tritt dann die OBD-Kontrollleuchte (On Bord Diagnosis) im Armaturenbrett auf den Plan. Meistens sogar, bevor Ihnen überhaupt irgendeine Fehlfunktion auffällt.
So weit die Optik, das eigentliche OBD-Management findet hinter den Kulissen statt. Dort nämlich setzt es die Kraftstoffversorgung des betreffenden Zylinders auf Nulldiät: Ganz im Sinne der Umwelt und des Katalysators. Denn unverbrannte Kohlenwasserstoffe (HC), wie sie bei Fehlzündungen entstehen, sind damit eliminiert. Der Kat überfettet und überhitzt demzufolge nicht. Das System arbeitet Praxis bezogen, es ignoriert folgende Betriebszustände:

- die ersten fünf Sekunden nach dem Start
- Drehzahlen über 6000 min^{-1}
- Kraftstoffvorrat weniger als 20 Prozent
- extrem schlechte Straßenbeläge
- Batteriespannung unter 9 Volt

Ein Zündmodul für jeden Zylinder – Standard bei den TI-VCT-Ottomotoren

Damit die Zündkerzen kräftig funken, springt an ihren Elektroden ein Funke von rund 30.000 Volt über. Das Zündmodul ist an den Ottomotoren jeweils oberhalb der Zündkerzen verschraubt. Grundsätzlich besteht eine Zündspule aus zwei Wicklungen: Einer Primärwicklung mit wenigen Windungen (ca. 100) aus dickem Kupferdraht (ca. 0,6 mm2) und einer Sekundärwicklung mit einigen tausend Windungen dünnen Kupferdrahts (ca. 0,1 mm2). Beide Wicklungen umschließen einen lamellierten Eisenkern. Das Motorsteuergerät – über das integrierte Zündleistungsmodul getaktet – versorgt die Primärwicklung mit Bordspannung (12 Volt). Im Eisenkern entsteht dadurch ein Magnetfeld, das die Sekundärwicklung noch verstärkt. Sobald das Steuergerät diesen Stromkreis unterbricht, geht das Magnetfeld für Bruchteile von Sekunden schlagartig in die Knie. Automatisch entstehen jetzt in der Sekundärwicklung Spannungsspitzen bis zu 400 Volt. Diese wiederum produzieren einen Hochspannungsstromstoß (Induktion) von mehr als 30.000 Volt.

Einzeln über den Zündkerzen montiert: Die Zündmodule im C-MAX.

Liefert die Zündfunken Grunddaten: der Kurbelwellen- / Nockenwellensensor

Die C-MAX-Zündanlage nutzt Signale des Kurbelwellen-/Nockenwellensensors lediglich als eine Variante unterschiedlicher Informationen des Motormanagements. Nachdem vorab das Motorsteuergerät deren Signale digitalisiert hat, verteilt das Zündmodul jedem einzelnen Zündfunken einen ganz individuellen Touch.

Gibt dem Zündfunken grünes Licht – Motorsteuergerät mit diversen Kennfeldern

Die Koordination findet allein im Motorsteuergerät statt. In seinem Speicher sind, unter anderem, theoretische Grunddaten (Zündwinkelkennfelder) unterschiedlicher Zündzeitpunkte abgelegt. Um die statische Theorie bestmöglich an die Praxis zu adaptieren, benötigt das Steuergerät entsprechend aktuelle Informationen der Motorperipherie, so zum Beispiel Signale von den Nockenwellen, der Kurbelwelle oder dem Klopfsensor. All die einlaufenden Informationen checkt das Steuergerät während jeder Kurbelwellenumdrehung mit auf der Festplatte abgelegten Datensätzen. Die Blackbox wiederum kommuniziert vor jedem einzelnen Gaswechsel mit der Einspritzanlage, der Lambdasonde vor dem KAT, mit dem Drehzahlsensor sowie mit diversen Temperatursensoren und dem Luftmengenmesser unter der C-MAX-Motorhaube.

Belastungsabhängig – der optimale Zündzeitpunkt

Der Zündfunke kommt immer dann zeitgerecht, wenn er das Frischgas im Moment der höchsten Verdichtung entflammt. Beim Viertaktmotor ist das präzise der Augenblick, in dem der Kolben von der Aufwärtsbewegung des Kompressionshubs in die Abwärtsbewegung des Arbeitstakts übergeht. So weit die Theorie: In der Praxis verbrennt das Frischgas, je nach Belastungszustand (Leerlauf, Teillast, Volllast) und Ansaugluftqualität, mit unterschiedlichen Geschwindigkeiten in den Brennräumen. Um die Kraftstoffenergie dennoch bestmöglich zu nutzen, variiert die C-MAX-Blackbox den Zündzeitpunkt entsprechend dem Belastungszustand für jeden Zylinder.

Zeitlich versetzt – Zündung und Verbrennung

Allerdings harmoniert der Zündzeitpunkt nicht exakt mit dem oberen Totpunkt (OT). Denn bis das Frischgas in Flammen steht, vergeht rund eine dreitausendstel Sekunde. Demzufolge springt der Zündfunken noch während der Aufwärtsbewegung des Kolbens über – und zwar mit steigender Motordrehzahl immer weiter vor OT. Der höchste Verbrennungsdruck setzt gewollt erst kurz nach OT ein.

Die Zündkerzen

Während des Verbrennungsvorgangs verkraften Zündkerzen Temperaturen von rund 2500 °C und Drücke bis zu 60 bar. Um diesen Belastungen dauerhaft und zuverlässig standhalten zu können, umgibt den Kerzenanschlussbolzen ein keramischer Isolator. Mittelelektrode und Anschlussbolzen stecken außerdem in einer elektrisch leitenden Glasschmelze, der gleichermaßen die Verankerung und Abdichtung gegenüber dem

WISSENSWERTES

Unsichtbare Helfer

Druckgeber: Der Druckgeber liefert dem Steuergerät Informationen über den Unterdruck im Saugrohr. Der Sensor ist ein druckempfindlicher Kristallchip, er variiert seinen elektrischen Widerstand anhand des jeweiligen Unterdrucks. Aus diesen Differenzen sowie den Informationen über die jeweilige Drehzahl erkennt das Steuergerät den aktuellen Betriebszustand.

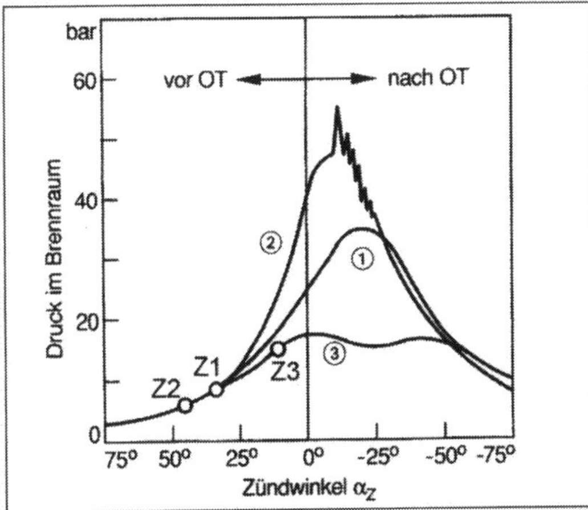

Drucksache: Bei falsch eingestelltem Zündzeitpunkt oder schlechter Kraftstoffqualität variiert der Verbrennungsdruck in den Zylindern. 1 korrekt eingestellter Zündzeitpunkt; 2 Frühzündung (klopfende Verbrennung); 3 Spätzündung.

Drehzahlgeber: Der Focus arbeitet mit einem Drehzahlgeber auf Induktionsbasis: Magnet und Spule sind im Geber integriert. Die Steuerung übernehmen spezielle Impulsstege an der Motorschwungscheibe: Immer, wenn ein Steg den Geber passiert, ändert sich das Magnetfeld im Dauermagneten – die Spule erzeugt dann Spannung. Um die Stellung der Kurbelwelle als plausibles OT-Signal zu erfassen, sind – an der Schwungscheibe für den ersten und letzten Zylinder – zwei Impulsstege als Orientierungshilfen ausgespart. Das Steuergerät interpretiert die Lücken – jeweils vor OT – als Informationsquelle zur Motordrehzahl.

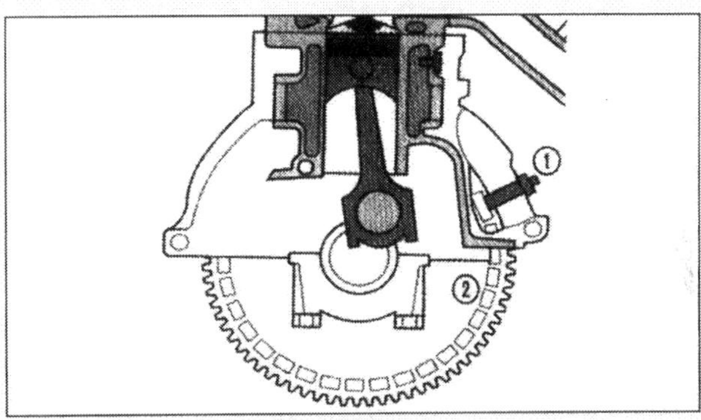

Arbeitet auf den Winkelgrad exakt: der Kurbelwellenpositionssensor in Höhe der Schwungscheibe. (1) Sensor, (2) Sektionsfelder.

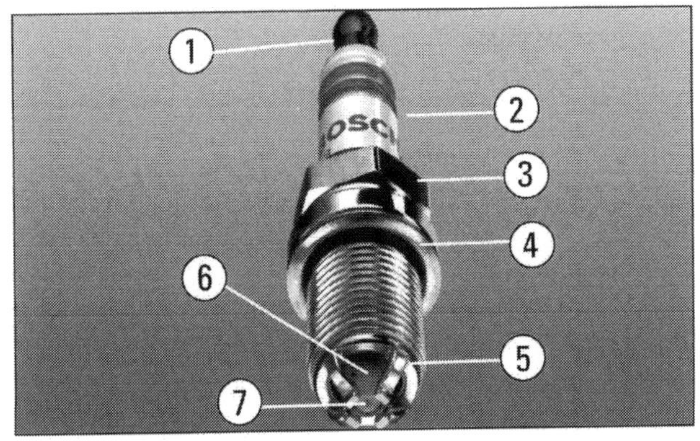

Optimal auf die Motoren abgestimmt: Gleitfunkenzündkerzen mit vier Masseelektroden. Die Kerzen garantieren mit ihrer hochwärmeleitfähigen Kupferkernmittelelektrode und Luftgleitfunkentechnik ein sicheres Zündverhalten sowie eine lange Lebensdauer. (1) Zündsteckeranschluss, (2) Keramikisolator, (3) Zündkerzenkörper, (4) Dichtring, (5) Masseelektrode, (6) Isolatorfuß, (7) Mittelelektrode.

Brennraum obliegt. Sobald am Ende der Mittelelektrode die erforderliche Zündspannung ansteht, entlädt sie als Funken von der Mittel- zur Masseelektrode. Der kurze Blitz reicht aus, um die Frischgase zu zünden.

Variabel – der Zündkerzenwärmewert

Um zuverlässig zu funktionieren, müssen Zündkerzen ihre Selbstreinigungstemperatur von etwa 400 °C möglichst schnell erreichen. Falls die Kerzen nicht schnell genug auf 400 Grad kommen, backen früher oder später Verbrennungsrückstände am Isolatorfuß fest.

Bei Volllast allerdings darf die Temperatur nicht ins Uferlose steigen – die gesunde Arbeitstemperatur einer Zündkerze liegt bei rund 800 °C. Nicht alle Motoren bieten den Zündkerzen auch die gleichen Arbeitsbedingungen: Damit entscheidet erst der Wärmewert (auf der Zündkerze eingeprägt), ob Zündkerze und Motor auch tatsächlich zueinander passen. Sollten Sie Ihren C-MAX anlässlich eines anstehenden Zündkerzenwechsels zum Beispiel mit Kerzen eines zu geringen Wärmewerts bestücken, wird der Isolatorfuß der Kerzen stark überhitzen. Unkontrollierte Glühzündungen wären in dem Fall die unmittelbare Folge, veritable Motorschäden das teure Ergebnis. Wählten Sie dagegen Zündkerzen mit zu hohem Wärmewert, bleibt die Selbstreinigungstemperatur auf der Strecke – der Isolatorfuß verschmutzt und blockiert alsbald den Zündfunken: Ihr C-MAX streikt irgendwann in Irgendwo mit Zündproblemen...

Nimmt automatisch zu – der Elektrodenabstand

Neben dem richtigen Wärmewert (siehe Tabelle) müssen Zündkerzen auch den richtigen Elektrodenabstand aufweisen. Neue Zündkerzen sind auf etwa einen Millimeter eingestellt, mit zunehmender Laufzeit vergrößert sich der Abstand. Denn bei jedem Funken platzen kleine Metallpartikel von den Elektroden ab. Damit der Zündfunke dennoch überspringen kann, müsste mit größeren Elektrodenabständen auch die Zündspannung steigen. Eine technische Forderung, die Zündanlagen nicht leisten können. Folge: Früher oder später kommt es zu Zündaussetzern, der Motor springt nicht mehr zuverlässig an.

Diese Zündkerzen funken im C-MAX

Motortyp	Motorcode	Zündkerzen-Spezifikation	Zündkerzenintervall	Elektrodenabstand
1,6 l TI-VCT	XTDA	Motorcraft AYFS22	60.000 km	1,3 mm
1,6 l TI-VCT	IQDA/IQDB	Motorcraft AYFS22	60.000 km	1,3 mm
1,6 l TI-VCT	PNDA	Motorcraft AYFS22	60.000 km	1,3 mm
1,6 l TI-VCT	MUDA	Motorcraft LTR7A-10	30.000 km	1,0 mm
1,6 l EcoBoost	JQDA/ JQDB	Motorcraft BM5G12405-C	60.000 km	0,7 mm
1,6 l EcoBoost	JTDA/ JTDB	Motorcraft BM5G12405-C	60.000 km	0,7 mm

WISSENSWERTES

Was das Kerzengesicht verrät

Zündkerzen sind die Kronzeugen der Verbrennung. Ein Fachmann liest am Kerzengesicht den Zustand des Motors und seine Arbeitsbedingungen ab. Achten Sie bei ausgebauten Zündkerzen darum auf folgende Punkte:

- Isolatorfuß hellgrau, graugelb bis rehbraun gefärbt: Gut eingestelltes Kraftstoff-/Luftgemisch – der Motor läuft wirtschaftlich und mechanisch völlig gesund.

- Isolatorfuß weißlich gefärbt: Zu mageres Kraftstoff-/Luftgemisch – CO-Gehalt prüfen; eventuell falscher Zündzeitpunkt; Steuergerät defekt. Überhitzungsgefahr für Ventile, Kolben und Zylinder.

- Isolatorfuß, Elektroden, Zündkerzengehäuse mit samtartigem, stumpfschwarzem Ruß bedeckt: Zündkerze erreicht nicht ihre Selbstreinigungstemperatur (häufiger Kurzstreckenverkehr), falscher Wärmewert, Kraftstoff-/Luftgemisch zu fett, CO-Gehalt zu hoch. Motormanagement checken und korrigieren lassen.

- Isolatorfuß, Elektroden, Zündkerzengehäuse mit Öl-glänzendem Ruß oder Ölkohle bedeckt: Kolbenringe, Ventilführungen oder Abdichtungen der Ventilschäfte schadhaft. Möglicherweise haben Sie auch Motoröl oder Kraftstoff mit Zusätzen verwendet. In dem speziellen Fall tauschen Sie die Zündkerzen aus, wechseln Sie Öl und Kraftstoffmarke und prüfen dann erneut den Zustand der Kerzen.

Vorsicht ist angebracht

GEFAHRHINWEISE

Völlig zu Recht stuft der Gesetzgeber elektronische Zündanlagen als gefährliche Bauteile ein. Beachten Sie darum vor und während aller Arbeiten an der Zündung besondere Sicherheitsvorkehrungen. Herzschrittmacher können im Kontakt mit elektronischen Zündanlagen zum Beispiel aus dem Takt geraten. Um sicher zu gehen, dass Sie sich keiner Gefahr aussetzen, überlassen Sie tiefgreifende Arbeiten darum besser Ihrer Werkstatt. Erledigen Sie auch turnusmäßige Wartungsarbeiten mit der nötigen Vorsicht.

- Berühren Sie bei eingeschalteter Zündung auf keinen Fall spannungsführende Teile des Primär- und Sekundärstromkreises – Lebensgefahr!
- Schalten Sie zu allen Servicearbeiten stets die Zündung aus. Das gilt gleichermaßen für den Zündkerzenwechsel wie für das An- bzw. Abklemmen elektrischer Leitungen oder den Anschluss von Prüfgeräten.
- Um an elektronischen Zündanlagen den Hochspannungsimpuls auszulösen, genügt – bei eingeschalteter Zündung – schon eine Erschütterung. Bei Arbeiten im Motorraum besteht dann Lebensgefahr, zudem können auch elementare Bauteile der Zündanlage zerstören.
- Wenn Sie Schweißarbeiten (Schutzgas, E-Schweißen) an Ihrem Focus erledigen, klemmen Sie grundsätzlich vorher die Batterie ab.

Zündmodule demontieren

Werkzeug:
Ratsche, Verlängerung, T25-Torxschraubendreher

- Ziehen Sie die Motorverkleidung ab.
- Anschließend trennen Sie die Anschlussstecker (1) von den Zündmodulen, ...
- ...lösen je zwei Befestigungsschrauben (Pfeile) und ziehen die Module senkrecht von den Zündkerzen ab.
- Beenden Sie die Montage in umgekehrter Reihenfolge. Die Befestigungsschrauben des Zündmoduls sitzen mit 6 Nm fest am Halter. Prüfen Sie alle Anschlüsse auf festen Sitz.

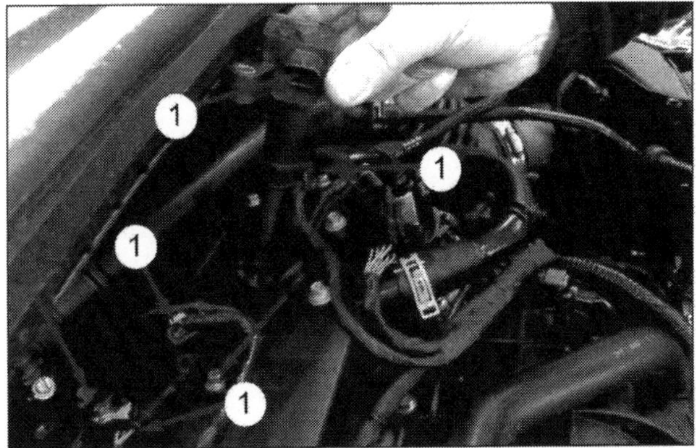

In ein paar Minuten erledigt: die Zündmodul-Demontage an den Vierzylinder-Motoren.

Zündstrom prüfen

- Demontieren Sie das Zündmodul, blasen die Kerzenschächte mit Druckluft aus und ...
- ... schrauben die Zündkerzen aus dem Zylinderkopf.
- Die demontierten Zündkerzen stecken Sie zurück ins Zündmodul und legen die Modulleiste so auf dem Motorblock ab, dass sie möglichst nicht rutscht und alle Kerzen einen satten Massekontakt haben.
- Lassen Sie Ihren Helfer per Anlasser starten. Sie beobachten währenddessen den Funkenüberschlag an den Zündkerzen: Gesunde Funken springen mit kräftig blauer Färbung an den Kerzenelektroden über. Gelblich gefärbte Funken signalisieren zu geringe Überschlagspannung oder verschlissene Zündkerzen.
- Bleiben die Funken gänzlich aus, nehmen Sie zunächst die Zündanlage in Augenschein. Fällt Ihnen dabei nichts auf, prüfen Sie die Spannungsversorgung.

Zündkerzen wechseln – spätestens nach 60.000 Kilometern

Ford empfiehlt dem C-MAX alle 60.000 Kilometer neue Zündkerzen. Klingt gewagt, ist jedoch realistisch: Normalerweise halten moderne Zündkerzen tatsächlich so lange. Die Betonung liegt auf »normalerweise«: Es kann durchaus passieren, dass Ihr Auto mit jüngeren Kerzen nur noch unwillig anspringt, oder nach dem Start bzw. beim Beschleunigen ruckelt. Die Störenfriede sind häufig frühzeitig verschlissene Kerzenelektroden oder feine Haarrisse im Keramikisolator. Darin lagern sich gerne Kraftstoffdämpfe bzw. Wasser aus der Umgebungsluft ab. Und weil jeder Zündfunke grundsätzlich den Weg des geringsten Widerstands geht, führt der auf dem schnellsten Weg an Masse. Sollten Sie alten Zündkerzen misstrauen, fackeln Sie nicht lange, sondern spendieren Ihrem C-MAX gleich einen neuen Kerzensatz. Wechseln Sie die Kerzen möglichst nur bei kaltem Motor und mit einer speziellen Kerzennuss (z. B. Hazet 4766-1). Zündkerzen sind nach wie vor bruchempfindliche Bauteile. Gehen Sie also fürsorglich damit um.

- Zunächst ziehen Sie die Zündkerzenkabel von den Kerzen.
- Dann lösen Sie alle Zündkerzen nur um etwa drei Umdrehungen. Nicht weiter, denn erfahrungsgemäß sind die Kerzenschächte verdreckt.
- Blasen Sie die Schächte also, bevor Sie die Kerzen ganz herausschrauben, gründlich mit Druckluft aus. Ansonsten fällt Ihnen der Dreck geradewegs in die Brennräume...
- Legen Sie die demontierten Kerzen außerhalb des Motorraums in der Reihenfolge der Zylinder ab. Prüfen Sie jedes Kerzengesicht, vergleichen Sie die Kerzen auch untereinander. Alle sollten möglichst gleich hellbraun mit dunkelgrauem Rand aussehen. Falls nicht, liegt eine Fehlfunktion vor. Ergründen Sie die Ursache.
- Zur Montage setzen Sie die Kerzen unbedingt gerade in den Gewindebohrungen an. Doch vorab bestreichen Sie die Kerzengewinde leicht mit hitzebeständiger Kupferpaste. Erst danach drehen Sie alle Kerzen handfest in die Kerzenlöcher und ziehen Sie mit dem Zündkerzenschlüssel auf das vorgeschriebene Anzugsdrehmoment von rund 15 Nm an.
- Montieren Sie gebrauchte Zündkerzen, reinigen Sie das Kerzengewinde vor der Montage gründlich mit einer Messingbürste. Das gesäuberte Gewinde fetten sie danach leicht mit Kupferpaste ein. Zur Montage verfahren Sie wie bei neuen Zündkerzen.
- Beenden Sie die Montage in umgekehrter Reihenfolge.

Mit spezieller Kerzennuss kein Problem: der Zündkerzenwechsel am C-MAX.

Abgebrannt: Kerzen mit dieser Optik entsorgen Sie besser sofort als Kernschrott.

WISSENSWERTES

Zündkerze sitzt fest

Festgebackene Zündkerzen schrauben Sie bitte auf keinen Fall mit roher Gewalt aus dem Zylinderkopf. Schiere Kraft könnte das Kerzengewinde im Zylinderkopf zerstören. Fahren Sie jetzt besser den Motor warm und versuchen dann erneut Ihr Glück. Doch Vorsicht – am heißen Motor verbrennen Sie sich schnell die Hände. Mit der Montage neuer Zündkerzen warten Sie auf jeden Fall so lange, bis der Motor abgekühlt ist. Unsere Empfehlung hat auch einen technischen Hintergrund – die Materialien der Zündkerze und des Zylinderkopfs dehnen sich unterschiedlich aus: Kalte Zündkerzen in einen heißen Motor implantiert, sitzen später bombensicher bombenfest...

Bevor Sie die neue Zündkerze montieren, tragen Sie auf das Gewinde einen dünnen Gleitfilm Kupferpaste auf. Kupferpaste haftet wärmebeständig auf den Oberflächen und verhindert demzufolge fest gebrannte Zündkerzen relativ sicher.

Zündmodul und Kabel – das sollten Sie im Auge halten

Sobald Sie den Motor mit abgezogenen Zündsteckern starten, kann das dem zentralen Steuergerät den Garaus machen. Klemmen Sie vorab also unbedingt die Zündung ab. Es reicht, wenn Sie den Mehrfachstecker vom Zündmodul ziehen.

- Haben die Kabelanschlüsse und Mehrfachstecker festen Kontakt zum Steuergerät?
- Vagabundierende Zündfunken hinterlassen auf ihrem Weg meistens Brandspuren. In dem Fall tauschen Sie das "gezeichnete" Bauteil besser sofort gegen ein neues aus.
- Checken Sie daraufhin sämtliche Kerzenstecker mitsamt Zündmodul entsprechend penibel.
- Inspizieren Sie gleichsam die Anschlussklemmen. Haben sie satten Kontakt zu den Steckern – sind Sie oxidiert?
- Reinigen Sie – vornehmlich im Winter – die Anschlusskabel von Streusalz- oder Kalkablagerungen.

Glühkerzen demontieren (Diesel)

Werkzeug:
Ratsche, Verlängerung, 8-mm-Nuss

Arbeitsschritte:

- Lösen Sie im ersten Arbeitsschritt das Batteriemassekabel von der Batterie und ziehen die Motorverkleidung einfach vom Motor ab.
- Nun nehmen Sie den Schaumstoffblock oberhalb der Glühkerzen aus dem Motorraum und legen ihn beiseite.
- Anschließend ziehen Sie die Anschlussstecker von den Glühkerzen und binden den jetzt losen Kabelbaum beiseite.
- Jetzt haben Sie Freiraum – schrauben Sie die Kerzen aus dem Zylinderkopf.
- Beenden Sie den Austausch in umgekehrter Reihenfolge. Die neuen Glühkerzen sind im Zylinderkpf mit 7 Nm angezogen.

Heizt kalten Dieselmotoren ein – die Vorglühanlage

Dieselmotoren erwachen beim Kaltstart erfahrungsgemäß schwerer als ihre Kollegen von der Ottofraktion. Zwar springen in unseren Breitengraden moderne Direkteinspritzer auch im Winter noch höflich an, doch bei grimmiger Kälte täten sie sich, ohne vorzuglühen, mit ihren ersten taktvollen Lebenszeichen allerdings schwer.
Darum heizen leistungsfähige Glühkerzen ausgekühlten Dieselbrennräumen ein. Die Glühkerzen sitzen auf der Rückseite des Zylinderkopfs und stehen unter Aufsicht des elektronischen Dieselmotormanagements. Um die Zeitdauer des Temperaturschubs exakt festzulegen, vertraut das PCM in der Vorwärmphase den Signalen des Temperatursensors: Je niedriger die Temperatur, umso intensiver die Vorwärmphase. Die maximale Vorwärmdauer beträgt rund acht Sekunden, vorausgesetzt es herrschen mindestens -20 ºC. Sobald die Motortemperatur höher als 80 ºC ist, fällt nach einem Startvorgang die Vorwärmphase gänzlich aus.

Und damit die Selbstzünder im C-MAX auch nach den ersten Lebenszeichen nicht als Schüttelhuber agieren, geht's nahtlos in die Nachglühphase: Das stabilisiert den Leerlauf und minimiert die Kohlenwasserstoffemissionen. Bei Außentemperaturen unterhalb -20 °C glühen die Kerzen für etwa 30 Sekunden nach, bei Motortemperaturen oberhalb 50 °C dieselt der C-MAX gänzlich ohne fremde Hilfe.

Gleichfalls wenn der kalte Selbstzünder mehr als 2500 $min.^{-1}$ macht: Ein Hinweis für das elektronische Dieselmotormanagement, den Glühkerzen jetzt den Strom zu entziehen. Davon profitiert übrigens auch Ihr Geldbeutel – die Vorkehrung verlängert die Lebensdauer der Glühkerzen.

Vorglühanlage prüfen

Sollte Ihr Diesel unwillig anspringen und Sie den Grund dafür im Vorglühsystem vermuten, gehen Sie Ihrem Verdacht zielgerichtet auf den Grund:

- Ihr erster Blick gilt der Hauptsicherungen der Vorglühanlage (Sicherung F10, 60A) und...
- ...danach den übrigen Sicherungen der Motorelektrik.
- Sollten alle Sicherungen o. k. sein, checken Sie mit dem Multimeter (Stellung »V«) die Spannung an den Schnellglühkerzen.
- Kommen dort mindestens 11,5 Volt an, misstrauen Sie den Glühkerzen.
- In dem Fall ziehen Sie das Anschlusskabel an einer der Glühkerzen ab und...
- ...klemmen eine Prüflampe zwischen Anschlusskabel und Masse.
- Jetzt ziehen Sie am Kühlmitteltemperaturgeber den Stecker (Pfeil) ab und legen ihn beiseite. Achten Sie darauf, dass der geparkte Stecker nicht an Masse kommt.
- Anschließend drehen Sie den Zündschlüssel auf Stellung »Vorglühen«.
- Die Prüflampe muss jetzt etwa 20 Sekunden aufleuchten.
- Falls nicht, prüfen Sie die Hauptsicherung und das Vorglührelais (R2) im Sicherungskasten.

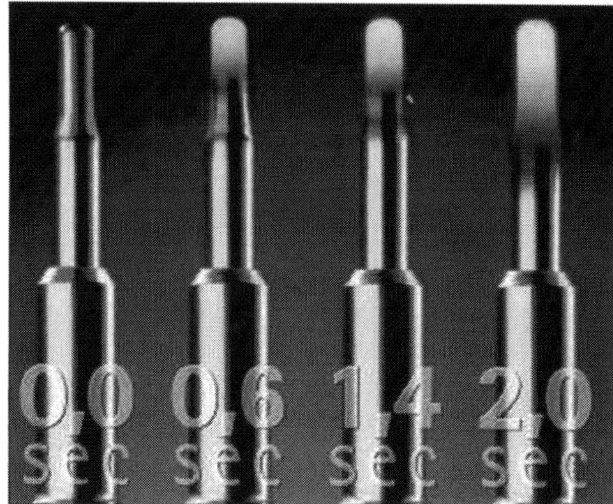

Machen müde Diesel munter: Schnellglühkerzen auf der Zylinderkopfrückseite. Jedem Brennraum heizt eine eigene Glühkerze mit maximal 1050 °C ein. Im System auftretende Fehler oder Unregelmäßigkeiten archiviert der Bordrechner. Die Daten entschlüsselt Ihr Ford-Händler, er setzt den Speicher auch wieder auf null.

- Wenn Sie dort den Fehler nicht lokalisieren, freunden Sie sich mit einem neuen Steuergerät an.
- Bei geringen Selbstzweifeln verzichten Sie auf den Austausch und überlassen den Job Ihrem Ford-Händler.

Glühkerzen prüfen

- Demontieren Sie die Glühkerzen wie beschrieben und...

PRAXISTIPP: Vorglühanlage defekt

Defekte an der C-MAX-Vorglühanlage bemerken Sie wahrscheinlich erst bei klirrendem Frost (unter –15 °C). Dann nämlich nimmt Ihr C-MAX ohne fremde Heizenergie seinen Job nur widerwillig auf. Mit offenen Augen und einem feinen Näschen kommen Sie möglichen Fehlern allerdings schon früher auf die Spur: Interessieren Sie sich für die Kaltstart-Dieselwolke hinter Ihrem Auto. Wenn dort stechende, blaue Rauchfahnen Ihre Nase verprellen und die Umwelt vernebeln, lassen Sie Ihre Werkstatt prophylaktisch den PCU-Fehlerspeicher auslesen. Denn Blaurauch mit einhergehender scharfer Duftnote signalisiert eine kalte, unvollständige Verbrennung. Kleinere Wölkchen hinter Ihrem C-MAX müssen Sie freilich nicht beunruhigen.

- ...legen sie auf einer feuerfesten Unterlage ab.
- Schließen Sie nun jede Glühkerze per Fremdstartkabel an eine voll geladene Batterie an. Arbeiten Sie unbedingt mit dicken Lederhandschuhen – die Kerzen werden glühend heiß (max. 1050 °C)!
- Binnen 10 Sekunden muss jede Glühkerze hellrot anlaufen. Ansonsten erneuern Sie die träge(n) Kerze(n) – besser Sie erneuern gleich den kompletten Satz.

Die Kraftstoff-versorgung

Der C-MAX-Kraftstofftank liegt im hinteren Bereich der Bodengruppe unterhalb der Fondbank. Es ist ein tief gezogener Kunststoffbehälter mit 55 Liter (Grand C-MAX 60 Liter) Fassungsvermögen. Die Ottoversionen des C-MAX befördern ihren Lebenssaft mit einer elektrischen Intank-Kraftstoffpumpe bis unter die Motorhaube. Die fünf Diesel saugen ihren Lebenssaft mit einer integrierten Förderpumpe in die Hochdruckpumpe des Common-Rail-Umfelds. Die EcoBoost-C-MÄXE bemühen zwei Kraftstoffpumpen zur Treibstoffförderung. In allen Fällen hat der C-MAX-Tank keine Ablassschraube. Sollten Sie irgendwann also den Behälter demontieren oder seine Innereien näher in Augenschein nehmen müssen, entleeren Sie vorab das Reservoir über den am Fahrzeugboden verlaufenden Einfüllstutzenschlauch.

Fasst maximal 60 Liter: der Kunststofftank im Grand C-MAX.

Ausgeklügelt – das Tankbelüftungssystem

Die Kraftstoffpumpe der Saugmotoren ist kombiniert mit dem Kraftstoffvorratsanzeiger (Intankkraftstoffpumpe). Um Verunreinigungen und Kondensate zu binden, sitzt ein Kraftstofffilter im Pumpenmodul. Die Kraftstoffvor- und -rücklaufleitung kommen zusammen mit dem Tankgeber aus dem Tank. Ihre Anschlüsse sind als leicht lösbare Schnellverschlüsse konstruiert. Ein Sicherheitsventil regelt die Be- und Entlüftung. Die im Tank oberhalb des Kraftstoffspiegels entstehenden Gase sammelt ein Aktivkohlefilter und speist sie bei laufendem Motor in das Luftfiltergehäuse und somit in den Ansaugtrakt ein.

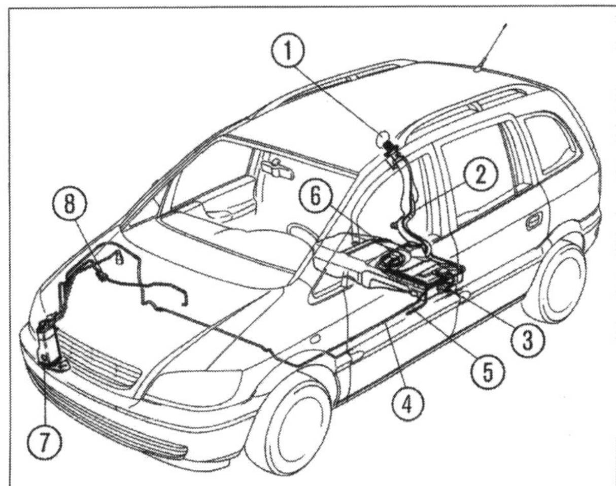

Werden bei laufendem Motor eingespeist: Kraftstoffdämpfe aus dem Tank.
1 Tankeinfüllstutzen, 2 Einfüllstutzenbe- und -entlüftung, 3 Kraftstofffilter, 4 Kraftstoffförderleitung, 5 Tankentlüftungsleitung, 6 Intankkraftstoffpumpe, 7 Aktivkohlefilter 8 Tankentlüftungsventil

Der Kraftstoff

Unisono verbrennen die Duratec-Motoren Super (ROZ 95). Es gibt eine Ausnahme: Der C-MAX1,6 l Flexifuel. Er kann problemlos mit Superkraftstoff oder Bio-Ethanol (E85) betrieben werden. Alle Ottomotoren können Sie jedoch auch mit Super Plus (ROZ 98) füttern. Das macht ab und an durchaus Sinn: Zum Beispiel wenn Ihr Auto im Gespannbetrieb oder bei hohen Außentemperaturen ständig Höchstleistungen abliefert. Mitunter sinkt der Kraftstoffverbrauch mit Super Plus sogar geringfügig. Doch wenn's ums Sparen geht, haben Ihr eigener Gasfuß und der richtige Umgang mit dem Schalthebel unvergleichlich mehr Einfluss auf den Appetit Ihres Autos, als hochoktaniger Super Plus-Saft. Der Bio-Ethanol-Antrieb im »Flexifuel« erfordert ein speziell auf die Bedürfnisse entwickeltes Motormanagement, welches das jeweilige Kraftstoff Mischungsverhältnis erkennt. Daraus erfolgt eine optimierte, besonders effektive Kaltstart-Vorwärmung. Außerdem sind die Ventile und Ventilsitze aus einem besonders gehärteten Material hergestellt. Ganz wichtig für die Haltbarkeit Ihres C-Max: Alle Kraftstoff führenden Bauteile sind aus extrem korrosionsbeständige Materialien.

Mit gebotener Vorsicht kein Problem – Kraftstoffleitungen und Schläuche demontieren (allgemein)

Vorsicht: Das Kraftstoffsystem steht bei Einspritzanlagen auch dann noch unter Druck, wenn der Zündschlüssel bereits längere Zeit abgezogen war. Bandagieren Sie die Montagestellen deshalb grundsätzlich mit einem Putzlappen und tragen Sie eine Schutzbrille.

- Lösen Sie die Schnellkupplungen bzw. Schraubanschlüsse.
- Bei Quetschklemmen fahren Sie mit einem feinen Schraubendreher unter die Schelle und lockern sie, indem Sie den Schraubendreher seitlich hin- und herhebeln.
- Ziehen Sie den Schlauch mit Drehbewegungen ab. Gelingt Ihnen das nicht, setzen Sie hinter das Schlauchende einen kleinen Gabelschlüssel an und pressen den Schlauch mit dem Schlüsselmaul ab.
- Montieren Sie die Schläuche nicht mit Quetsch- sondern mit Schraubschellen.
- Dichten Sie Schraubflansche grundsätzlich mit neuen Dichtungen ab.

⚠ Vorsicht ist angebracht

GEFAHRENHINWEISE

Kraftstoffdämpfe in konzentrierter Form sind giftig und greifen Ihre Atmungsorgane an. Im Umgang mit Kraftstoffen ist Vorsicht das höchste Gebot. Nehmen Sie Wartungsarbeiten und Reparaturen an der Kraftstoffanlage niemals auf die leichte Schulter. Gehen Sie vor allem beim Entleeren des Kraftstoffbehälters umsichtig zu Werke und treffen folgende Sicherheitsvorkehrungen:

- Halten Sie einen CO_2-Pulver- oder Schaumlöscher der Brandklasse B griffbereit.
- Entleeren Sie Kraftstoffbehälter **niemals** über einer Grube: Die entweichenden Gase sind schwerer als Luft und könnten unter Ihrem Wagen über mehrere Stunden ein hochexplosives Gemisch bilden.
- Entleeren Sie Tanks entweder im Freien oder in exzellent durchlüfteten Räumen. Dazu benötigen Sie eine kraftstoffresistente Handpumpe (z.B. Balgen-Schlauchpumpe). Versuchen Sie auf keinen Fall, den Kraftstoff aus der oberen Tanköffnung auszugießen oder mit einem Schlauch per Mund abzusaugen – Vergiftungsgefahr!
- Klemmen Sie **vorher** die Batterie an beiden Polen ab.
- Stellen Sie sicher, dass während der Arbeit mit Kraftstoff keine eingeschalteten elektrischen Geräte, offenen Flammen, Wärme- und Funkenquellen im Raum sind.
- Füllen Sie Kraftstoff nur in verschließbare, klar beschriftete und resistente Gefäße um. Dazu gibt's spezielle Behälter mit Flammschutz und Druckausgleichsverschluss.
- Leere Kraftstofftanks sind über längere Zeit wie explosive Gasometer. Halten Sie sich in ihrer Nähe also mit offenen Flammen zurück – es besteht latente Explosionsgefahr.

Kraftstoff: Entzündlich, giftig, umweltschädigend

WISSENSWERTES

Kraftstoff – Begriffe und Normen

Normal-/Superbenzin: Fast identische Reinheitsgrade, Verdampfungsverhalten (wichtig für Entzündbarkeit) und Energiebilanzen (Heizwert je Kilogramm Kraftstoff). Entscheidender Unterschied: Super hat eine höhere Klopffestigkeit (mind. 95 Oktan) als Normalbenzin (max. 90 Oktan).

Diesel: Ein Kraftstoff, der die physikalischen Eigenschaften des Selbstzünders perfekt bedient. Durch die hohe Zündwilligkeit des Dieselkraftstoffs und das extrem hohe Verdichtungsverhältnis in Dieselmotoren läuft die Verbrennung kontrolliert in Sekundenbruchteilen ab. Für Ottomotoren wäre Dieselöl freilich pures Gift – binnen weniger Sekunden würde der Motor absterben und die Zündkerzen verölen, respektive gnadenlos verrußen.

Sommer-/Winterdiesel: Sommerdiesel, nach DIN 51 601, paraffiniert schon bei geringen Minustemperaturen. Er kommt zwischen Frühjahr und Herbst ohne Fließverbesserer an die Zapfsäule. Danach ist Winterdiesel mit einem geringen Anteil an Fließverbesserern angesagt. Winterdiesel bleibt bis etwa -10 °C filtergängig und behält seine Fließfähigkeit laut DIN-Norm bis -12 °C. Erfahrungsgemäß können Sie handelsüblichem Winterdiesel jedoch Minustemperaturen bis etwa -22 °C zutrauen.

Autogas »LPG« (Liquified Petroleum Gas): LPG fällt als Abfallprodukt bei der Benzinherstellung aus Erdöl an. Autogas (DIN EN 589) ist ein Gemisch aus Propan (C3H8) und Butan (C4H10). Das wird bei geringem Druck (10 bar) flüssig. Daher sind LPG-Tanks und -Leitungen nur für niedrigen Druck ausgelegt. Der wesentlich höhere Arbeitsdruck einer Erdgastankstelle beispielsweise würde den LPG-Tank unweigerlich zum Bersten bringen.

Erdgas »CNG« (Compressed Natural Gas): CNG kommt in fossilen Lagerstätten vor. Es besteht hauptsächlich nach DIN-51624 aus Methan (CH4). Komprimiertes CNG wird unter hohem Druck (200–240 bar) gasförmig. Erdgastanks und -Leitungen müssen im Auto dementsprechend ausgelegt sein. Erdgasmotoren sind nicht für LPG geeignet. Ähnlich wie Ottokraftstoff kommt CNG in unterschiedlichen Güteklassen in den Handel: H-CNG, L-CNG sind die Bezeichnungen.
H-CNG (High caloric-Gas) hat einen Methananteil zwischen 87 und 99,1 Volumenprozent (Vol.-%). L-CNG (Low caloric-Gas) erreicht einen Methanolanteil zwischen 79,8 und 87 Vol.-% liegt. Das Methanol-dichtere und leistungsfähigere H-CNG hat zudem einen geringeren Stickstoff- (N2) und Kohlendioxidanteil (CO_2).

Klopffestigkeit: Je höher der Kompressionsdruck umso besser der thermische Motorwirkungsgrad. Doch wenn der Kraftstoff in Ottomotoren zur Selbstentzündung neigt, kommt es zu unkontrollierten Verbrennungen – der Motor klingelt. Superkraftstoff verkraftet höhere Verbrennungsdrücke als Normalbenzin, er neigt weniger zur Selbstentzündung.
Haben Sie Ihren C-MAX aus Versehen mit Normalbenzin betankt, wird er Ihnen, wenn Sie aus niedrigen Drehzahlen heraus voll beschleunigen, den Lapsus mit lauten Klingelgeräuschen quittieren. Um ernsthafte Schäden zu umgehen, sind die ECOTEC-Motoren daher mit einem Klopfsensor bestückt. Sobald der Sensor ungewohnte Schwingungen am Motorblock bemerkt, passt er den Zündzeitpunkt sukzessive dem schlechteren Kraftstoff an. Gehen Sie dann etwas sensibler und ruhiger mit dem Gaspedal um und verlangen dem Motor bis zum nächsten Tanken allenfalls mittlere Drehzahlen und nicht unbedingt ausgedehnte Gespannfahrten ab.

Oktanzahl: Steht für die Klopffestigkeit des Kraftstoffs. An der Zapfsäule finden Sie in der Regel die Bezeichnung »ROZ« (Research-Oktanzahl), seltener die Spezifikation »MOZ« (Motoroktanzahl). Die Oktanzahlwerte für die Mindestanforderungen an bleifreien Kraftstoff beschreibt heutzutage die grenzenübergreifende Euro-Norm EN 228. Sie ist verbindlich für alle Ölmultis und Autombilproduzenten.

Cetanzahl: Eine reine, im Labor ermittelte Verhältniszahl. Steht für die Zündwilligkeit eines Kraftstoffs. Dem sehr zündwilligen Cetan wird die Zahl 100 zugeordnet, dem extrem zündunwilligen Vergleichskraftstoff Methylnaphthalin dagegen eine 0. Die Cetanzahl gibt an, wieviel Volumenprozent Cetan ein Gemisch mit Methylnaphthalin enthalten müsste, um die gleiche Zündwilligkeit wie der zu messende Kraftstoff zu haben. Beim Diesel soll sie 45 betragen.

Kraftstofffilter wechseln (Dieselmotor)

Werkzeug:
Ratsche, kurze Verlängerung, 8-mm-Stecknuss, Schlitzschraubendreher

- Ziehen Sie die Motorverkleidung von den vier Halteclipsen ab.
- Lösen Sie drei Schrauben (Pfeile) des Universalstativs oberhalb des Kraftstofffilters.
- Clipsen Sie die beiden Kunststoffleitungen aus dem Stativ und bugsieren das Stativ hinter den Zylinderkopf.
- Danach ziehen Sie die Patentstecker der Kraftstoffvor- und Rücklaufleitung (1) sowie den Zentralstecker (2) vom Filtergehäuse bzw. den Leitungsflanschen ab. Erfahrungsgemäß läuft dabei kein Kraftstoff aus.
- Verlegen Sie die losen Leitungen sowie den Stecker aus dem Arbeitsumfeld und...
- ...lösen drei Schrauben oberhalb des Kraftstofffilters.
- Das Filtergehäuse fixiert ein Plastikring im Filterstativ. Sie müssen dem Filter zur Demontage also mit etwas Kraftaufwand nachhelfen.
- Komplettieren Sie den neuen Filter mit den Teilen des alten und setzen das Neuteil dann gefühlvoll in das Stativ ein.
- Den alten Kraftstofffilter entsorgen Sie als Sondermüll.
- Beenden Sie die Montage in umgekehrter Reihenfolge. Achten Sie darauf, dass die Schnellverschlüsse richtig einrasten. Falls nicht, springen die Schläuche irgendwann ab und fluten Ihnen den Motorraum mit Diesel. Vergessen Sie auch nicht den Zentralstecker wieder anzuschließen.
- Sollte der Motor wider Erwarten nach der Montage nicht sofort anspringen, öffnen Sie bitte die Entlüftungsschraube (Kunststoff) oberhalb des Filterkopfs mit einem Kreuzschraubendreher und füllen den Filter durch die Öffnung bedächtig mit frischem Dieselöl auf.
- Nachdem Sie den Filter wieder verschlossen haben, versuchen Sie erneut Ihr Glück mit dem Zündschlüssel. Der Motor wird jetzt sofort anspringen und nach ein paar Sekunden rund vor sich hin nagelt.

Lassen Sie den Motor ruhig etwas mit Standgas laufen – derweil checken Sie alle Anschlüsse auf Dichtheit und versuchen zur Sicherheit die Schläuche per Hand von den Anschlüssen zu ziehen. Bei solider Arbeit gelingt Ihnen das natürlich nicht...

Zunächst die Motorverkleidung abziehen: Bevor Sie den Dieselfilter wechseln.

WISSENSWERTES

Darauf sollten Sie achten – Dieselkraftstoff und Kondenswasser

Dieselöl hat die unangenehme Eigenart Kondenswasser zu binden und flockige Schmutzpartikel zu führen.

Deshalb sollten Sie die vorgeschriebenen Wechselintervalle des Dieselfilters hierzulande unbedingt einhalten und nach ausgedehnten Fahrten ins außereuropäische Ausland mitunter sogar vorziehen.

Das Abgassystem

In den Kindertagen des Automobils hatten Auspuffsysteme lediglich die Aufgabe, die Verbrennungsgeräusche des Explosionsmotors zu reduzieren. Das war einmal: Heutzutage übernimmt der Auspuff auch einen Großteil der außermotorischen Abgasentgiftung. Abgaskatalysatoren eliminieren bis zu 90 Prozent der giftigen Abgase.

Den Ersatzbedarf deckt Ford mit Serviceanlagen ab. Zur Montage des Serviceparts teilen Sie jeweils die Produktionsanlage an den entsprechenden Flanschen und setzen dann das Neuteil mit neuen Dichtungen dazwischen. Außer einer festen Halterung fixieren den Auspuff an exponierten Stellen mehrere Weichgummihalterungen. Sie halten die Anlage nahezu vibrations- und spannungsfrei in der Waage und auf erforderliche Distanz zum Unterboden.

Im Neuzustand einteilig: die Auspuffanlage im Focus. Im Bild das Flexrohr nahe am Katalysator.

Erfahrungssache – so bearbeiten Profis den Auspuff

Der Reparaturerfolg an einer rostigen Abgasanlage ist meist nur von kurzer Dauer: Stark oxydierte Bleche sind nicht mehr dauerhaft zu schweißen. Auch Auspuffkitt und Bandagen halten den Rost nur vorübergehend beieinander, direkt neben der Reparaturstelle blüht er schnell wieder auf. Abgasanlagen mit mehr als einem Schalldämpfer haben die unangenehme Eigenschaft, dass nur wenige Monate nach dem Austausch des ersten auch der zweite Schalldämpfer perforiert ist. Werkstätten wechseln Abgasanlagen deshalb gerne komplett.

Unser Tipp: Bevor Sie Hand anlegen, nehmen Sie den Auspuff Ihres C-MAX genau in Augenschein und entscheiden danach, ob Einzelteile reichen oder doch die komplette Anlage zu erneuern ist.

- Bocken Sie Ihren C-MAX standfest auf.
- Falls Sie festgerostete Verschraubungen nicht mehr lösen können, versuchen Sie es anders herum – meistens reißen überzogene Schrauben nämlich ab.
- Verwenden Sie grundsätzlich neue Schrauben, Federringe, Muttern und Dichtungen.
- Erneuern Sie gleichfalls alle Haltegummis. Der neue Auspuff hängt dann rüttelsicher in der Waage und verspannt nicht so leicht.
- Schützen Sie Ihre Hände, die Augen und das Umfeld der Arbeitsstelle mit robusten Arbeitshandschuhen, einer Arbeitsbrille bzw. einer feuerfesten Zwischenlage.
- Haben Sie den Auspuff bereits früher teilweise erneuert, trennen Sie die Steckverbindungen der Rohrenden am besten in erhitztem Zustand. Werkstätten nutzen dazu einen Schweißbrenner – ein guter Propangasbrenner tut's in der Regel auch.

Zur Vorsicht schienen

WISSENSWERTES

Bei Arbeiten an der Abgasanlage sichern Sie das vordere Flexrohr gegen unkontrolliertes Durchhängen oder Verdrehen. Bandagieren Sie den Bereich einfach mit zwei passenden Dachlatten, die

Mit drei Hölzern und Schellen fixieren: das Flexrohr zur Montage.

Sie mit Schlauchschellen fest an das Flexrohr pressen. Schienen Sie das Rohr sorgsam: Sollte das Netz während der Montage verbiegen oder überdehnen, ist der vordere Auspuff schrottreif.

- Praxistipp: Bevor Sie den Brenner anfeuern, versuchen Sie es zunächst mit Rostlösemitteln.
- Sobald offenes Feuer mit ins Spiel kommt, stellen Sie zudem einen Feuerlöscher griffbereit.
- Trennen Sie Rohre und Flanschen mit kräftigen Drehbewegungen. Evtl. erleichtern Ihnen leichte Hammerschläge auf das Außenrohr die Arbeit.
- Bleiben Sie damit erfolglos, flexen oder sägen Sie Steckverbindungen knapp 10 Zentimeter hinter der Verbindungsstelle ab. Den Rest des Rohrs schlitzen Sie dann bis zur Trennstelle in Längsrichtung auf und schälen es hernach mit einem kräftigen Schraubendreher ab.
- Auspuffschrauben lassen sich später leichter wieder lösen, wenn Sie vor der Montage hitzebeständige Kupferfettpaste auf die Gewinde verstreichen. Gleiches gilt erst recht für Steckverbindungen.

Trauen Sie keiner alten Aufhängungsschlaufe: Augen auf beim Auspuffcheck

Motorseitig ist das Auspuffsystem an einem Zweipunktflansch fest mit dem Auspuffkrümmer verschraubt. Unter dem Fahrzeugboden hängt es allerdings frei schwingend in Gummistegschlaufen und der Endschalldämpfer kontaktet zum vorderen Teil über einen Zweilochflansch mit flexiblem Dichtzwischenring. Wenn der Auspuff erst dröhnt und knallt oder gar an den Unterboden anschlägt, trauen Sie keiner Schweißnaht, keinem Schalldämpfer und erst recht keiner alten Aufhängungsschlaufe mehr. Inspizieren Sie den rostigen Rest penibel, schrecken Sie dabei auch vor Hammerschlägen nicht zurück.

- Checken Sie alte Gummistegschlaufen auf Brüchigkeit, Einrisse oder sonstige Beschädigungen. Zur Kontrolle rütteln Sie den Auspuff am Endrohr kräftig hin und her.
- Überprüfen Sie auch am Krümmerflansch sämtliche Verschraubungen auf festen Sitz.
- Starten Sie den Motor und verstopfen das Auspuffendrohr mit einem Lappen. Schon nach kurzer Zeit muss der Motor absterben. Hören Sie unter dem C-MAX-Bauch allerdings zischelnde Geräusche oder läuft der Motor unbeeindruckt weiter, ist die Anlage undicht.
- Laute Verbrennungsgeräusche und helles Patschen im Schiebebetrieb verraten untrüglich einen defekten Auspuff.
- Klopfen Sie gründlich alle Schalldämpfer und Rohre mit Hammerschlägen ab.
- Vergessen Sie auch die Schalldämpferstirnseiten nicht. Hämmern Sie übrigens nicht zu zaghaft, ein gesunder Auspuff verträgt das. Auf gesundem Blech klingen Ihre Schläge trocken und hell, morsches Blech erkennen Sie an dumpfen Klopfgeräuschen.

Besser gleich komplett erneuern: die Gummistegschlaufen zum Auspufftausch. 1 Halterung; 2 Gummistegschlaufe.

Hier entscheidet Ihr Portemonnaie – Auspuffkomplett- oder -teilreparatur

Aufgrund der Zulassungszahlen beschreiben wir Ihnen die Demontage am Bespiel des 1,6-Liter-Duratec-Motors. Der grundsätzliche Aufwand bei den anderen Motoren ist vergleichbar. Für den Fall, dass Sie nur Einzelteile erneuern möchten, berücksichtigen Sie natürlich nur den entsprechenden Reparaturabschnitt. Denken Sie beim Ersatzteilkauf daran, dass Sie generell alle Schrauben, Muttern, Dichtungen, Dichtringe und spröde Haltegummis erneuern.

Werkzeug:
Ratsche, Verlängerung, 13er-Stecknuss, Schlitzschraubendreher

- Klemmen Sie das Batteriemassekabel ab.
- Bocken Sie den Wagen standfest auf.
- Demontieren Sie die mittlere Traverse an vier Muttern und legen sie beiseite.
- Lösen Sie den vorderen Auspuff am Befestigungsflansch, hängen alle Aufhängungsgummis aus und senken den Auspuff vorsichtig ab.

Mit zwei Muttern am Krümmer verschraubt: das vordere Abgasrohr.

- Vor der Montage bestreichen Sie die Schiebestücke und neuen Dichtungen beidseitig mit zähem Fett. Die gefettete Krümmerflanschdichtung pappen Sie zunächst einfach an den Flansch und hängen dann den neuen Auspuff mit zwei Schrauben locker davor.
- Achten Sie darauf, dass die Dichtung später exakt vor den Schraublöchern sitzt.
- Jetzt komplettieren Sie den Auspuff Schritt für Schritt nach hinten und hängen die Rohre mit neuen Gummischlaufen auf. Vergessen Sie nicht, die Schlaufen vorher einzufetten.
- Hängt alles in Reih' und Glied? Dann richten Sie die Anlage unter dem Wagenboden aus.
- Dazu rütteln Sie den Auspuff am Endrohr kräftig hin und her. Falls er nicht mit dem Bodenblech kollidiert, ziehen Sie den vorderen Schraubflansch mit 20 Nm fest.
- Starten Sie den Motor. Halten Sie das Auspuffendrohr zu und warten, bis der Motor abstirbt. Falls er keine Anstalten dazu macht, ist die Anlage irgendwo undicht. In dem Fall ziehen Sie sämtliche Schraubverbindungen nach und checken die Dichtflächen – danach geben Sie dem Motor und Ihrer Arbeit eine zweite Chance.

WISSENSWERTES

So wird der Auspuff dicht

Verwenden Sie zu jeder Auspuffreparatur generell neue Dichtungen und Schrauben: Unbenutzte Dichtungen sind noch nachgiebig und passen sich daher den Flanschen besser an. Neue Schrauben sind einfach schneller zu handhaben. Vergessen Sie auch nicht, sämtliche Dichtflächen vor der Montage zu planen sowie die Stehbolzen und Schrauben mit hitzefester Kupferpaste einzustreichen. Die Chancen, dass Ihr Auspuff dann auf Anhieb dicht wird, sind so wesentlich größer. Undichte Anlagen klingen übrigens nicht nur nach Hinterhof, sondern sie wirken sich zudem negativ auf die Motorleistung und das Abgasverhalten aus.

Umgang mit dem Kat

WISSENSWERTES

Wenn eine leere Batterie Ihren Focus nicht anspringen lässt, schleppen oder schieben Sie den Wagen nicht allzu lange an. Währenddessen könnte unverbrannter Kraftstoff den Katalysator ertränken und dauerhaft zerstören.

Zündaussetzer oder Fehlzündungen verraten Unregelmäßigkeiten an der Zündanlage. Gehen Sie schnellstens den Symptomen nach bzw. beordern einen Fachmann mit Messequipment an Ihren Focus.

Bevor Sie frischen Unterbodenschutz auftragen, packen Sie vorab den Katalysator gut ein, ansonsten könnte es danach unter dem Focus-Bauch ungewollt zündeln.

Kontrollieren Sie gelegentlich auch den Hitzeschutz über dem Katalysator auf Beschädigungen.

Ein undichter Auspuff (verbrannte Dichtung, Hitzerisse, Rostschäden usw.) vor der Lambdasonde verfälscht die Messwerte (erhöhter Sauerstoffanteil). Folglich reichert das elektronische Motormanagement das Gemisch an. Sie sponsern in dem Fall den Irrtum der Elektronik mit überhöhtem Kraftstoffverbrauch und vorzeitig alterndem Katalysator.

Alternative zur Serienanlage – Sportauspuff nachrüsten

WISSENSWERTES

Wenn Ihnen die Optik oder Sound der Serien-Auspuffanlage allzu eindruckslos erscheinen sollte, kommt eventuell ein Sportauspuff aus dem freien Handel in die engere Wahl. Zumindest der Endtopf des C-MAX ist relativ einfach gegen ein sportliches Exemplar zu wechseln.
Erheblich Mehrleistung sollten Sie von dem Neuen allerdings nicht unbedingt erwarten – die meisten Sportauspuffanlagen heutiger Prägung dienen in erster Linie der Optik und frönen dem Sound mehr als der objektiven Mehrleistung.

Von Anlagen mit getrennten Endrohren raten wir Ihnen allerdings ab. Zumindest dann, wenn die Doppelrohrversion nicht unter die serienmäßige Heckschürze passt. Grund: Sollte nach Jahren der verrostete Dämpfer nicht mehr verfügbar sein, stehen Sie mit dem angepassten Abschlussblech allein im Regen.

Informieren Sie sich per Internet in C-MAX-Foren, entscheiden Sie sich auf keinen Fall für eine Anlage ohne EWG-Betriebserlaubnis. Es sein denn, Sie sind willens, die Kosten einer Einzelprüfung aus eigener Tasche zu bezahlen.

Die Kraftübertragung

Wie viele Kilowatt Ihr C-MAX tatsächlich an den Antriebsrädern abliefert, bestimmt allein Ihr Gasfuß. Sobald das theoretisch verfügbare Leistungsangebot allerdings nicht mehr zur tatsächlichen Motordrehzahl bzw. zur Momentangeschwindigkeit passt, liegen all die werksseitig implantierten Kilowatt wie gelähmt an der Kette. Grund: Jeder Verbrennungsmotor ist nur in einem ganz begrenzten Drehzahlfenster leistungswillig, bzw. leistungsfähig. Den Zusammenhang zwischen Drehzahl, Leistung und Geschwindigkeit erhellen Ihnen Leistungsdiagramme. Die dort ablesbaren Kurven setzen maßstabsgerecht das Verhältnis von Motorleistung und Drehzahl ins Verhältnis (siehe auch Kapitel Modellvorstellung).

Mit unterschiedlicher Charakteristik – die C-MAX-Schaltgetriebe

Ford verkuppelt die C-MAX Motoren mit vier unterschiedlichen Schaltboxen. Alle 1,6 l TI-VCT und der 1,6 l-Flexifuel nutzen ein vollsynchronisiertes 5-Gang-Schaltgetriebe mit Seilzug-Schaltung (Getrag Ford Durashift **iB5**).
Die 1,6 l-EcoBoost sowie die 1,6 l TDCi-Motoren kooperieren mit einem Sechsganggetriebe, gleichfalls vollsynchronisiert und mit Seilzug-Schaltung (Getrag Ford Durashift **B6**).
Käufer des 2,0 l-TDCi-Duratec haben Zugriff auf ein vollsynchronisiertes 6-Gang-Schaltgetriebe mit Seilzug-Schaltung (Getrag Ford Durashift **MMT6**).
Optional: ein elektronisch gesteuertes 6-Gang-Doppelkupplungs-Getriebe mit zwei Ausgangswellen und Nasskupplungen (Getrag Ford PowerShift **MPS6**) im 2-Liter-Duratorq-TDCi.

Elektronisch angesteuert: das Doppelkupplungs-Getriebe (MPS6) mit zwei Ausgangswellen und Nasskupplungen.

Theorie und Praxis – sparen mit Hintergrund

Theoretische Kenntnis und Hightech-Getriebe allein bringen Ihren C-MAX freilich nicht in Schwung: Sie müssen Ihr Wissen mitsamt der vorhandenen Hardware schon beherzt in die Praxis umsetzen. Denn sobald Motordrehzahl und Geschwindigkeit mit dem richtigen Gang korrespondieren, rollt Ihr C-MAX weder lustlos dahin, noch hängt er nervös am Gaspedal. Falls Sie das Bewusstsein um die Zusammenhänge zwischen Drehzahl und Drehmoment womöglich auf Ihre Fahrpraxis übertragen möchten, begreifen Sie Ihren Fahrstil fortan nicht als nervendes Korsett. Begreifen Sie Ihr Handeln besser als Herausforderung, Ihren Wagen mit möglichst geringer Motordrehzahl verbrauchsgünstig in einem möglichst hohen Drehmomentbereich zu fahren.

Mit wenig Gas »dahinrollen« – das senkt die Spritkosten

Beschleunigen Sie daher stets zügig (Gaspedal schnell etwa 2/3 durchtreten) und schalten möglichst früh in den nächsthöheren Gang. Sobald Sie Ihre Wunschgeschwindigkeit erreichen, lassen Sie den Wagen möglichst im größten Gang und mit wenig Gas dahinrollen. Drehen Sie den Motor lediglich beim Überholen oder Einspuren in den fließenden Verkehr höher aus. Stellen Sie ihn zudem während kurzer Stopps, beispielsweise vor Eisenbahnschranken, Baustellenampeln oder im Stau, ab: Das rechnet sich bereits nach 5 bis 7 Sekunden – und die Umwelt profitiert auch davon. Unsere Tipps konsequent umgesetzt, senken automatisch Ihre Tankrechnungen: Bis zu 20 Prozent Minderverbräuche sind keine Seltenheit – und zwar ohne ständig im Verkehrsfluss zu trödeln, bei Überholvorgängen auf gleicher Höhe zu verhungern oder die Tachonadel ständig im Keller verharren zu lassen.

Manuelle Schaltgetriebe – so wechseln die Gänge

Damit Ihr C-MAX möglichst leichtfüßig aus dem Stand beschleunigt, sind seine Antriebsräder auf ein großes Drehmoment angewiesen. Wie allerdings die Leistungskurven der Benziner belegen, unterhalb eintausend Umdrehungen halten sich die Newtonmeter noch dezent im Hintergrund. Darum erleichtert der erste Gang, mit einer Übersetzung ins Langsame, den Motoren relativ schnell Drehzahl anzunehmen. Je höher der Gang, umso ausgeglichener wird das Verhältnis. Ab dem fünften Gang ändert sich die Situation: Nun wird eine Übersetzung ins Schnelle wirksam.
Die Motorleistung gelangt via Kupplung auf die Getriebeantriebswelle (Eingangswelle) mit ihren schräg verzahnten Gangrädern. Die passenden Pendants dazu sitzen allesamt auf der Abtriebswelle. Als Pärchen stehen zwar alle Gangräder in ständigem Kontakt zueinander, fest verkuppelt ist jedoch immer nur das gerade genutzte Gangradpaar.
Bis die Gangräder der Hauptwelle festen Kontakt zu ihren Konterparts auf der Vorgelegewelle aufnehmen, rotieren sie frei ineinander. Erst wenn ein Gang eingelegt wird, ist das betreffende Zahnradpaar kraftschlüssig verbunden. Der Schalthebel wirkt auf eine Schaltgabel, die über eine Schiebemuffe den Kraftschluss der Gangräder ermöglicht. Damit die Zahnräder während des Schaltvorgangs geräuschlos und schnell zueinander finden, bringen Synchronringe die Getriebewellen auf gleiche Drehzahl: Dazu bremsen sie die schnellere Welle in einem Anlaufkonus so lange ab, bis die Schiebemuffe das neue Gangradpärchen geräuschlos miteinander verkuppelt.

Erst mit drei Zahnrädern komplett – der Rückwärtsgang

In allen Vorwärtsgängen stehen grundsätzlich zwei Zahnräder in festem Kontakt. Lediglich der Rückwärtsgang bemüht ein Zahnradtrio. Das dritte Zahnrad, auch Zwischenrad genannt, läuft unbelastet auf einer eigenen Welle. Es wird immer dann kraftschlüssig, wenn es gilt, zur Rückwärtsfahrt eine Drehrichtungsänderung der Abtriebswelle zu bewirken.

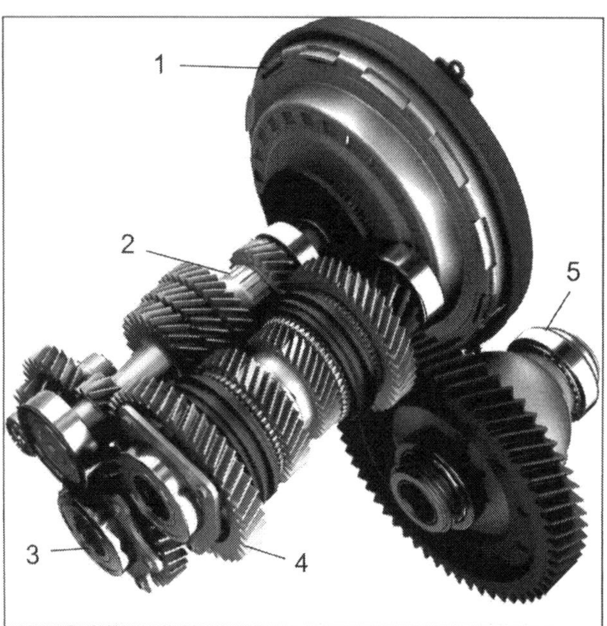

Typisch für moderne Frontantriebe: Dreiwellen-Getriebe mit integriertem Achsantrieb. 1 Kupplung, 2 Getriebeantriebswelle, 3 Vorgelegewelle, 4 Hauptwelle, 5 Achsantrieb.

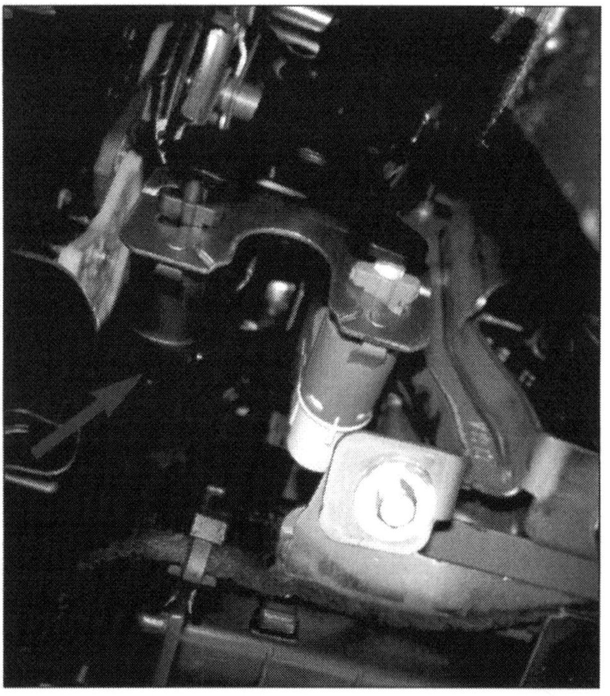

Sitzt oberhalb des Bremspedals: der Kupplungspedalschalter (Pfeil) als Bestandteil der Anti-Stall-Anfahrhilfe. Rechts daneben der Bremslichtschalter.

Trennt Motor und Getriebe – die Kupplung mit Anti-Stall-Effekt

In Autos mit manuellem Schaltgetriebe unterbricht die Kupplung während jedem Anfahr- oder Schaltvorgang den Kraftfluss zwischen Motor und Getriebe. Ihre Existenz ermöglicht weiche Anfahrvorgänge und ruckfreie Gangwechsel – vorausgesetzt die Schaltdrehzahl stimmt. Falls nicht, kann der Motor abwürgen oder im Umkehrschluss laut aufheulen.
Dem hat Ford im C-MAX jetzt mit der Anti-Stall-Anfahrhilfe einen technischen Riegel vorgeschoben: Anti-Stall hilft mit elektrischen Stellmotoren beim Anfahren z. B. im Stop-and-go-Verkehr oder am Berg das Abwürgen des Motors zu verhindern. Die Anfahrhilfe justiert die Leerlaufdrehzahl in genau dem Maß, dass der Motor nicht abstirbt und die Kupplung nicht unnötig gestresst wird.

Letzte Instanz vor den Antriebsrädern – der Achsantrieb

Als letzte Instanz auf dem Weg zu den Antriebsrädern passiert das Motordrehmoment den Achsantrieb. Die vom Getriebe angelieferten Drehzahlen variiert der Achsantrieb ins Langsame, demzufolge steigt das Drehmoment an den Antriebsrädern.

Die Kupplung

Im C-MAX arbeitet eine Einscheiben-Trockenkupplung – eine gleichermaßen einfache und zweckmäßige Konstruktion. Für Do-it-Yourselfer hat die Trockenkupplung freilich den Nachteil, dass ihre Verschleißteile (Mitnehmerscheibe, Kupplungsdruckplatte) gleichwie das Ausrücklager nicht ohne weiteres zugänglich sind. Um sie exakt zu inspizieren, muss das Getriebe zunächst vom Motor demontiert sein: Eine Arbeit, die solides Know-how gleichwie Spezialwerkzeuge voraussetzt. Falls Sie da für sich und auf Ihrer Werkbank Defizite erkennen sollten, überlassen Sie den Job besser einer Fachwerkstatt.

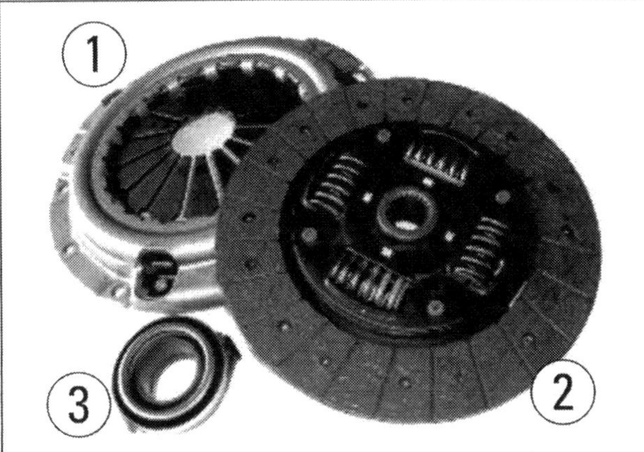

Teamarbeit in der Kupplungsglocke: Eine funktionsfähige Trockenkupplung besteht grundsätzlich aus der Kupplungsdruckplatte (Automat) 1, der Kupplungsscheibe (Mitnehmerscheibe) 2 und dem Ausrücklager 3. Im Focus setzt ein hydraulisch betätigtes Ausrücklager die Tellerfeder der Kupplungsdruckplatte unter Druck.

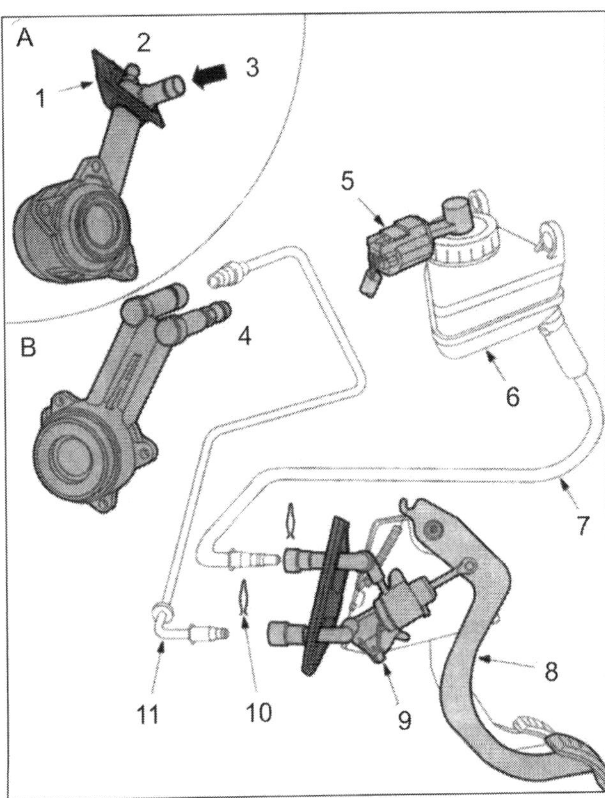

Hydraulische Kupplungsbetätigung:
A Kupplungsnehmerzylinder, mit integriertem Ausrücklager, 1 Kunststoffmanschette, 2 Entlüftungsanschluss, 3 Vorlaufleitung, 4 Entlüftungsanschluss, 5 Bremsflüssigkeitsstand-Niveauschalter, 6 Bremsflüssigkeitsvorratsbehälter, 7 Nachlaufleitung, 8 Kupplungspedal, 9 Geberzylinder, 10 Sicherungsklammer, 11 Druckleitung.

WISSENSWERTES

Die wichtigsten Kupplungskomponenten

– **Motorschwungscheibe:** Beim C-MAX, wie an den meisten Motoren überhaupt, drehfest mit der Kurbelwelle verschraubt.

– **Kupplungsscheibe (Mitnehmerscheibe):** Auf beiden Seiten einer Stahlscheibe sind Reibbeläge aufgenietet. Die Außendurchmesser der Kupplungsscheibe sind, abhängig von der Motorisierung, unterschiedlich dimensioniert. Die Mitnehmerscheibe sitzt axial verschiebbar und verdrehfest auf der Getriebeeingangswelle. Um den Anfahrvorgang weicher zu gestalten, dämpfen radial wirkende Torsionsfedern oder Gummielemente den Kraftschluss zwischen Reibbelägen und der Schwungscheibe respektive dem montierten Kupplungsautomaten.

– **Kupplungsdruckplatte (Kupplungsautomat):** Der Kupplungsautomat presst die schwimmend gelagerte Kupplungsscheibe über eine Tellerfeder gegen die Schwungscheibe. Die Kupplungsdruckplatte ist am C-MAX, wie bei den meisten anderen Autos auch, verdrehfest mit der Motorschwungscheibe verschraubt.

– **Ausrücklager:** Das Lager sitzt axial verschiebbar auf der Ausrückwelle und überträgt die vom Kupplungspedal erzeugte Druckkraft auf die Tellerfeder des Kupplungsautomaten. Das entlastet die Kupplungsdruckplatte, somit dreht die Mitnehmerscheibe frei zwischen Kupplungsdruckplatte und Motorschwungscheibe. Bei allen C-MAX-Modellen, wie bei vielen anderen Autos mittlerweile auch, ist das Ausrücklager eine komplette Einheit mit dem montierten# Kupplungsnehmerzylinder.

– **Nachstellautomatik:** Das Kupplungspedalspiel – bis hin zur Verschleißgrenze – regelt im C-MAX eine Nachstellautomatik. Lästige Nachstellarbeiten sind demzufolge überflüssig. Sollte die Kupplung irgendwann rutschen, gehen Sie von normalem Verschleiß aus. Nur in seltenen Fällen klemmt das Vordruckventil der Kupplungshydraulik, oder einer der beiden Radialwellendichtringe (Kurbelwelle, Getriebeeingangswelle) ist verschlissen und lässt Motor-, bzw. Getriebeöl auf die Reibbeläge der Kupplungsscheibe tröpfeln. In dem Fall kann keine kraftschlüssige Verbindung mehr zustande kommen.

STÖRUNGSBEISTAND

Checkliste – Kupplung

Störung	Was kann das sein?	Was kann ich tun?
A Kupplung rutscht.	**1** Spiel zu gering.	Grundeinstellung checken.
	2 Kupplungsbeläge verschlissen.	Mitnehmerscheibe erneuern lassen.
	3 Anpressdruck der Kupplung zu gering.	Kupplungsdruckplatte erneuern lassen. Mitnehmerscheibe gleich mit erneuern lassen.
	4 Kupplungsbelag verölt.	Radialwellendichtring an Kurbel- oder Getriebeeingangswelle undicht. Verschlissenen Dichtring erneuern lassen.
	5 Kupplung überhitzt.	Motorschwungscheibe prüfen, ggf. planschleifen, Kupplung komplett erneuern.
B Kupplung trennt nicht.	**1** Siehe A1	Dichtungen ersetzen, Verschraubungen nachziehen.
	2 Mitnehmerscheibe klemmt auf Getriebewelle.	Kerbverzahnung gründlich reinigen und leicht einfetten.
	3 Mitnehmerscheibe hat Schlag.	Mitnehmerscheibe ersetzen lassen.
	4 Mitnehmerscheibe verzogen oder Belag gebrochen.	Mitnehmerscheibe ersetzen lassen.
	5 Belag nach langer Standzeit an Schwungscheibe fest gerostet.	Anfahren, wie unter »Fahren ohne zu kuppeln« beschrieben. Kupplungspedal dauernd durchgetreten halten. Gaspedal ruckartig durchtreten und loslassen, um die Kupplung loszubrechen. Andernfalls schadhafte Teile wechseln lassen.
	6 Kupplungshydraulik defekt.	Entlüften, bzw. instand setzen lassen.
C Kupplung trennt nicht und rutscht gleichzeitig durch.	**1** Kupplungsautomat defekt.	Auswechseln lassen.
D Kupplung rupft	**1** Siehe A3	
	2 Motor- oder Getriebeaufhängung locker oder defekt.	Motor- oder Getriebeaufhängung festziehen bzw. ersetzen.
	3 Unebenheiten auf Schwungscheibe oder Druckplatte.	Defektes Teil ersetzen lassen

STÖRUNGSBEISTAND

Checkliste - Kupplung

Störung	Was kann das sein?	Was kann ich tun?
D	4 Falsche Beläge. Torsionsdämpfer verschlissen.	Mitnehmerscheibe erneuern lassen.
E Kupplungsgeräusche	1 Unwucht der Kupplungsdruckplatte bzw. Mitnehmerscheibe.	Defektes Teil ersetzen lassen.
	2 Torsionsdämpferfeder defekt.	Mitnehmerscheibe ersetzen lassen.
	3 Ausrücklager defekt.	Ausrücklager ersetzen lassen.
	4 Verbindungselemente im Kupplungsautomaten verschlissen.	Kupplungsautomat erneuern.

Getriebeölstand checken

Hochwertige Getriebeöle halten ein Getriebeleben lang – so auch im C-MAX. Solange unter seinem Bauch also keine großen Getriebeöllachen glänzen oder die einzelnen Gangstufen nur noch widerwillig zueinanderfinden, ignorieren Sie unseren Wartungshinweis getrost. Übrigens: Leichter Ölnebel im Umfeld der Getriebeentlüftung muss Sie nicht beunruhigen. Sobald Sie dort allerdings schon dicke Tropfen oder kleine Rinnsale entdecken, blasen Sie zunächst die Getriebeentlüftung mit Druckluft frei. Anschließend checken Sie natürlich den Getriebeölpegel und ergänzen die Fehlmenge mit der vorgeschriebenen Ölqualität. Die Einfüllöffnung verschließt an allen C-MAX mit manueller Schaltung eine Schraube mittig auf der Getriebevorderseite.

Wichtig für Funktion und Lebensdauer - das richtige Getriebeöl

Synthetische Mehrbereichsöle, im Falle C-MAX mit der Ford-Spezifikation WSD-M2C200-C, halten die Getriebeinnereien bei Laune. Sollten Sie beispielsweise nach dem Austausch einer Antriebswelle den Ölstand ergänzen müssen, bleiben Sie unbedingt der gleichen Ölqualität treu. Ihr Ford-Händler hat die entsprechenden Schmiersäfte auf Lager. Werkstätten pumpen das Öl mit speziellen Saugdruckpumpen aus kleinen Fässchen direkt ins Getriebe. Doch kleinere Fehlmengen können Sie durchaus effizient mit einer Spritzölkanne und aufgestecktem Verlängerungsschlauch ergänzen. Der Ölpegel eines richtig befüllten Getriebes sollte etwa 2,5 Zentimeter unterhalb der Gewindebohrung des Rückfahrscheinwerferschalters stehen.

Getriebeölstand überprüfen

Werkzeug:
Ölauffangschüssel, 7-mm-Inbusschlüssel

- Bocken Sie den Vorderwagen auf und demontieren die untere Motorverkleidung.

(1,6 l TI-VCT, 1,6 l Flexifuel)
- Clipsen Sie zusätzlich die Getriebeverkleidung ab.

(alle)
- Jetzt öffnen Sie die Einfüllbohrung (Pfeil) des Getriebegehäuses. Wenn das Getriebeöl etwa 10 Millimeter unterhalb der Bohrung steht, ist alles o. k.
- Positionieren Sie vorab jedoch eine Schüssel unterhalb der Öffnung, gegebenenfalls läuft etwas Öl aus dem Getriebe.

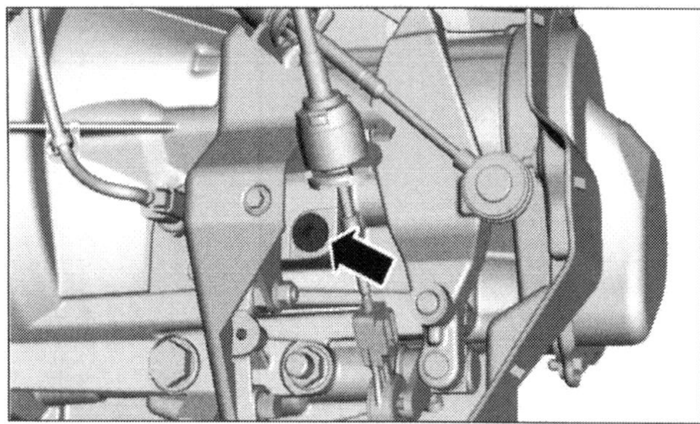

An den Fünfgang-Getrieben zu öffnen: Die Kontrollschrauben unterhalb der Kunststoffverkleidung.

Leicht zu finden: die Kontrollschraube der Sechsgang-Schaltboxen.

- Falls nicht, ergänzen so lange frisches Öl, bis es über die Kontrollbohrung wieder ausläuft und ziehen die Kontrollschraube mit rund 35 Nm fest.

Nicht zu überhören – wenn Antriebswellen Geräusche machen

Die Lebensdauer von Antriebswellen hängt natürlich von Ihrer Fahrweise ab. Vermeiden Sie Sprintstarts mit durchdrehenden Antriebsrädern und erst recht mit eingeschlagenen Vorderrädern. Geräusche, die einen Defekt signalisieren, treten erfahrungsgemäß von jetzt auf gleich auf. Lassen Sie sich nicht täuschen – auch wenn die Geräusche für eine geraume Zeit wieder verschwinden. Inspizieren Sie die Wellen dann auf jeden Fall akribisch.

- Rhythmische Schlag- oder Knack-Geräusche, die während der Beschleunigung oder im Schiebebetrieb auftreten (können sich beim Lenkeinschlag verändern), entlarven mit hoher Gewissheit erfahrungsgemäß ein defektes Gelenk an der Radseite.
- Sollte Ihnen während der Kurvenfahrt Ihr Lenkrad kräftig in die Hand schlagen, gehen Sie gleichfalls von einem defekten äußeren Antriebswellengelenk aus.
- Beim Anfahren mit eingeschlagenen Vorderrädern verraten defekte Antriebswellen auch rhythmische Knackgeräusche.
- Verschlissene Radlager zeigen häufig übrigens die gleichen Symptome. Um auf der sicheren Seite zu sein, inspizieren Sie die Radlager also gleich mit.

Antriebswellenmanschetten checken

- Bocken Sie den Vorderwagen standfest auf und ...

...kurbeln das Lenkrad von Anschlag zu Anschlag. Das jeweils kurvenäußere Rad drehen Sie mit der Hand und inspizieren dabei die äußeren Manschetten auf feine Risse und glänzende Stellen. Denn wenn sich erst Schmutz und Feuchtigkeit einnisten können, dauert es nicht mehr lange, bis das Gelenk schrottreif ist. Zur Kontrolle der inneren Manschetten legen Sie sich unter den Vorderwagen. Ein Assistent dreht dann langsam an den Rädern und Sie achten derweil wieder auf unversehrte Manschettenoberflächen.

- Checken Sie gleich auch die Spannbänder mit. Sitzen Sie fest in ihrer Gumminut, sind sie eventuell schon korrodiert?

- Fettspuren an den Manschetten sind ein untrügliches Verschleißindiz: Gehen Sie ihnen auf den Grund und dichten die Manschette(n) schnellstmöglich wieder ab. Andernfalls ist das Antriebsgelenk bald schrottreif. Die Gelenke sind ab Werk mit rund 100 Gramm Spezialfett befüllt – zu einem Manschettentausch reichen ca. 60 Gramm MoS2-Fett. Ford verwendet die Spezifikationen ESP-M1C207-A.

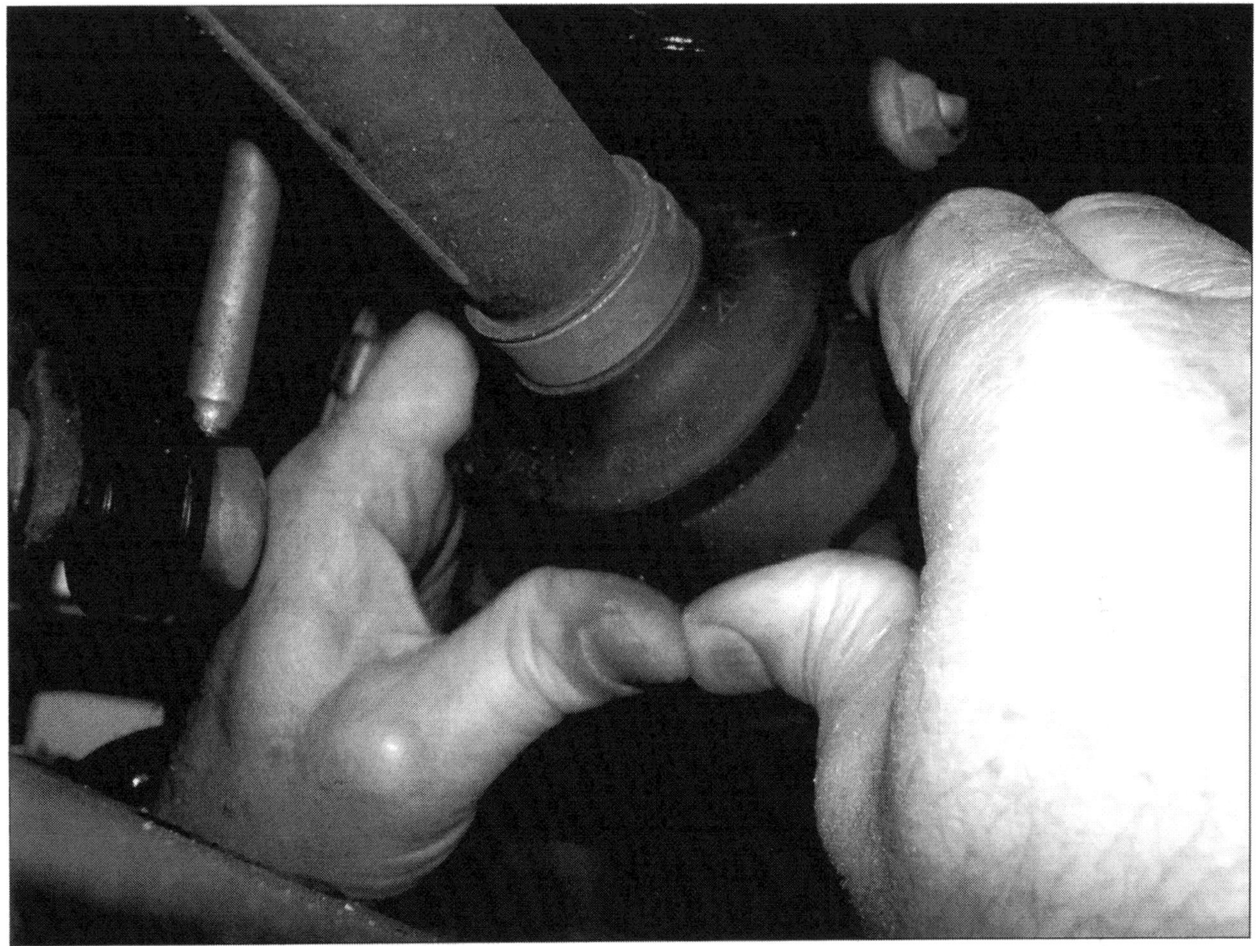

Schauen Sie genau hin: Überprüfen Sie beim Check der Antriebswellenschutzmanschette auch den Sitz des äußeren und inneren Schlauchbinders. Gelockerte Lochbandklemmen spannen Sie mit einem Seitenschneider am Verschluss. Biegen Sie dazu in das Spannband eine Ausbuchtung – in Form einer Delle – und drücken dann mit dem Seitenschneider gerade einmal so fest zu, dass die Antriebsmanschette nicht abgequetscht wird. Am Manschettensitz muss die Antriebswelle peinlich sauber sein.

Komfortabel und spurtreu,...

... das C-MAX-Fahrwerk mit spurkorrigierenden Eigenschaften. An der Fahrschemel-Vorderachse führen die Räder zwei McPherson-Federbeine (1) als versetzte Schraubenfeder-/Gasdruckstoßdämpfer-Kombinationen, achsparallele Dreiecksquerlenker mit optimierten Lagerbuchsen (vorn Gummi-, hinten Hydrolager) und ein Querstabilisator. Die Multilinkhinterachse (2) folgt dem Konstruktionsprinzip einer Schwertlenkerachse (3) mit Schraubenfedern (4), Gasdruckstoßdämpfern (5) inklusive Zuganschlagfedern und Querstabilisator. Das optionale Sportfahrwerk basiert auf modifizierten Querstabilisatoren und Feder/Dämpfer-Einheiten. Die Bodenfreiheit wurde, gegenüber dem Serienfahrwerk, vorne um zehn Millimeter und hinten um acht Millimeter reduziert.

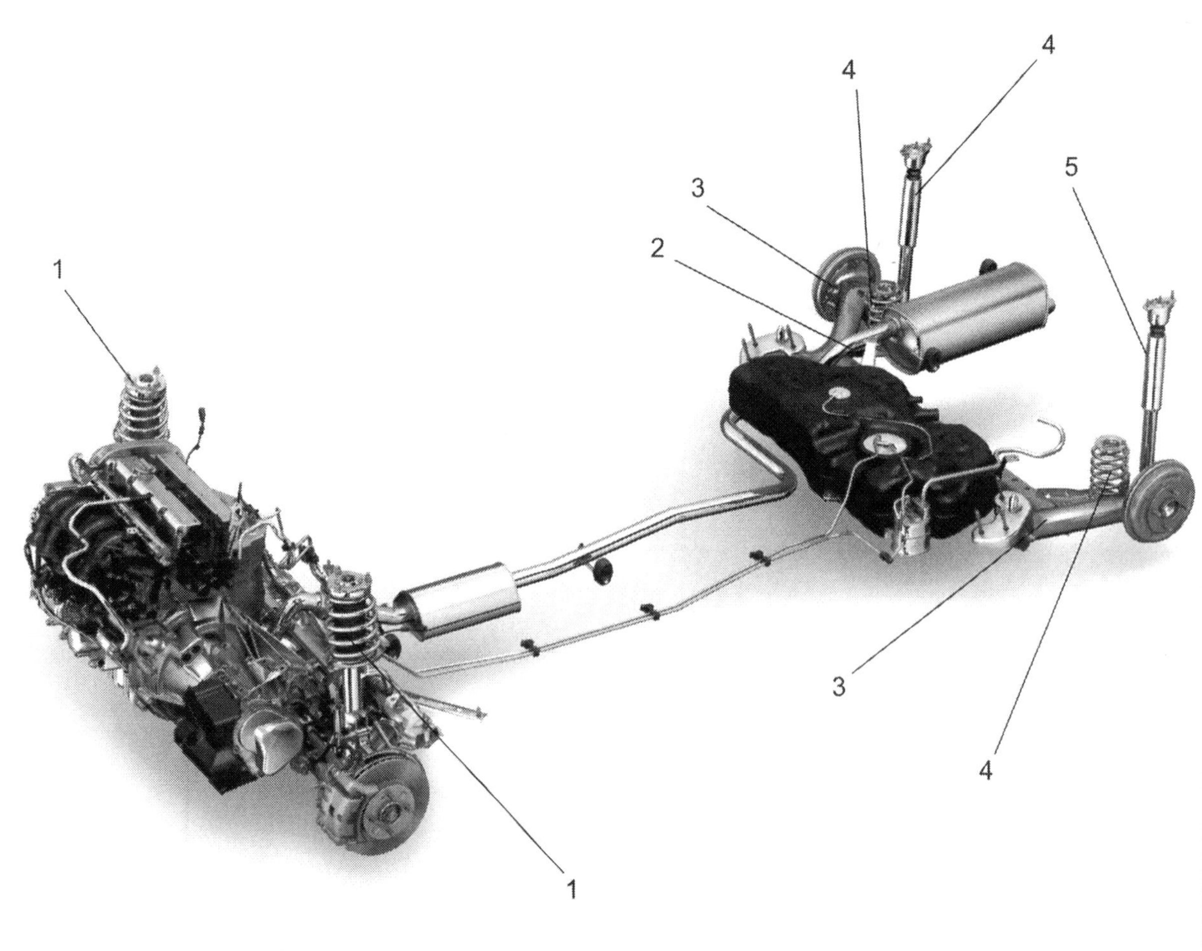

Zum Fahrwerk gehören die Federung und Dämpfung, die Radaufhängungen der Vorder- und Hinterachse, die Lenkung sowie Räder und Reifen. Die Bremsen, ebenfalls Bestandteil des Fahrwerks, handeln wir im folgenden Kapitel ab.
Um dem Fahrwerk der aktuellen C-MAX-Varianten möglichst gutmütige Eigenschaften anzuerziehen, ersannen Ford-Ingenieure das Zusammenspiel zwischen Achsen, Rädern und Straße nicht grundsätzlich neu. Warum auch? Schon die Vorgänger der jetzigen Ausgaben standen seit ihrem Debüt im Ruf fahraktive Autos zu sein. So steht die neue Generation nicht nur in guter Tradition, sie trägt zudem die positiven Gene der Altvorderen ein gutes Stück weiter in die Zukunft: Der C-MAX ist nach wie vor ein beherztes Fahrerauto mit einem gehörigen Schuss Komfort. Unter Seinesgleichen gräbt ihm in Sachen Handling so schnell kein Mitbewerber das Wasser ab.
Die von den Ingenieuren gekonnt aktualisierte Kombination aus McPherson-Vorderachse und Multilinkhinterachse hält Vergleichen mit vermeintlich aufwändigeren Lösungen allemal stand. An ABS, EBD und ESP ab Werk freilich kommt auch der C-MAX nicht mehr vorbei. Dermaßen an die elektronische Leine gelegt und kombiniert mit einem Radstand von 2648 Millimeter (Grand C-MAX 2.788 mm) sowie einer Basisspurweite von 1544 Millimeter an der Vorder- und 1554 Millimeter an der Hinterachse, legt der kompakte Ford-Van damit ein vorbildliches Fahrverhalten an den Tag.

Diffizil – die Fahrwerksauslegung des C-MAX

So viel zur Theorie: Harmonisch abgestimmte Van-Fahrwerke liegen freilich nicht zum Abgreifen im Ersatzteilfundus parat. Auch zaubert sie kein Computer selbstständig unter den Autobauch. Die Radaufhängungen des C-MAX sind nicht einmal mit Chips und Bits übermästet. Das wäre in diesem Fall völlig überflüssig, die Fahrwerkskomponenten passen auch mechanisch vortrefflich zueinander.
Das ist natürlich kein Zufall: Hinter dem vorzeigbaren Endergebnis stehen ein großes Erfahrungspotenzial, gigantische Bitleistungen industrieller Großrechner, modernste Entwicklungssoftware und unzählige Testfahrer rund um den Globus.
Denn ein koordiniertes Teamwork zwischen allen Fahrwerkskomponenten wird das nur, wenn sämtliche Einzelteile gekonnt aufeinander abgestimmt sind und zueinander passen. Schließlich drehen die Räder nicht nur um die eigene Achse, sie absolvieren während der Fahrt noch gezielte Auf- und Abwärtsbewegungen. Die Vorderräder leiten zudem noch planmäßige Richtungsänderungen ein. Außerdem setzen destabilisierende Kräfte dem Fahrwerk beim Bremsen und Beschleunigen gehörig zu. Die gilt es natürlich gleichfalls möglichst effizient zu eliminieren.
Leichter gesagt als getan – überquert Ihr C-MAX zum Beispiel eine Bodenwelle oder durcheilt eine Kurve, beeinflusst das die Radgeometrie. Würden die Räder dabei nur kurzfristig den Fahrbahnkontakt verlieren, ginge es, der Fliehkraft gehorchend, auf dem kürzesten Weg ins Abseits. Um den Ausritt möglichst zuverlässig zu vermeiden, stützen sich die Räder im Zusammenspiel mit Stoßdämpfern und Federn gegen die Karosserie ab. Übrigens dämpfen Stoßdämpfer keine Stöße, sie halten lediglich die Eigenschwingungen von Federn und Reifen im Zaum. Demzufolge müssten Stoßdämpfer folgerichtig Schwingungsdämpfer heißen.

Zusammengehörig – Lenkung und Fahrsicherheit

Fahrverhalten und Fahrsicherheit profitieren unter anderem auch von Vorderrädern, die möglichst stoisch den eingeschlagenen Kurs halten. Demzufolge ist natürlich das Ansprechverhalten der Lenkung exakt auf die Vorderachskinematik, das Fahrzeuggewicht, die Lenkgeometrie und die Lenkelastizität der Räder abgestimmt.
Den C-MAX dirigiert übrigens keine Zahnstange mit hydraulischer Unterstützung mehr. Den Job verrichtet eine geschwindigkeitsabhängige, elektrische Servolenkung EPAS (Electric Power Assist Steering). Vorteil: Elektrische Lenksysteme fordern nur dann Energie, wenn sie auch tatsächlich arbeiten. In mehr als 85 Prozent aller Fahrsituationen sind das nur 4 Ampere, die maximale Stromaufnahme der EPAS beträgt 60 Ampere. Das erspart in Summe rund zwei bis fünf Prozent Kraftstoff.
Außerdem ist die Servokraft elektrisch unterstützter Lenkgetriebe feinfühliger zu programmieren als bei rein hydraulischen Lenksystemen. Als Fahrer bemerken Sie das spätestens beim Einparken. Nämlich dann, wenn Ihnen im Schritttempo das Volant leicht durch die Hände gleitet. Je zügiger Sie allerdings unterwegs sind, umso geringer wird die Servowirkung. Das macht Sinn: In höheren Geschwindigkeitsbereichen wenden Sie ohnehin weniger Lenkkraft auf – die tatsächlichen Lenkkräfte nehmen mit zunehmender Geschwindigkeit ab. Techniker sprechen in dem Fall von einer degressiven Servowirkung.

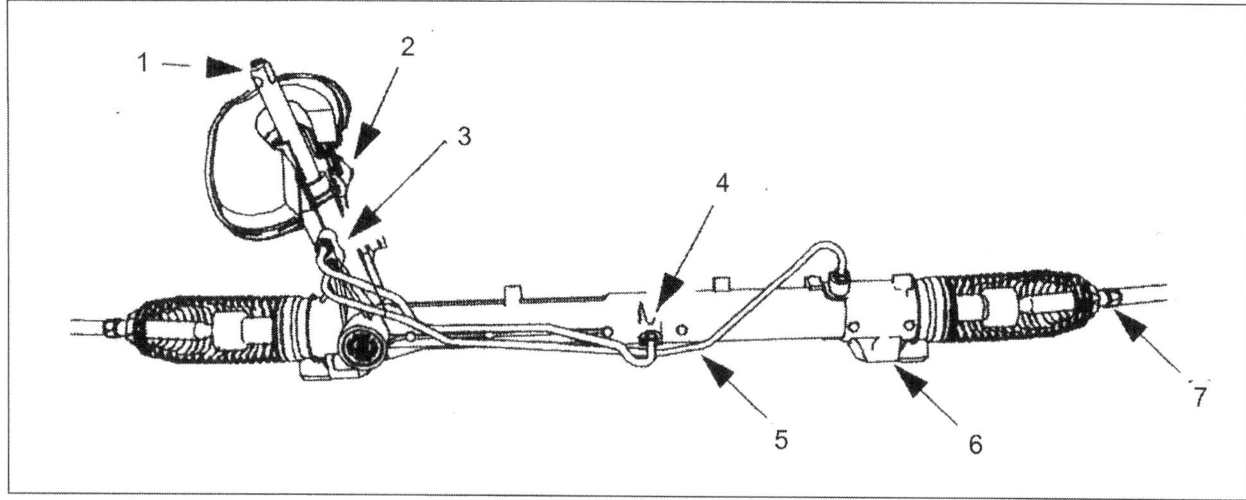

Arbeitet mit degressiver Unterstützung: EPAS-Lenkung im Focus III. 1 Lenkwelle, 2 induktiver Lenkwinkelsensor, 3 Ventilgehäuse, 4 Hydraulikzylinder, 5 Hydraulikölleitung, 6 Lenkgehäuse, 7 Spurstangen.

GEFAHRENHINWEISE

Lenkung und Fahrwerk

Arbeiten an Fahrwerk und Lenkung setzen Erfahrung, häufig auch Spezialwerkzeuge sowie optische oder elektronische Messgeräte voraus. Wenn Sie darin für sich oder Ihre eigene Werkbank Nachholbedarf erkennen, suchen Sie besser eine Fachwerkstatt auf. Seien Sie sich stets bewusst: Unzulänglich ausgeführte Reparaturen gefährden nicht nur Sie und Ihre Mitfahrer, andere Verkehrsteilnehmer gefährden sie gleichfalls. Erliegen Sie unter keinen Umständen der Versuchung, beschädigte Radaufhängungen zu richten oder zu schweißen. Verbogene, vom Rost zernagte oder gerissene Formteile müssen grundsätzlich Neu- oder brauchbaren Secondhandteilen weichen. Und weil wir gerade den Zeigefinger ausfahren, gleich noch ein Rat: Überlassen Sie die Feineinstellung der C-MAX-Räder nach tiefer gehenden Fahrwerksreparaturen grundsätzlich einer Fachwerkstatt mit optischem Achsmessstand. Ein vorschriftsmäßig vermessenes und justiertes Fahrwerk hat maßgeblichen Einfluss auf das Fahrverhalten und den Reifenverschleiß. Bereits ein deftiger Bordsteinschubser bringt die Achsgeometrie empfindlich aus dem Lot. Ausgeschlagene Achsgelenke, Spurstangenköpfe oder Gummilager beeinflussen das Fahrverhalten gleichfalls negativ.

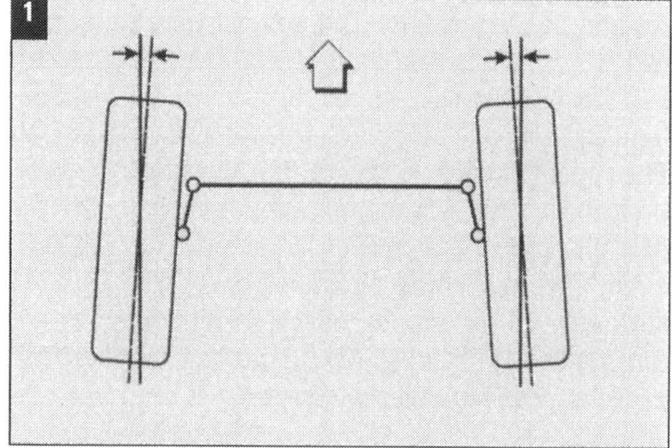

Vorspur: Die an Vorder- und Hinterachse gegeneinander eingeschlagenen Räder verbessern den Geradeauslauf.

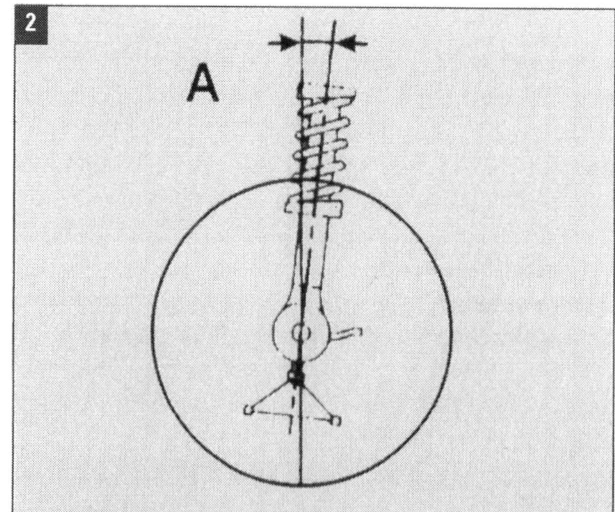

Teewageneffekt: Durch den Nachlauf an der Vorderachse zentriert sich das Rad in seiner Mittelachse selbst.

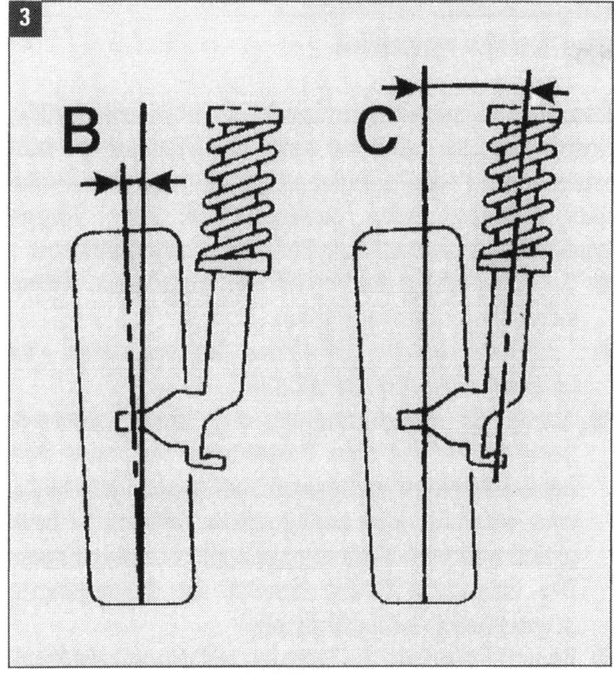

Die Radeinstellungen: Der Radsturz (B) beträgt ca. 2° an der Hinterachse und sorgt für ein besseres Kurvenverhalten. Die Spreizung (C) dient der Radzentrierung.

Von Fall zu Fall sinnvoll – do it yourself am Fahrwerk

Als aufmerksamer Fahrer kommen Sie verstellten Vorderrädern meistens auch ohne Achsmessstand auf die Schliche: Ihr C-MAX legt damit nämlich nicht nur in Kurven, sondern zudem auf ebener Strecke oder langen Autobahngeraden ein nervöses Fahrverhalten an den Tag. Zumindest bei gleicher Bereifung, vergleichbarer Profiltiefe und vorgeschriebenem Reifenluftdruck.

Achten Sie während der Fahrt von Zeit zu Zeit auf folgende Symptome:

- Bei vorschriftsmäßig eingestellten Vorderrädern ruht das Lenkrad in Geradeausfahrt grundsätzlich geradeaus. Ein urplötzlich schief stehendes Lenkrad ist untrügliches Indiz für verstellte Vorderräder.
- Läuft Ihr Wagen auf ebener Straße von allein in der Spur? Oder drängt er an den linken oder rechten Straßenrand?
- Kommt das Lenkrad am Kurvenausgang von allein in die Geradeausstellung zurück? Oder müssen Sie nachhelfen?
- Nutzen die Vorderreifen gleichmäßig ab? Oder waschen die Profilkanten unterschiedlich aus?

Grundbegriffe der Lenkgeometrie

WISSENSWERTES

Vorspur: Die Vorderräder stehen vorne enger zusammen als hinten – sie rollen aufeinander zu. Diese Eigenart minimiert den Reibkoeffizienten zwischen Radaufstands- und Straßenoberfläche: Demnach drängte das linke Rad nach links und das Rechte nach rechts. Zur Unterstützung der Lenkbewegung und der Lenkkräfte schwenkt bei Kurvenfahrt das kurveninnere Rad stärker ein als das kurvenäußere (Spurdifferenzwinkel) – die Vorspur geht in Nachspur über. Im Fall von Nachspur stehen die Räder hinten enger zusammen als vorn.

Sturz: Der Sturz beschreibt die Radneigung zu einer theoretisch gedachten Senkrechten. Er vermindert Fahrbahnstöße in die Lenkung, reduziert die Lenkkräfte und Reibung der Räder auf der Straße. Die C-MAX-Vorderräder haben ab Werk leicht negativen Sturz – sie stehen oben im Radkasten geringfügig enger beieinander als unten am Boden.

Spreizung: Neigung der Lenkungsdrehachse zu einer Senkrechten. Denkt man sich eine Linie dieser Achse zum Boden und misst den Abstand zur Mittellinie durch das Rad (Mittelpunkt der Reifenaufstandsfläche), ergibt das den Lenkrollradius. Um die Störkräfte in der Lenkung zu verringern, soll der Lenkrollradius möglichst gering sein. Zusammen mit dem Nachlauf bewirkt die Spreizung außerdem, dass sich das Auto bei eingeschlagenen Rädern vorne etwas anhebt. Sobald das Lenkrad während der Fahrt lockerer geführt wird, stellen sich die Räder selbst in die Mittelstellung zurück (Rückstellmoment).

Nachlauf: Abstand (in Fahrtrichtung) zwischen der gedachten Verlängerungslinie der Lenkdrehachse zum Boden und dem Mittelpunkt der Reifenaufstandsfläche. Durch den Nachlauf werden die Räder gezogen (und nicht geschoben). Vorteil: Gezogene Räder um die Lenkdrehachse neigen dazu, sich selbstständig zu stabilisieren (Teewageneffekt) und somit automatisch die Geradeauslaufstellung beizubehalten.

Stoßdämpfer prüfen – ohne Prüfequipment nur bedingt möglich

Damit Stoßdämpfer möglichst wenig Fahrgeräusche in den Innenraum übertragen, sind sie elastisch mit der Karosserie und dem Fahrwerk verbunden. Nach etwa zwei verschlissenen Reifensätzen arbeiten die Dämpfer noch mit etwa 50 Prozent ihres ursprünglichen Leistungsvermögens. Da die Dämpferwirkung jedoch langsam und nicht abrupt nachlässt, fällt der Verlust dann meistens erst in Extremsituationen auf: Sie haben nämlich unbewusst, wie übrigens die meisten Autofahrer, Ihren Fahrstil längst dem nachlassenden Stoßdämpfer angepasst. Lassen Sie Stoßdämpferfunktionen darum einmal jährlich auf dem Prüfstand eines Automobilklubs, vom TÜV oder Dekra checken. Die Schaukelmethode, bei der Sie Ihren Wagen an den Kotflügeln aufschaukeln, um sein Nachschwingverhalten zu testen, ist kein ernst zu nehmender Check. Sie entlarven damit allenfalls total verschlissene Stoßdämpfer. Als sicherheitsbewusster Fahrer achten Sie während der Fahrt besser auf folgende Symptome:

- Flattert die Lenkung? In diesem Fall tanzen die Räder über dem Boden oder sie sind falsch ausgewuchtet.
- Wie verhält sich Ihr Auto in Kurven? Taucht es schwammig ein oder wankt gar jeder Straßenunebenheit hinterher?
- Schwingt Ihr Auto nach Bodenwellen kräftig nach?
- Nutzen die Reifen ungleichmäßig ab (partiell ausgewaschene Lauffläche)?
- Sind die Stoßdämpfer dicht? Geringe Ölschwitzspuren am Gehäuse sind durchaus normal.

Lenkmanschetten checken – Sichtprüfung reicht

Auf beiden Seiten schützt die aus dem Lenkgetriebegehäuse austretende Zahnstange je eine Gummimanschette. Beide Manschetten müssen staubtrocken sein. Ersetzen Sie feuchte Manschetten unmittelbar: Eindringender Schmutz oder Feuchtigkeit verwandeln das Fett im Lenkgetriebe in kürzester Zeit zu einer Schleifpaste, die der Lenkung den Garaus macht.

- Leuchten Sie mit einer Taschenlampe die Faltenbälge ab.
- Schlagen Sie die Lenkung voll nach rechts und links ein und ziehen dann den Faltenbalg Stück um Stück auseinander. Sind Risse zu erkennen?
- Spannbänder müssen auf beiden Manschetten fest sitzen.

Regelmäßig checken – das Lenkungsspiel

Das Lenkungsspiel Ihres C-MAX ist eine feste Größe. Sollten Sie der Meinung sein, die Vorderräder entwickelten zu viel Eigenleben, machen Sie die Probe aufs Exempel. Dazu parkieren Sie Ihren Wagen zunächst auf einer ebenen Stein- oder Asphaltfläche.

- Dann stellen Sie die Vorderräder geradeaus, stellen sich neben den Wagen und...
- ...drehen durchs geöffnete Seitenfenster das Lenkrad ruckartig hin und her.
- Achten Sie währenddessen aufs linke Vorderrad, besser noch auf sein Felgenhorn: es muss Ihre Lenkausschläge rhythmisch übertragen. Falls nicht, sind entweder das Lenkgetriebe oder ein – bzw. gleich mehrere –Spurstangenköpfe ausgeschlagen. Der elastische Reifen bremst die Bewegungen grundsätzlich geringfügig ab.
- Bemerken Sie um die Geradeausstellung kein Spiel, bei stärkerem Lenkeinschlag jedoch ein Klemmen, ist die Zahnstange verschlissen. In dem Fall sehen Sie besser von einer Do-it-yourself-Reparatur ab. Überlassen Sie den Wagen einem Fachmann zur Reparatur.

Von Zeit zu Zeit prüfen – die Querlenkerlager

Beide Lager und das Kugelgelenk der vorderen Querlenker sind wartungsfrei. Das äußere Kugelgelenk sitzt in einer Kunststoffschale mit Fettdauerfüllung. Dennoch inspizieren Sie die Querlenker regelmäßig. Dazu drücken Sie das Spiel mit einem Montierhebel ab. Den Hebel setzen Sie außen zwischen Achsschenkel und Querlenker an. Bei zu viel Spiel suchen Sie eine Fachwerkstatt auf.

Zum Check ...

- ...schlagen Sie die Lenkung mehrmals ruckartig nach links und rechts ein.
- Inspizieren Sie beide Kugelgelenke auf Beschädigungen.
- Setzen Sie danach einen Montierhebel an die Querlenker an und wippen die Gelenke gefühlvoll hin und her. Beachten Sie allerdings, dass die Lager von Haus aus eine gewisse Elastizität haben (müssen). Sobald sich der Montierhebel jedoch widerstandslos schwenken lässt, sind die Querlenkerlager verschlissen.

Versierte Schrauber werden jetzt zur Selbsthilfe greifen wollen. Wir raten Ihnen eindeutig davon ab, die Arbeit ist nicht allein mit dem Tausch eines Lagers oder Kugelgelenks beendet: Stattdessen müssen Sie den kompletten Querlenker demontieren und die Vorderachse nach beendeter Reparatur optisch neu vermessen lassen. In der Fachwerkstatt sind Sie damit von vornherein besser aufgehoben.

Spurstangenköpfe und Manschetten prüfen

Die Spurstangenköpfe sind jeweils links und rechts mit den Spurstangenenden verschraubt. Bei defekten Spurstangenköpfen reicht's darum, nur den verschlissenen Kopf und nicht etwa die gesamte Spurstange zu erneuern. Die stählernen Spurstangenköpfe sitzen in einer selbstschmierenden Kunststoffschale, eine mit Spezialfett gefüllte Manschette schützt sie vor Schmutz und Feuchtigkeit. Und so kommen Sie verschlissenen Köpfen auf die Spur:

- Checken Sie die Kunststoffmanschetten der Spurstangenköpfe auf äußere Beschädigungen (z. B. Haarrisse).
- Vergessen Sie bei der Gelegenheit auch nicht das Spiel innerhalb der Gelenke zu prüfen. Sinnvollerweise machen Sie das über einer Grube oder auf einer Vierstempel-Hebebühne – die Räder müssen dazu nämlich Bodenkontakt haben.
- Lassen Sie das Lenkrad ruckartig von einem Helfer hin und her bewegen. Währenddessen fassen Sie die Gelenkpfannen an. Verschlissene Gelenke spüren sie ganz deutlich in Ihren Fingerkuppen – intakte Gelenke gleiten geräuschlos und spielfrei in den Kunststoffschalen.
- Sollten Sie in Ihren Fingerkuppen leichte Stöße verspüren, tauschen Sie das betreffende Gelenk schnellstens aus.

Schnell gemacht – das Radlagerspiel prüfen

Die Räder drehen sich um wartungsfreie Doppelkugellager. An der Hinterachse halten moderne Radlager heutzutage gut und gerne rund 150.000 Kilometer. Ihre Pendants an der Vorderachse sind naturgemäß stärker belastet, sie überleben häufig nicht ganz so lange. Radlager wie Ford sie montiert, sind bereits mit der Montage eingestellt. Bei Schäden bleibt Ihnen übrigens nur der komplette Radnabentausch übrig. Aufmerksamen Ohren kündigt sich die anstehende Reparatur rechtzeitig an: Verschlissene Radlager nerven mit monotonen Geräuschen. Mahlgeräusche in Rechtskurven signalisieren Verschleiß am linken Lager, solche in Linkskurven disqualifizieren das rechte Radlager. Bevor Sie Hand anlegen, machen Sie noch folgenden Test:

- Stellen Sie den Wagen auf einer Stein- oder Asphaltfläche ab. Greifen Sie das Rad im oberen Radlauf und kippen es rhythmisch im Radlauf kräftig hin und her. Einwandfreie Lager verkraften das lautlos und ohne Spiel.
- Sollten Sie an den vorderen Radlagern zu viel Spiel feststellen, lassen Sie einen Helfer die Bremse treten – Sie ruckeln derweil am betreffenden Rad. Bleibt das Spiel dennoch unverändert, haben Sie auf diese Art und Weise zufällig ein defektes Achsgelenk entdeckt.

Staubtrocken und ohne Spiel: So sehen unversehrte Spurstangenköpfe aus.

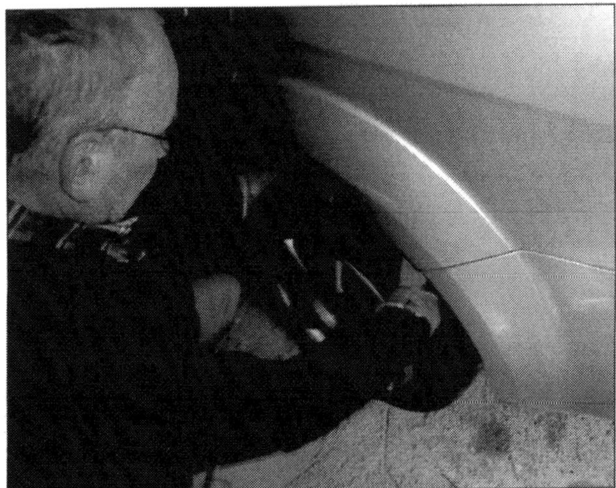

Oben mit beiden Händen ans Rad greifen und kräftig rütteln: zur Kontrolle des Radlagerspiels.

Lenkgetriebemanschetten auswechseln – das schaffen Sie locker

Werkzeug:
Seitenschneider, Wasserpumpenzange

- Demontieren Sie zunächst das Spurstangenendstück wie beschrieben. Vergessen Sie auf keinen Fall die sichtbaren Gewindegänge vorher exakt zu zählen (siehe Spurstangenköpfe erneuern).

- Falls an Ihrem C-MAX verbaut, demontieren Sie die untere Motorabdeckung, ...

- ...säubern die Spurstange und lösen die Kontermutter des Spurstangenendstücks.

- Danach lösen Sie die Klemmschellen (Pfeile) von der Lenkmanschette und ziehen die Manschette von der Spurstange ab.

- Bevor Sie die neue Manschette montieren, fetten Sie die Öffnungen gut ein und schieben die Manschette vorsichtig auf die Spurstange. Achten Sie darauf, die Manschette nicht zu verdrehen.

- Richten Sie die Manschette in den Spurstangen- sowie den Lenkgehäusenuten spannungsfrei aus. Falls Sie das nur lässig erledigen, verspannt die Manschette und reißt früher oder später ein.

- Sichern Sie die Manschette mit einem neuen Halteband/Klemmschelle.

- Lassen in einer Fachwerkstatt die Vorderachsgeometrie neu vermessen.

Spannungsfrei montieren: den Faltenbalg am Lenkgetriebe, ansonsten gibt's Spannungsrisse.

Spurstangenköpfe erneuern – zählen Sie die Gewindegänge

Die Spurstangenköpfe sind jeweils links und rechts mit den Spurstangen verschraubt. Vorteil: Bei defekten Spurstangenköpfen reicht's, den verschlissenen Kopf und nicht die komplette Spurstange auszutauschen. Wechseln Sie Spurstangenköpfe möglichst nur paarweise und achten auf die richtige Spezifikation für Ihren C-MAX.

Werkzeug:
Wagenheber, Unterstellbock, Ratsche, 17er-Nuss, 17er-Maulschlüssel, Spurstangenabzieher

- Bocken Sie den Wagen standfest auf und bauen die Vorderräder ab.

- Lösen Sie am Lenkhebel des Lenkschwenklagers die selbstsichernde Mutter des Spurstangenkopfs zunächst nur um einige Umdrehungen und ...

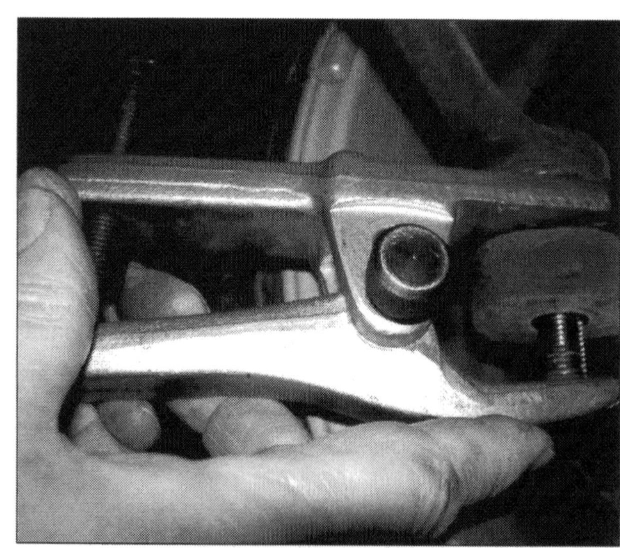

Ohne Abzieher gibt's Probleme: Der Spurstangenkopf sitzt nämlich bombenfest im Konus.

- ...pressen den Spurstangenkopf mit einem Klauen- oder Kugelgelenkabzieher aus dem Lenkhebel. Schrauben Sie die Mutter dann ganz ab und ziehen den Spurstangenkopf ganz aus dem Konus.

- Lösen Sie jetzt die Klemmmutter am Spurstangenkopf und schrauben das Endstück von der Spurstange ab.

- Nicht jedoch, ohne vorab die freien Gewindegänge außerhalb der Spurstange exakt zu zählen. Den neuen Kopf montieren Sie wieder mit gleicher Einbaulänge. Wenn Sie das präzise hinbekommen, also exakt die gleiche Anzahl an Gewindegängen frei liegt wie vorher schon beim alten Kopf, können Sie eventuell auf eine Spurkorrektur verzichten.

Federbein demontieren und montieren – mit Helfer machbar

Wechseln Sie die Federbeine immer nur paarweise und achten auf die richtige Spezifikation für Ihren C-MAX. Arbeiten Sie immer nur an einer Achsseite – niemals gleichzeitig an beiden. Da die Arbeiten für beide Seiten nahezu gleich sind, beschreiben wir die Arbeit am rechten Federbein.

Werkzeug:

Ratsche, 10er-, 13er- und 17er-Nuss, 15er-Ringschlüssel, 5er-Inbusschlüssel

- Bocken Sie den Vorderwagen rüttelsicher auf und demontieren das betreffende Vorderrad.

- Ziehen Sie den Bremsschlauch (1) aus der Bremsschlauchhalterung.

- Lösen Sie die Pendelmutter (2) am Federbein (3). Kontern Sie das Pendel mit einem Inbusschlüssel.

- Danach schrauben Sie die Befestigungsschraube (4) vom Federbein los und...

- ... schwenken den Achsschenkel vorsichtig nach außen ab. Zur leichteren Demontage spreizen Ford-Profis den Achsschenkel in der hinteren Nut mit dem Spezialwerkzeug »204-159«.

- Anschließend öffnen Sie die Motorhaube und demontieren den Windlauf wie beschrieben.

- Ford-Techniker bauen nun das gesamte Scheibenwischer-gestänge aus. Erfahrungsgemäß reicht es aber aus, wenn Sie, falls vorhanden, die Verkleidung oberhalb der Federbeindome ausbauen (vier Schrauben).

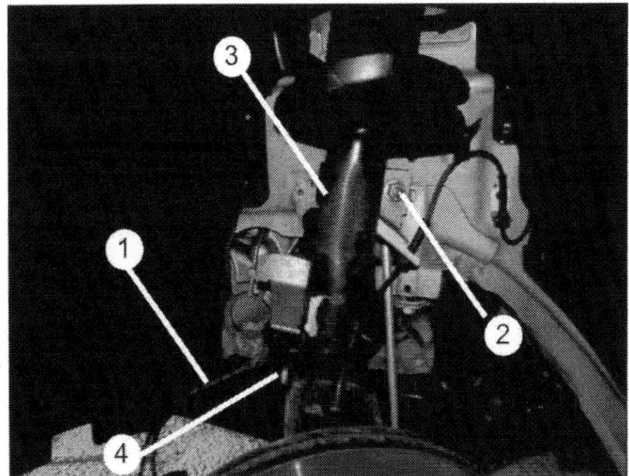

Vom Federbein lösen: 1 Bremsschlauch, 2 Pendelmutter, 3 Federbein, 4 Klemmschraube

Stabilisiert die Federbeine: Federbeindomstütze zwischen den vorderen Federbeindomen.

- Danach lösen Sie an den Federbeindomen jeweils drei Schrauben. Im nächsten Arbeitsschritt jonglieren das komplette Federbein nach unten aus dem Radhaus und demontieren es auf der Werkbank.

Montage

- Stellen Sie das an der Werkbank komplett vormontierte Federbein zunächst zentrisch im Federbeindom auf und beenden die Montage in umgekehrter Reihenfolge.

- Verwenden Sie nur neue Schrauben und Muttern. Die Schraubverbindungen am Achsschenkel ziehen Sie mit 80 Nm + 180° an. Der oberen Pendelschraubenmutter reichen 48 Nm. Das Federbein wird mit 35 Nm gegen den Dom gezogen.

- Kontrollieren Sie nach einer besonnenen Probefahrt erneut sämtliche Schraubverbindungen. Vergessen Sie auch nicht, die Vorderachsgeometrie auf einem optischen Achsmessstand vermessen bzw. neu einstellen zu lassen.

Stoßdämpfer hinten erneuern – grundsätzlich nur paarweise

Wechseln Sie die Stoßdämpfer grundsätzlich nur paarweise. Achten Sie zudem auf die richtige Spezifikation für Ihr Auto. Arbeiten Sie beide Seiten unbedingt nacheinander ab.

Werkzeug:
Ratsche, Verlängerung, 10er/15er-Nuss, hydraulischer Rangierwagenheber

- Sichern Sie die Vorderräder mit einem Unterlegkeil, bocken den Hinterwagen rüttelsicher auf und demontieren die Hinterräder.

- Jetzt platzieren Sie einen Rangierwagenheber seitlich unter den Hinterachskörper und heben die Achse so weit an, dass die Stoßdämpferschrauben nahezu spannungsfrei gut zu lösen sind.

linke Seite

- Um das Hitzeschutzblech zu demontieren, ziehen Sie den Endschalldämpfer gefühlvoll aus der hinteren Aufhängung und …

- …lösen drei Befestigungsclipse. Das lose Blech legen Sie beiseite.

Oben und unten lösen: die Stoßdämpferschrauben.

beide Seiten

- Lösen Sie die Stoßdämpferschrauben (Pfeile) auf beiden Seiten.

- Ziehen Sie die Dämpfer nach unten aus der Halterung.

- Beenden Sie die Arbeit in umgekehrter Reihenfolge. Die obere Mutter ziehen Sie mit 115 Nm an. Damit Sie das Arbeitsspiel der Stoßdämpfergummis minimieren, stellen Sie den Wagen wieder auf die Räder und ziehen die untere Mutter gleichfalls mit 115 Nm fest.

Räder und Reifen

Auf einer – je Rad – etwa Postkarten großen Aufstandsfläche tragen die Pneus Ihren C-MAX über Stock und Stein, parieren die unterschiedlichsten Fahrbahnen und übertragen sämtliche Antriebs-, Brems- und Fliehkräfte. Sie wissen es längst: Reifen leisten einen immensen Beitrag zum guten Fahrverhalten und somit zur aktiven Sicherheit. Die Karkasse, die Gummimischung, deren Silikatanteil und das computerberechnete Reifenprofil machen heutige Radialreifen zu Hightech-Produkten. Bei durchschnittlicher Belastung müssen Sie Ihren C-MAX etwa alle 30.000 – 40.000 Kilometer auf der Vorder- und nach rund 50.000 – 60.000 Kilometern auf der Hinterachse neu bereifen.

Unabhängig von der Laufleistung – Reifen gehören nach spätestens sieben Jahren erneuert

Wechseln Sie die Reifen – unabhängig von der Laufleistung und Restprofiltiefe – nach sechs, spätestens jedoch nach sieben Jahren. Winterreifen geben Sie am besten schon nach sechs Jahren den Laufpass. Das eventuell verbliebene Restprofil fahren Sie ins Frühjahr hinein ab.

Warum die generelle Empfehlung?

In den angegebenen Zeiträumen setzen Straßendreck, chemische Umwelteinflüsse, interne Alterungsprozesse und nicht zuletzt die Sonne den Pneus dermaßen zu, dass sie verhärten und spröde sind. Trauen Sie übrigens auch keinem alten, wie neu aussehenden Ersatzrad: Die neuwertige Optik ist nämlich nur Fassade – darunter sieht's mitunter gefährlich brüchig aus. Reifen altern nämlich auch im Kofferraum, im dunklen Keller oder in der Garage. Ein Großteil ihrer Ingredienzien diffundiert an die Oberfläche – der Pneu härtet künstlich von innen nach außen aus.

Das sollten Sie kennen – die Bezeichnungen auf der Reifenflanke

Auf den Reifenflanken sind eine Reihe von Ziffern und Buchstaben eingeprägt, die Fachleuten als verschlüsselte Visitenkarte dient. Die meisten C-MAX-Fahrer interessiert ohnehin nur das Reifenformat. 205/55 R 16" bedeutet zum Beispiel, dass die Reifenbreite 205 Millimeter beträgt. Die zweite Zahl bestimmt das Verhältnis von Höhe und Breite des Reifens. Im Beispiel beträgt es 55 Prozent. Je kleiner dieses Verhältnis, umso flacher ist der Reifen. Der Buchstabe »R« steht für Radialbauweise (Gürtelreifen) und die Zahl hinter der Kombination (16) beschreibt den Felgendurchmesser in Zoll.

WISSENSWERTES: Ultra-Light-Weight-Reifen (ULW-R)

In der Rennszene sind **U**ltra-**L**ight-**W**eight-**R**eifen (ULW-R) längst ein alter Hut. Auch unter normalen Straßenautos werden die Superleichtgewichte schon seit geraumer Zeit immer aktueller – und das aus gutem Grund: Gegenüber einem herkömmlichen Stahlgürtelreifen bringen ULW-Reifen etwa drei Kilogramm weniger Gewicht auf die Waage.

Wie das? Anstelle von Stahlcord-Gürteleinlagen fesseln ULW-Karkassen ultraleichte Aramidfasern. Die Hightech-Kunststofffaser wiegt etwa sechsmal weniger als Stahl, übertrifft seine Zugfestigkeit jedoch um das Zehnfache. Das erfreut landauf landab nicht nur Reifenbäcker, sondern gleichermaßen auch Bremsenkonstrukteure. Denn mit geringeren rotierenden Radmassen sind höhere ABS-Regelfrequenzen möglich. Im Klartext: Ultra-Light-Weight-Reifen können schneller stoppen – auch auf rutschigen Pisten. Und weil Aramidfasern zudem weniger verletzlich als Stahlfäden sind – sie oxidieren beispielsweise nicht nach Reifenpannen – haben sie auch gute Chancen, als Runderneuerte ein zweites Leben zu erleben. Darüber hinaus spielen die Pneus über die Zeit den Aufpreis beim Kauf wieder ein: Ultra-Light-Weight-Reifen senken die Kraftstoffkosten.

Synonym für die Höchstgeschwindigkeit – der Großbuchstabe hinter der letzten Ziffer

Der Großbuchstabe hinter der letzten Ziffer auf der Reifenflanke verrät die zulässige Höchstgeschwindigkeit des Reifens. Ein 205/55 R16-Reifen mit dem Kennbuchstaben »S« ist für ein Topspeed bis 180 km/h, mit »T« bis 190 km/h zugelassen. Maximal 210 km/h vertragen Reifen mit dem Kennbuchstaben »H«, »V« steht für 240 km/h, »W« reicht bis 270 km/h und »Y« bis 300 km/h. Herkömmliche M+S-Reifen mit dem Kürzel »Q« sind bis 160 km/h freigegeben.

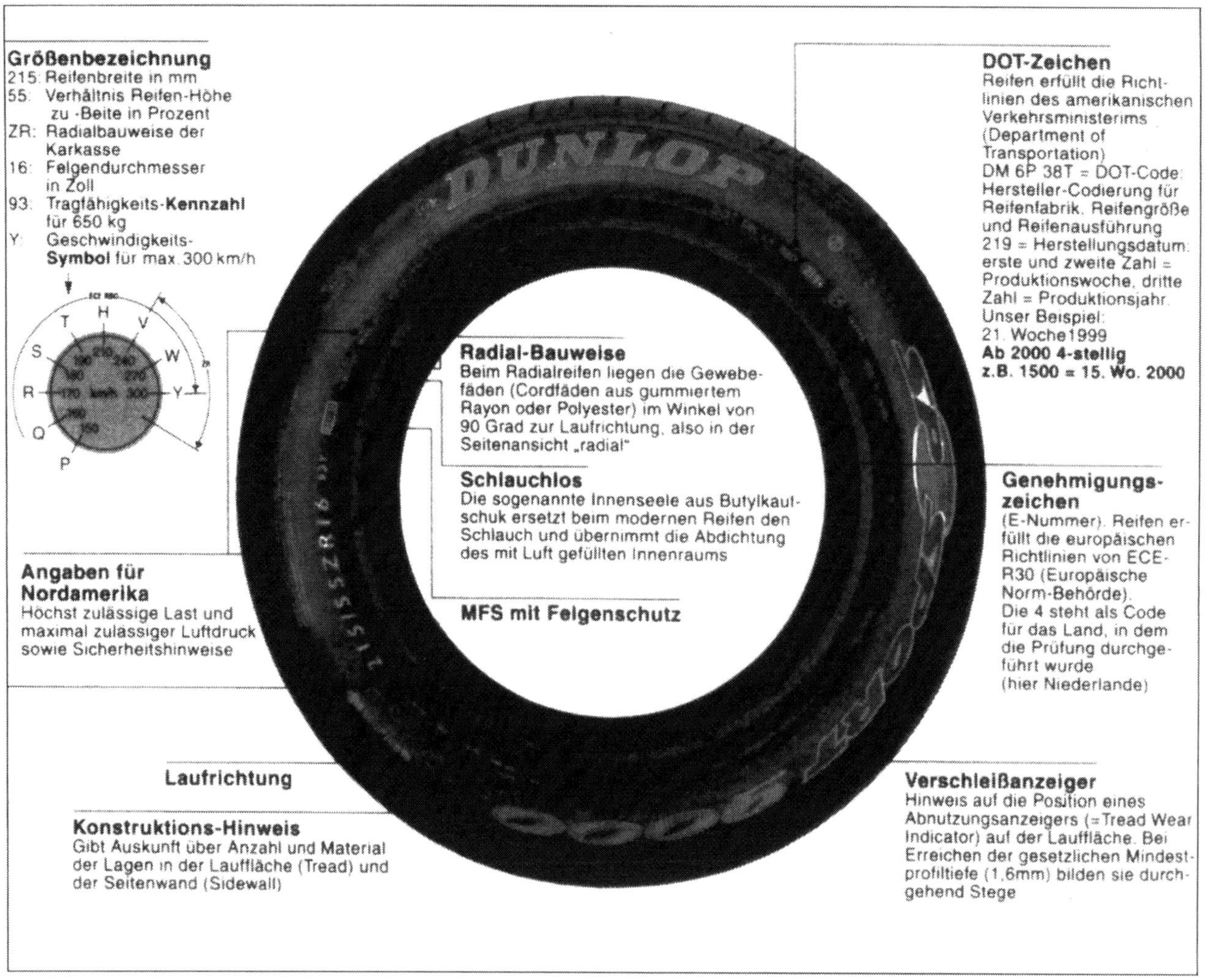

Größenbezeichnung
215: Reifenbreite in mm
55: Verhältnis Reifen-Höhe zu -Beite in Prozent
ZR: Radialbauweise der Karkasse
16: Felgendurchmesser in Zoll
93: Tragfähigkeits-**Kennzahl** für 650 kg
Y: Geschwindigkeits-**Symbol** für max. 300 km/h

DOT-Zeichen
Reifen erfüllt die Richtlinien des amerikanischen Verkehrsministerims (Department of Transportation)
DM 6P 38T = DOT-Code: Hersteller-Codierung für Reifenfabrik, Reifengröße und Reifenausführung
219 = Herstellungsdatum: erste und zweite Zahl = Produktionswoche, dritte Zahl = Produktionsjahr. Unser Beispiel: 21. Woche 1999
Ab 2000 4-stellig z.B. 1500 = 15. Wo. 2000

Radial-Bauweise
Beim Radialreifen liegen die Gewebefäden (Cordfäden aus gummiertem Rayon oder Polyester) im Winkel von 90 Grad zur Laufrichtung, also in der Seitenansicht „radial"

Schlauchlos
Die sogenannte Innenseele aus Butylkautschuk ersetzt beim modernen Reifen den Schlauch und übernimmt die Abdichtung des mit Luft gefüllten Innenraums

MFS mit Felgenschutz

Angaben für Nordamerika
Höchst zulässige Last und maximal zulässiger Luftdruck sowie Sicherheitshinweise

Genehmigungszeichen
(E-Nummer). Reifen erfüllt die europäischen Richtlinien von ECE-R30 (Europäische Norm-Behörde). Die 4 steht als Code für das Land, in dem die Prüfung durchgeführt wurde (hier Niederlande)

Laufrichtung

Konstruktions-Hinweis
Gibt Auskunft über Anzahl und Material der Lagen in der Lauffläche (Tread) und der Seitenwand (Sidewall)

Verschleißanzeiger
Hinweis auf die Position eines Abnutzungsanzeigers (=Tread Wear Indicator) auf der Lauffläche. Bei Erreichen der gesetzlichen Mindestprofiltiefe (1,6mm) bilden sie durchgehend Stege

Bringen sichtbar Transparenz: Reifendaten auf der Flanke. Damit der neue Reifen Ihrem Auto wirklich passt.

Reifengeburtstermin – die DOT-Nummer

Das tatsächliche Herstellungsdatum verrät Ihnen die vierstellige »DOT-Nummer« (DOT – Department of Transportation, amerikanisches Verkehrsministerium) auf der Reifenflanke: Die beiden ersten Ziffern nennen die Produktionskalenderwoche, die folgenden beiden Zahlen das Produktionsjahr. Lautet die DOT-Nummer beispielsweise 4210, wurde der Pneu in der 42. Woche des Jahres 2010 produziert. Neureifen, die nach dem 01. Oktober 1998 gebacken wurden, tragen eine ECE-Prüfnummer auf der Reifenflanke. Die Prüfnummer garantiert ein typgeprüftes Bauteil, entsprechend dem Qualitätsstandard der Economic Commission of Europe (ECE-R 30). Sollten Sie Ihren Wagen mit Neureifen ohne ECE-Prüfnummer bestücken, fahren Sie fortan ohne Allgemeine Betriebserlaubnis.

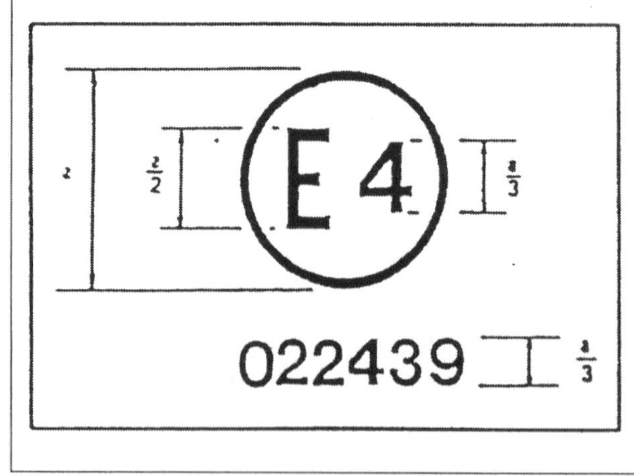

Am großen »E« erkennbar: Die ECE-Prüfnummer mit der Kennzahl für den Ländercode. Die »4« steht im Beispiel für die Niederlande, »1« stünde für Deutschland.

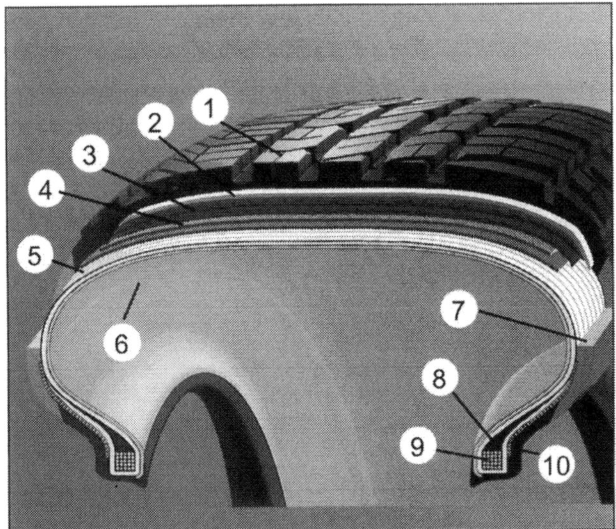

Lage für Lage: Das vielschichtige Innenleben eines Pkw-Reifens. (1) Laufstreifen: Profil und Gummimischung beeinflussen die Eigenschaften, (2) Base: senkt den Rollwiderstand, (3) Nylon-Spulbandagen: erhöhen die Hochgeschwindigkeitstauglichkeit, (4) Stahlcord-Gürtellagen: steigern die Fahrstabilität, (5) Karkasse: Form- und Festigkeitsträger des Reifens, (6) Innenseele: gasdichte Innenschicht ersetzt den Schlauch, (7) Seitenteil: schützt die Karkasse vor Beschädigungen, (8) Kernprofil: unterstützt Lenk- und Fahrpräzision, (9) Kern: sorgt für festen Sitz auf der Felge, (10) Wulstverstärker: für präzises Lenkverhalten und hohe Fahrstabilität.

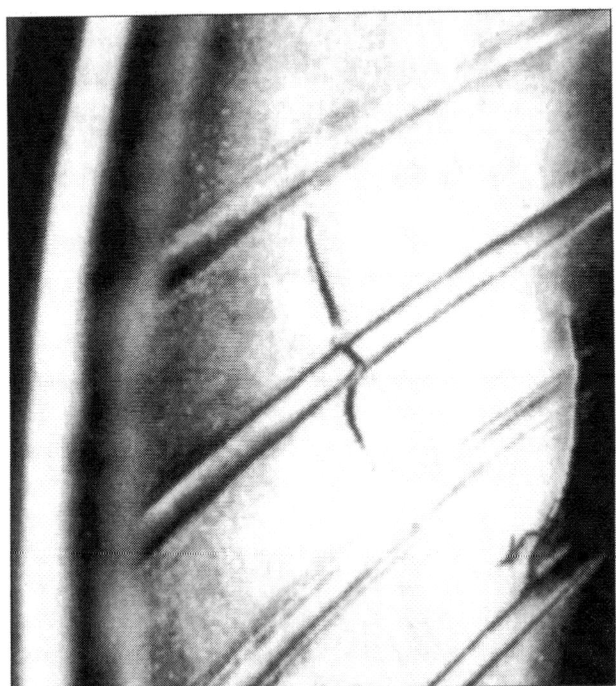

Karkassenbruch: Häufig nur im Reifeninneren erkennbar.

Profilmitte verschlissen: Nach häufigen Fahrten im Hochgeschwindigkeitsbereich oder gleichfalls bei viel zu hohem Reifendruck.

Einseitig abgefahren: Folgeschaden von falsch eingestellter Achsgeometrie.

Winterreifen – Profis bei Wind und Wetter

Winterreifen, besser tituliert als Schlechtwetterreifen, sind bereits auf herbstlichen Straßen unangefochten erste Wahl. Bei Eis und Schnee sind diese Pneus ohnehin unschlagbar.
Warum das? Die Laufflächen moderner Winterreifen bestehen aus einem extrem filigranen Lamellenprofil und einer speziellen Gummirezeptur, die Naturkautschuk und Silikat in besonderer Konzentration mitein-

ander vermischt. Diese spezielle Kombination baut auf feuchten, glitschigen Straßen und bei Temperaturen unter 7 °C eine bessere Haftfähigkeit als herkömmliche Sommerreifen auf.
Grundvoraussetzung dafür, dass Schlechtwetterreifen die Antriebs- und Bremskräfte sicher auf die Straße übertragen, ist jedoch eine Mindestprofiltiefe von vier Millimetern – weniger Profil disqualifiziert den Pneu als Winterprofi. Bestücken Sie in jedem Fall alle vier Räder mit gleichwertigen Reifen – eine Kombination aus Sommer- und Winterpneus provoziert in Gefahrensituationen ein schlechtes Fahrverhalten. Da die Entwicklungsfortschritte bei Winterreifen immens sind, achten Sie bitte auch darauf, dass die Reifen Ihres Autos möglichst dem gleichen Produktionsjahr entstammen – zumindest jedoch als gleichaltriges Pärchen auf einer Achse laufen.

Besser auf eigene Felgen montieren - Winterreifen

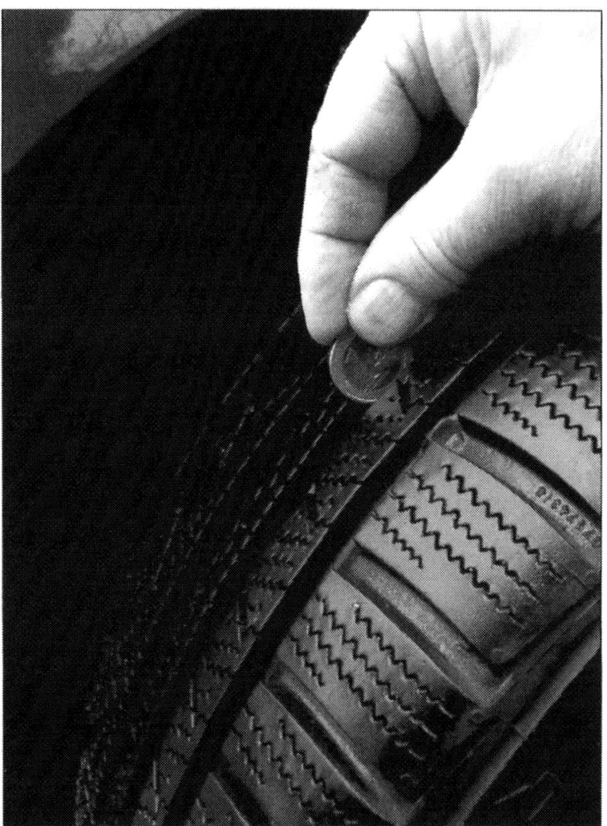

Untauglich für den kommenden Winter: Winterreifen mit weniger als vier Millimetern Reifenprofil. Machen Sie nach jeder Saison den Euro-Test – sobald Sie den Goldrand an der Profiloberkante erkennen, fahren Sie das Restprofil getrost im Frühjahr ab.

Winterreifen müssen nicht unbedingt breit sein: Das kleinste freigegebene Reifenformat reicht, um Ihren C-MAX auf winterlichen Straßen mobil zu halten. Außerdem sind Standardpneus allemal preisgünstiger als üppige Breitreifen. Die gesparten Euro investieren Sie sinnvoller in einen zusätzlichen Felgensatz, der im Laufe der Jahre die anfänglichen Mehrkosten mehr als einspart: Das alljährliche Montieren und Auswuchten der Räder entfällt damit.
Fahren Sie Winterreifen mit 0,2 bar höherem Luftdruck als Sommerreifen. Liegt die zulässige Höchstgeschwindigkeit Ihrer Winterpneus unter dem Speedlimit Ihres Autos, ist hierzulande ein Warnaufkleber im Sichtbereich des Armaturenbretts vorgeschrieben. Ihr Reifenhändler hat entsprechende Aufkleber vorrätig. Übrigens, servicefreundliche Reifenhändler oder Fachwerkstätten lagern Ihre Reifen fachgerecht bis zum nächsten Wechsel auch gegen eine geringe Gebühr ein.

WISSENSWERTES

Notlaufreifen - ersetzen das Reserverad

Nach dem ersten verschlissenen Reifensatz können Sie Ihren C-MAX alternativ mit Notlaufreifen (Run Flat Tyres) bestücken. RFT's haben verstärkte, selbsttragende Reifenflanken, die den Pneu auch luftleer eingeschränkt fahrbar halten. Notlaufreifen tragen auf der Flanke entsprechende Bezeichnungen: Goodyear stempelt seine Notlaufreifen auf der Flanke mit »ROF« (RunOnFlat), Continental tituliert sie »SSR« (Self Supporting Runflat) und nennt den Pneu ContiSeal. Der Seal ignoriert etwa 85 Prozent aller auftretenden Reifenschäden: Seiner Laufflächeninnenseite haftet eine selbstheilende Schutzschicht an, die eindringenden Fremdkörpern bis etwa fünf Millimeter standhält. Der Reifen benötigt zudem keine Spezialfelge, wie die meisten anderen RunFlat Tyres.

RFT's sind im Pannenfall nicht mit herkömmlichen Reifenreparatursets, wie etwa dem ContiComfortKit, instand zu setzen. Liefern Sie den platten Reifen bei Ihrem Ford- oder einem Reifenhändler zur Reparatur ab. Wenn Sie nicht zu lange ohne Luft gefahren sind, stehen die Chancen nicht schlecht, dass der RTF problemlos zu reparieren und dementsprechend wieder verwendbar ist. Lassen Sie im eigenen Interesse die Unversehrtheit der Flanken jedoch genauestens checken.

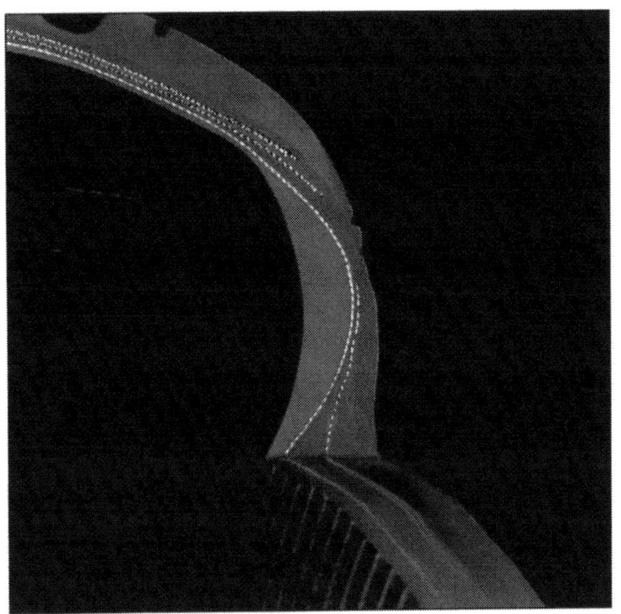

In 85 Prozent aller Pannenmöglichkeiten »unkaputtbar«: die selbst heilende Schutzschicht des ContiSeal. Er passt übrigens auch auf normale Felgen

Häufigster Grund für Reifenplatzer: Zu geringer Luftdruck. Unter hoher Belastung wird die Karkasse zu heiß und stößt die Reifenlauffläche abrupt ab.

Reifendruck regelmäßig prüfen

GEFAHRENHINWEISE

Den vorschriftsmäßigen Druck lesen Sie auf der Innenseite der Fahrertür ab. Ein Druckverlust von 1,5 Prozent im Monat ist übrigens völlig normal. Messen Sie den Druck an möglichst kühlen Reifen.

Sollten Ihre Pneus dagegen mehr Luft verlieren, gehen Sie der Sache akribisch auf den Grund: Oftmals gärt es dann schon unter der Oberfläche.

Nach dem Luftcheck vergessen Sie bitte nicht die Schutzkappen auf den Reifenventilen zu verschrauben. Falls doch, hat's bald mit der relativen Dichtheit ein Ende. Denn wenn erst einmal Schmutz ins Ventil gelangt, verliert der Reifen ständig Luft. Sie potenzieren damit die Gefahr eines Reifenplatzers.

Ein höherer Luftdruck (etwa 0,2–0,3 bar) kann dagegen durchaus vorteilhaft sein: Die Lenkung arbeitet feinfühliger, die Reifen halten länger und der Kraftstoffverbrauch sinkt geringfügig.

Nachteil: Der Wagen rollt etwas straffer ab. Doch das fällt Ihnen nach wenigen Kilometern nicht mehr unangenehm auf - unter dem Strich überwiegen die Vorteile geringfügig strafferer Reifen.

Reifenwechsel: Mit Spezialmaschinen bei Ihrem Reifenhändler ist das eine Sache von Minuten. Es empfiehlt sich, vor allem bei Jahreszeitenwechsel, einen Termin abzusprechen – oft sind in Stoßzeiten die Lager geräumt.

Rad wechseln – sichern Sie vorab den Arbeitsplatz

Nach einer Reifenpanne auf öffentlichen Straßen schalten Sie den Warnblinker ein, ziehen eine Signalweste über und stellen hinter dem Havaristen in gebührendem Abstand ein Warndreieck auf. Ansonsten verstoßen Sie gegen die StVZO. Das Reserverad suchen Sie im C-MAX allerdings vergeblich, alle Modelle halten für den Ernstfall ein Reifenreparaturset im Kofferraum vor. Sollten Sie dem Reparaturset misstrauen, deponieren Sie halt nachträglich ein Rad inklusive Wagenheber in der vorhandenen Wanne. Achten Sie nach einem Reifenplatzer dann allerdings auf den richtigen Luftdruck im Reserverad, ansonsten könnte Ihr Ersatzreifen schon recht bald nach der Montage die Segel streichen.
Wenn Sie nach einem Reifenschaden das Reparaturset aufgebraucht haben, sorgen Sie schnellstmöglich für adäquaten Ersatz. Sie müssen nicht unbedingt das Original-Reparatur-Set ergänzen, doch zuverlässig sollte der neue Ersatz schon sein. Die Betonung liegt auf »zuverlässig«, was auf die meisten Pannensprays in Sprühflaschen nicht unbedingt zutrifft. Wir empfehlen Reifenreparatursets bestehend aus Dichtschaum inklusive Kompressor, so zum Beispiel das Conti-Pannenset. Es ist durchaus geeignet, kleinere Reifenschäden direkt vor Ort zu kurieren. Schadstellen größer als vier Millimeter, oder eine beschädigte Reifenflanke, überfordern es allerdings maßlos.

Werkzeug:
Wagenheber, Radkreuzschlüssel, eventuell Schlitzschraubendreher

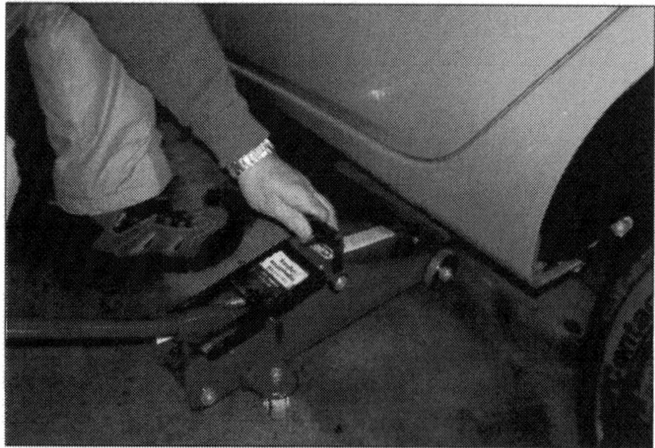

Möglichst senkrecht im Ansatzpunkt ansetzen: den Wagenheber mit Holzauflage unter dem Seitenschweller.

- Ziehen Sie zunächst die Handbremse an und legen sicherheitshalber noch den ersten Gang oder Rückwärtsgang ein.
- Rollt Ihr Auto auf Stahlfelgen, ziehen Sie jetzt die Radzierblende mit den Händen von den Felgen ab.
- Sobald das erledigt ist, lösen Sie die Radmuttern zunächst nur um eine Umdrehung und …
- …heben dann den Wagen an. Den Wagenheber setzen Sie bitte nur waagerecht in Höhe der Aufnahmepunkte unter die Seitenschweller. Der richtige Platz hat eine Aussparung in der Presskante. Um Zeit zu sparen, drehen Sie den Heber zunächst per Hand auf die richtige Grundhöhe, setzen den Adapter dann möglichst senkrecht unter den Ansatzpunkt des Seitenschwellers und heben den Wagen an. Achten Sie darauf, dass auch der Wagenheberfuß möglichst senkrecht unter dem Schweller und satt auf dem Untergrund steht.
- Erst wenn der Wagen stabil auf drei Rädern steht, drehen Sie die Radschrauben ganz aus, ziehen das zu wechselnde Rad von der Nabe und setzen das neue provisorisch wieder an.
- Richten Sie das Rad so an der Nabe aus, dass die Radbolzenöffnungen mit den Gewindebohrungen in der Radnabe fluchten.
- Erledigt? Dann ziehen Sie die Radbolzen handfest vor.
- Lassen Sie den Wagen ab und ziehen die Radbolzen fest. Spätestens jetzt drängt sich ein Radkreuzschlüssel auf, damit können Sie nämlich die Bolzen gefühlvoller anziehen. Das Anzugsdrehmoment soll 130 Nm nicht übersteigen. Anders gesagt: Ziehen Sie die Radbolzen gefühlvoll an und knallen sie nicht etwa mit einem verlängerten Radschlüssel bombenfest.
- Wenn Sie die Radabdeckung (Stahlfelge) ansetzen, achten Sie darauf, dass die Ventilöffnung dem Ventil Platz lässt.
- Nach etwa 10 Kilometern ziehen Sie die Radbolzen noch einmal kurz nach.

So lagern Sie Reifen richtig

WISSENSWERTES

- Nehmen Sie die Räder ab, reinigen Sie zunächst mit Wasser und danach gründlich einem guten »Schuss« Geschirrspülmittel. Trocknen Sie die nassen Reifen gut ab und vergessen auch nicht, sämtliche Fremdkörper vor dem Einlagern aus den Profilrillen zu entfernen.
- Nach der Wäsche zeichnen Sie die Position der Reifen mit Ölkreide auf der Reifenlauffläche (VR = vorne rechts, HR = hinten rechts, usw.). Der Hinweis erspart Ihnen im Frühjahr oder im Herbst unsicheres Rätselraten um die tatsächliche Laufrichtung Ihrer Pneus.
- Pausierende Pneus lagern am besten in einem dunklen, kühlen und trockenen Raum.
- Wenn Sie eigene Lagermöglichkeiten nutzen, halten Sie Benzin, Öl, Fett und andere Chemikalien von den Reifen fern.
- Komplette Räder stapeln Sie liegend übereinander – am besten auf einer Holzpalette. Die im Fachhandel und in Baumärkten angebotenen Reifenbäume sind natürlich bequem, doch den Rädern geht's darauf nicht besser...
- Reifen ohne Felgen stellen Sie einfach nebeneinander auf. Doch in dem Fall denken Sie bitte daran – drehen Sie die Pneus von Zeit zu Zeit.

Breitreifen/Felgen – Ford lässt sich nicht lumpen

Ab Werk rollt der C-MAX »Ambiente« auf 6,5 X 16 X 50-Stahlfelgen mit 205/55 R 16"-Reifen durch die Lande. Alternativ dazu gibt's allenfalls Ganzjahresreifen des gleichen Formats. Schicke Beine – im »Ambiente« Fehlanzeige. Ford macht da ganz auf Eintopf.
Doch schon ab »Trend« geht's los. Leichtmetallfelgen im Fünf-, Doppelfünf- oder Siebenspeichen-Design mit 16, 17 oder 18 Zoll, alles machbar. Die Felgenbreite variiert zwischen 7" und 8", darauf sitzen Reifen von 205/55 R16" bis hin zu 235/40 R18".
Auch Felgengourmets müssen beim C-MAX Kauf nicht darben. Doch nichts geht ohne Speichendesign, die Designer bringen davon bis zu 15 pro Rad unter. Kenner machen daran beispielsweise den »Titanium« mit werkseitigen X-Paketen aus.
Mehr geht nicht ab Werk – obwohl viel mehr geht: Hardcore-Reifenfreaks schöpfen ihr Grundwissen zu ausgefallenem C-MAX-Schuhwerk aus dem Internet. So zum Beispiel unter http://www.focus-forum.de/index.php. Sie stehen da zudem in direktem Kontakt mit anderen Focus-, bzw. C-MAX Fahrern.

Wir beschränken uns in der Tabelle auf das Angebot ab Werk.

Räder und Reifen – so kombinieren Sie ab Werk

	Serie		Sonderwunsch	
	Räder	Reifen	Räder	Reifen
C-MAX Ambiente	6.5 x 16" Stahl	205/55 R 16	-	-
C-MAX Trend	6.5 x 16 Stahl	205/55 R 16	7.0 x 17" Leichtmetall*	215/50 R 17
C-MAX Titanium	6.5 x 16 Leichtmetall	205/55 R 16	8.0 x 18" Leichtmetall*	235/40 R 18

*ausgenommen 1,6 l TI-VCT:

Checkliste – Reifen/Luftdruck

Typ	Reifengröße	Reifenluftdruck (bar) für normale Belastung Dauergeschwindigkeit < 160 km/h		Reifenluftdruck (bar) für hohe Belastung Dauergeschwindigkeit < 160 km/h	
C-MAX		*vorn*	*hinten*	*vorn*	*hinten*
Benziner	205/55 R 16	2,1	2,1	2,5	2,8
	215/55 R 16	2,1	2,1	2,5	2,8
	235/40 R 18	2,1	2,1	2,6	2,9
Diesel	205/55 R 16	2,3	2,1	2,5	2,8
1.6 l Duratorq-TDCi	215/55 R 16	2,3	2,1	2,5	2,8
2.0 l Duratorq-TDCi	215/55 R 16	2,4	2,1	2,5	2,8
1.6 l Duratorq-TDCi	235/40 R 18	2,1	2,1	2,6	2,9
2.0 l Duratorq-TDCi	235/40 R 18	2,4	2,1	2,6	2,9
Grand C-MAX					
Benziner	205/55 R 16	2,1	2,3	2,5	2,8
	215/55 R 16	2,1	2,3	2,5	2,9
	235/40 R 18	2,1	2,3	2,5	2,9
Diesel	205/55 R 16	2,3	2,3	2,5	2,8
1.6 l Duratorq-TDCi	215/55 R 16	2,3	2,3	2,5	2,8
2.0 l Duratorq-TDCi	215/55 R 16	2,4	2,3	2,5	2,9
1.6 l Duratorq-TDCi	235/40 R 18	2,1	2,1	2,6	2,9
2.0 l Duratorq-TDCi	235/40 R 18	2,4	2,1	2,6	2,9
Notrad	T125/80 R 16	4,2	4,2	4,2	4,2

Bis die Funken fliegen ...

... rein physikalisch gesehen wandeln Sie während jedem Bremsvorgang kinetische Energie in Wärme. Je nach Gefahrenmoment geht's währenddessen in der Praxis genauso heiß zur Sache, wie auf dem Bremsenprüfstand. Beispielsweise mit Caravan am Haken, bei zügigen Bergabfahrten oder Vollbremsungen aus hohen Geschwindigkeiten. Nicht selten laufen derweil zumindest die vorderen Bremsscheiben glutrot an. Ein Großteil der entstehenden Wärme heizt nicht nur die Scheiben, sondern auch die Bremszangen mitsamt der Radbremszylinder inklusive der gesamten Bremshydraulik auf. Praktisch besteht sogar die Möglichkeit, dass währenddessen selbst neue Bremsflüssigkeit ihren Siedepunkt überschreitet. Die Vorderachse Ihres C-MAX verzögern Faustsättel und innenbelüftete Bremsscheiben. Die massiven Hinterradbremsscheiben nehmen gleichfalls Faustsättel in die Zange. Die Handbremse wirkt per Seilzug mechanisch auf die Hinterräder. Die C-MAX Bremse ist selbstnachstellend.

Die Straßenverkehrs-Zulassungsordnung (StVZO) schreibt allen Kraftfahrzeugen zwei unabhängig voneinander wirkende Bremssysteme (Fuß- und Feststellbremse) vor. Die Betriebsbremse Ihres C-MAX ist übrigens nicht nur zwei- sondern zudem diagonal geteilt: Die Bremskreise wirken jeweils auf ein Vorder- und das gegenüberliegende Hinterrad. Bei Ausfall eines Kreises bleiben somit das Vorder- und Hinterrad des anderen Kreises weiterhin intakt – Ihr C-MAX verzögert in dem Fall natürlich nur mit halbierter Bremsleistung. Sei's drum – die Chance den Wagen doch noch rechtzeitig vor einem Hindernis abzubremsen, ist durchaus realistisch. Realistischer zumindest, als wenn die Bremskreise einfach nur zwischen der Vorder- und Hinterachse unterschieden. Den Ausfall eines Kreises bemerken Sie übrigens nicht nur am längeren Bremsweg, sondern vorab bereits am etwa doppelt so langen Bremspedalweg. Zudem signalisiert Ihnen im Instrumententräger die brennende Bremskontrollleuchte: Gefahr in Verzug!

Bremsencheck – beim geringsten Selbstzweifel ein Fall für die Werkstatt

Grundsätzlich sind Wartungsarbeiten an der Bremsanlage kein Parc Fermé für Do-it-Yourselfer. Dennoch legen Sie besser nur dann Hand an die Bremse an, wenn Sie die anstehende Reparatur auch routiniert beenden können: Ansonsten nutzen Sie das aktuelle Know-how einer Fachwerkstatt. Schließlich entscheiden die Bremsen ja auf jedem Meter nicht nur über Ihre sondern auch über die Sicherheit anderer Verkehrsteilnehmer.

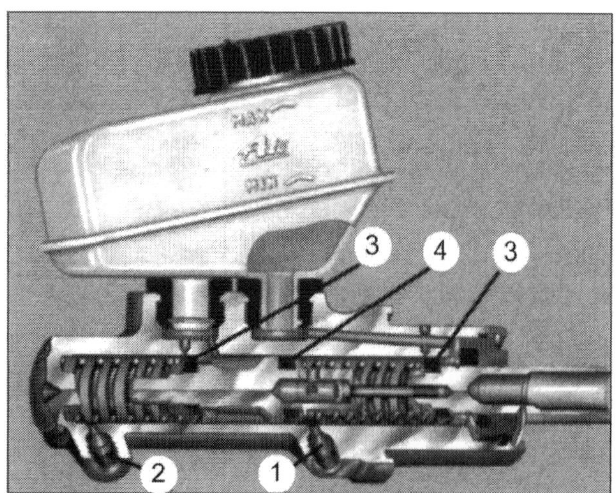

Jobsharing: In einem Tandem-HBZ wirken zwei Bremskolben hintereinander.. (1) Druckstangenbremskreis, (2) »schwimmender« Hauptbremskreis, (3) Primärmanschetten, (4) Trennmanschette.

Die Besonderheiten der Betriebsbremse – ABS, EBV und BAS

Ford hat die Bremse im C-MAX nicht neu erfunden. Das Ergebnis freilich ist auf Höhe der Zeit: Jeder C-MAX stoppt mit elektronischem Antiblockierbremssystem (ABS) und verteilt seine Bremskraft, gleichfalls elektronisch, zwischen Vorder- und Hinterachse (EBV, Elektronische Bremskraft Verteilung). ABS steigert die aktive Fahrsicherheit, EBV ersetzt den mechanischen Bremskraftregler an der Hinterachse. Zudem greift ein elektronischer Bremsassistent (EBA) automatisch immer dann ganz energisch in den Bremsvorgang ein, wenn Ihre Trittgeschwindigkeit aufs Bremspedal dem tatsächlichen Bremsdruck nicht entspricht. Aktive Raddrehzahlsensoren steuern die ABS-Funktion im C-MAX schon ab 0,2 km/h. Sie sichern, praktisch aus dem Stand heraus, die volle Lenkfähigkeit auch bei Vollbremsungen. Die EBV-Sensoren variieren – unter Mithilfe der vorhandenen ABS-Sensorik – den maximalen Bremsdruck an der Hinterachse. EBV verzögert die Hinterräder also immer hart an der Blockiergrenze. Selbstverständlich orientiert sich das gesamte Bremssystem automatisch am Reibwert der aktuellen Straßenoberfläche und zudem am jeweiligen Beladungszustand.

Wertet die Raddrehzahlsignale aus – ABS-Steuergerät

Das ABS-Steuergerät überwacht alle elektronischen Komponenten und speichert Fehlerdaten. Bei einge-

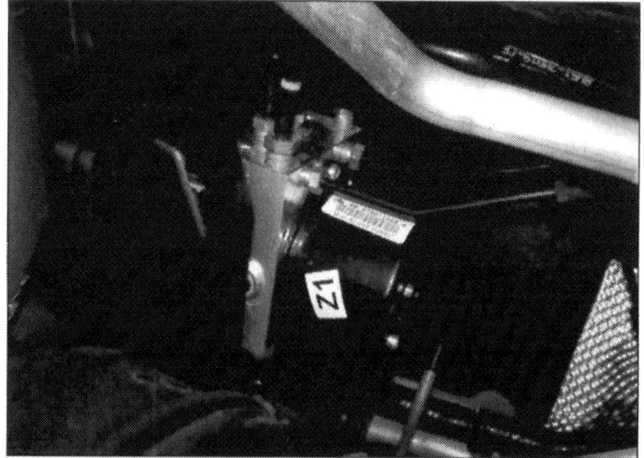

Kompakt und leistungsstark: Das beispielhafte 4-Kanal ABS-Steuergerät. Es dosiert unter anderem auch die Bremskraft zwischen Vorder- und Hinterachse (EBD). Außerdem nimmt das Steuergerät vor jedem Neustart einen Selbstcheck vor.

schalteter Zündung initiiert es vor jedem Fahrtbeginn einen Systemselbsttest. Auch während des Fahrbetriebs stehen die ABS-Komponenten kontinuierlich unter Aufsicht des Steuergeräts. Das funktioniert mit Polaritätenchecks, bzw. über Durchgangsprüfungen der einzelnen Stromkreise.
Gleichfalls unterliegen auch sämtliche Magnetventile im System einer regelmäßigen Funktionskontrolle: Das Steuergerät gibt hierzu einen Prüfimpuls ab. Eventuelle Störungen sammelt ein elektronischer Speicher, den Ihr Ford-Händler spätestens bei der nächsten Inspektion zielgenau mit seinem Systemtester ausliest. Der erforderliche Diagnoseanschluss liegt links neben der Lenksäule.

Links neben der Lenksäule unter einer Abdeckklappe: der Diagnoseanschluss des Fehlerspeichers.

Begrenzt den Hinterradschlupf – EBV

EBV ersetzt im C-MAX den mechanischen Bremskraftregler. Die EBV-Sensorik begrenzt den Hinterradschlupf um Millisekunden vor dem Hauptsystem. Dazu vergleicht die Systemsensorik ständig den Schlupf an den Vorder- und Hinterrädern und dosiert bzw. verteilt die Bremskraft entsprechend. Die EBV-Funktion bleibt gewöhnlich unwahrnehmbar. Sie realisiert jedoch – unabhängig vom Beladungszustand des Wagens – kürzeste Bremswege.

Verkürzt den Bremsweg – EBA

Jeder C-MAX hat einen automatischen Bremsassistenten (EBA) an Bord. Der elektronisch gesteuerte Bremshelfer erkennt anhand Ihrer Trittgeschwindigkeit aufs Bremspedal die aktuelle Gefahrensituation und leitet in Sekundenbruchteilen notfalls eine Vollbremsung ein. Das verkürzt den Bremsweg ohne Ihr eigenes Zutun im Ernstfall um die alles entscheidenden letzten Zentimeter.

Mit genügend Sicherheitsreserven – die C-MAX Bremsanlage

Der C-MAX verzögert ab Werk mit Faustsattelbremszangen, die auf vier Bremsscheiben wirken. Vorne sind die Scheiben innenbelüftet, hinten sind sie massiv. Jeden Bremsvorgang unterstützt zudem ein pneumatischer Bremskraftverstärker.

Im C-MAX schlecht zugänglich: pneumatischer Bremskraftverstärker (Pfeil) vor dem Tandemhauptbremszylinder an der Motorraumspritzwand.

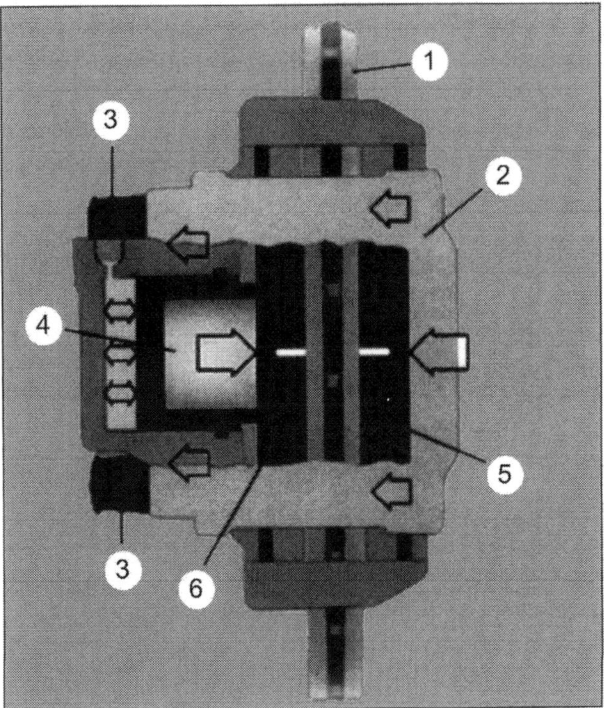

Umkrallt die Bremsscheibe (1)***:*** der Faustbremssattel (2) im Schnitt. Der Sattel schwimmt auf den Gleitstiften (3) und presst bei jedem Bremsvorgang mit nur einem Bremskolben (4) das äußerere Bremssegment (5) automatisch gegen die Scheibe. Faustsättel gleichen den Bremsbelagverschleiß automatisch aus.

Die vorderen Bremsscheiben sind im C-MAX unisono 25 Millimeter stark. Ihre Durchmesser fallen, je nach Motorisierung unterschiedlich aus. Die Ottomotoren bis 1,8 Liter Hubraum verzögern mit 278-Millimeter-Scheiben, gleichfalls die beiden Einssechser-Diesel. Ab 2 Liter Hubraum sowie im Grand C-MAX sind 300er-Scheiben installiert.
An der Hinterachse misst die Scheibenstärke bei allen Modellen elf Millimeter. Der Scheibendurchmesser beträgt unisono 280 Millimeter.

Signalisiert Störungen am ABS-Bremssystem – Kontrollleuchte im Cockpit

Bei eingeschalteter Zündung leuchtet während des automatischen Systemchecks die Kontrollleuchte des ABS-Bremssystems auf. Soweit der Check negativ bleibt, erlischt die Leuchte bei laufendem Motor nach spätestens zwei Sekunden. Falls nicht, liegt eine Systemstörung vor. Meistens bleiben Sie trotzdem mobil – allerdings ohne elektronische Bremsassistenten. Lassen Sie den Fehler schnellstmöglich von Ihrem Ford-Händler auslesen und korrigieren.
Do-it-Yourselfer sind damit erfahrungsgemäß schnell überfordert: Ohne spezielles Prüfequipment checken Sie allenfalls den korrekten Sitz der Steckverbindungen zum Steuergerät, zu den Relais, den Radsensoren und zur Hydraulikeinheit. Immerhin, doch meistens streiken irgendwelche Sensoren.

Leuchtet beim Neustart für etwa zwei Sekunden: Die ABS-Kontrollleuchte (Pfeil) im Armaturenbrett.

Bremsflüssigkeitsstand prüfen – von Zeit zu Zeit angemessen

Den Bremsflüssigkeitspegel checkt Ihr C-MAX während der Fahrt automatisch. Dennoch schauen Sie ab und an besser selbst unterhalb der Motorhaube nach dem Bremsflüssigkeitsstand. Der Bremse sind im Armaturenträger insgesamt drei Kontrollleuchten zugehörig. Normalerweise bleiben sie während der Fahrt dunkel. Andernfalls liegt ein Systemfehler vor. Im harmlosesten Fall haben Sie den Handbremshebel nicht vollständig gelöst...
Haben Sie doch! Dann checken Sie zunächst den Bremsflüssigkeitsstand im Vorratsbehälter.

- Der Bremsflüssigkeitsvorratsbehälter (Pfeil) sitzt in Höhe der Spritzwand in Fahrtrichtung links.
- Selbst bei intakter Bremsanlage sinkt der Flüssigkeitspegel. Grund: Analog zum Verschleiß der Bremsbeläge wandern die Bremskolben weiter aus den Bremszangen. Das hinter den Kolben entstehende größere Zylindervolumen ergänzt die aus dem Vorratsbehälter nachfließende Bremsflüssigkeit.
- Solange die Bremsflüssigkeit im Vorratsbehälter zwischen »min.« und »max.« pendelt, ist die Funktion beider Bremskreise gewährleistet.

Separat vom Hauptbremszylinder montiert: der Bremsflüssigkeitsvorratsbehälter.

Falls Ihr Informationsdisplay die Meldung »Bremsflüssigkeitsstand niedrig, Service« anzeigt, hat mindestens ein Regelkreis zu wenig Bremsflüssigkeit. Auf den fast trockenen Kreis ist fortan natürlich kein Verlass mehr! Der zweite Kreis bleibt davon unbeeindruckt, so dass Sie mit defensiver Fahrweise noch die nächste Werkstatt anfahren können, um den Fehler beheben zu lassen.

Bremsanlage prüfen – schauen Sie mit wachen Augen

- Damit eventuelle Leckagen eindeutig zu lokalisieren sind, muss der Autobauch trocken sein. Inspizieren Sie die Bremsen also nicht unbedingt unmittelbar nach einer Regenfahrt.
- Prüfen Sie sämtliche Schlauchanschlüsse und Verbindungsleitungen sowie die Bremssättel. Dunkle Flecken und feuchte Stellen sind ein sicheres Indiz für Undichtigkeiten.
- Inspizieren Sie Leitungen und Bremsschläuche auch auf etwaige Scheuerstellen. Bremsschläuche dürfen weder feucht noch gequollen sein. Falls doch: Tauschen Sie die Schläuche schnellstens aus.
- Aus Korrosionsschutzgründen tragen die Bremsleitungen im C-MAX eine Kunststoffschicht. Reinigen Sie die Leitungen von außen nur mit einem Pinsel, Kaltreiniger oder Waschbenzin: Kratzen Sie niemals mit einem Schraubendreher, Schmirgelleinen oder einer Drahtbürste an den Leitungen. Sollte die Schutzschicht bereits leicht beschädigt sein, retten Sie den Bereich mit einer Rostschutzgrundierung. Sobald sich allerdings schon Rostnarben, Verformungen oder Steinschlagspuren eingenistet haben, ersetzen Sie die angefressenen Leitungen umgehend.
- Sind auf den Entlüftungsventilen noch Staubschutzkappen vorhanden? Falls nicht, sorgen Sie sofort für Ersatz.
- Machen Sie regelmäßig eine (provisorische) Bremsdruckprobe. Dazu treten Sie das Bremspedal wie zur Vollbremsung, also mit voller Beinkraft, etwa eine Minute lang durch. Das Pedal darf dabei nicht in Richtung Bodenblech wandern. Falls doch, sind die Manschetten im Hauptbremszylinder oder in den Bremszangen verschlissen. Suchen Sie die Leckagen und tauschen Sie die schadhaften Komponenten aus. Richtig funktioniert eine Bremsdruckprobe freilich nur mit einem Druckstandsanzeiger – ein typischer Fall für die Werkstatt.

Bremskraftverstärker prüfen – so wird's gemacht

- Treten Sie bei abgestelltem Motor das Bremspedal mehrmals durch und halten es dann in der tiefsten Stellung fest.
- Jetzt starten Sie den Motor. Das Pedal muss dann noch ein paar Millimeter weiter nachgeben. Falls nicht, hat das folgende Ursachen:
- Unterdruckschlauch vom Ansaugrohr zum Bremskraftverstärker undicht: In diesem Fall ersetzen Sie unbedingt den Schlauch und prüfen die Anschlussflansche.
- Rückschlagventil im Unterdruckschlauch defekt: Nehmen Sie zur Ventilkontrolle den Unterdruckschlauch am Bremskraftverstärker ab und lassen den Motor mit Leerlaufdrehzahl laufen. Falls Sie keine rhythmischen Ansauggeräusche hören, verschließen Sie das freie Schlauchende mit einer Fingerkuppe. Wird im Schlauch kein Vakuum wirksam, ist das Ventil defekt.
- Gummidichtung zwischen Hauptbremszylinder und Bremskraftverstärker porös: Zum Austausch Hauptbremszylinder vom Bremskraftverstärker demontieren und Dichtring erneuern.
- Luftfilter am Druckstößel des Bremskraftverstärkers verdreckt: Den Filter mit einem Drahthaken von der Druckstange abziehen. Neuen Filter bis zum Mittelpunkt aufschneiden und um den Druckstößel in seinen Sitz drücken. Achten Sie darauf, dass der Filter um den Stößel geschlossen ist, ansonsten gelangt ungefilterte Luft in den Bremskraftverstärker.
- Verstärkermembrane defekt: Eine Reparatur ist nicht möglich. Freunden Sie sich mit einem komplett neuen Bremskraftverstärker an.

Bremsscheibenverschleiß – mit der Schublehre messen

Bocken Sie die entsprechende Achse auf einer ebenen Fläche standfest auf und nehmen die Räder ab. Bei der Gelegenheit checken Sie natürlich auch die Bremssegmente. Übrigens, leicht bläulich angelaufene Bremsscheiben sind völlig normal. Sollte die Scheibenstärke dagegen um rund drei Millimeter (gemessen am Neuzustand, siehe Technische Daten) abgenommen haben, ist die Verschleißgrenze erreicht. Erneuern Sie die Bremsscheiben dann grundsätzlich paarweise.

So messen Sie richtig:

- Achten Sie auf tiefe Riefen in den Scheiben. Sie sind ein Indiz für verklemmte Fremdkörper in den Bremsbelägen, groben Straßenschmutz bzw. verhärtete oder verschlissene Bremssegmente. Bis zu drei Millimeter tiefe Riefen müssen Sie noch nicht beunruhigen. Demontieren Sie jedoch auf jeden Fall die Beläge und reinigen die Reibflächen mit Schmirgelleinen (80er-Körnung).

- Die Scheibenstärke messen Sie am besten mit einer Schublehre und zwei Euro-Münzen. Legen Sie jeweils eine Münze auf jeder Scheibenseite zwischen Schublehre und Bremsscheibe. Von Ihrem tatsächlichen Messwert müssen Sie natürlich die Münzenstärke (rund vier Millimeter) subtrahieren.
- Unter Mindestmaß abgeschrubbte Scheiben sind Schrott. Riefige Scheiben können Sie durchaus planen lassen. Erneuern oder planen Sie Bremsscheiben stets paarweise und unter keinen Umständen einzeln.

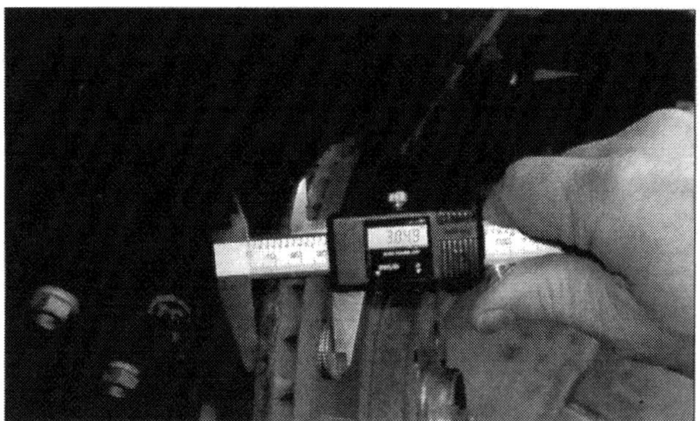

Ablesen und subtrahieren: Um die tatsächliche Scheibenstärke zu ermitteln, ziehen Sie nach der Messung einfach die Stärke beider Münzen vom Messwert ab.

Bremsanlage entlüften – ein Assistent muss her

Wie kommt Luft ins Bremssystem? Zum Beispiel nach allen Arbeiten, bei denen Sie die Bremsschläuche abnehmen oder Bremsleitungen öffnen mussten. Außerdem, wenn ein Bremsschlauch porös ist oder ein von der Straße aufgewirbelter Fremdkörper eine Bremsleitung trifft und verletzt.

In der Praxis reicht es häufig, nur den Bremskreis zu entlüften, an dem Sie gearbeitet haben. Ganz auf Nummer sicher gehen Sie natürlich, wenn Sie beide Bremskreise entlüften. Verwenden Sie immer nur neue Bremsflüssigkeit (Spezifikation DOT4 – SAE J 1703), einen sauberen, transparenten Behälter mitsamt Kunststoffschlauch (etwa von der Scheibenwaschanlage oder Aquarienbelüftung). Außerdem sollte Ihnen ein Helfer assistieren. Ihren C-MAX bocken Sie derweil auf einer ebenen Fläche standfest auf. Während des gesamten Entlüftungsvorgangs halten Sie den Bremsflüssigkeitsvorratsbehälter stets gut gefüllt. Der Flüssigkeitspegel darf auf keinen Fall unter »min.« abfallen. Falls doch, gelangt über die Nachfüllbohrungen des HBZ sofort wieder neue Luft ins Hydrauliksystem.

Achten Sie darauf, dass keine Bremsflüssigkeit auf die Lackoberfläche kommt. Andernfalls spülen Sie die Flächen umgehend mit klarem Wasser ab. Ansonsten wird der Lack stumpf oder löst sich auf.

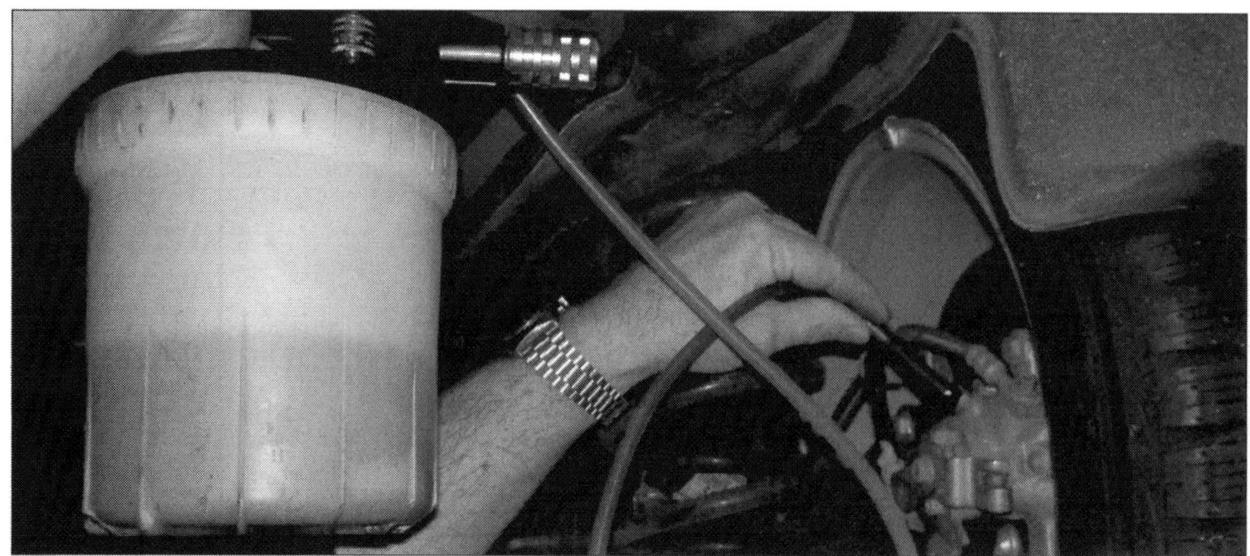

Darauf müssen Sie achten: Platzieren Sie den Auffangbehälter etwa 30 Zentimeter oberhalb des Entlüfternippels.

Werkzeug:
Radkreuz, 8-mm-Ringschlüssel, Wagenheber, Unterstellböcke, transparenter Behälter und ausreichend langer Kunststoffschlauch

Material:
ca. 1 Liter Bremsflüssigkeit (Spezifikation DOT4 – SAE J 1703, WSS-M6C65-A2 oder ISO 4925 Klasse 6)

- Öffnen Sie den Verschlussdeckel des Bremsflüssigkeitsbehälters und ...
- ... halten die Arbeitsschritte in der beschriebenen Reihenfolge ein.
- Beginnen Sie zunächst an den Bremszangen hinten rechts, hinten links, dann setzen Sie die Arbeit an der vorderen rechten und danach an der linken Bremszange fort.
- Bevor Sie starten, ziehen Sie zunächst die Staubschutzkappen von allen Entlüftungsventilen ab und reinigen die Ventilnippel möglichst mit Pressluft.
- Danach schieben Sie den Kunststoffschlauch auf den jeweiligen Nippel und tauchen das freie Schlauchende in einen knapp mit Bremsflüssigkeit gefüllten Behälter.
- Dann lösen Sie den Entlüfternippel etwa eine Umdrehung. Ihr Helfer tritt das Bremspedal langsam durch und zieht den Fuß dann schnell beiseite.
- Danach wartet er etwa drei Sekunden – der HBZ füllt sich währenddessen mit neuer Bremsflüssigkeit.
- Wiederholen Sie den Vorgang an allen Entlüfternippeln so lange, bis im Auffangglas keine Luftbläschen mehr aufsteigen und reine Bremsflüssigkeit austritt.
- In dem Fall hält der Assistent das Bremspedal am Boden, Sie schließen den Entlüftungsnippel, ziehen den Schlauch ab und wenden sich dem nächsten Rad zu.
- Erledigt? Dann ergänzen Sie die Flüssigkeit im Ausgleichbehälter bis »max.« und drehen dann die Verschlusskappe fest.
- Vergessen Sie anschließend bitte nicht, die Bremsfunktion auf einer vorsichtigen Probefahrt zu überprüfen.

Die Bremsflüssigkeit

WISSENSWERTES

Hauptbestandteile der Bremsflüssigkeit sind Glykol und Polyglykolether: Bremsflüssigkeit bleibt im Neuzustand bis ca. -40 °C dünnflüssig und siedet erst bei etwa 270 °C.

Die Betonung liegt auf Neuzustand: Der Saft ist nämlich hygroskopisch. Das heißt, Bremsflüssigkeit nimmt aus der Luft begierig Wasser auf. Jährlich so etwa zwei Prozent – und das auch im Bremsflüssigkeitsvorratsbehälter unter der Motorhaube.

Das hat negative Auswirkungen auf den Siedepunkt. Bei einem Wassergehalt von rund 2,5 Prozent sinkt er schon auf rund 150 °C. Die Betriebssicherheit ist dann bei stark beanspruchten Bremsen, etwa im Gebirge, bei Vollbremsungen oder mit Hänger am Haken nicht mehr unbedingt gegeben. Sobald Bremsflüssigkeit siedet, bildet sie Blasen im System.

Der Bremspunkt wandert dann aufs Bodenblech: Die Flüssigkeit kann sieden und Dampfblasen im System bilden. Mit verheerenden Auswirkungen – das Bremspedal lässt sich bis auf die Bodenplatte durchtreten. Ihre Bremse hat dann allenfalls noch die Wirkung einer Luftpumpe.

Wechseln Sie daher die Bremsflüssigkeit konsequent im Zwei-Jahres-Rhythmus.

Alte Bremsflüssigkeit entsorgen

WISSENSWERTES

Bremsflüssigkeit ist giftig: Vermeiden Sie direkte Kontakte mit der Haut und offenen Wunden. Die Flüssigkeit greift zwar keine Metall- und Gummiteile an, wirkt jedoch aggressiv auf Autolacke. Einmal gewechselte Bremsflüssigkeit ist unbrauchbar. Trauen Sie auch keiner Bremsflüssigkeit, die längere Zeit in einem offenen oder angebrochenen Behälter gestanden hat. Der Siedepunkt ist dann undefinierbar. Behandeln Sie gebrauchte Bremsflüssigkeit konsequent als Sondermüll und entsorgen sie entsprechend bei öffentlichen Sondermüllsammelstellen, beim Verkäufer der Flüssigkeit oder bei Ihrem hilfsbereiten Vertragshändler.

Bremsflüssigkeit wechseln – verfahren Sie ähnlich wie beim Entlüften

Wechseln Sie Bremsflüssigkeit etwa alle zwei Jahre. Fachwerkstätten erledigen das mit einem speziellen Bremsenfüllgerät. Sie können sich aber auch selbst ans Werk machen – die Arbeit ist nahezu die gleiche wie beim Entlüften. Für das gesamte System benötigen Sie rund einen Liter Bremsflüssigkeit (achten Sie auf die richtige Spezifikation, DOT 4).

- Lösen Sie den Verschlussdeckel des Bremsflüssigkeitsbehälters und …
- …entfernen mit einer Pipette oder einer sauberen Injektionsspritze die Bremsflüssigkeit aus dem Vorratsbehälter oberhalb des HBZ.
- Die folgenden Arbeitsschritte sind bereits unter Bremsanlage entlüften beschrieben.
- Ältere Bremsflüssigkeit ändert ihr Aussehen: Sie wird milchiger. Spülen Sie also jeden Radzylinder so lange durch, bis tatsächlich klare Flüssigkeit austritt.

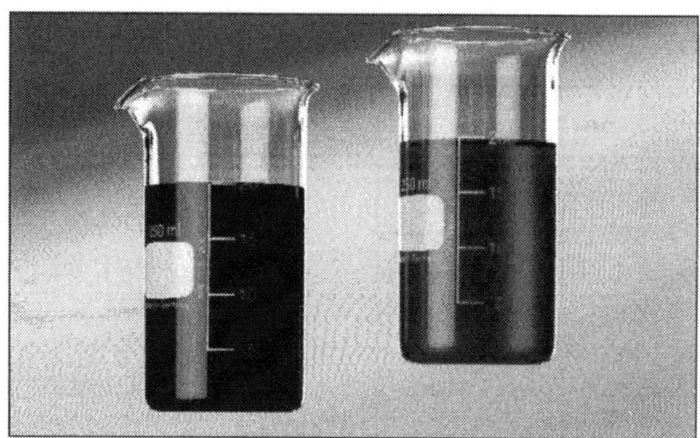

Regelmäßig wechseln: Bei alter Bremsflüssigkeit (links im Bild) hilft auch die beste Bremsanlage nichts.

Bremssegmente erneuern – achten Sie auf Erstausrüsterqualität

Tauschen Sie Bremsbeläge grundsätzlich nur paarweise auf beiden Achsseiten. Ansonsten entstehen an den Bremsscheiben unterschiedliche Reibkoeffizienten, die Sie auch mit ABS und spätestens bei Vollbremsungen in Verlegenheit bringen könnten.

Damit sind Sie generell auf der sicheren Seite: Bremsersatz- oder Austauschteile von Markenherstellern und mit gültiger Prüfnummer.

Thermisch bedingt ändern neue Bremsbeläge während der ersten 500 Kilometer ihre Materialstruktur: Vermeiden Sie währenddessen also häufige Vollbremsungen. Ansonsten könnten die Beläge schnell verhärten (verglasen). Achten Sie zudem peinlich genau darauf, dass Bremsenersatzteile eine Herstellerfreigabe für Ihren C-MAX und eine gültige ABE haben müssen. Ignorieren Sie im Zweifelsfall dubiose Wühltischschnäppchen, obskure Sportbremsbeläge oder Sportbremsscheiben ohne Prüfnummer. Die Internet-Marktplätze sind voll davon – wir möchten dringlich davor warnen. Lassen Sie sich beim Kauf gleichfalls nicht auf No-Name-Bremsschläuche und -Bremsleitungen ein. Auf der sicheren Seite sind Sie, wenn Ihr C-MAX mit Originalersatzteilen verzögert.

Werkzeug:

Radschlüssel, Wagenheber, Unterstellbock, Ratsche, 13-mm-Nuss, Schlitzschraubendreher, Wasserpumpenzange, evtl. Presswerkzeug »KM 6007, KM-6007-30«.

Vorderachse

■ Bocken Sie den Vorderwagen rüttelsicher auf und demontieren die Räder.

■ Um die Arbeit zu vereinfachen, schlagen Sie die Lenkung jeweils bis zum Anschlag ein, Sie erreichen die Bremszangen dann leichter.

Hinterachse

■ Bocken Sie den Hinterwagen rüttelsicher auf, demontieren die Räder und hängen das Handbremsseil aus dem Bremssattel aus. Vergessen Sie bitte nicht, vorab das Sicherungsblech vom Sattel abzuziehen.

beide Achsen

■ Hebeln Sie die Haltefeder (1) mit einem Schraubendreher aus dem Bremssattel.

Mit einem Schraubendreher aushebeln: die Haltefeder (1) aus dem Bremssattel.

■ Danach ziehen Sie mit einer Wasserpumpenzange an den Sattelführungsbolzen beide Schutzkäppchen (1) mit einer Zange aus den Gummitüllen, ...

■ ...lösen die Führungsbolzen (2) und ziehen den Bremssattel (3) nach vorne vom Bremsträger (4) ab. Falls der Rahmen klemmen sollte, quetschen Sie auf der Außenseite einen stabilen Schraubendreher zwischen Bremsscheibe und Belag und hebeln den Rahmen mit Augenmaß hin und her. Das schafft den nötigen Montagefreiraum zwischen den Belägen und der Bremsscheibe.

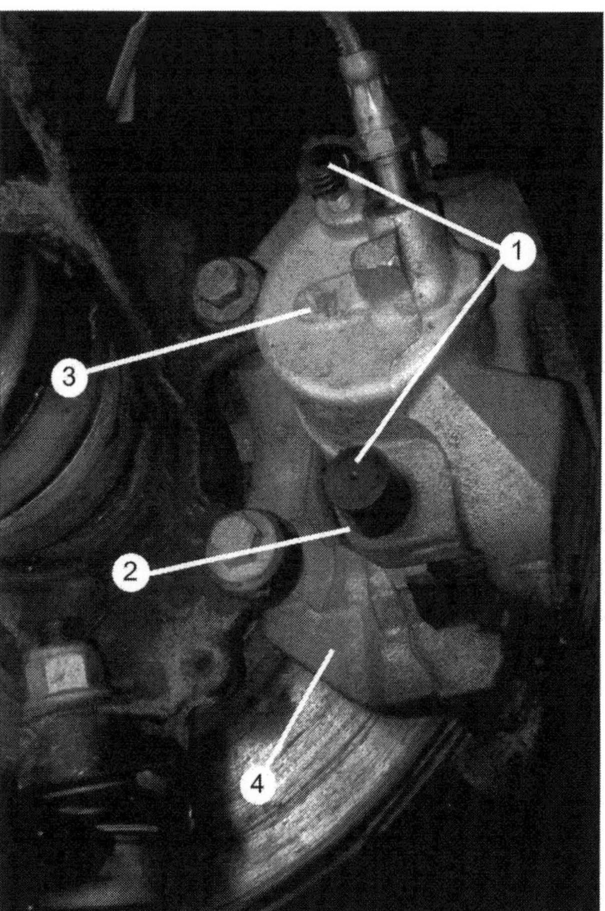

Der Reihe nach erledigen: Schutzkäppchen abziehen (1), Führungsbolzen lösen (2), Bremssattel (3) von der Bremsscheibe und vom Bremsenträger abziehen (4).

■ Danach ziehen Sie die Bremssegmente aus dem Bremssattel.

Vorderachse

■ Pressen Sie vor der Montage mit einem stabilen Schraubendreher, Hammerstiel oder einem Engländer den Gleitkolben vollständig in den Zylinder zurück. Geben Sie Acht und beschädigen dabei weder den Kolben noch die Staubmanschette.

Hinterachse

■ Vor der Montage drehen Sie die Bremskolben zurück in den Bremssattel. Ford-Monteure nutzen dazu Spezialwerkzeuge (KM 6007 und KM-6007-30). Erfahrungsgemäß reicht auch ein Schraubendreher oder passender Hammerstiel. Achten Sie aufmerksam darauf, dass die Aussparung (Pfeile) im zurückgesetzten Bremskolben auchg radlinig zum Bremssattelsichtfenster verläuft.

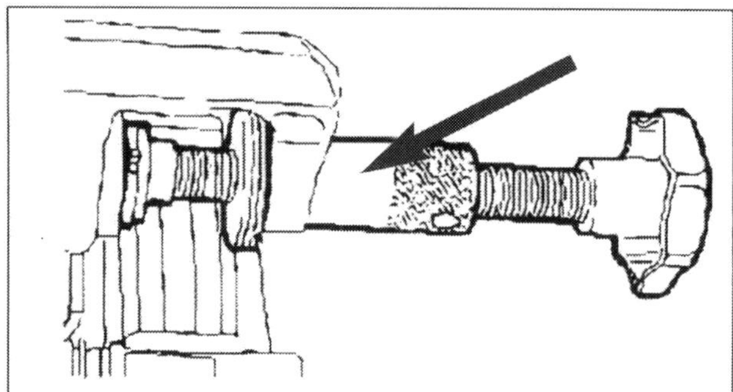

Bis zum Anschlag zurücksetzen: den Bremskolben mit Sonderwerkzeug »KM 6007«.

beide Achsen

Vorsicht: Beim Zurücksetzen der Bremskolben kann Bremsflüssigkeit aus dem Vorratsbehälter austreten. Spülen Sie sofort gründlich mit klarem Wasser nach.

- Entfernen Sie auf den Bremsbelagführungen den alten Belagabrieb mit Bremsenreiniger, Alkohol oder Brennspiritus. Nutzen Sie dazu einen Flaschenreiniger oder eine harte Zahnbürste. Festgebackene Staubkrusten kratzen Sie vorab schon mal vorsichtig mit einem flachen Schraubendreher ab – doch beschädigen Sie nicht die Staubmanschette des Gleitkolbens.
- Werfen Sie auch einen Blick auf die Bremsscheiben – haben sich Fett, Straßenschmutz oder tiefe Riefen eingenistet? Prüfen Sie im gleichen Aufwasch auch die Scheibenstärke (Verschleißgrenze).
- Die Kontaktflächen der Bremsbeläge reiben Sie vor der Montage sparsam mit wärmebeständigem Gleitmittel (Kupferpaste) ein. Die Paste darf auf keinen Fall auf die Bremsflächen gelangen.
- Setzen Sie den Bremssattel auf den Bremsenträger und schrauben »das Ganze« inklusive einem neuen Führungsbolzen mit rund 30 Nm (Hinterachse 35 Nm) fest.
- Montieren Sie die Haltefedern und pumpen das Bremspedal auf Druck. Erst dann liegen die Beläge bremsbereit vor der Scheibe an.
- Checken Sie jetzt den Bremsflüssigkeitsstand im Vorratsbehälter. Überschüssige Flüssigkeit saugen Sie mit einer Pipette bis »max.« ab, fehlende Flüssigkeit ergänzen Sie bis »max.«.
- Montieren Sie die Räder und lassen das Auto ab.
- Bremsen Sie nun auf einer Nebenstraße die neuen Beläge vorsichtig ein. Verzögern Sie einige Male ganz piano von etwa 100 km/h auf 50 km/h. Zwischendurch lassen Sie die Bremsbeläge immer wieder gut auskühlen.

Bremsscheibe demontieren – mit Erfahrung durchaus machbar

Erneuern Sie Bremsscheiben grundsätzlich immer nur paarweise. Falls Sie unseren Rat ignorieren sollten, arbeiten die Scheiben im folgenden Bremsbetrieb stets mit unterschiedlichen Reibkoeffizienten – die Bremse funktioniert so nicht optimal.

Werkzeug:
Radschlüssel, Wagenheber, Dreibein-Unterstellbock, Ratsche, 17er-Sechskantnuss, Schlitzschraubendreher, Wasserpumpenzange

Vorderachse

- Bocken Sie den Vorderwagen rüttelsicher auf, demontieren die Bremssättel mitsamt der innenliegenden Bremssegmete und fixieren sie mit Bindedraht an den Federbeinen.
- Jetzt lösen Sie beidseitig die Befestigungsschrauben (1) des Bremsenträgers (2) vom Lenkschwenklager und legen den Träger beiseite.

Hinterachse

- Bocken Sie den Hinterwagen rüttelsicher auf, demontieren die Bremssättel mitsamt Bremssegmenten und fixieren sie mit Bindedraht an den Stoßdämpfern.
- Jetzt lösen Sie beide Befestigungsschrauben des Bremsenträgers vom Achskörper und ziehen den Träger dann ab.

- Falls vorhanden, lösen Sie an den jeweiligen Bremsscheiben beide Arretierschrauben, bzw. die Klammern und treiben die Scheiben mit einem Gummihammer gefühlvoll von den Radnaben. Vergessen Sie nicht, die Scheiben währenddessen zu drehen.

- Vor der Montage säubern Sie die Anlageflächen der Radnaben sowie der Bremsscheiben gründlich mit einer Drahtbürste und ...

- ...setzen die Scheiben erst dann wieder auf die Radnaben auf. Wenn Sie die Anlageflächen gut gesäubert haben, ist die Chance groß, dass die Scheiben auf Anhieb ohne Taumelschlag rund laufen. Andernfalls pulsiert das Bremspedal bei jedem Bremsvorgang.

- Beenden Sie die Montage in umgekehrter Reihenfolge und ziehen die Halterahmen mit rund 115 Nm gegen die Lenkschwenklager bzw. mit 70 Nm gegen den Achsträger.

Zweimal mit dem Lenkschwenklager verschraubt: Die Bremsträger vorne und hinten.

Bremssattel und Bremskolben gängig machen

Bei porösen oder mechanisch beschädigten Staubmanschetten dringen Schmutz und Feuchtigkeit in den Bremszylinder ein. In der Folgezeit korrodiert der Gleitkolben langsam aber sicher. Folge: Hoher Bremsbelag- und Scheibenverschleiß, ungleichmäßig ansprechende Bremse. Wenn Ihr C-MAX die Symptome zeigt, gehen Sie folgendermaßen vor.

- Demontieren Sie die Bremssegmente wie beschrieben und überprüfen auf beiden Seiten zunächst den ungestörten Belagfreigang in den Belagschächten.

- Wenn nötig, reinigen Sie die Schächte mit einer harten Zahnbürste oder einem passenden Schlitzschraubendreher. Zerstören Sie dabei nicht die Staubmanschetten oder lösen sie aus ihrem Sitz.

- Bevor Sie die Bremsbeläge wieder einsetzen, bestreichen Sie alle Kontaktflächen mit hitzefester Kupferpaste.

- Selbstverständlich müssen auch die Bremssättel freigängig sein. Falls Sie dort Arbeitsbedarf entdecken, reinigen und bestreichen Sie die Gleitflächen leicht mit hitzebeständiger Kupferpaste.

Bremskolben auf Freigang prüfen – mit Montierhebel möglich

- Demontieren Sie den inneren Belag der betreffenden Bremszange.

- Bevor Sie den Bremskolben auf Freigang prüfen, fixieren Sie mit einer Schraubzwinge oder Feststellzange ein etwa sechs Millimeter starkes Distanzstück (evtl. Holzbrettchen) als Endanschlag zwischen Bremskolben und Bremsscheibe. Die Maßnahme begrenzt den Kolbenweg und schützt den Bremskolben mitsamt Dichtring vor Beschädigungen.

- Selbstverständlich muss der gegenüberliegende Bremssattel noch komplett montiert sein.

- Schieben Sie jetzt einen Montierhebel zwischen Kolben und provisorischem Endanschlag. Ein Helfer tritt derweil vorsichtig das Bremspedal durch.

- Falls der Kolben klemmt, pumpt der Assistent so lange, bis der Kolben dem Druck weicht und aus dem Zylinder wandert. Sobald er den Montierhebel gegen den provisorischen presst, drücken Sie den Kolben per Hebel in den Zylinder zurück – an Hinterradbremszangen muss der Kolben mitunter mit einem Spezialwerkzeug in den Zylinder zurückgedreht werden. Wiederholen Sie die Prozedur so lange, bis der widerborstige Bremskolben leichtgängig im Zylinder gleitet.

Achtung: Bleiben Sie damit erfolglos, oder sollte der Bremszylinder danach undicht sein, lassen Sie den Sattel in einer Fachwerkstatt überholen oder tauschen ihn gegen ein Neuteil aus. .

Staubmanschette erneuern – Sie benötigen einen Schweißdraht

- Pressen Sie mit einem Montierhebel oder Schraubendreher zunächst den Bremskolben bis kurz vor Anschlag in den Zylinder zurück. Das äußere Bremssegment bleibt montiert.

- Heben Sie die zu erneuernde Staubmanschette vorsichtig mit einem gebogenen Schweißdraht oder kleinen Winkelschraubendreher vom Bremssattel und Gleitkolben ab. Achten Sie gut auf den Gleitkolben, seine Oberfläche darf nicht verkratzen. Sobald Sie die Staubmanschette abgezogen haben, inspizieren Sie ihr Inneres, die Manschette muss pulvertrocken sein. Andernfalls lassen Sie den Sattel besser in einer Fachwerkstatt überholen oder Sie montieren einen Austauschbremssattel.

- Bevor Sie die neue Manschette montieren, reinigen Sie die angedrehten Montageflächen oberhalb des Zylinders und Kolbens mit Brennspiritus oder sauberer Bremsflüssigkeit. Anschließend konservieren Sie die Flächen mit Bremsmontagepaste (z. B. Ate).

- Drücken Sie die neue Staubmanschette vorsichtig auf die Sitzflächen. Achten Sie darauf, dass die Manschettenkragen satt und spannungsfrei sitzen, erst dann pressen Sie mit einem Montierhebel den Kolben bis zum Anschlag in den Zylinder zurück.

- Montieren Sie nun den inneren Bremsbelag. Vergessen Sie auch nicht, die Bremsflüssigkeit im Vorratsbehälter zu checken.

- Bevor Sie den Wagen wieder absenken, bringen Sie die Bremse auf Druck. Checken Sie auch den instand gesetzten Sattel auf Dichtheit.

- Erst danach beenden Sie die Montage in umgekehrter Reihenfolge.

Die Handbremse / Feststellbremse

Die Handbremse (Feststellbremse) sichert Ihren parkenden C-MAX gegen unwillkommene Rollversuche. Sie wirkt mit Seilzügen über den Handbremshebel mechanisch auf die Hinterräder. Der angezogene Handbremshebel löst unter dem C-MAX eine kleine Kettenreaktion aus: Er strafft die Seilzüge, betätigt am Bremssattel einen Umlenkhebel und wirkt letztlich auf einen Verstellnocken in den Radbremssätteln. Um den Bremsbelagverschleiß automatisch auszugleichen, arbeitet in den hinteren Bremssätteln eine Justiervorrichtung. Sie können die Vorrichtung aktivieren, indem Sie mehrere Male hintereinander den Handbremshebel ziehen.

Handbremshebelweg einstellen

Kontrollieren Sie vorab unter dem Bodenblech die richtige Lage des Handbremsseils. Es muss an allen Montagepunkten spannungsfrei sitzen.

mit Mittelkonsole

- Öffnen Sie den Deckel der Mittelkonsole und ziehen die Schlossverblendung einfach nach oben ab.
- Nun lösen Sie die Kontermutter (2) und anschließend die Einstellmutter (3) des Handbremsseils (1).

ohne Mittelkonsole

- Klappen Sie im Innenraum die Schutzmanschette des Handbremshebels nach oben und lösen die darunter liegende Konter- (2) und Einstellmutter (3) des Handbremsseils (1) vollständig.
- Dann bocken Sie den Hinterwagen rüttelsicher auf und checken erneut die richtige Montage des Handbremsseils und stellen sicher, dass die Feststellbremse vollständig gelöst ist.
- Schieben Sie danach an beiden Bremssätteln ein 0,7-Millimeter-Fühlerlehrenblatt zwischen Feststellhebel und Widerlager.
- In dieser Stellung ziehen Sie die Einstellmutter am Handbremshebel so weit an, bis einer der beiden Feststellhebel mitgenommen wird.
- Entfernen Sie dann die Fühlerlehrenblätter auf beiden Seiten.
- Drehen Sie nun die Hinterräder, sie müssen sich frei drehen lassen.
- Falls nicht, wiederholen Sie die Grundeinstellung von Anbeginn.
- Sollten Sie erfolglos bleiben, demontieren Sie die Seilzüge und reinigen sie gründlich. Erkennen Sie nach der nächsten Grundeinstellung keine Besserung, montieren Sie neue Handbremsseile.

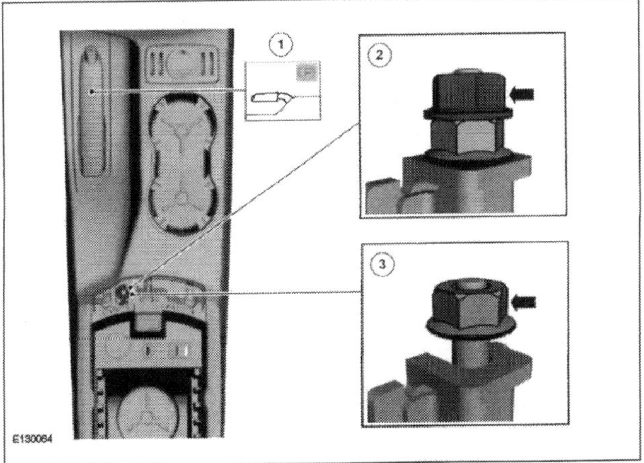

Schlossverkleidung abziehen: danach die Mutter lösen.

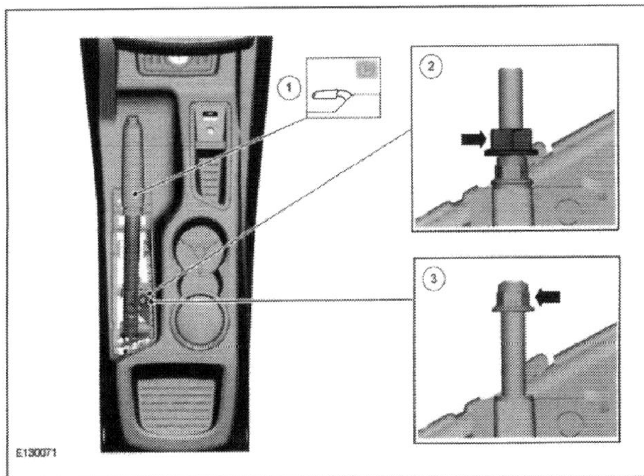

Mutter lösen: unterhalb der Schlossverkleidung.

Bestimmt das Grundmaß: 0,7-Millimeter-Fühlerblattlehre zwischen Feststellhebel und Widerlager.

Checkliste – Bremse

STÖRUNGSBEISTAND

Störung	Was kann das sein?	Was muss ich tun?
A Bremse quietscht	**1** Resonanzgeräusche zwischen der Bremsscheibe und den Bremssegmenten.	Bremssegmente wechseln, ggf. Bremsbelagträgerplatte auf Rückseite mit Anti-Quietschpaste einstreichen.
	2 Beläge verschlissen bzw. verhärtet.	Erneuern.
	3 Bremsflächen der Scheiben verschmutzt, verschmiert oder abgenutzt.	Scheiben reinigen, ggf. austauschen.
	4 Belagführung am Bremssattel verschmutzt oder verrostet.	Säubern, bzw. blank schleifen.
	5 Festsitzender Kolben im Bremssattel.	Gängig machen oder Bremssattel überholen lassen.
	6 Neue Bremsbeläge tragen noch nicht vollflächig.	Außenkanten mit Schruppfeile brechen, evtl. Beläge egalisieren.

STÖRUNGSBEISTAND

Checkliste - Bremse

Störung	Was kann das sein?	Was muss ich tun?
B Bremswirkung lässt nach (Fading)	**1** Pedalweg normal: a) Beläge verölt, verbrannt oder verhärtet. b) Siehe A3 und A6	Bremssegmente ersetzen.
	2 Pedalweg kurz: Bremskraftverstärker arbeitet nicht oder kein Unterdruck am Verstärker.	Bremskraftverstärker bzw. Unterdruckleitung auf Knicke prüfen; Unterdruckventil verstopft; prüfen und evtl. ersetzen (lassen).
	3 Pedalweg lang: a) Siehe A5, b) ein Bremskreis ausgefallen.	Kontrollieren, schadhafte Teile auswechseln lassen.
	4 Falscher Belag.	Bremskreise checken lassen.
	5 Hinterradbremse(n) defekt.	Bremsbeläge tauschen (lassen).
C Schwache Bremsleistung bei hohem Bremspedaldruck	**1** Siehe A2 bis 6	Bremsanlage prüfen lassen.
	2 Siehe B1 bis 4	
D Bremspedalweg schwammig	**1** Luft in der Anlage.	Bremsanlage prüfen, entlüften (lassen).
	2 Bei überbeanspruchter Bremse (Gebirgsfahrt, Anhängerbetrieb) Dampfblasenbildung (Bremsfading).	Anhalten, Bremse abkühlen lassen. Verhalten fahren und bremsen, häufiger einen Gang herunterschalten (Motorbremse).
	3 Hauptbremszylinder nicht richtig befestigt.	Befestigung prüfen. Evtl. Muttern vor dem Bremskraftverstärker nachziehen.
E Bremspedal lässt sich ganz durchtreten, keine Bremswirkung	**1** Hauptzylinder ausgefallen.	Austauschen.
	2 Bremsschlauch oder Leitung gerissen, Bremssättel undicht.	Ersetzen.
	3 Bremsflüssigkeit zu alt oder überhitzt (Dampfblasenbildung).	Erneuern.
F Pedalweg zu lang	**1** Scheiben unrund	Scheiben und Beläge prüfen und evtl. ersetzen lassen.
	2 Bremsflüssigkeit läuft aus.	Hydrauliksystem auf Dichtheit prüfen, Mangel beheben lassen.

STÖRUNGSBEISTAND

Checkliste – Bremse

	Störung	Was kann das sein?	Was muss ich tun?
G	**Bremsflüssigkeitsstand zu gering**	**1** Bremsscheiben oder Beläge verschlissen.	Bremsscheiben bzw. Beläge prüfen, evtl. ersetzen (lassen).
		2 Leck in der Hydraulik.	Hydraulik auf Leck prüfen und Mangel beheben lassen.
H	**Bremsen ziehen einseitig**	**1** Bremsscheiben verschlissen oder unterschiedliche Beläge montiert. Siehe A2 und 6.	Prüfen, evtl. ersetzen (lassen).
		2 Falsche Reifen oder falscher Reifendruck.	Prüfen; richtige Reifen aufziehen, Reifendruck kontrollieren.
		3 Lenkung defekt.	Prüfen lassen.
		4 Stoßdämpfer verschlissen.	Prüfen, evtl. ersetzen (lassen).
I	**Beläge stark oder ungleichmäßig verschlissen**	**1** Bremsscheiben sind korrodiert oder weisen Riefen auf.	Prüfen, evtl. ersetzen (lassen).
		2 Siehe A5	
J	**Handbremse zieht nicht**	**1** Bremsbeläge hinten abgenutzt oder verglast.	Bremsbeläge tauschen und dabei die Bremsanlage genau inspizieren.
		2 Handbremsseile verstellt.	Prüfen, evtl. einstellen lassen.

Spannungsgeladen

Ohne aktuelle Schalt- bzw. Stromlaufpläne sind Sie bei Störungen im Bordnetz mit Ihrem Latein schnell am Ende. Ihr C-MAX ist nämlich dringend auf elektrische Energie angewiesen: Ohne Generator oder die Batterie wäre er allenfalls eine blecherne Immobilie. Bevor Sie also tiefergehende Reparaturen an der Bordelektrik in Augenschein nehmen, studieren Sie besser die spezifischen C-MAX-, bzw. Grand C-MAX-Stromlaufpläne. Ihr Ford-Händler oder auch Bosch Car-Service-Dienste helfen Ihnen damit erfahrungsgemäß weiter.

Schon der erste Benz-Patentmotorwagen anno 1886 hätte ohne elektrische Energie keinen Mucks gemacht. Ihr C-MAX täte es ihm gleich. Seine präzise aufeinander abgestimmten Subsysteme blieben stromlos wirkungslos: Erst Batterie, Anlasser, Motor, Generator und rund ein Kilometer Kupferkabel machen Ihren Wagen zum Automobil. Mit leerer Batterie streikte der Anlasser, ohne Anlasser bliebe der Motor stumm und ohne Motor speiste der Generator keine Spannung ins Bordnetz ein.

Ist es da verwunderlich, dass nahezu jeder zweite Autofahrer unangenehme Erinnerungen mit dem Trio Batterie, Anlasser und Generator verbindet? Die Ursache dafür liegt unter der Motorhaube, also dem Arbeitsplatz der drei Akteure. Die dort vorherrschenden Arbeitsbedingungen sind nicht gerade ideal. Mal ist es ihnen zu kalt, mal zu warm, vielfach feucht und mitunter gar triefend nass. Zudem sitzen viele Stromverbraucher an exponierten Plätzen. Störungen in der Bordelektrik sind somit über die Zeit mehr oder weniger unvermeidbar. Zudem setzt bei Batterien – konstruktionsbedingt – ab dem ersten Tag ihrer Inbetriebnahme die Selbstzerstörung ein.

Einfach zu beheben – kleine Störungen im Bordnetz

Nach der Lektüre dieses Kapitels dürfte Ihnen freilich kein triftiges Argument mehr einfallen, um sich tatenlos einem toten Schalter oder einer dunklen Lampe zu beugen. Oft schießt dahinter nämlich nur ein Kabelstecker oder ein korrodierter Kontakt quer.

Viele kleine Unpässlichkeiten an der Bordelektrik heilen Sie mit dem nötigen Grundwissen locker selber. Doch lassen Sie Ihren Werkzeugwagen konsequent immer dann verschlossen, wenn es um substantielle Fehlersuche geht: Die C-MAX-Bordelektrik ist nämlich kein Tummelplatz für Do-it-Yourselfer mit verstaubtem Fachwissen.

Selbst ausgewiesene Experten stünden der C-MAX-Elektrik/Elektronik ohne Funktions- und Schaltpläne sowie einem speziellen Diagnoseequipment hilflos gegenüber. Darum vergeben Sie tiefer greifende Eingriffe an der Bordelektrik besser sofort an Ihren Ford-Händler oder an einen ausgewiesenen Fachbetrieb wie zum Beispiel Bosch Car-Service-Dienste.

WISSENSWERTES

Die Grundbegriffe der Elektrik

Elektrische Spannung (Strom) fließt nur in geschlossenen Stromkreisen. Stromkreise bestehen aus Erzeuger (z. B. Batterie, Generator), Verbraucher (z. B. Glühlampe, Leuchtdiode, Anlasser, Elektromotor) und den Kabelsträngen mit ihren einzelnen Leitungen. Stromkabel sind gewissermaßen die Nervenstränge zwischen Erzeuger und Verbraucher.

Das folgende Beispiel veranschaulicht Ihnen die Grundfunktion eines elektrischen Stromkreises. Stellen Sie sich bitte eine Wasserleitung vor, in der unter bestimmtem Druck eine definierte Menge Wasser von A (Erzeuger) nach B (Verbraucher) fließt. Nichts anderes passiert in den Stromkreisen Ihres Autos. Zum Beispiel dann, wenn beim Öffnen der Tür automatisch ein Licht angeht.

Spannung: Entspricht dem Druck in der Wasserleitung. Die Maßeinheit für Spannung ist Volt (V).

Strom: Entspricht der Wassermenge, die in einer definierten Zeit die Leitung passiert. Die Maßeinheit für Strom ist Ampere (A).

Leistung: Entspricht dem Produkt aus Spannung und Strom. Die Maßeinheit für Leistung ist Watt (W).

Widerstand: Entspricht in unserem Beispiel einem Wasserhahn. Ist der Hahn voll geöffnet, strömt ungehindert Wasser in die Leitung (Widerstand 0). Ein verschlossener Hahn erhöht den Widerstand kontinuierlich, bis schließlich kein Wasser mehr fließt (Widerstand ∞). Die Maßeinheit für Widerstand ist Ohm (Ω).

Kabel: Entspricht der Wasserleitung. Die erforderliche Stärke der Leitung (Querschnitt) bestimmt der Verbraucher: Ein Kontrolllämpchen kommt mit einer Kabelstärke von 0,5 mm² aus. Der Anlasser verlangt dagegen ein starkes 16-mm²-Kabel: In unserem Beispiel der Wasserleitung entspräche das dem Hauptwasseranschluss vor der Wasseruhr.

Die Multiplextechnik/Can-Bussystem

WISSENSWERTES

Dort wo im Auto große Datenmengen zu koordinieren sind, markieren Datenübertragungssysteme mit zentraler Intelligenz schon seit geraumer Zeit den Stand der Technik. Da erscheint es nur logisch, dass CAN-Datenbusse (**C**ontroller **A**rea **N**etwork) im C-MAX in Multiplextechnik den Datenaustausch von der Quelle bis zur Mündung lancieren.

Vorteil: Multiplexkonfigurationen stehen über eine einzige Ringleitung mit ihren Adressaten in Kontakt. Im Idealfall steuert den Datentransfer eine Kommandozentrale – im C-MAX sind's deren drei. Elektroniker sprechen von **B**ody **C**ontrol **M**odulen (BCM), die relevante Fahrzeugdaten an die Endabnehmer verteilen, bzw. zurück an die Zentrale transferieren. BCM verwalten digitale Datensätze, die selbst baumdicke Kabelbäume überfordern würden – von der Übertragungsgeschwindigkeit ganz zu schweigen.

CAN-Bus-Installationen nutzen zur Kommunikation lediglich zwei digitale Signalleitungen – eine schickt, ausgehend vom Rechner, über den Controller chiffrierte Informationen ins Netz, die andere transportiert zur Analyse chiffrierte Daten via Controller an den Rechner zurück (CAN-Low, CAN-High).

Als Spediteur bzw. Dolmetscher fungiert ein CAN-Transceiver. Der Transceiver bekommt vom Controller aufbereitete Daten angeliefert, wandelt sie in elektrische Signale um und speist sie als Steuerbefehle ins Netz. Auf der anderen Leitung schickt der Transceiver aktuelle Situationsbeschreibungen der Empfänger an den CAN-Controller zurück. Von hier geht's, zum Plausibilitätscheck, weiter ins Steuergerät. Plausibilitätscheck bedeutet: Wenn die Abgänge nicht mit den Eingängen korrespondieren, schaltet das System automatisch auf Notversorgung.

Eine Kontrollleuchte im Armaturenbrett teilt Ihnen die Missfunktion mit. Selbst als erfahrener Heimwerker stehen Sie dann wahrscheinlich hilflos vor dem Problem. Nicht so Ihr C-MAX Händler: Er liest den »Bug« mittels Diagnoseequipment aus und ersetzt das malade Modul gegen ein funktionstüchtiges.

CAN-Bussysteme managen in Ihrem C-MAX den Datentransfer vom ABS-Bremssystem bis hin zur Zünd- oder Glühkerze – vom Armaturenbrett bis zur Zentralverriegelung – von der Getriebesteuerung bis zum Motormanagement: Kurzum, in Ihrem Auto gehen zigtausende von Steuerimpulsen binnen kürzester Zeit auf den Daten Highway. Ob, wo, wie und wer die Informationen tatsächlich nutzt, hängt allein von der Aufbereitungsart bzw. vom Chiffre ab. Anders gesagt: Jeder Empfänger spricht, versteht, antwortet und reagiert nur auf seinen Dialekt, die anderen Daten rauschen – wie eine Fremdsprache – ungenutzt weiter in die nächste Station. Plausible Daten werden dort genutzt – der Rest kursiert so lange auf dem Highway, bis der richtige Empfänger gefunden ist.

Energielieferant für alle elektrischen- und elektronischen Systeme – die Batterie

Sechs in Reihe geschaltete Zellen sind das Herz einer 12-Volt-Starterbatterie. Eine Zelle besteht aus einer Kombination positiver und negativer Platten, die in einer Art chemischen Teamworks jeweils etwa zwei Volt Spannung produzieren. Die Platten bestehen aus Hartbleigittern, die mit einer aktiven Masse gefüllt sind. Auf der positiven Plattenseite ist das Bleidioxid, reines Blei dagegen auf der negativen Platte. Zwischen beiden Platten sitzt ein Separator, der die Batterieflüssigkeit (Elektrolyt) durch mikroskopisch feine Poren zirkulieren lässt. Elektrolyt ist eine leitfähige Flüssigkeit, die zu etwa 37 Prozent aus konzentrierter Schwefelsäure und zu 63 Prozent aus destilliertem Wasser besteht.

Speichert elektrische Energie – die Batterie

Im abgeschotteten Batterieinneren laufen energetische Prozesse ab – Batterien wandeln chemische Energie in elektrische Energie. Der hungrigste Abnehmer dafür ist der Anlasser. Seine Durchzugskraft ist abhängig von dem Energiepolster, das die Batterie zum Startzeitpunkt nutzen kann: Je nach Motor und Anlassertyp fordert der Starter während eines Kaltstarts kurzzeitig bis zu 2000 Watt – dafür muss die Batterie in Höchstform sein.

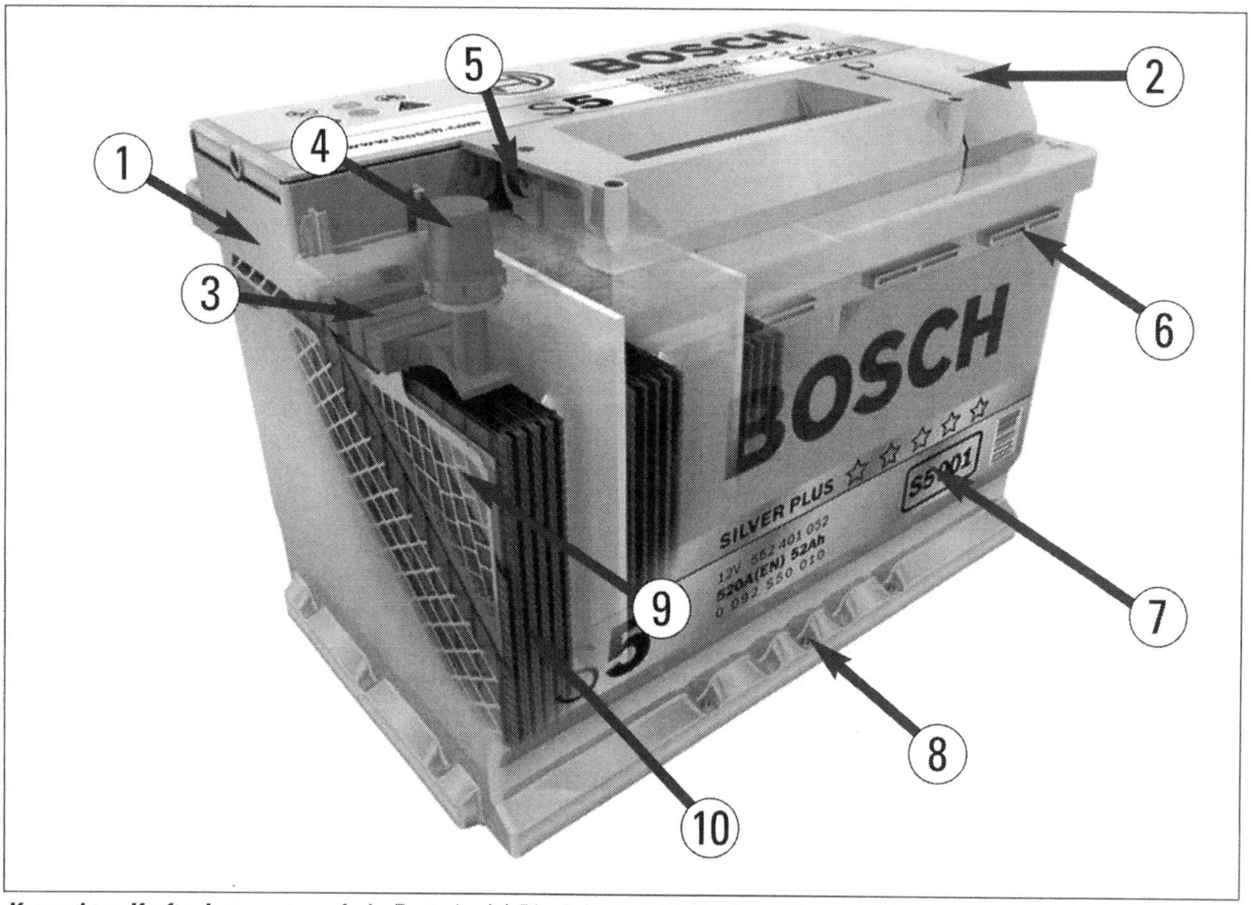

Kompaktes Kraftpaket: wartungsfreie Batterie. (1) Blockdeckel, (2) Polabdeckkappe, (3) Direktzellenverbinder, (4) Endpol, (5) Zellenverschlussstopfen (unter der Abdeckplatte), (6) Plattenverbinder, (7) Blockkasten, (8) Bodenleiste, (9) in Folienseparatoren »eingetaschte« Plusplatten, (10) Minusplatten.

Mit Sodawasser oder »Neutralon« reinigen – oxidierte Batteriepole

Ab Werk versteckt Ihr C-MAX seine weitgehend wartungsfreie Batterie im Motorraum unter einer isolierenden Kunststoffabdeckung. Sobald Sie die Abdeckung liften, schauen Sie, je nach Modell, in ein »magisches Auge«. Leuchtet es Ihnen grün entgegen, geht's der Batterie gut, bei gelber Färbung können Sie sicher sein, dass die Batterie entweder unzureichend geladen ist oder ihre besten Jahre bereits hinter sich hat. Die Lebensdauer einer Batterie hängt natürlich stark von den Einsatzbedingungen ab: Jeder Kaltstart, überwiegende Kurzstrecken mit vielen Ampelstopps, jeder zusätzliche Bordverbraucher (AC, beheizbare Heckscheibe, Innenraumgebläse, Fahrlicht, etc.) stresst den Stromspeicher mehr als regelmäßiger Langstreckenbetrieb. Dennoch – sechs bis acht Jahre sollten einer wartungsfreien Batterie vergönnt sein.

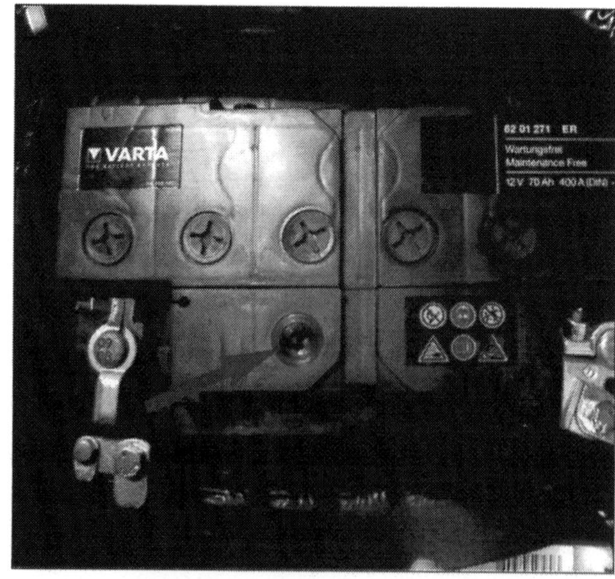

Visuell im Bilde: Die Farbe des magischen Auges (Pfeil) signalisiert den Batterieladezustand.

Während langer Stillstandszeiten entlädt sich die Batterie automatisch. Dabei vergast der Wasseranteil in der Batterieflüssigkeit – übrigens ähnlich wie bei Überbeanspruchung von externen Stromverbrauchern (z. B. Kühlbox, Kleinkompressoren, Zusatzheizungen etc.). Da Ihr C-MAX eine wartungsfreie Batterie an Bord hat, kondensiert das vergaste Wasser im Gehäuse oberhalb der Batteriezellen und tropft von dort in das Reservoir zurück – der Kreislauf ist nahezu unendlich. Falls allerdings eine Nachrüstbatterie mit offener Zellstruktur montiert ist, checken Sie nach etwa sechs Monaten den Flüssigkeitsstand der Zellen und ergänzen den Pegel bis etwa 1,5 Zentimeter oberhalb der Bleiplatten mit destilliertem Wasser.
Einerlei ob wartungsfrei oder nicht, achten Sie generell auf die Polanschlüsse – sie korrodieren gerne. Falls Sie dort weiße oder milchiggrüne Kristalle entdecken, reinigen Sie die Kontaktflächen gründlich.

- Dazu waschen Sie an den Batterieklemmen die Oxidkristalle mit warmem Sodawasser ab. Noch intensiver reinigen Sie die Pole mit einem speziellen Reiniger, zum Beispiel »Neutralon«.
- Danach fetten Sie die Batteriepole und Kabelklemmen leicht mit Säureschutzfett (Bosch) ein, normales Fett ist dafür denkbar ungeeignet. Vermeiden Sie es, Fett zwischen die Polkontaktflächen zu verteilen.

Batteriespannung messen – mit Multimeter schnell erledigt

Macht die Batterie einen schlappen Eindruck, prüfen Sie die Ruhespannung der Zellen mit einem Multimeter. Sollte vor dem Check der letzte Ladevorgang mehr als sechs Stunden zurückliegen, schalten Sie vorab für etwa 30 Sekunden das Abblendlicht ein: Das weckt die Batterie aus dem Momentanschlaf und nivelliert etwaige Spannungsspitzen.
Nach weiteren vier bis fünf Minuten Wartezeit prüfen Sie die Batteriespannung. Schalten Sie zur Messung alle Stromverbraucher aus. Besser noch, Sie klemmen dazu den Batterieminuspol kurz entschlossen ab (siehe Batteriedemontage).

Einfach zu checken: die Batterieruhespannung mit dem Multimeter. Unter 12,1 Volt laden Sie die Batterie schnellstens nach.

- Stellen Sie das Multimeter auf Volt (V) und klemmen es an die Batteriepole an.
- Die rote Klemme verbinden Sie mit dem Pluspol und die schwarze mit dem Minuspol der Batterie.
- Lesen Sie die Ruhespannung ab und entscheiden Ihre nächsten Schritte.

Spannung (V)	**12,66 (und mehr)**	**12,48**	**12,3**
Zustand der Batterie	**100 % geladen**	**75 % geladen**	**50 % entladen**

Batterie demontieren – nicht ohne vorab diverse Bedienungscodes zu notieren

»Dieser Hinweis gilt grundsätzlich immer dann, wenn die Batterie abgeklemmt oder tief entladen war.«

Bevor Sie die Batterie abklemmen, notieren Sie auf jeden Fall sämtliche Bedienungscodes. Sollten Sie das vergessen, ist hernach die Überraschung groß: Das Radio zum Beispiel bleibt dann stumm. Weit ärgerlicher: Auch das Motormanagement vergisst einen Großteil seiner Informationen und schaltet nach dem ersten Neustart für einige Kilometer ins Notprogramm. Danach brummt der Motor meistens wieder reibungslos. Falls nicht, lassen Sie das Motormanagement bei Ihrem Ford-Händler reseten. Bereits nach wenigen Minuten ist der Bordrechner wieder auf Kurs. Mit etwas Fortune sogar besser als vorher – Ihr Händler verwendet nämlich stets die aktuellen Datensätze.

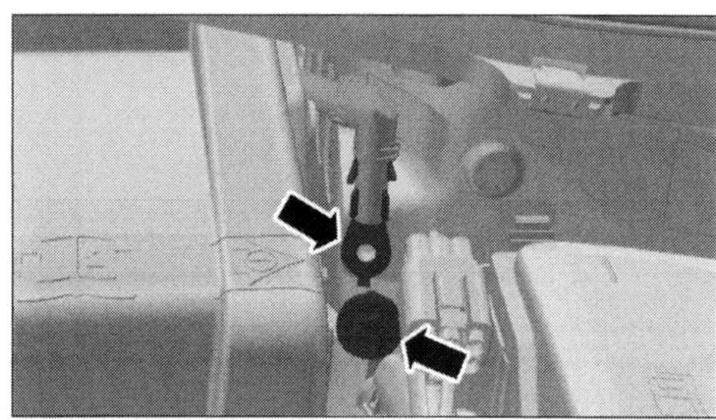

Zunächst den Massepol lösen: Das verhindert Funkenüberschlag an der Batterie.

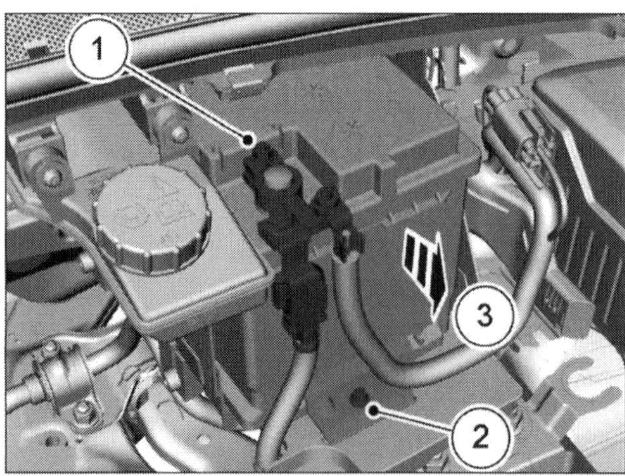

Am Batteriesockel fixiert: der Akku im C-MAX.

Werkzeug:
Ratsche, 10er-Nuss, Verlängerung

- Hebeln Sie den Stopfen vom Masseanschluss und lösen das Batteriekabel (Pfeil).
- Um Platz zu schaffen, demontieren Sie das komplette Luftfiltergehäuse wie beschrieben.
- Ziehen Sie die Batterieabdeckung von der Batterie ab.
- Jetzt lösen Sie die Plusklemme (1), ...
- ...demontieren den Haltebügel (2) am Batteriesockel und ziehen den Akku (3) aus dem Motorraum.
- Achten Sie zur Montage darauf, dass die Batterie satt auf der Konsole steht. Mit zu viel Bewegungsspielraum zerbröseln die Batterieplatten während der Fahrt.
- Zur Montage schließen Sie zuerst das Pluskabel und erst dann das Minuskabel an. Die Kabelklemmen können Sie nicht vertauschen, da Batteriepole und Kabelfarben unterschiedlich sind.
- Streichen Sie die Polschuhe äußerlich leicht mit Säureschutzfett (z. B. Bosch) oder Vaseline ein. Sie wirken damit einem vorzeitigen Sulfatieren entgegen.
- Geben Sie nun die Funktionscodes neu ein und lassen den Motor etwa drei Minuten mit etwa 1500 min.$^{-1}$ vor sich hin laufen. Derweil regeneriert das Motormanagement schon einen Großteil seiner Daten, das Feintuning erfolgt dann auf den ersten Fahrkilometern nach der Montage oder beim Ford-Händler.

Mit dem Multimeter nachzuweisen – stille Bordverbraucher

Macht eine völlig intakte Batterie plötzlich schlapp, nippt meistens ein stiller Verbraucher aus ihrem Speicher. Ähnlich wie Standby-Schaltungen bei Haushaltsgeräten konsumieren stille Verbraucher auch dann Strom, wenn der eigentliche Verbraucher längst vom Netz ist. In dem Fall messen Sie alle Bordstromkreise mit einem Multimeter durch. Stellen Sie den Vorwahlschalter des Multimeters einfach auf Strom (A) und checken zunächst die größeren Verbraucher (ab etwa 15 Ampere). Gehen Sie strukturiert vor.

- Klemmen Sie das Batteriemassekabel ab und verbinden den Batterieminuspol mit dem losen Massekabel. Signalisiert Ihr Multimeter jetzt einen Stromfluss größer als 50 mA, ist der stille Verbraucher irgendwo im Bordnetz bereits entlarvt.

- Schließen Sie darum das Massekabel wieder an, öffnen den Sicherungskasten und ziehen die erste Sicherung. Klemmen Sie das Multimeter zwischen die freien Sicherungskontakte. Bleibt der Zeiger auf null, ist der betreffende Stromkreis o. k. Geringe Ströme (etwa 25 mA) sind übrigens noch kein Alarmsignal für Sie: Der Bordcomputer, die Zeituhr, das Radio oder auch die Alarmanlagen hängen ständig an der Batterie. Ihr Ruhestromverbrauch ist freilich viel geringer als der eines defekten Verbrauchers.

- Wiederholen Sie die Messung, bis Sie in einem Stromkreis fündig sind. Jetzt müssen Sie nur die einzelnen Verbraucher des Kreises inspizieren.
  Dazu klemmen Sie erneut den Masseleiter direkt am Verbraucher ab und setzen das Multimeter dazwischen.

Entlarvt stille Verbraucher: das Multimeter als Verbrauchsmesser in den einzelnen Stromkreisen. In diesem Fall ist der gemessene Stromkreis o. k.

Batterie regelmäßig nachladen – verlängert die Lebensdauer

Laden Sie eine demontierte oder über längere Zeit pausierende Batterie regelmäßig nach: das verlängert ihre Lebenserwartung. Andernfalls verglasen die Batteriezellen und werden unbrauchbar. Zudem frieren entladene Batterien bei Minusgraden ein. Unterhalb –4 °C können die Zellwände sogar platzen. Randvoll geladenen Batterien macht Kälte dagegen weniger zu schaffen. Sollte die Batterie noch montiert sein, klemmen Sie vor der Erhaltungsladung auf jeden Fall das Minuskabel (Masseanschluss) ab.

- Zunächst klemmen Sie das schwarze Minuskabel (Masseanschluss) an der Batterie ab. Danach klemmen Sie das Pluskabel des Ladegeräts (rot) an den Batteriepluspol und das Minuskabel (schwarz) an den Batterieminuspol an.

- Der Ladestrom sollte anfänglich etwa 10% der Batteriekapazität betragen (z. B. 8,6 A bei einem 86-Ah-Akku) und während des Ladevorgangs automatisch abnehmen. Moderne Batterieladegeräte passen nach einem automatischen Batterietest ihren Ladestrom dem Batteriezustand an.

- Während des Ladevorgangs bilden sich oberhalb der Zellen winzige Gasbläschen aus Wasser- und Sauerstoff. Das Gasgemisch entweicht aus den Entlüftungsbohrungen oder der Zentralentlüftung in die Atmosphäre. Vorsicht! Die Rede ist von Knallgas.

- Entlüften Sie den Arbeitsplatz darum großzügig. Das gilt vor allem, wenn hohe Ladeströme fließen. Um Knallgas zu entzünden reicht bereits ein kleiner Funke, der beim Ab- oder Anklemmen des Ladegeräts bzw. der Batteriekabel entstehen kann.

Berücksichtigen automatisch den Batteriezustand: moderne Batterieladegeräte, wie etwa das BAT 415 von Bosch. Der Ladevorgang läuft praxisbezogen ab und wechselt gegen Ende automatisch in den Erhaltungslademodus.

Der Generator – das kleine Stromkraftwerk unter der Motorhaube

Drehstromgeneratoren (Lichtmaschinen) versorgen alle elektrischen Bordverbraucher mit Strom. Ihre überschüssige Energie geben sie an die Batterie ab. Drehstromlichtmaschinen sind nichts anderes als kompakte Kleinkraftwerke: In Ihrem C-MAX arbeiten unisono 14,2-Volt-Generatoren, je nach Ausstattung mit bis zu 120 Ampere Leistung. Von Haus aus produzieren Drehstromgeneratoren Wechselstrom, den ein in ihrem Gehäuse integrierter Gleichrichter nahezu drehzahlunabhängig in 14,2 Volt Gleichstrom umwandelt. Das geschieht, sobald der Motor läuft. Den Generator treibt ein Keilrippenriemen an, der ihn auf etwa doppelte Motordrehzahl beschleunigt.

Fahren mit defektem Generator

Mit streikendem Generator (Lichtmaschine) oder defektem Regler können Sie eingeschränkt weiterfahren: Eine relativ gut geladene Batterie versorgt alle fahrrelevanten Verbraucher ohne weiteres für etwa drei Stunden mit Spannung. Allerdings nur dann, wenn Sie

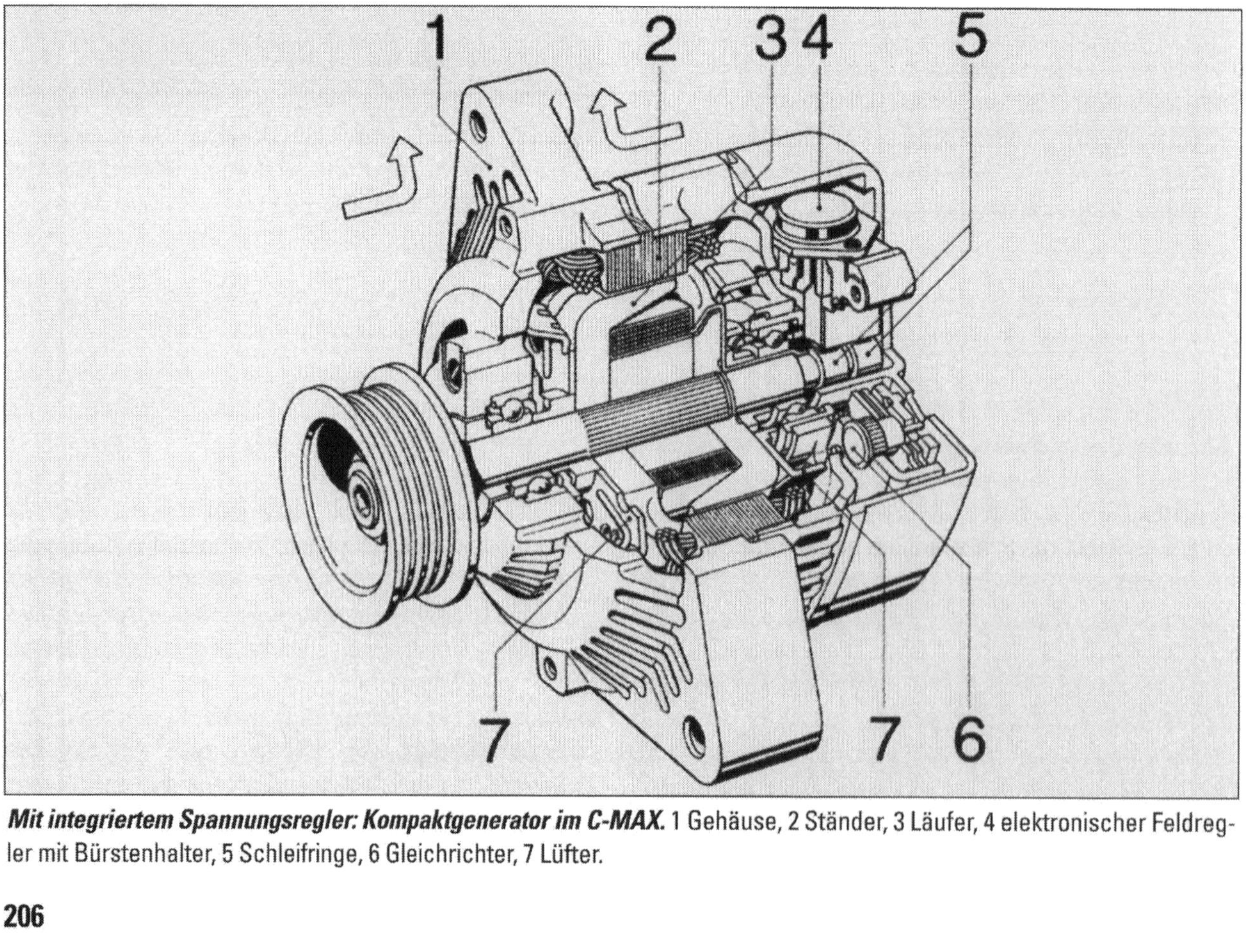

Mit integriertem Spannungsregler: Kompaktgenerator im C-MAX. 1 Gehäuse, 2 Ständer, 3 Läufer, 4 elektronischer Feldregler mit Bürstenhalter, 5 Schleifringe, 6 Gleichrichter, 7 Lüfter.

die überflüssigen Verbraucher (beheizbare Heckscheibe, Frischluftgebläse, etc.) konsequent abschalten.

- Bevor Sie losfahren, ziehen Sie noch schnell den Mehrfachstecker an der Generatorrückwand ab. Grund: Die Batterie kann sich dann nicht mehr über den defekten Generator bzw. Spannungsregler ungewollt entladen.
- Unterbrechen Sie die Fahrt nicht unnötig , bzw. stellen den Motor möglichst nicht ab – der Anlasser schluckt bei jedem Startvorgang kostbaren Saft.
- Wenn möglich lassen Sie den Wagen ohne Anlasser anrollen.
- Schalten Sie auf jeden Fall alle unnötigen Verbraucher, etwa die beheizbare Heckscheibe, das Gebläse und das Radio aus.
- Machen Sie vom Scheibenwischer mitsamt der Scheibenwaschanlage nur ganz sporadisch gebrauch.
- Bei Dunkelheit fahren Sie möglichst nur mit Abblendlicht.

Regelt die Bordspannung – der Spannungsregler

Je schneller der Generator dreht, umso mehr Spannung liefert er in das Bordnetz, respektive an der Batterie ab – das funktioniert ähnlich wie bei einem Fahrraddynamo. Die Betonung liegt auf ähnlich.
Ansonsten tendierten die langfristigen Überlebenschancen aller Bordverbraucher aufgrund der bei einem Fahrraddynamo unvermeidlichen Spannungsspitzen gegen null. Demzufolge bremst ein Spannungsregler die Förderleistung des Generators künstlich ein. Der Regler arbeitet von außen nahezu unsichtbar innerhalb des Generatorgehäuses an der Generatorrückseite. Er begrenzt die Betriebsspannung, je nach Batterie- und Umgebungstemperatur, auf Werte zwischen 14,1 und 15,1 Volt.
Moderne Generatoren sind ab Werk praktisch wartungsfrei. Selbst die Schleifkohlen halten unter normalen Bedingungen gut und gerne 100.000 bis 150.000 Kilometer, erfahrungsgemäß sogar noch länger. Falls Ihr Generator die Ausnahme der Regel sein sollte, ordern Sie Ersatz bei Ihrem Ford-Händler oder Sie legen ihn einem Bosch-Dienst zur Revision auf die Werkbank. Das kommt Sie meistens günstiger...

Spannungsregler checken – das schont die Batterie

- Demontieren Sie die Polabdeckungen der Batterie und klemmen ein Multimeter zwischen Plus- und Minuspol. Justieren Sie das Multimeter so, dass es Spannungen zwischen zwölf und 16 Volt misst.
- Lassen Sie den Motor im mittleren Drehzahlbereich (etwa 3000 - 4000 min.-1) rund zwei Minuten laufen. Schalten Sie dazu die Beleuchtung, Klimaanlage und evtl. noch die beheizbare Heckscheibe ein. Sie fordern damit den Generator und bringen ihn schneller auf Betriebstemperatur.
- Schalten Sie danach die Heckscheibe aus und stattdessen das Frischluftgebläse auf Stufe 2 dazu. Die Verbraucher entsprechen etwa einer Strombelastung zwischen drei bis sieben Ampere.
- Bei intaktem Regler misst das Multimeter nun eine Regelspannung zwischen 14,1 – 15,1 Volt.
- Nicht an Ihrem C-MAX? Bei zu geringer Spannung könnten die Schleifkohlen des Generators verschlissen sein; bei erhöhter Spannung ist der Regler defekt und könnte Ihre Batterie »überkochen« lassen. In beiden Fällen übergeben Sie den Generator Ihrem Ford-Händler oder einem Bosch Car-Service-Dienst zur Revision.

Antriebsriemen

Eine automatische Spannrolle hält den Antriebsriemen gespannt – einerlei ob bei Otto- oder Dieselmotoren. Darum müssen Sie sich also nicht mehr kümmern. Gönnen Sie allerdings von Zeit zu Zeit der Riemenspannrolle einen Blick. Fällt Ihnen im Stand nichts Außergewöhnliches auf, starten Sie den Motor und achten auf die Pendelbewegungen der Rolle: Sobald Sie einen großen Verbraucher, z. B. die Klimaanlage, beheizbare Heckscheibe, etc., einschalten, beginnt eine intakte Spannrolle leicht zu pendeln – übrigens auch bei jedem Gasstoß. Starker Riemenverschleiß, so zum Beispiel verschlissene Profilrillen oder Oberflächenrisse, animieren die Spannrolle zu fortlaufenden Pendelbewegungen. Um die Fehlerquelle zu eliminieren, erneuern Sie zunächst den Antriebsriemen. Der neue Riemen muss selbstverständlich die gleichen Bezeichnungen wie der verschlissene Riemen tragen und sollte zudem ein solides Markenfabrikat sein.

Antriebsriemen wechseln – kaufen Sie nur Markenqualität

Wir beschreiben den Riemenwechsel am Beispiel des 1,6-Liter Duratec sowie des 1,6-Liter Duratorq. Da die grundsätzlichen Handgriffe an den anderen Motoren nahezu gleich sind, leiten Sie die tatsächliche Arbeit bitte von unseren Beispielen ab. Achten Sie allerdings auf die ausstattungsbedingte Peripherie Ihres C-MAX, zum Beispiel mit oder ohne AC. Spuren Sie den neuen Riemen zudem absolut fluchtig auf die Antriebsräder.

Werkzeug:
Torxschraubendreher, Wagenheber, Unterstellbock, Ratsche, kurze Verlängerung, 8er- und 13er-Nuss, Seitenschneider, Spezialwerkzeug zur Führung des neuen Riemens – im Ford E-Teile-Kit enthalten.

C-MAX-Antriebsriemen können Sie nur einmal montieren. Einmal demontiert sind sie unbrauchbar. Um bei der Qualität wirklich sicher zu sein, raten wir Ihnen nur zu Original-Ersatzriemen, die Sie mit größter Sicherheit bei Ihrem Ford-Händler bekommen. Er hält komplette Montagereparatursets mit den passenden Mehrrippenriemen auf Lager.

Duratec

- Klemmen Sie zunächst das Batteriemassekabel ab und bocken den Vorderwagen auf.

- Danach demontieren Sie an insgesamt zwölf Schrauben die untere Motorverkleidung. Der Antriebsriemen ist jetzt gut zugänglich.

- Kürzen Sie die Demontage einfach ab: Zerschneiden Sie den Riemen mit einem Seitenschneider und ziehen ihn aus dem Riementrieb.

- Bevor Sie den neuen Antriebsriemen montieren, checken Sie sämtliche Riemenscheiben auf Verschleiß und tadellosen Rundlauf.

- Für den Fall, dass alles o. k. ist, montieren Sie anstelle der vorhandenen Schraube den Stehbolzen (1) aus dem Montagekit.

- Danach drehen Sie an der Zentralschraube (2) die Kurbelwelle so weit, dass die Bohrung (3) an der Riemenscheibe etwa in Stellung »5 Uhr« steht.

- Jetzt montieren Sie das Führungswerkzeug (4) so an die Kurbelwellenriemenscheibe, dass die Werkzeugmitte etwa auf »12 Uhr« steht.

- Legen Sie dann den ersten Gang, bzw. die Parkstellung ein und fädeln den Antriebsriemen (5) in den Riementrieb. Spuren Sie den Riemen zunächst an der Kurbelwellenriemen und dann an den anderen Scheiben ein.

- Sobald der Riemen optisch spurt, schalten Sie in Leerlauf (N) und drehen dann die Kurbelwellenriemenscheibe gefühlvoll im Uhrzeigersinn weiter. Derweil spurt das Hilfswerkzeug den neuen Riemen exakt ein.

- Checken Sie zur eigenen Beruhigung Ihre Arbeit noch einmal und demontieren anschließend die Montagehilfe von der Kurbelwellenriemenscheibe und vom Motorblock ab.

- Drehen Sie den Motor nun erneut zwei- bis dreimal durch. Derweil achten Sie darauf, dass der neue Riemen immer noch spurt.

Achten Sie auf die Montagereihenfolge: der neue Antriebsriemen spurt dann besser ein.

- Beenden Sie die Montage in umgekehrter Reihenfolge.

(Duratorq)

- Klemmen Sie das Batteriemassekabel ab und liften den Vorderwagen rüttelsicher auf zwei Unterstellböcke.
- Danach demontieren Sie den unteren Spritzschutz (zwei Schrauben) und legen ihn beiseite.
- Entspannen Sie dann am zentralen Vierkant (1) den Riemenspanner so weit im Uhrzeigersinn (Pfeil), bis Sie den Riemen leicht aus dem Riementrieb nehmen können.
- Damit der Riemenspanner während Ihrer Arbeit entspannt bleibt, blockieren Sie ihn mit einem 5-Millimeter-Durchschlag oder Inbusschlüssel in der Gehäusebohrung.
- Bevor Sie den neuen Antriebsriemen montieren, checken Sie sämtliche Riemenscheiben auf Verschleiß und tadellosen Rundlauf.
- Danach legen Sie den neuen Antriebsriemen in den Riementrieb ein. Achten Sie beim Ersatzriemen unbedingt auf die korrekten Bezeichnungen und auf die Laufrichtung (Pfeil).
- Erst jetzt ziehen Sie den Dorn ab und lockern den Riemenspanner am Vierkant mit einer gefühlvollen Linksdrehung.
- Beenden Sie die Montage in umgekehrter Reihenfolge.

Zur Riemendemontage im Uhrzeigersinn entspannen: den Riemenspanner beim Diesel.

Generator demontieren

Werkzeug:
Torxschraubendreher, Wagenheber, Unterstellbock, Ratsche, kurze Verlängerung, 13er-Nuss, Seitenschneider, Spezialwerkzeug zur Führung des neuen Riemens – im Ford E-Teile-Kit enthalten

Wir beschreiben den Generatorenwechsel am Beispiel des 1,6-Liter Duratec sowie des 1,6-Liter Duratorq. Da die grundsätzlichen Handgriffe an den anderen Motoren nahezu gleich sind, leiten Sie die tatsächliche Arbeit bitte von unseren Beispielen ab. Achten Sie allerdings auf die ausstattungsbedingte Peripherie Ihres C-MAX, zum Beispiel mit oder ohne AC. Spuren Sie den neuen Antriebsriemen zudem absolut fluchtig auf die Antriebsräder.

Duratec

- Zur Montagevorbereitung klemmen Sie das Batteriemassekabel ab, liften Sie den Vorderwagen, demontieren die untere Motorverkleidung sowie den Antriebsriemen.
- Hebeln Sie danach mit einem kleinen Schlitzschraubendreher die Gummikappe vom Generatoranschluss (1) und trennen die Anschlusskabel vom Generator.
- Jetzt demontieren Sie die oberen und unteren Schrauben (Pfeile) und heben den Generator nach oben aus dem Motorraum.

Dreifach verschraubt: Generator an den Duratec-Motoren.

■ Legen Sie den neuen Antriebsriemen fluchtig in den Riementrieb ein und beenden die Montage in umgekehrter Reihenfolge. Ziehen Sie den Generator mit etwa 50 Nm fest.

Duratorq

■ Klemmen Sie das Batteriemassekabel ab und demontieren den Antriebsriemen wie beschrieben.

■ Hebeln Sie danach mit einem kleinen Schlitzschraubendreher die Gummikappe vom Generatoranschluss und ...

■ ...trennen die Anschlusskabel vom Generator. Öffnen Sie vorab noch schnell die Kabelbinder und legen den Kabelstrang beiseite.

■ Der Platz müsste jetzt reichen, um den Generator an den vier Schrauben (1, 2) zu demontieren. Die hintere Schraube lösen Ford-Mechaniker übrigens mit dem Spezialschlüssel »303-1557«.

■ Heben Sie den losen Generator nach oben aus dem Motorraum.

■ Die Montage beenden Sie in umgekehrter Reihenfolge. Ziehen Sie den Generator mit rund 40 Nm fest.

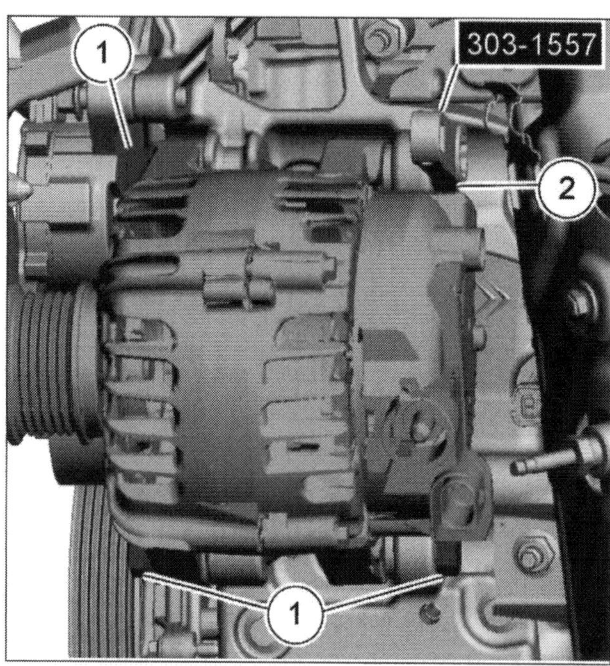

Mit vier Schrauben gehalten: der Generator an den 1,6 l-Duratorq-Motoren.

Starter demontieren

Die Starterfunktion am C-MAX leistet generell ein Schub-Schraubtrieb-Anlasser mit Vorgelege. Starter sind mittlerweile unproblematische Bauteile. Für den Fall, dass Ihr Anlasser die Ausnahme von der Regel bildet, beschreiben wir die Demontage am Beispiel des 1,6-Liter-Duratec sowie des 1,6-Liter Duratorq. Da die grundsätzlichen Handgriffe an den anderen Motoren nahezu gleich sind, leiten Sie die tatsächliche Arbeit bitte von unseren Beispielen ab. Achten Sie allerdings auf die ausstattungsbedingte Peripherie Ihres C-MAX, zum Beispiel mit oder ohne AC.

Streikende Starter blockiert meistens ein verschlissener Magnetschalter. Ab und an sind auch die Kollektorbürsten verschlissen. Aufgrund verbesserter Materialien und Verarbeitungsmethoden frisst dagegen die Ankerwelle in den Lagerstellen nur noch selten fest. Falls doch, entscheiden Sie sich besser für einen Austauschanlasser oder Sie transplantieren ein gebrauchtes Aggregat aus einem neuwertigen Unfallwagen in Ihren C-MAX.

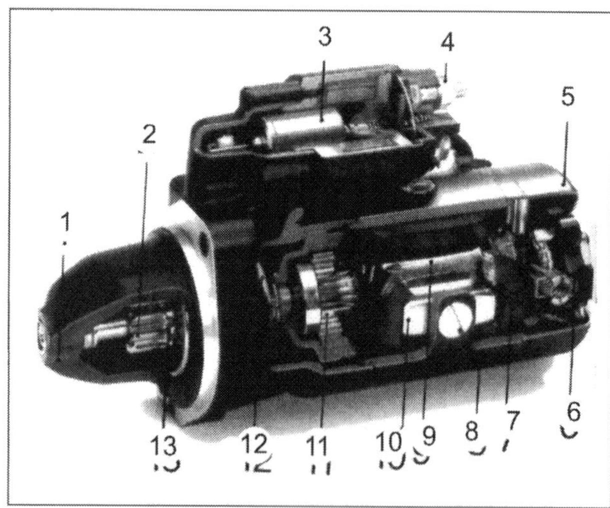

Kompaktes Kraftpaket: Schub-Schraubtrieb-Anlasser mit Vorgelege. (1) Antriebslager, (2) Starterritzel, (3) Einrückrelais, (4) Anschluss-Klemme 30, (5) Kommutatorlager, (6) Bürstenhalterplatte mit Kohlebürsten, (7) Erregerwicklung, (8) Polgehäuse, (9) Anker, (10) Polschuh, (11) Planetengetriebe (Vorgelege), (12) Einrückhebel, (13) Einspurgetriebe.

Werkzeug:
Ratsche, lange Verlängerung, 13er-Nuss

Duratec

- Klemmen Sie das Batteriemassekabel ab und bocken den Vorderwagen auf.
- Danach lösen Sie am Magnetschalter beide Anschlusskabel (1, 2) und demontieren den Anlasser (drei Schrauben, 3) von der Kupplungsglocke.
- Den losen Anlasser ziehen Sie seitlich aus der Kupplungsglocke und jonglieren ihn nach unten aus dem Motorraum.
- Beenden Sie die Montage in umgekehrter Reihenfolge. Die Anlasserschrauben bekommen 35 Nm.

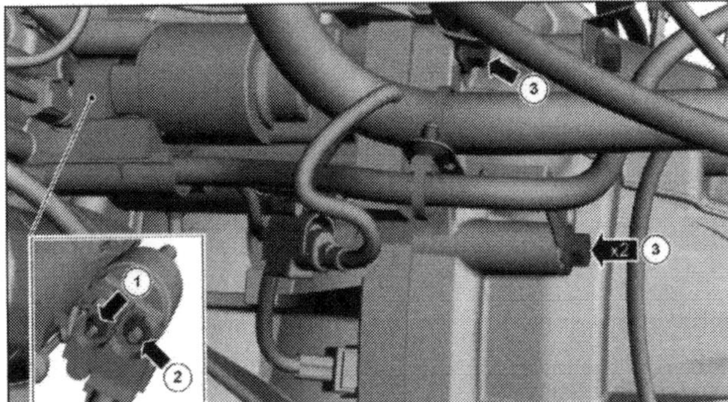

Ohne großen Aufwand zu demontieren: Anlasser am 1,6er-Ottomotor.

Duratorq

- Klemmen Sie das Batteriemassekabel ab und demontieren das Luftfiltergehäuse, wie beschrieben.
- Jetzt reicht der Platz, um beide oberen Anlasserschrauben (Pfeile) zu lösen.
- Danach bocken Sie den Vorderwagen auf, lösen am Magnetschalter beide Anschlusskabel und danach die untere Anlasserschraube an der Kupplungsglocke.
- Den losen Anlasser ziehen Sie seitlich aus der Kupplungsglocke und jonglieren ihn nach unten aus dem Motorraum.
- Beenden Sie die Montage in umgekehrter Reihenfolge. Die Anlasserschrauben sind mit 25 Nm fest.

Zuerst lösen: beide oberen Anlasserschrauben an der Kupplungsglocke.

Die Außenbeleuchtung

Zur Außenbeleuchtung Ihres C-MAX gehören ganz im Sinne des Gesetzgebers die Hauptscheinwerfer, Rück- und Bremsleuchten, Rückfahrscheinwerfer, Nebellampen, Nebelschlussleuchten sowie Blink- und Kennzeichenleuchten.
Hauptscheinwerfer konventioneller Bauweise (Halogengas) bestehen aus drei Komponenten: der Lichtquelle, dem Reflektor und der vorgelagerten Abdeckscheibe (Streuscheibe). Als Lichtquelle in den Haupt- und Nebelscheinwerfern sind im C-MAX serienmäßig Halogengaslampen installiert- Xenongaslampen gibt's gegen Aufpreis. Die restlichen Lichtquellen bedienen normale Glühwendellampen.

Alles in einem Gehäuse: Einerlei ob Xenon- oder Halogen-Leuchten, ab Werk sitzen alle Fahrlichtquellen in einem Gehäuse. Die optionalen Nebelleuchten strahlen aus der vorderen Stoßfängerblende.

WISSENSWERTES

Linksverkehr mit Freiformreflektoren

Bei den im C-MAX montierten Freiformreflektoren können Sie den rechten Lichtfinger nicht kurzerhand mit Abdeckband auf dem Streuglas amputieren. Um den Gegenverkehr nicht zu blenden, müssen Sie stattdessen die kompletten Scheinwerfertöpfe tauschen: ein finanziell aufwändiges Unterfangen. Es sei denn, Sie justieren die montierten Lichter einfach rund 1,5 Zentimeter tiefer und akzeptieren während Ihres Linksverkehr-Ausflugs das schlechtere Licht – um den Preis der neuen Töpfe.

Sinnvoll - Ersatzlampenset an Bord

Hierzulande gilt die Vorschrift: Alle äußeren Beleuchtungskörper müssen ständig funktionieren. Vorausschauende Fahrer haben darum ein Ersatzlampenset an Bord. Im C-MAX leuchten generell 12-V-Lampen:

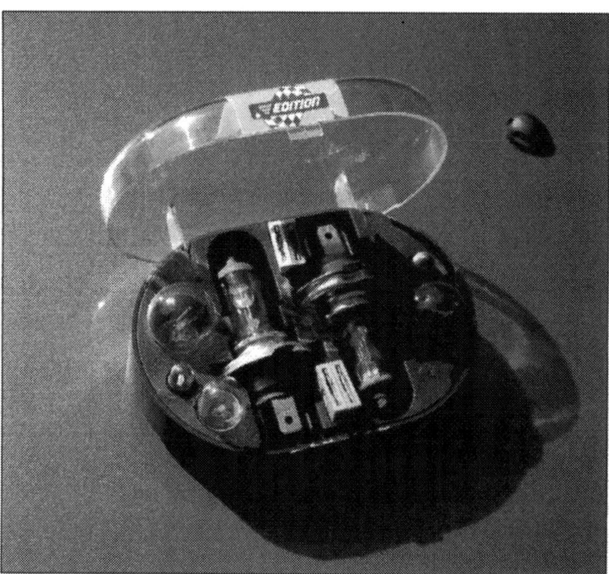

Für den Fall der Fälle: Ein auf den Wagen abgestimmtes Ersatzlampenset ist eine lohnende Investition. Discounter bieten komplette Sets, inklusive Ersatzsicherungen, als Aktionsware fast zum Preis einer normalen H4-Lampe an.

Einbauort	Leistung	Typ	ECE-Norm
Abblendlicht	55 W	Halogen	H7
Fernlicht	55 W	Halogen	H1
Brems-/Schlussleuchte	21/5 W	Kugellampe	P21/5W
Standlicht	5 W	Steckbirne mit Glas	W5W
Nebelscheinwerfer	55 W	Halogen	H11
Blinkleuchte vorne	21 W	Kugellampe	PY21W
Nebelschlussleuchte	21 W	Kugellampe	P21W
Rückfahrscheinwerfer	21 W	Kugellampe	P21W
Blinkleuchte hinten	21 W	Kugellampe	PY21W
Dritte Bremsleuchte	5 W	Steckbirne mit Glas	W5W
Kennzeichenleuchte	5 W	Steckbirne mit Glas	W5W
Blinkleuchte seitlich	5 W	Steckbirne mit Glas	WY5W
Innenleuchte Kofferraum	5 W	Steckbirne mit Glas	W5W
Innenraum mittig	6 W	Soffitte	W6W
Innenraum Handschuhfach	5 W	Steckbirne mit Glas	W5W

WISSENSWERTES

Gasentladungslampe (Xenon-Licht) – das Wichtigste in Kürze

In Xenon-Scheinwerfern leuchtet, anstatt einer herkömmlichen Glühlampe mit Leuchtfaden, eine mit Xenongas befüllte Gasentladungslampe. Das Xenongas im Lampenkolben entzündet zunächst ein Funken. Nach der Zündung entsteht innerhalb des Lampenkolbens ein ionisierter Gasschlauch, den ein 12-Volt Gleichstrom erleuchtet. Den Zündvorgang startet je Scheinwerfer ein elektronisches Hochspannungs-Vorschaltgerät.
Erblindete Xenonlampen sollten Sie, beim geringsten Selbstzweifel, besser in einer Fachwerkstatt tauschen lassen: Der unsachgemäße Umgang mit den Vorschaltgeräten kann lebensbedrohende Verletzungen verursachen. Doch keine Skepsis: Praxiserfahrungen belegen – Xenon-Licht funktioniert nahezu verschleißfrei.
Wegen der hohen Lichtintensität lässt der Gesetzgeber hierzulande Gasentladungslampen ausschließlich mit dynamischen Leuchtweitenreglern zu. Somit ist das hartnäckige Gerücht vom gleißend blendenden Xenon-Licht technisch unbegründet, gewöhnungsbedürftig ist allein die Lichtfärbung: Autos mit Xenon-Licht kommen leicht blauäugig daher…

Scheinwerferlampen wechseln – kein großes Problem

Die Fahr-, Fern-, Stand- und Blinklichtlampen sitzen allesamt im Scheinwerfergehäuse. Zu deren Tausch demontieren Sie einfach den blinden Scheinwerfer.
Hört sich zunächst komplizierter an, als es in der Praxis ist. Achten Sie generell darauf, dass während des Lampenwechsels die Scheinwerfer ausgeschaltet sind. Wichtig: Neue Glühlampen fassen Sie mit möglichst sauberen Händen am Sockel und niemals am Glaskolben an. Falls Sie unseren Praxistipp nicht beachten, verdampfen Ihre Fingerabdrücke mit dem ersten Licht am heißen Glaskolben und trüben den Reflektor unnötig ein.

Getrübte Reflektoren schlucken Licht, anstatt es zu reflektieren. Sollten Sie dennoch nicht umhin kommen, die neue Lampe am Glaskolben in die Fassung zu bugsieren, säubern Sie anschließend den Lampenkolben mit einem in Alkohol oder Brennspiritus getränkten fusselfreien Tuch. Verwenden Sie nur Ersatzlampen mit einem UV-Filter. Nach jedem Lampenwechsel vergessen Sie im eigenen Interesse bitte auch nicht den fälligen Funktionscheck.

Hauptscheinwerfer demontieren

Werkzeug:
Mittlerer Kreuzschraubendreher

- Öffnen Sie die Motorhaube und lösen am betreffenden Scheinwerfer mit einem passenden Kreuzschraubendreher (Größe 2) die beiden Kreuzschrauben (1).
- Danach ziehen Sie den Stecker vom Scheinwerfergehäuse (2) ab, …
- …schwenken den Scheinwerfer möglichst weit zur Fahrzeugmitte und ziehen das Gehäuse aus der unteren Befestigung heraus.
- Beenden Sie die Montage in umgekehrter Reihenfolge und achten darauf, dass der Scheinwerfer wieder fest in seinen Halterungen sitzt. Ansonsten schielt Ihr C-MAX nach der Prozedur…

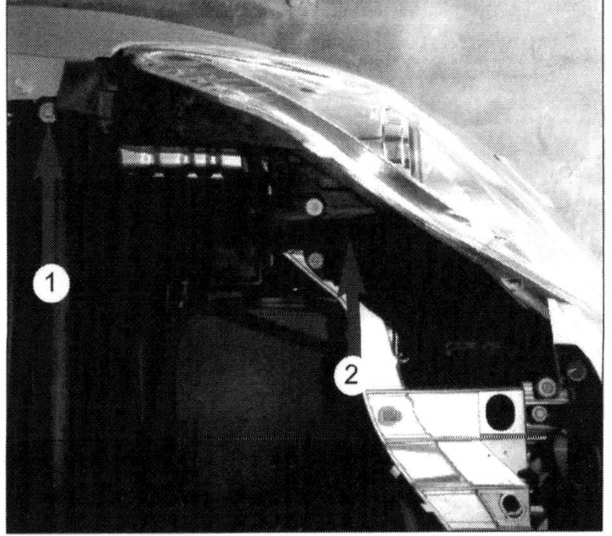

Mit zwei Schrauben fixiert: das Scheinwerfergehäuse im C-MAX. (1) Kreuzschraube, (2) Scheinwerfergehäuse.

Abblendlicht / Fernlicht

Werkzeug:
Mittlerer Kreuzschraubendreher

- Demontieren Sie den defekten Scheinwerfer, wie beschrieben und ziehen die entsprechende Abdeckkappe sowie den dahinter liegenden Lampenstecker vorsichtig ab.
- Ziehen Sie die alte Lampe aus dem Reflektor und schieben die neue Lampe gleich wieder hinein. Achten Sie auf jeden Fall darauf, dass der Lampensockel auch richtig in die Reflektoraussparungen zu sitzen kommt. Währenddessen fassen Sie den Glaskolben möglichst nicht an.
- Beenden Sie die Montage in umgekehrter Reihenfolge. Achten Sie auf den korrekten Sitz der Lampenfassung, vergessen auch im eigenen Interesse den Funktionscheck nicht und prüfen, ob beide Scheinwerfer noch auf gleicher Höhe leuchten.

WISSENSWERTES

Scheinwerfereinstellung kontrollieren – nach jedem Lampenwechsel fällig

Da der Lampentausch auch die Reflektorstellung ändern kann, stellen Sie, bevor Sie die Lampen wechseln, Ihren Wagen vor einer möglichst dunklen Wand ab. Schalten Sie das Fahrlicht ein und markieren per Kreidestrich den Lichtkegel der intakten Lampe an der Wand. Vergleichen Sie nach dem Lampenwechsel den Lichtkegel der neuen Lampe mit dem Lichtaustritt des anderen Scheinwerfers.
Falls die Lichtkegel jetzt erkennbar differieren sollten, lassen Sie die Scheinwerfer besser in einer Fachwerkstatt justieren.
Das sollten Sie ohnehin einmal jährlich tun! Oder reden Sie etwa jenen 36 Prozent der Autofahrer das Wort, die statistisch mit falsch eingestellten Scheinwerfern durch die Lande irren. Übrigens: Traditionell ist hierzulande der Fahrlichttest zwischen dem 01. bis 31. Oktober bei Automobilclubs oder in Bosch Car-Service-Stützpunkten kostenlos.

Standlicht

Werkzeug:
Mittlerer Kreuzschraubendreher

- Demontieren Sie den entsprechenden Scheinwerfer und knippen die Standlichtabdeckkappe vom Lampengehäuse.
- Ziehen Sie die defekte Birne aus der Fassung und schieben die neue Lampe gleich hinterher.
- Beenden Sie die Arbeit in umgekehrter Reihenfolge. Achten Sie auf den korrekten Sitz der Lampenfassung, vergessen auch den Funktionscheck nicht und prüfen, ob beide Scheinwerfer noch auf gleicher Höhe leuchten.

Vordere Blinkleuchten

Werkzeug:
Mittlerer Kreuzschraubendreher

- Demontieren Sie den entsprechenden Scheinwerfer und drehen mit leichter Linksdrehung die defekte Leuchte aus der Fassung.
- Drücken Sie die alte Lampe leicht in die Fassung zurück und ziehen sie mit leichter Linksdrehung heraus.
- Beenden Sie die Arbeit in umgekehrter Reihenfolge. Achten Sie auf den korrekten Sitz der Lampenfassung, vergessen auch den Funktionscheck nicht und prüfen, ob beide Scheinwerfer noch auf gleicher Höhe leuchten.

Seitliche Blinkleuchten

Werkzeug:
Schlitzschraubendreher

Die Blinkleuchten finden Sie in den Seitenspiegeln.

- Hebeln Sie das Blinkergehäuse mit einem Schlitzschraubendreher nach vorn aus dem Spiegelgehäusedeckel und ziehen die Lampenfassung aus dem Gehäuse.
- Erneuern Sie die Lampe und beenden die Arbeit in umgekehrter Reihenfolge. Vergessen Sie nicht den anschließenden Funktionscheck.

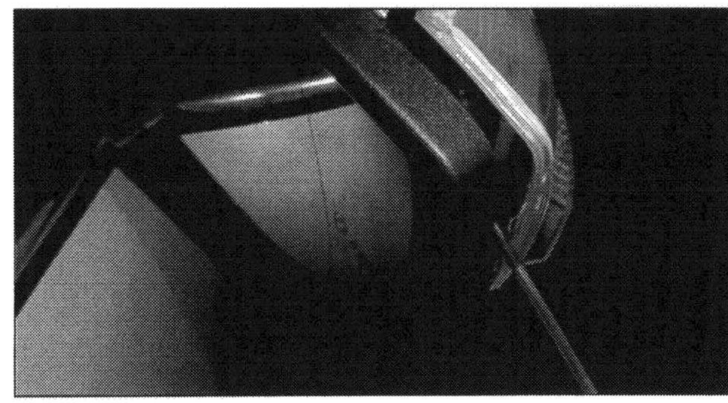

Vorsichtig nach vorne hebeln: das Blinkergehäuse mitsamt Deckglas im Seitenspiegel.

Außenbeleuchtung Spiegel

Werkzeug:
Mittlerer Schraubendreher

Die Blinkleuchten finden Sie in den Seitenspiegeln.

- Um den Halteclip im Spiegelgehäuse zu lösen, winkeln Sie das Spiegelglas möglichst weit nach innen.
- Clipsen Sie danach das Gehäuse mit einem kleinen Schraubendreher aus dem Spiegelgehäuse und ziehen das Glas mitsamt Lampe (Pfeil) aus dem Spiegel.
- Erneuern Sie die Lampe und beenden die Arbeit in umgekehrter Reihenfolge. Vergessen Sie nicht den anschließenden Funktionscheck.

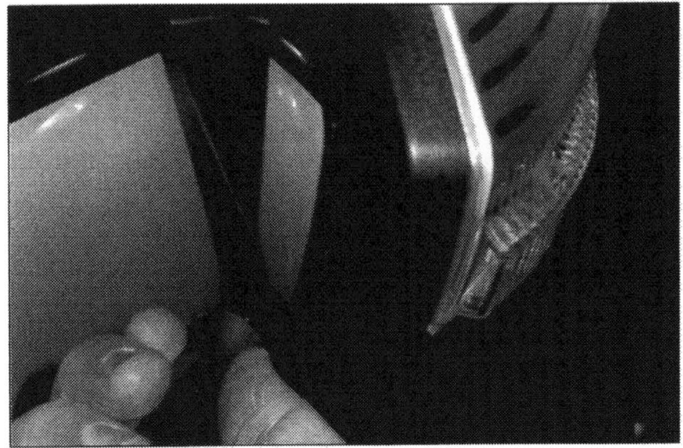

Sitzt im Blinkleuchtenglas: Die Lampenfassung der seitlichen Begrenzungsleuchte.

Nebelleuchten

Werkzeug:
Mittlerer Kreuzschraubendreher, 3-mm-Dorn

- Knippen Sie die entsprechende Lampenabdeckung aus dem Frontspoiler.
- Lösen Sie im Spoiler beide Scheinwerferschrauben mit einem Kreuzschraubendreher und nehmen das Lampengehäuse mitsamt Lampe aus dem Spoiler.
- Ziehen Sie den Lampenstecker ab und drehen die Lampenfassung mit einer leichten Linksdrehung aus dem Gehäuse.
- Tauschen Sie die defekte Lampe und schieben die neue gleich wieder in die Fassung hinein. Währenddessen fassen Sie den Glaskolben möglichst nicht an.
- Vergessen Sie nicht den anschließenden Funktionscheck.

Blink-, Rück- und Bremsleuchte

Werkzeug:
Mittlerer Schlitzschraubendreher

- Öffnen Sie die Heckklappe, demontieren die Kofferraumverkleidung,...
- ...lösen die Flügelmutter (Pfeil), ziehen den Stecker ab und heben die Rückleuchte aus der Karosserie.
- Die defekte Lampe ziehen Sie inklusive Lampenfassung mit einer leichten Linksdrehung aus dem Lampengehäuse und erneuern sie.
- Vergessen Sie nicht den anschließenden Funktionscheck.

Mit einer Flügelmutter fixiert: die Rückleuchten in der Seitenwand.

Rückfahrleuchte, Rückleuchte und Nebelleuchte

Werkzeug:
Mittlerer Schlitzschraubendreher

- Öffnen Sie den Kofferraum und clipsen den Deckel mit einem Schlitzschraubendreher aus der Heckklappenverkleidung.
- Anschließend lösen Sie die Flügelmutter, ziehen den Stecker ab und heben die Rückleuchte aus der Heckklappe.
- Die defekte Lampe ziehen Sie inklusive Lampenfassung mit einer leichten Linksdrehung aus dem Lampengehäuse und erneuern sie.
- Vergessen Sie nicht den anschließenden Funktionscheck.

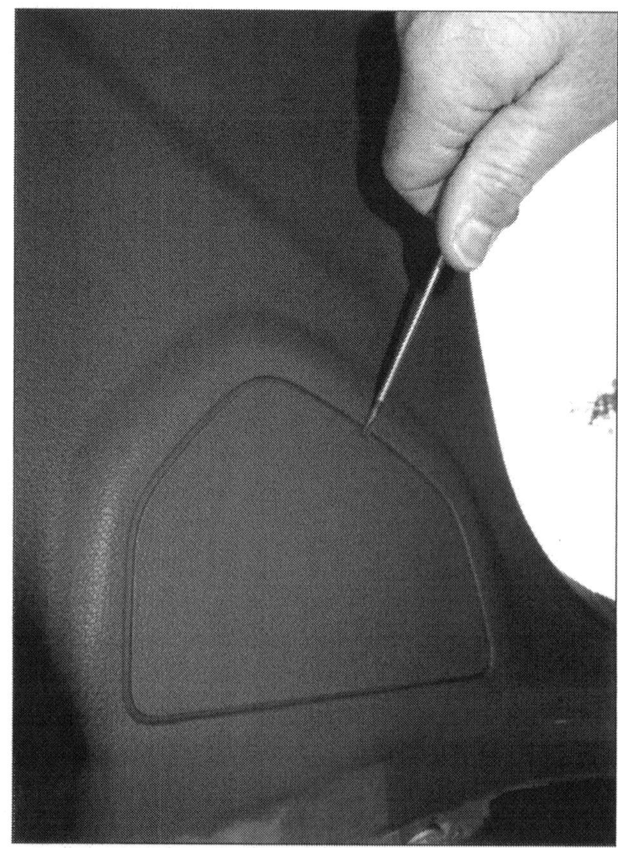

Sitzen gemeinsam hinter der Verkleidung: die Rück-, Rückfahr- und die Nebelleuchte.

Mittlere Zusatzbremsleuchte

- Ziehen Sie die Zusatzbremsleuchte einfach mit Ihren Händen von der Kofferraumklappe ab...
- ... und ersetzen die defekte Birne.
- Vergessen Sie nicht den anschließenden Funktionscheck.

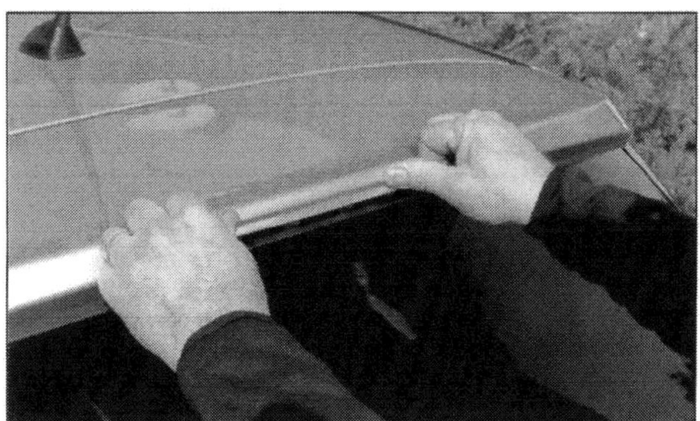

Einfach von der Kofferraumklappe abziehen: die mittlere Zusatzbremsleuchte.

Bremslichtschalter prüfen – relativ schnell machbar

Wenn alle drei Bremslichter synchron ausfallen, misstrauen Sie getrost dem Bremslichtschalter. Er sitzt im Innenraum direkt am Lagerbock der Pedalerie. Beim Betätigen des Bremspedals wandert ein Druckstift aus dem Schaltergehäuse, daraufhin schließen im Schalter die Kontakte und leiten Spannung an die Bremsleuchten weiter. Den Schalter prüfen Sie ganz einfach: Ziehen Sie die Kabelstecker ab und halten ihre blanken Enden zusammen. Sollten jetzt die Bremsleuchten funktionieren, erneuern Sie den Schalter. Ansonsten prüfen Sie die Spannung an den Kabelenden und checken die Lampen.

Bremslichtschalter demontieren

- Öffnen Sie die Fahrertür und ducken sich im Fußraum ab.
- Ziehen Sie das Bremspedal möglichst weit nach oben und fixieren es in dieser Stellung.
- Demontieren Sie zunächst den Bremspedalstellungsschalter (1) oberhalb des Bremslichtschalters (3) mit leichter Linksdrehung aus dem Stativ (2). Den Bremslichtschalter drehen Sie danach per Rechtsdrehung aus dem Halter. Vergessen Sie nicht, vorab den Kabelanschluss (4) abzuziehen.
- Nun setzen Sie den BPS-Schalter wieder ein.
- Sobald der Schalter sitzt, montieren Sie den neuen Bremslichtschalter.
- Vergessen Sie den anschließenden Funktionscheck nicht.

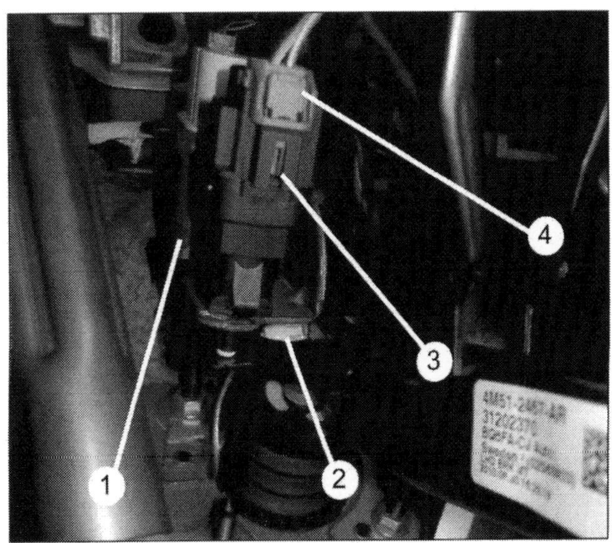

Sitzen oberhalb des Bremspedals: der Bremslichtschalter sowie der BPS-Schalter.

Schalter Funktionsprüfung – mit Multimeter machbar

Manchmal bringen defekte Schalter die Ströme völlig durcheinander. Im C-MAX arbeiten übrigens die unterschiedlichsten Schaltertypen. Ihre Funktionsprüfung erledigen Sie schnell mit einem Multimeter. Stellen Sie dazu seinen Funktionsschalter auf Volt (V) und messen jeweils den Spannungsfluss an den Schalteranschlussklemmen. Tauschen Sie defekte Schalter ausschließlich gegen originale Ford-Ersatzteile.

- Besorgen Sie sich den aktuellen Schaltplan zu Ihrem C-MAX.
- Zuerst machen Sie an dem betreffenden Schalter das (die) spannungsführende(n) Kabel aus. Dazu tasten Sie mit der roten Klemme alle Kabelanschlüsse ab – die schwarze Klemme liegt währenddessen natürlich an Masse (Klemme 31) an.
- Vor dem Spannungstest schalten Sie noch schnell die Beleuchtung oder die Zündung ein.
- Die Schalterfunktion erkennen Sie daran, ob die Eingangsspannung auch am Schalterausgang herauskommt.

Mitunter sehr verschlungen – die Wege der Stromkabel

Auf Laien wirken Ströme häufig sehr geheimnisvoll – ihre Wege sind mitunter recht sonderbar. Oder doch nicht?
In Ihrem C-MAX kontakten die meisten konventionellen Stromverbraucher mit Doppelklemmen. Doch durchgängig bis zur Batterie oder zum Generator lässt sich häufig nur ein Kabel zurückverfolgen. In dem Fall endet das Andere unterwegs im IRGENDWO an einem Massekontakt der Karosserie, des Motors, am Getriebe oder – das ist im C-MAX auch nicht ausgeschlossen – an irgendeinem toten Steckerkontakt. So zum Beispiel Im Motorraum am Mehrfachstecker der Zentralelektrik im Umfeld der Batterie.

Lassen den Strom abfließen – Metalle

Innerhalb des C-MAX-Bordnetzes nutzen Ford-Ingenieure ein uraltes physikalisches Prinzip: Metalle sind leitfähig. Diese simple Erkenntnis erspart – völlig legitim – lange Kupferkabel zur Spannungsableitung an den Batterieminuspol. Wenn ein Verbraucher also nicht ordentlich funktioniert, liegt das häufig nicht zwangsläufig an der Zuleitung, sondern an einer unzureichenden Masseverbindung. Mitunter sucht sich der Wackelkandidat dann Unterstützung von Irgendwo, was letztlich die Bordelektrik völlig aus dem Takt bringt. Das häufigste Beispiel dafür ist wohl die taktvoll im Blinkerrhythmus mitglimmende Rückleuchte....

Systematisch geordnet – Kabel und Klemmen

Trotzt rationeller Bauweise würde der hintereinander gelegte Kabelbaum Ihres C-MAX locker die Kilometermarke erreichen. Das scheinbar bunte Gewirr ist allerdings akribisch geordnet – die Kabelfarben weisen den Weg. Zudem sind die meisten Anschlüsse der

Kabel-/Klemmenbezeichnungen

WISSENSWERTES

Klemme 15: Steht ab Zündschloss bei eingeschalteter Zündung unter Strom. Sie setzt, außer der Zündung, auch jene Verbraucher unter Spannung, die nur während des Betriebs Strom erhalten sollen. Die vielfach schwarzen Kabel besitzen im Focus bisweilen auch farbige Zusatzstreifen.
Klemme 30: Steht dauernd in Kontakt mit dem Batteriepluspol bzw. bei laufendem Motor mit dem Generator. Das kann bei unvorsichtigem Umgang mit Werkzeug zu Kurzschlüssen und Funkenregen führen. Zumindest dann, wenn Sie nicht vorher das Minuskabel der Batterie abgenommen haben. Stromführende Kabel sind im Focus rot ummantelt, ggf. tragen auch sie zusätzliche Farbstreifen.
Klemme 49: Setzt die Blink- und Warnblinkanlage unter Strom.
Klemme 53: Speist den Scheibenwischer. Die Kabel sind überwiegend grün und mit weiteren Zusatzfarben (z. B. gelb) gekennzeichnet.
Klemme 56: Mit gelb/schwarzen Farben versorgt sie das Abblendlicht und mit weiß/schwarzen Farben das Fernlicht mit Strom.
Klemme 58: Speist das Standlicht. Die Kabelgrundfarbe ist grau, jeweils mit zusätzlichen Farbstreifen.
Klemme 31: Masseklemme, die alle Bordverbraucher mit Fahrzeugmasse verbindet. Im Bordnetz sind Massekabel meistens braun gefärbt.

Mehrfachstecker und Relais nummeriert. Bei der Wahl der Kabelfarben bleibt Ford überwiegend der Norm gängiger Vorbilder treu.

Überlastungsschutz – Sicherungen im Innen- und Motorraum

In Ihrem Wagen schützen zahlreiche Sicherungen die Bordelektrik vor Überlastung. Ihre Schutzfunktion entspricht der theoretischen Maximalbelastung der einzelnen Stromkreise. Sicherungen unterbrechen den Stromfluss sofort, wenn zum Beispiel ein Kurzschluss (defekter Verbraucher, beschädigte Stromkabel) die Bordspannung unkoordiniert an Masse ableitet. Sie verhindern dadurch weitere Schäden (z. B. Kabelbrände) an Ihrem Auto. Der C-MAX hat Flachstecksicherungen, deren Schmelzdraht im Überlastungsfall durchglüht. Für eine Sicherung ist der Tatbestand des Überlastungsfalls übrigens auch dann erfüllt, wenn voll ausgelastete Stromkreise nachträglich noch mit zusätzlichen Verbrauchern (Hi-Fi-Anlage, Booster oder nicht zugelassene Hochleistungsleuchten) aufgemotzt werden. Auch profane Autostaubsauger und Kühlboxen, die Sie einfach mit Strom aus der Steckdose des Zigarettenanzünders versorgen, lassen ab und an die Sicherung dahinschmelzen. Spendieren Sie häufig genutzten Zusatzverbrauchern also im Bedarfsfall einen separaten Stromkreis – natürlich mit einer entsprechend dimensionierten Sicherung und Zuleitung. Um alle Eventualitäten auszuschließen, lassen Sie besser einen Profi ans Werk, der verlegt Ihnen die richtigen Kabelquerschnitte (min. 1,5 mm2) und sichert den Stromkreis ausreichend ab.

Verteilt auf diverse Stromkreise – Bordsicherungen im C-MAX

Das Motormanagement und die meisten leistungsstarken Aggregate sind separat abgesichert. Damit Ihr C-MAX bei einem elektrischen Defekt nun nicht gänzlich ohne Strom da steht, sind die Bordverbraucher, ähnlich wie in Ihrer Wohnung, auf mehrere Stromkreise verteilt. Nebenverbraucher mit weniger wichtigen Aufgaben arbeiten in gemeinsamen Stromkreisen – jeweils von einer Sicherung geschützt. Nicht so die Stromkreise zwischen Starter, Batterie, Generator und Zündschloss: Hier liegt ständig die volle Batteriekapazität an. Bei Arbeiten an diesen Stromkreisen gilt also besondere Vorsicht: Klemmen Sie IMMER zuerst die Batterie ab, bevor Sie hier einsteigen! Andernfalls provozieren Sie kapitale Schäden – bis hin zu Fahrzeugbränden.

WISSENSWERTES: Ford Focus – die Sicherungen

In den Sicherungskästen stecken Flachsicherungen (Minisicherungen), deren transparenter Kunststoffkörper zwei mit einem Schmelzdraht verbundene Flachstecker fixiert, oder so genannte A1-Sicherungen.

An der Farbe zu erkennen – die Amperezahl
Zur besseren Differenzierung der Maximalbelastung sind Sicherungen, zusätzlich zu ihrer Beschriftung, farbig markiert. Die Minisicherungen im Focus vertragen:

Kennfarbe	*Stromstärke in Ampere*
Grau	2
Hellbraun	5
Dunkelbraun	7,5
Rot	10
Hellblau	15
Gelb	20
Hellgrün	30
Orange	40

Zusätzlich schützen A1-Sicherungen die kräftigeren Stromkreise im Focus. Sie widerstehen:

Kennfarbe	*Stromstärke in Ampere*
Grau	25
Pink	30
Rot	50
Hellblau	60
Schwarz	80

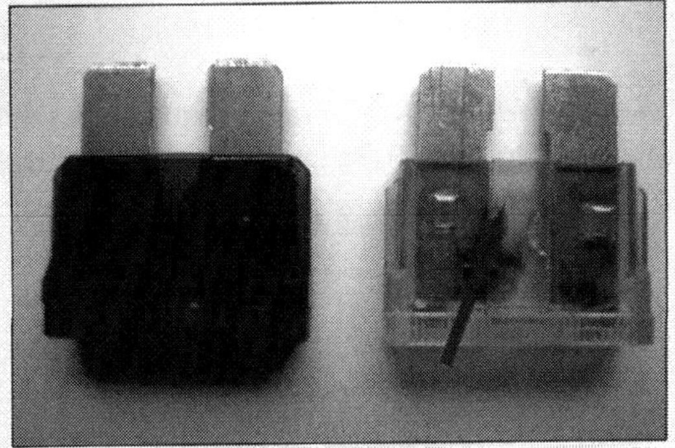

Am geschmolzenen Draht erkennbar: defekte Sicherungen (Pfeil). Häufig ist dann auch die Kunststoffumhüllung gebrochen oder verschmort.

Mit Bordmitteln machbar – Sicherungen erneuern

Ein Tipp ganz zu Beginn: Bevor Sie eine Sicherung oder ein Relais wechseln, schalten Sie die Zündung und alle Stromverbraucher (z. B. Radio) aus.

Einer von zwei Sicherungskästen sitzt hinter dem Handschuhfach vor der Spritzwand im Armaturenbrett. Diese Sicherungen sind relativ einfach mit einer Klammer oder Flachzange in Eigenregie zu tauschen. Der zweite Kasten sichert seine Stromkreise in unmittelbarer Batterienähe aus dem Motorraum heraus. Der Tausch dieser Sicherungen ist grundsätzlich kein Hexenwerk – zumindest dann nicht, wenn Sie den Kasten einmal freigelegt haben.

Egal ob im Innen-, Koffer-, oder Motorraum: Im C-MAX sitzen die Sicherungen verborgen hinter schützenden Kunststoffdeckeln.

Innenraum

- Drücken Sie die beiden Haltezungen unterhalb des Handschuhfaches zusammen und ziehen die Verkleidung vom Sicherungsträger ab.

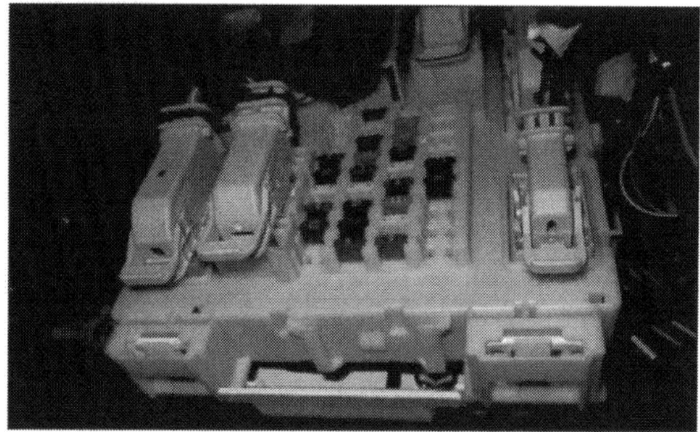

Sicherung erneuern: Dazu die Verkleidung unterhalb des Handschuhfachs lösen.

- Jetzt haben Sie Platz, um die durchgebrannte Sicherung per Klammer oder passender Flachzange zu wechseln.
- Achten Sie darauf, dass die neue Sicherung in beiden Polzungen einrastet.

Motorraum

- Öffnen Sie die Motorhaube und hebeln den Sicherungskastendeckel rechts der Batterie ab.
- Checken Sie die Sicherungen und wechseln die durchgebrannte Sicherung per Klammer oder passender Flachzange.
- Achten Sie darauf, dass die neue Sicherung in beiden Polzungen einrastet.

Kofferraum

- Öffnen Sie die Kofferraumklappe und hebeln den Sicherungskastendeckel links im Gepäckraum ab.
- Checken Sie die Sicherungen und tauschen die schadhafte per Klammer oder passender Flachzange aus.
- Achten Sie darauf, dass die neue Sicherung in beiden Polzungen einrastet.

alle

- Achten Sie darauf, dass Sie nur neue Sicherungen mit identischer Amperestärke verwenden.
- Sollte Ihnen die neue Sicherung sofort wieder dahinschmelzen, prüfen Sie den Stromkreis auf Masseschluss (Kabelisolation gegen Masse blank gescheuert), bzw. den aus dem Kreis genommenen Verbraucher mit einer Freiluftleitung auf Funktion.

Verteilen hohe Arbeitsströme – Schaltrelais

Ihr C-MAX hat eine Reihe von Verbrauchern, die, im Vergleich zu anderen, höhere Arbeitsströme erfordern. Um dort mit möglichst geringen Kabeldurchmessern ein Maximum an Sicherheit zu gewährleisten, steuert Ford jene Verbraucher mit separaten Schaltrelais an. Über den Ein- und Ausschalter fließt zum Relais lediglich ein geringer Schaltstrom, der im Relais den stärkeren Arbeitsstrom zum Verbraucher schaltet.

Unterschiedliche Aufgaben – Schaltstrom und Arbeitsstrom

Beim Einschalten des betreffenden Verbrauchers wirkt im Relais der Schaltstrom auf eine Magnetspule. Die Magnetspule zieht gegen Federdruck einen kräftigen Kontakt an und öffnet so den Arbeitsstromkreis zum Verbraucher. Damit die Spannung möglichst 1 : 1 beim Empfänger ankommt, fließt der Arbeitsstrom direkt durch das Relais ans Ziel. Die Relaiskontakte sind so widerstandsfähig, dass sie hohe Ströme gut vertragen. Außerdem kürzt der vermeintliche Umweg durchs Relais den Weg des Arbeitsstroms ab. Vorteil: Je kürzer die Wege, umso geringer die Spannungsverluste zwischen Schalter und Verbraucher.

Erfüllen unterschiedliche Aufgaben – spezielle Relaistypen

Um die Übersichtlichkeit und Fehlersuche zu verbessern, sitzen die meisten Relais im C-MAX auf speziellen Trägerplatten. Zusätzlich arbeiten im Bordnetz, ganz in der Nähe ihres Arbeitsplatzes, noch spezielle Funktionsrelais.

Sicherungstabelle (Kofferraum)

Sicherung	Ampere	Abgesicherte Stromkreise
1	-	Nicht belegt
2	10	Modul schlüsselloses Schließ- und Startsystem
3	5	Türgriffe des schlüssellosen Schließ- und Startsystems
4	25	Türmodul (links vorn) (Fensterheber, Zentralverriegelung, elektrisch klappbare Außenspiegel, beheizbarer Außenspiegel)
5	25	Rechtes Vordertürmodul (Fensterheber, Zentralverriegelung, klappbarer Außenspiegel, heizbarer Außenspiegel)
6	25	Linkes Hintertürmodul (Fensterheber)
7	25	Rechtes Hintertürmodul (Fensterheber)
8	10	Sicherheitshupe
9	25	Elektrisch verstellbarer Fahrersitz
10	-	Nicht belegt
11	-	Nicht belegt
12	-	Nicht belegt
13	-	Nicht belegt
14	-	Nicht belegt
15	-	Nicht belegt
16	-	Nicht belegt
17	-	Nicht belegt
18	-	Nicht belegt
19	-	Nicht belegt
20	-	Nicht belegt
21	-	Nicht belegt
22	-	Nicht belegt

→

Sicherung	Ampere	Abgesicherte Stromkreise
23	-	Nicht belegt
24	30	Stromwandler
25	25	Elektrisch betätigte Heckklappe
26	40	Zubehör, Anhängermodul
27	-	Nicht belegt
28	-	Nicht belegt
29	5	System zur Überwachung des toten Winkels
30	5	Einparkhilfemodul
31	5	Rückfahrkamera
32	35	Stromwandler
33	-	Nicht belegt
34	15	Heizbarer Fahrersitz
35	15	Heizbarer Beifahrersitz
36	-	Nicht belegt
37	20	Sonnenblendensystem
38	-	Nicht belegt
39	-	Nicht belegt
40	-	Nicht belegt
41	-	Nicht belegt
42	-	Nicht belegt
43	-	Nicht belegt
44	-	Nicht belegt
45	-	Nicht belegt
46	-	Nicht belegt

Sicherungskasten im Motorraum

Sicherung	Ampere	Abgesicherte Stromkreise
7	40	ABS-Pumpe
8	30	ABS-Ventil
9	20	Scheinwerferwaschanlage
10	40	Heizgebläse
11	-	Nicht belegt
12	30	Motorsteuerrelais
13	30	Anlasserrelais
14	40	Windschutzscheibenheizung (rechts)
15	-	Nicht belegt
16	40	Windschutzscheibenheizung (links)
17	20	Zusatzheizung
18	20	Scheibenwischer
19	5	ABS/ESP-Modul
20	15	Hupe
21	5	Bremslichtschalter
22	15	Batterieüberwachungssystem
23	5	Relaiswicklungen, Lichtschaltermodul
24	20	Steckdose hinten
25	10	Elektrisch verstellbare Außenspiegel
26	15	Antriebsstrangsteuergerät (PCM)
27	15	Klimaanlagenkupplung
28	-	Nicht belegt
29	25	Heizbare Heckscheibe
30	5	Motorsteuergerät
31	-	Nicht belegt
32	10	EGR-Ventil, Wirbelsteuerventile, HEGO-Sensor (Motormanagement)
33	10	Zündspulen
34	10	Einspritzventile
35	15	Dieselfilter Heizung, aktive Kühlergrillklappen
36	10	Motorsteuergerät
37	5	ABS
38	15	Motorsteuergerät, Getriebesteuergerät
39	5	Scheinwerfer-Steuergerät
40	5	Elektrische Servolenkung
41	20	Karosserie-Steuermodul
42	15	Heckscheibenwischer
43	15	Leuchtweitenregulierung
44	-	Nicht belegt
45	10	Beheizte Waschanlagendüsen
46	25	Elektrische Fensterheber (vorn)
47	7,5	Heizbare Außenspiegel
48	15	Verdampfer

Sicherungstabelle (Innenraum)

Sicherung	Ampere	Abgesicherte Stromkreise
56	20	Kraftstoffpumpe
57	-	Nicht belegt
58	-	Nicht belegt
59	5	Passives Diebstahlschutzsystem (PATS)
60	10	Innenraumleuchte, Fahrertür-Schalterkonsole, Handschuhfach
61	20	Zigarettenanzünder, Steckdose zweite Sitzreihe
62	5	Regensensormodul, Innenrückspiegel
63	-	Nicht belegt
64	-	Nicht belegt
65	10	Heckklappenentriegelung
66	20	Fahrertürverriegelung, Doppelverriegelung
67	7,5	Bildschirm Information und Unterhaltung
68	15	Lenkradschloss
69	5	Kombiinstrument
70	20	Zentralverriegelung
71	10	Klimaanlage
72	7,5	Lenkradmodul
73	5	Alarm, On-Board-Diagnose II
74	15	Fernlicht
75	15	Nebelscheinwerfer
76	10	Rückfahrscheinwerfer
77	20	Pumpe – Scheibenwaschanlage
78	5	Zündschalter oder Start-Taste
79	15	Sprachsteuerungsmodul, Radio, Navigationssystem, DVD-Player, CD-Wechsler, Türschlosstaste
80	-	Nicht belegt
81	5	Innenraum-Bewegungssensor, RF-Empfänger, Sonnenrollos
82	20	Masse der Wasserpumpe
83	20	Masse der Zentralverriegelung
84	20	Masse der Fahrertürverriegelung und Doppelverriegelung
85	7,5	Radio, Navigationssystem, Beifahrerairbag-Deaktivierungsschalter, Schalter für Sitzheizung vorn, Standheizung, Heizungsmodul der manuellen Klimaanlage
86	10	Rückhaltesystem
87	-	Nicht belegt
88	-	Nicht belegt
89	-	Nicht belegt

Technische Daten Ford C-MAX MK2

Motoren*

Modell	1,6 l Ti-VCT	1,6 l Ti-VCT	1,6 l Ti-VCT	1,6 l Flexifuel	1,6 l EcoBoost	1,6 l EcoBoost	1,6 l TDCi	1,6 l TDCi	2,0 l TDCi	2,0 l TDCi	2,0 l TDCi
Motorcode	XTDA	IQDA/ IQDB	PNDA	MUDA	JQDA/ JQDB	JTDA/ JTDB	TZJA	UBJA	TYDA	UFDB	TXDA
Abgasgrenzwerte gemäß	Euro 5	Euro 5	Euro 5	Euro 5	Euro 5	Euro 5	Euro 5	Euro 5	Euro 5	Euro 5	Euro 5
Zylinder / Ventile	4 / 16	4 / 16	4 / 16	4 / 16	4 / 16	4 / 16	4 / 8	4 / 8	4 / 16	4 / 16	4 / 16
Hubraum cm^3	1596	1596	1596	1596	1596	1596	1560	1560	1997	1997	1997
Bohrung mm	79,0	79,0	79,0	79,0	79,0	79,0	75,0	75,0	85,0	85,0	85,0
Hub mm	81,4	81,4	81,4	81,4	81,4	81,4	88,3	88,3	88,0	88,0	88,0
Verdichtung	11:1	11:1	11:1	11:1	10:1	10:1	16:1	16:1	16:1	16:1	16:1
Höchstleistung kW / PS	63/85	77/105	92/125	88/120	110/150	134/182	70/95	85/115	85/115	103/140	120/163
bei 1/min	6000	6000	6300	6300	6000	6000	3600	3600	3750	3750	3750
max. Drehmoment Nm	141	150	159	150	240 (270 mit Overboost)	240 (270 mit Overboost)	230	270(285 mit Overboost)	300	320	340
bei 1/min 1/min	2500	4000 - 4500	4000	4000 - 5000	1600 - 4000	1600 - 5000	1500 - 2000	1750 - 2500	1500 - 2250	1750 - 2750	2000 - 3250
Leerlauf-drehzahl 1/min	800 ± 100	800 ± 100	800 ± 100	800 ± 100	750 ± 100	750 ± 100	750	750	800	800	800
Zulässige Höchst-drehzahl 1/min	6720	6720	6720	6720	6375	6375	4500	4500	4500	4500	4500
Motorblock	Aluminium gegossen						Eisen gegossen				
Zylinderkopf	Aluminium gegossen										
Nockenwellen-antrieb	Zahnriemen mit dynamischem Spanner						Kurbelwelle zu Einlassseite: Zahnriemen mit dynamischem Spanner; Einlass- zu Auslassseite: Steuerkette mit hydraulischem Spanner				
Kurbelwelle	Stahl gegossen, vier Ausgleichsgewichte, fünf Hauptlager						Stahl gesenkgeschmiedet, acht Ausgleichsgewichte, fünf Hauptlager.				
Einspritzung	Elektronische Benzineinspritzung				Hochdruck-Benzin-direkteinspritzung		Common-Rail-Direkteinspritzung mit 1650 bar Druck; 7-Loch-Piezo-Injektoren.		Common-Rail-Direkteinspritzung mit 2000 bar Druck; 8-Loch-Elektromagnet-Injektoren.		
Turboaufladung	-	-	-	-	Borg Warner KP39		Garrett-Turbolader mit variabler Turbinengeometrie				

Modell	1,6 l TI-VCT	1,6 l TI-VCT	1,6 l TI-VCT	1,6 l Flexifuel	1,6 l EcoBoost	1,6 l EcoBoost	1,6 l TDCi	1,6 l TDCi	2,0 l TDCi	2,0 l TDCi	2,0 l TDCi
Öldruck bei 80 0C**											
2000 U/min bar	2,0	2,0	2,0	2,0	2,0	2,0	2,3 - 3,7	2,3 - 3,7	4,0	4,0	4,0
Kraftstoff ROZ	95 Super	95 Super	95 Super	95 Super / Bio-Ethanol E85	95 Super	95 Super	Diesel	Diesel	Diesel	Diesel	Diesel
Füllmengen:											
Tankvolumen ca. l	55	55/ 60**	55/ 60**	55	55/ 60**	55/ 60**	53/ 60**	53/ 60**	60/ 60**	60/ 60**	60/ 60**
Motoröl ca. l	4,1	4,1	4,1	4,1	4,1	4,1	3,8	3,8	5,5	5,5	5,5
Kühlflüssigkeit ca. l	5,5	5,5	5,5	5,5	5,5	5,5	5,8	5,8	6,3	6,3	6,3
Getriebeöl, ca. l Füllmengen:											
5-Gang iB5 ca. l	2,8	2,8	2,8	2,8	-	-	-	-	-	-	
6-Gang B6/MMT6 ca. l		-	-	-	1,9	1,9	1,9	1,9	1,9	1,9	1,9
PowerShift Automatik MPS6 ca. l		-	-	-	-	-	-	-	2,8	2,8	2,8

*Stand Dezember 2011, ** Grand C-MAX.

Verbrauch und Fahrleistungen*

C-MAX			Kraftstoffverbrauch (l/100 km)			Fahrleistungen		
Motor, Getriebe	Leistung (kW/PS)	CO2 (g/km)	innerorts	außerorts	kombiniert	V-max (km/h)	0 –100 km/h (s)	50 –100 km/h (s)**
1,6 l TI-VCT, 5-Gang manuell	63/85	154	8,7	5,3	6,6	165	15,9	17,3
1,6 l TI-VCT, 5-Gang manuell	77/105	154	8,7	5,3	6,6	180	12,6	15,5
1,6 l TI-VCT, 5-Gang manuell	92/125	154	8,7	5,3	6,6	188	11,5	13,9
1,6 l Flexifuel, 5-Gang manuell	88/120	154 / 139***	8,7 / 11,7***	5,3 / 6,9***	6,6 / 8,5***	185	11,7	14,1
1,6 l EcoBoost, 6-Gang manuell	110/150	154	8,8	5,3	6,6	204	9,4	8,8
1,6 l EcoBoost, 6-Gang manuell	134/182	154	8,8	5,3	6,6	217	8,5	8,8
1,6 l TDCi, 6-Gang manuell	70/95	119	5,4	4,1	4,6	170	13,3	13,4
1,6 l TDCi, 6-Gang manuell	85/115	119	5,4	4,1	4,6	184	11,3	11,2
2,0 l TDCi, PowerShift	85/115	149	7,1	4,8	5,6	185	11,8	n/a
2,0 l TDCi, 6-Gang manuell	103/140	134	6,4	4,4	5,1	201	9,6	9,2
2,0 l TDCi, PowerShift	103/140	149	7,1	4,8	5,6	200	10,1	n/a
2,0 l TDCi, 6-Gang manuell	120/163	134	6,4	4,4	5,1	210	8,6	8,9
2,0 l TDCi, PowerShift	120/163	149	7,1	4,8	5,6	207	9,3	n/a

Grand C-MAX			Kraftstoffverbrauch (l/100 km)			Fahrleistungen		
1,6 l TI-VCT, 5-Gang manuell	77/105	159	8,9	5,7	6,9	177	13,5	14,7
1,6 l TI-VCT, 5-Gang manuell	92/125	159	8,9	5,7	6,9	185	12,3	14,4
1,6 l EcoBoost, 6-Gang manuell	110/150	159	9,2	5,5	6,9	202	9,9	9,4
1,6 l EcoBoost, 6-Gang manuell	134/182	159	9,2	5,5	6,9	215	8,9	9,4
1,6 l TDCi, 6-Gang manuell	70/95	129	5,8	4,4	4,9	166	14,3	13,5
1,6 l TDCi, 6-Gang manuell	85/115	129	5,8	4,4	4,9	180	12,3	11,3
2,0 l TDCi, PowerShift	85/115	154	7,4	5,0	5,8	182	12,3	n/a
2,0 l TDCi, 6-Gang manuell	103/140	139	6,6	4,5	5,3	200	10,1	9,3
2,0 l TDCi, PowerShift	103/140	154	7,4	5,0	5,8	198	10,5	n/a
2,0 l TDCi, 6-Gang manuell	120/163	139	6,6	4,5	5,3	205	9,2	9,0
2,0 l TDCi, PowerShift	120/163	154	7,4	5,0	5,8	204	9,8	n/a

*Stand Dezember 2011, ** im vierten Gang, *** mit Bio-Ethanol (E85).

Kraftübertragung

Generell	Frontantrieb, unterschiedlich lange, homokinetische Antriebswellen; hydraulisch betätigte Einscheibentrockenkupplung; Differenzial mit Getriebe verblockt.
Schaltgetriebe	
1,6 l TI-VCT, 1,6 l Flexifuel	Getrag Ford Durashift 5-Gang (iB5): vollsynchronisiertes 5-Gang-Schaltgetriebe mit Seilzug-Schaltung
1,6 l EcoBoost, 1,6 l TDCi	Getrag Ford Durashift 6-Gang (B6): vollsynchronisiertes 6-Gang-Schaltgetriebe mit Seilzug-Schaltung.
2,0 l TDCi	Getrag Ford Durashift 6-Gang (MMT6): vollsynchronisiertes 6-Gang-Schaltgetriebe mit Seilzug-Schaltung.
PowerShift Automatik-Getriebe, 2,0 l TDCi	Sechsstufen-Automatik-Doppelkupplungsgetriebe; manuelle Gangwechselmöglichkeit; Differenzial mit Getriebe verblockt.

Gemischaufbereitung

1,6 l TI-VCT	Siemens ECM EMS2101 16 Bit, Elektronische Benzineinspritzung, geschlossener 3-Wege-Katalysator mit beheizter Lambdasonde und Abgasrückführung.
1,6 l EcoBoost	Bosch MED17 mit CAN-Bus und je einem individuellen Klopfsensor pro Zylinder, Hochdruck- Benzindirekteinspritzung mit 6-Loch-Injektoren, geschlossener 3-Wege-Katalysator mit beheizter Lambdasonde und Abgasrückführung.
1,6 l TDCi	Bosch Common-Rail-Dieselmotorenmanagement mit 1650 bar Druck; 7-Loch-Piezo-Injektoren, Oxidationskatalysator mit wassergekühlter Abgasrückführung EGR und serienmäßigem beschichtetem Dieselpartikelfilter (DPF).
2,0 l TDCi	Ford Common-Rail-Dieselmotorenmanagement der 2. Generation mit 2000 bar Druck; 8-Loch-Elektromagnet-Injektoren, Oxidationskatalysator mit wassergekühlter Abgasrückführung EGR und serienmäßigem beschichtetem Dieselpartikelfilter (DPF).

Fahrwerk

Vorderachse	Einzelradaufhängung mit McPherson-Federbeinen, versetzte Spiralfedern an Gasdruckstoßdämpfern; untere Dreieckslenker mit optimierten Gummibuchsen vorn und Hydrobuchsen hinten verschraubt an separatem verstärktem Querträger-Hilfsrahmen; Stabilisator.
Hinterachse	Multilink-Einzelradaufhängung als Schwertlenker-Hinterachse; große Dämpfer; hintere Dämpfer über zwei Pfade mit Karosserie verschraubt; Stabilisator mit Federaufnahmen verbunden.
Lenkung	Zahnstangen-Lenkung mit elektrischer Servounterstützung EPAS, Gesamtübersetzung 14,7:1, Wendekreis 10,9 m (Grand C-MAX: 11,4 m), Maximale Lenkradumdrehungen 2,7.
Bremsanlage	Zweikreis-Diagonal-Bremsanlage, hydraulisch betätigte Scheibenbremsen rundum; Vakuum-Bremskraftverstärker mit elektronisch gesteuertem Vierkanal-ABS mit elektronischer Bremskraftverteilung.
Bremsscheiben vorn	278 x 25 mm innenbelüftet, C-MAX mit EcoBoost 1.6 und TDCi 2.0 sowie Grand C-MAX: 300 x 25 mm innenbelüftet
Bremsscheiben hinten	280 x 11 mm
Assistenzsysteme	serienmäßig: elektronisches Vierkanal-ABS mit elektronischer Bremskraftverteilung (EBD) und Bremsassistent (EBA), elektronisches Stabilitätsprogramm (ESP) und elektronische Antriebsschlupf-Regelung (ASR), Sicherheits-Bremsassistent (EBA), elektronische Bremsenvorspannung (EBP) und Notbremswarner, hydraulische Hinterachs-Bremsunterstützung (HRB), Torque Vectoring Control (TVC). optional: Berganfahrassistent, Anhänger-Stabilisierung.

Karosserie

Karosseriestruktur	Computeroptimierte, verwindungssteife Ganzstahlkarosserie (Ford Intelligent Protection System – IPS)
Sicherheitsmerkmale – Karosserie	■ Stoßfängersystem vorne aus ultrahochfestem Boron-Stahl und hochfestem Stahl. Mit vorderen Längsträgern verschraubte Crash-Elemente. ■ Stoßfängersystem hinten aus Boron-Stahl mit geschweißten Crash-Pfaden aus HSS-Stahl. ■ Vorgelagerte, Energie absorbierende Knautschzonen mit definierten Deformationsbereichen der Fahrzeug-Front- und Heckpartie. Längsträger vorn und hinten lasergeschweißt; vorderer Hilfsrahmen mit definiertem Verformungsverhalten – fungiert als zusätzlicher Lastpfad. Grand C-MAX mit zusätzlichem Lastpfad über den unteren Hilfsrahmen. ■ Verformungssteife Fahrgastzelle aus hochfestem Stahl sowie ultrahochfestem Boron-Stahl in der A- und B-Säule sowie im Dach- und Schwellerbereich. Zusätzliche laterale Strukturelemente im Dach- und Bodenbereich.

→

Passive Sicherheitsausstat¬tung und Rückhaltesysteme	■ Frontairbag für Fahrer (60 Liter) und Beifahrer (110 Liter, über Händler optional ab schaltbar) mit einstufigem Auslösemechanismus ■ Sicherheitsgurte vorn mit pyrotechnischen Gurtstraffern und mechanischen Gurtkraftbegrenzern (serienmäßig) ■ eitenairbag für Fahrer, Beifahrer und zweite Sitzreihe (serienmäßig) ■ Kopf-Schulterairbags (vorne serienmäßig) ■ Sicherheitslenksäule, die sich bei einem Frontalaufprall vom Fahrer weg bewegt ■ Sicherheits-Pedalerie, die beim Unfall wegklappt ■ Schleudertraumaschutzsystem vorne (passiv) ■ 3-Punkt-Sicherheitsgurte für alle Sitze, vorne höhenverstellbar ■ Gurtwarnsystem vorne, im siebensitzigen Grand C-MAX auch für die Rückbänke ■ ISOFIX-Halterungen für die äußeren Sitze der zweiten Reihe ■ passive Sicherheitsausstattung optimiert für die »5-Prozent-Frau« bis hin zum »95-Prozent-Mann« ■ sensorische Erkennung der Schwere eines Frontalaufpralls mit Sensoren in B-Säulen und Vorderwagen.
Stoßfängersystem	Stoßunempfindliches, in einem Teil gegossenes verstärktes Polypropylen
Diebstahlschutz	■ ptionale Diebstahl-Warnanlage mit Innenraumüberwachung ■ Elektronische Wegfahrsperre PATS ■ Zentralverriegelung über Funkfernbedienung oder per Schlüssel; FordKeyFree-System optional erhältlich ■ Schließfunktion für elektrische Fensterheber und Schiebedach
Korrosionsschutz	24-stufiges Lack- und Karosserie-Schutzprogramm mit Zink-Grundierung aller Stahl-Elemente; Nass/Nass-Versiegelung des Decklacks. PVC- und Wachs-Unterboden- sowie Steinschlagschutz; PVC-Schutz für Flansche; vorne Kunststoff-Radlaufinnenverkleidungen, hinten Textilgewebe. Stoßschutz für Ladekante und Einstiegsleisten.

Abmessungen

alle Maße in mm	C-MAX	Grand C-MAX
Außenabmessungen		
Länge über alles	4380	4520
Breite mit/ohne Außenspiegel	2067/1828	2067/1828
Breite mit angeklappten Außenspiegeln	1858	1858
Gesamthöhe (unbeladen)	1626	1684 (1698*)
Radstand	2648	2788
Spurbreite vorn min./max. (abhängig von Reifendimension und Felgen-Einpresstiefe)	1544/1559	1544/1559
Spurbreite hinten min./max.	1554/1569	1554/1569
Innenabmessungen		
Kopffreiheit vorn	1041	1038
maximaler Fußraum vorn	1083	1083
Schulterfreiheit vorn	1422	1422
Kopffreiheit 2. Sitzreihe	981	988
maximaler Fußraum 2. Sitzreihe (Grand C-MAX min./max.)	916	864 (864-966)
Schulterfreiheit 2. Sitzreihe	1402	1427
Gepäckraumvolumen (Liter)***		(7-Sitzer)
in siebensitziger Konfiguration, beladen bis Gepäckraumabdeckung (bei Ersatzrad mit Notlaufeigenschaften)	–	56
in siebensitziger Konfiguration, beladen bis Gepäckraumabdeckung (bei Reifen-Reparatur-Set)	–	92
in siebensitziger Konfiguration, beladen bis Dachunterkante (bei Ersatzrad mit Notlaufeigenschaften)	–	79
in siebensitziger Konfiguration, beladen bis Dachunterkante (bei Reifen-Reparatur-Set)	–	115
in fünfsitziger Konfiguration, beladen bis Gepäckraumabdeckung (bei Ersatzrad mit Notlaufeigenschaften)	432	439
in fünfsitziger Konfiguration, beladen bis Gepäckraumabdeckung (bei Reifen-Reparatur-Set)	471	475
in fünfsitziger Konfiguration, beladen bis Dachunterkante (bei Ersatzrad mit Notlaufeigenschaften)	627	719
in fünfsitziger Konfiguration, beladen bis Dachunterkante (bei Reifen-Reparatur-Set)	666	755
in zweisitziger Konfiguration, beladen bis Dachunterkante (bei Ersatzrad mit Notlaufeigenschaften)	1684	1706
in zweisitziger Konfiguration, beladen bis Dachunterkante (bei Reifen-Reparatur-Set)	1723	1742

*mit Dachreling, **nur bei Motorisierung Duratorq TDCi 2.0, ***gemäß ISO 3832.

Gewichte

alle Angaben in Kilogramm	EG-Leer-gewicht*	zulässiges - Gesamtgewicht	zulässiges Gesamtgewicht des Gespanns	max. Anhängelast gebremst**	max. Anhängelast ungebremst**
C-MAX					
1,6 l TI-VCT, 77 kW (105 PS) mit 5-Gang-Schaltgetriebe	1374	1860	2660	800	685
1,6 l TI-VCT, 92 kW (125 PS) mit 5-Gang-Schaltgetriebe	1374	1860	2860	1000	685
1,6 l EcoBoost, 110 kW (150 PS) mit 6-Gang-Schaltgetriebe	1385	1900	3400	1500	690
1,6 l EcoBoost, 134 kW (182 PS) mit 6-Gang-Schaltgetriebe	1385	1900	3400	1500	690
1,6 l TDCi, 70 kW (95 PS) mit 6-Gang-Schaltgetriebe	1390	1915	3115	1200	695
1,6 l TDCi, 85 kW (115 PS) mit 6-Gang-Schaltgetriebe	1390	1915	3115	1200	695
2,0 l TDCi, 85 kW (115 PS) mit PowerShift	1550	2050	3550	1500	775
2,0 l TDCi, 103 kW (140 PS) mit 6-Gang-Schaltgetriebe	1488	2050	3550	1500	740
2,0 l TDCi, 103 kW (140 PS) mit PowerShift	1550	2050	3550	1500	775
2,0 l TDCi, 120 kW (163 PS) mit 6-Gang-Schaltgetriebe	1488	2050	3550	1500	740
2,0 l TDCi, 120 kW (163 PS) mit PowerShift	1550	2050	3550	1500	775
Grand C-MAX					
1,6 l TI-VCT, 77 kW (105 PS) mit 5-Gang-Schaltgetriebe	1477	2135	2885	750	735
1,6 l TI-VCT, 92 kW (125 PS) mit 5-Gang-Schaltgetriebe	1477	2135	2885	750	735
1,6 l EcoBoost, 110 kW (150 PS) mit 6-Gang-Schaltgetriebe	1496	2200	3400	1200	745
1,6 l EcoBoost, 134 kW (182 PS) mit 6-Gang-Schaltgetriebe	1496	2200	3400	1200	745
1,6 l TDCi, 70 kW (95 PS) mit 6-Gang-Schaltgetriebe	1504	2200	3400	1200	750
1,6 l TDCi, 85 kW (115 PS) mit 6-Gang-Schaltgetriebe	1504	2200	3400	1200	750

TECHNISCHE DATEN

alle Angaben in Kilogramm	EG-Leergewicht*	zulässiges - Gesamtgewicht	zulässiges Gesamtgewicht des Gespanns	max. Anhängelast gebremst**	max. Anhängelast ungebremst**
2,0 l TDCi, 85 kW (115 PS) mit PowerShift	1634	2300	3800	1500	815
2,0 l TDCi, 103 kW (140 PS) mit 6-Gang-Schaltgetriebe	1575	2300	3800	1500	785
2,0 l TDCi, 103 kW (140 PS) mit PowerShift	1634	2300	3800	1500	750
2,0 l TDCi, 120 kW (163 PS) mit 6-Gang-Schaltgetriebe	1575	2300	3800	1500	785
2,0 l TDCi, 120 kW (163 PS) mit PowerShift	1634	2300	3800	1500	750

Alle Angaben beziehen sich auf Fahrzeuge mit Grundausstattung
*EG-Leergewicht einschließlich Fahrer (75 kg), Betriebsstoffen und befülltem Kraftstofftank (90%)
**bei 12 %-Steigung. Die maximale Stützlast beträgt bei allen Modellen 75 Kilogramm.

Räder und Bereifung

Material	Stahl	Leichtmetall	Leichtmetall	Leichtmetall
Felgengröße (Breite x Durchmesser x Einpresstiefe)	6.5 x 16" x 50	7.0 x 16" x 50	7.0 x 17" x 50	8.0 x 18" x 55
Reifendimension	205/55 R 16	205/55 R 16		
215/55 R 16	215/50 R 17	235/40 R 18		

alle Modelle mit Ersatzrad mit Notlaufeigenschaften